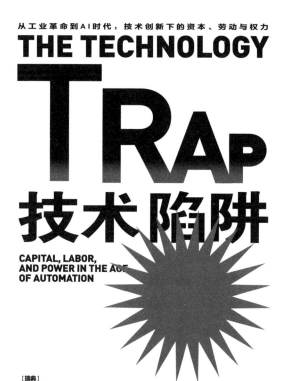

后浪出版公司

从工业革命到AI时代，技术创新下的资本、劳动与权力

THE TECHNOLOGY
TRAP
技术陷阱

CAPITAL, LABOR,
AND POWER IN THE AGE
OF AUTOMATION

[瑞典]
卡尔·贝内迪克特·弗雷 —— 著
CARL BENEDIKT FREY

贺笑 —— 译

民主与建设出版社
·北京·

序　言

　　我们没能以史为鉴，未来的历史学家们可能会对此感到疑惑。在历史上，当有一批人发现自己的生活受到了机器的威胁，技术进步就遭到了强烈的反对。我们现在生活在另一段劳动力被取代的进程中，反抗似乎正在迫近。2017年皮尤研究中心的调查显示，85%的美国人支持限制机器人兴起的政策。[1] 杨安泽（Andrew Yang）声明他将参加2020年美国总统竞选，他的竞选意在避免人们的工作被自动化所取代。[2] 人们的担忧不难理解。在人工智能（AI）、机器人、机器视觉、传感器等技术的帮助下，许许多多在几年前只能由人类完成的工作现在都能由计算机完成了。实现自动化已不再需要自上而下的编程。在人工智能时代，计算机可以自主学习。在计算机领域，曾经遥不可及的事情如今已成现实。

　　2013年9月，我和我在牛津的朋友兼同事迈克尔·奥斯本（Michael Osborne）一起发表了一份研究报告，预测了人工智能的发展对工作的潜在影响。我们发现，美国47%的工作岗位最终很可能被自动化所取代。[3] 几个月后，我受邀参加在日内瓦举行的一次会议并发表讲话。当时的出席者阵容相当豪华：一位前总理、一位财政大臣和几位劳工部长。在我演讲后，观众席中一位知名的经济学家（我们就叫他比尔吧）来到我身旁，不屑一顾地说："这不就是发生在英国的工业革命吗？……那时机器不也取代了工人的工作？"比尔说的当然没错，但我在去机场的路上才意识到他说得非常正确，现在和当时并无二致。一些岗位会消失，但人们也会和以前一样找到新的工作——因此没什么需要担心的。不幸的是他只说对了一半。

正如比尔所言，工业革命带来的长远经济利益是毋庸置疑的。1750年以前，全世界的人均收入每隔6000年才翻一番，1750年以后每50年就翻一番。[4] 但是工业化进程本身又得另当别论了。经济史学家们仍在争论工业革命给劳动者带来的痛苦是否值得——它对后人来说当然是值得的。但同样毫无疑问的是，要是工业世界从未到来，当时的许多劳动者（他们眼看着自身技能过时、赖以生存的生计消失）的生活会更好。机械化工厂代替了以家庭为单位的生产体系，传统中等收入工作机会消失，劳动在收入中所占的份额下降，利润飙升，最终收入差距急剧扩大。听起来很熟悉？没错，到目前为止，从经济角度来看，自动化时代在很大程度上只是早期工业化的镜像而已。普通人要经过半个多世纪才能意识到工业革命带来的好处。因而毫不奇怪，随着许多人生计日渐窘迫，反对机器的呼声此起彼伏。所谓的卢德主义者愤而反抗机械化，尽其所能地进行抗争。如果现在发生的一切"仅仅是"另一场工业革命，那我们就该有所戒备了。

本书要表达的观点很直白：技术进步对收入的影响程度决定了人们对它的态度。经济学家们从使能技术（enabling technology）和取代技术（replacing technology）的角度考虑进步。[5] 望远镜发明后，天文学家能够凝望木星的卫星，这并没有造成劳动者大量失业，反而让我们能够完成一些新的、之前无法想象的工作。动力织机（power loom）则相反，它取代了手工纺织工人的现有工作。纺织工人发现他们的收入受到了威胁，之后奋起反抗。因此当技术以资本的形式取代了工人时，人们更有可能反抗。每项技术的推广都是人为决定的，如果人们会因此失去工作，它就不会一帆风顺。进步并非无可避免，对一些人来说甚至是不可取的。人们常理所当然地认为应该允许技术创新蓬勃发展，但并没有根本的理由来解释为何一定要这样。正如我们将了解到的，历史记载表明，对技术的接受与否取决于受其影响的那些人是否从中获利。取代工作的技术变革经常会带来社会动乱，有时候甚至反噬自身。从这方面看，随着20世纪80年代计算机革命而兴起的自动化时代，与机械化工厂大量取代中等收入工匠的工业革命时代是相似的。和当时一样，如今中等收入工作岗位已被机器取代，许多人被迫从事收入更低的工作，甚至退出劳动力大军。

本书将大量技术经济学文献和对技术变革的历史叙述与常见评论结合起来，由此来了解数世纪以来人们对待技术的态度。虽然本书心忧未来，但不试图预测未来。预言家也许能预知将来，但经济学家不能。本书目的在于从历史中总结观点。温斯顿·丘吉尔（Winston Churchill）曾打趣道："你向后看得越久，就能向前看得越远。"[6]因此，向前看之前，我们应该先向后看。工业革命极其重要，但当时很少有人意识到它的巨大后果。我们如今正处在另一场技术变革中，幸运的是我们这次能够以史为鉴。比尔认为我们的研究是卢德主义的，因而对其予以拒绝。确实，经常有人将工业革命与现在对比，以此来说明卢德主义者阻挡机械化工厂扩张的做法是错误的。正是那些情感强过理智的工匠们所反对的机器给普通人带来了前所未有的财富——

人们都是这么说的。这种表述是对长期历史的准确描述，但人们的寿命没有那么长。有三代英国工人的境况随着技术创造力的迅猛发展而变糟。那些失败者并没有活到今天见证这种巨大的繁荣。卢德主义者们是对的，但是后人们仍可以庆幸他没能如愿以偿。历史是在短期内创造的，因为我们在今天做的决定最终会产生长远影响。如果卢德主义者们成功中止了技术进步，工业革命就可能发生在其他地方。如果它也没有在其他地方发生，我们的经济生活就可能仍和1700年保持一致。

这就引出了本书的第二个主题：取代型技术的发展是否受阻，取决于谁会从中获利和政治权力的社会分布情况。在工业革命期间，卢德主义者和其他组织都尽其所能地阻挡劳动取代型技术的扩张。但他们都没有成功，原因在于他们缺乏政治影响力。事实上正如我们将在本书中见到的，工业革命首先发生在英国的原因之一在于，有史以来第一次，从机械化中获利的人同时拥有政治权力。土地财富霸权受到商人们的流动财富的挑战。商人们形成了新的工业阶级，其政治影响力逐渐提高。[7] 机械化工厂对英国在贸易中取得竞争优势至关重要，因而是商人实现财富积累的重要手段——这些财富并不会受到政府的侵害。但在大部分历史时期，有关这种进程的政治观点是，在技术取代劳动一事上，统治阶级不仅得不到多少好处，反而会有很多损失。他们害怕愤怒的工人会反抗政府。例如在17世纪的欧洲，手工业行会是一股正在崛起的政治力量。他们激烈地反抗威胁生计的技术。欧洲各国政府因为害怕发生社会骚乱，通常会选择支持行会。结果，人们很少有经济动机去投资节省劳动力的技术（labor-saving technology，或省力技术）。由于机械化会损害一部分人的收入，从而造成社会动乱，甚至可能威胁政治现状，因此统治阶级会尽可能地对其加以限制。

经济增长停滞了数千年，原因之一就是整个世界陷入了技术陷阱之中。因为害怕取代劳动力的技术破坏稳定，它一直受到严格限制。在21世纪，工业化的西方国家可能重新陷入技术陷阱吗？虽然不太可能，但和四年前我开始写这本书时相比，这种可能性似乎更大了。为了减缓自动化的步伐，有人提议向机器人征税，这已成为大西洋两岸公众辩论的焦点。与工业革命时期的情形不同，如今发达国家的工人们比当时的卢德主义者拥有更多政治权力。在美国，如今绝大部分人都支持限制这类技术发展的政策——杨安泽已经开始利用人们对自动化日渐增长的焦虑了。他担心技术所带有的那种可引发混乱的力量可能引发另一次卢德主义反抗的浪潮："只需要引入自动驾驶汽车，你就可以破坏社会的稳定……我们将有100万卡车司机失业，其中94%是男性，平均受教育水平是高中毕业或者读过一年大学。这一项创新就足够造成街头骚乱了。现在我们还要对零售员、电话中心接线员、快餐店员、保险公司员工、会计公司员工做同样的事情。"[8]

这并不是宿命论或悲观主义。当然，并不是说如果放缓技术进步的步伐或限制自动化发展，我们的生活就会更好。工业革命是一场史无前例的变革的开始，从长远来看这场变革造福了每一个人。人工智能系统也有同样的潜质，但它的未来取决于我们如何把握当下。如果我们努力去理解未来的挑战，而不是秉持着长远来看每个人都会获益的想法而对其避而不谈，那么我们将更有能力来决定结果。杨安泽很可能无法当选总统，但正如观察家拉娜·弗洛哈（Rana Foroohar）所说，自动化可能成为2020年美国大选的一个重要话题。[9]现在民粹分子在反对全球化，除非我们去处理这个问题，否则我们也应该担心他们可能轻而易举地利用人们对自动化的焦虑。幸运的是，本书在不遗余力地推介自动化时代和工业革命的诸多相似之处的同时，也发现了二者的许多不同。但我们对当前时代的迷恋、对新技术带来的许诺与危险的关注，常常会让我们觉得自己的体验是全新的。但是透过人类历史的悠久镜头，我们发现这不大可能是真的。

目 录

第四部分　大逆转

第五部分　未　来

引　言

只要进步会停止，它将非常美妙。

——罗伯特·穆齐尔

当织布机能自己织布时，人类的奴役将会终结。

——亚里士多德

如果没有那600位灯夫，1900年时夜晚的纽约城就只能由月光照亮。他们拿着火把爬上梯子，确保行人离开家以后走在街上不至于只能看到不远处燃着的雪茄。但1907年4月24日晚上，曼哈顿街头2.5万盏煤气灯中绝大部分都没有被点亮。灯夫们通常会在下午6点50分左右点亮文明的火光，但这一晚他们并没有点灯——他们罢工了。虽然没有听说发生暴力事件，但黑暗降临后纽约市民纷纷向煤气公司和警察投诉。警察们来了以后尝试点亮周边的灯，却发现没有梯子很难办到。很多警察太胖了，爬不上灯柱，群众也几乎帮不上忙。在哈林区，男孩们发明了一项新运动：每当警察成功点燃一盏灯，他们就爬上柱子把灯灭了，然后跑掉。在公园大道，一位年轻人因为灭掉了警察点亮的灯而被捕。很少有灯长时间亮着。甚至到了晚上9点，只有中央公园里少数东西走向的马路有亮光，因为那儿是由电灯照亮的。[1]

那一年以点灯为业的人是不幸的。油灯和煤气灯总需要有人照看，但神秘的电力出现后，灯夫的技能不再有任何价值。电街灯带来了光亮，也带来了怀旧情绪。许多市民仍觉得一定有个年轻人在黄昏点亮街灯，在黎明将其熄灭。在纽约，灯夫已经与警察、邮递员一同成为邻里间的团体。自1414年伦敦的第一批街灯亮起，这一职业就存在了，但现在它即将成为遥远的记忆。1924年《纽约时报》（*New York Times*）报道："大都市中的灯夫成了过多的技术进步的受害者。"[2] 事实上，在19世纪后期纽约就安装了第一批用电的路灯，但它们并没有让灯夫变得多余。每一盏灯都有一个开关，必须手动开启和关闭。早期的电气化只是让灯夫的工作更加轻松了，灯夫不再需要带着长长的火把点亮街灯。但灯夫并不是技术进步的受益者。点灯这一技能曾经能让一个工人养家糊口，而现在开灯变得非常简单，小孩子们在放学回家的路上就能随手完成。这种情况在历史上屡见不鲜：简化只是迈向自动化的一步。变电站的出现逐步规范了电街灯，职业灯夫大规模减少。到了1927年，电已经垄断了纽约市的照明，随着最后两名灯夫放弃这一工作，灯夫这一职业和灯夫联盟（the Lamplighters Union）就此终结。[3]

托马斯·爱迪生（Thomas Edison）改进的电灯泡无疑让世界变得更好也更明亮了。他取得巨大进展的那天，他的实验室所在的门罗公园里，油灯和蜡烛仍在污染着空气。2018年诺贝尔经济学奖得主威廉·诺德豪斯（William Nordhaus）指出，随着电力普及至芝加哥的音乐学院、伦敦的下议院、米兰的斯卡拉大剧院以及纽约股票交易所的交易大厅，照明价格大幅下降。[4] 从街灯照明的情况来看，即使是纽约灯夫们（他们中的一些人被迫提前退休）也承认，新照明系统更为便捷。一位灯夫每晚最多能处理50盏灯，而如今一位变电站员工能在数秒内开启几千盏灯。然而如果一件事会威胁一个人的生计，抵制它就再自然不过了。对多数城市居民来说，技能就是他们的资本，他们正因这些人力资本而得以养家糊口。因此，尽管新系统有许多优点，但它并不在所有地方受到所有人的欢迎，这并不令人意外。比如当比利时韦尔维耶市政府宣布要启用电力照明时，灯夫们因担心失去工作上街抗议。为了驱走黑暗，当地政府招募了另一群灯夫，但他们很快遭到了罢工者的袭击——后者威胁道，他们将一直破坏街灯，直到末日来临。虽然当地警方介入了，但愤怒的灯夫袭击了警察总部。比利时政府只得召集军队来平息事态。[5]

确实有些人为技术进步付出了代价。但在整个20世纪，西方世界绝大部分城市居民已经接受了技术能驱动财富积累这一事实。他们意识到，消灭那些最危险最卑微的工作能改善工作环境，自己的工资取决于机械力量的运用。此外，他们也受益于不断涌现的新产品和新服务。汽车、电冰箱、收音机和电话（随便列举几样），这些革命性技术在1950年的西方社会很普遍，但在文艺复兴时期，即使是欧洲贵族也无法享有。1900年，普通家庭主妇依然只能在梦里体验上层阶级的生活，梦想着有仆人替她们做最烦琐的家务。接下来的几十年里，突然间每个家庭都能平等地拥有电子仆人了。洗衣机、电熨斗和其他一系列家电包揽了数小时的辛苦家务活。总而言之，正如伟大的经济学家约瑟夫·熊彼特（Joseph Schumpeter）的观察，资本主义的成就不是"给女王们提供更多的丝绸长筒袜，而是通过不断减少生产一只丝袜所需的工作量来回馈工厂女工，让她们也买得起长筒袜"。[6]

我们很容易过度简化历史。但如果说有一个潜藏的主要因素主导着过去两个世纪的经济和社会变革，那么这个因素当然是技术进步。用埃夫西·多玛（Evsey Domar）的话来说，如果没有技术进步，"资本积累就等同于在木犁上累加木犁"。[7]经济学家们估计，超过80%的富有国家和贫困国家之间的收入差距可以用技术采用率的差异来解释。[8]而且只考虑收入会极大低估已经发生的改变。很难想象在我曾祖母生活的那个年代，人们赶路的速度顶多只有马车或火车那么快。在晚上人们只能靠蜡烛和油灯驱走黑暗。工作对体力的要求极高。很少有女性从事有报酬的工作——家就是她们的工作场所。她们在露天的炉子上准备饭菜，砍树劈柴，为做饭和取暖提供燃料。她们不得不用桶从小溪或井中打水，然后提到室内。当时的人们对技术进步充满热情，甚至可以说十分欣喜，这并不让人意外。1915年，发表在《文学摘要》(*Literary Digest*) 上的一篇文章大胆预言，随着电气化发展，"病菌将变得几乎不可能在城市中传播，人们也不会受伤，农村的人会来城市休息或疗养"。[9] 爱迪生本人相信电力会帮助我们克服人类进一步发展的最大障碍——对睡眠的依赖。技术是人们的新宗教，人们有一种感觉：不存在技术不能解决的问题。

事后，如果考虑到技术带给人们的好处，我们就会惊讶地发现，像托马斯·马尔萨斯 (Thomas Malthus) 和大卫·李嘉图 (David Ricardo) 这些19世纪早期的经济学家都不相信技术会给人类带来很大的进步。19世纪和20世纪早期的技术带来的好处要经过一段时间才能被经济学领域认识到。但于1987年获得诺贝尔经济学奖的罗伯特·索洛 (Robert Solow) 在20世纪50年代就发现，20世纪经济学领域的所有进展几乎都要归功于技术。还有一些人则证明，那些好处得到了广泛的分享。西蒙·库兹涅茨 (Simon Kuznets) 发现，美国变得更平等了。他还提出并推进了他的资本主义发展理论，即随着工业化的发展，不平等会自动减少。尼古拉斯·卡尔多 (Nicholas Kaldor) 观察到，一直以来劳动力获得了增长收益的三分之二。索洛发展出的理论框架认为，技术进步给当时的每一个社会群体带来了同等的好处。从今天来看，这样的乐观主义似乎十分荒谬，但对这位20世纪50年代的经济学家来说，有太多可以让人持乐观态度的理由。

如果任由技术创新蓬勃发展，整个社会就能变得更富有、更平等，那么少数灯夫丢失工作又有什么关系呢？许多被取代了的灯夫也许会找到危险系数更低、收入却更高的工作。纵然有一些人败给了技术，但整个社会愿意牺牲少数人而为多数人接受进步，这似乎也没错。但如果牺牲者数量更多，我们还会这样想吗？如果大部分被取代的工人都只能找到工资更低的工作呢？毕竟"特殊世纪"（"special century"，由罗伯特·戈登提出，指1870—1970年。见本书尾注。——编者注）的特殊之处不仅仅在于极快的经济增长，[10] 它的另一个重要特征是，几乎所有人都从进步中获益了。技术进步中当然有取代劳动力的部分，但更多的是使能技术。总体而言，技术提高了工人们的生产力，让他们的技能更有价值，也让他们赚得更多。即使对于那些在和机械化的角逐中失去工作的人来说，也有大量体力要求更低、工资更高的工作可以选择。本书的观点是，在人工智能时代，我们不能再理所当然地对技术持以上乐观态度。这也不会是一种历史常态。黄金时代的经济学家们在当时保持乐观并没有错，但他们的错误在于认为他们见证的历史会永远持续下去。没有一条铁律假定技术一定能在牺牲少数人利益的情况下造福多数人。当大部分人被技术变革甩下时，他们就可能会抵制它。这是自然而然的。

纵观历史，进步的代价发生了很大的变化。像图1那样简化人类进步会错过所有具体的事件（图1通常被用来说明人类社会跳跃式的进步），但这并不表明图1是错的。它准确显示了人均国内生产总值在数千年中的停滞，并在约1800年时以极不寻常的方式迅速攀升。因此，仅从平均收入来追溯进步，往往会得出这样一个结论："大约10万年前，现代人类开始出现，在接下来的约99,800年里什么也没发生……然后在几百年前，人们开始变得富有，而且越来越富有。至少在西方世界，人均收入开始以大约每年0.75%这个史无前例的比率增长。几十年后，全世界都发生了同样的事情。再后来，情况变得越来越好。"[11]

这种标准叙述是不合适的。这种叙述经常会让我们忘记，在始自18世纪的英国的这一非凡的发展时期，数百万人在适应这一变化。一些人的故事比其他人的更激励人心。而且如果没有机械化的发展，有些人甚至会过得更好。图1使我们相信，生活在今天的每一个人都比以往的世代生活得更好。生于1800年的那一代人的生活水平与他们的祖父母辈相比，肯定有了巨大的提高。图1也表明在18世纪以前，我们的创造力并不丰富。不然为什么经济增长这么慢呢？但在进一步考查前工业时代后，

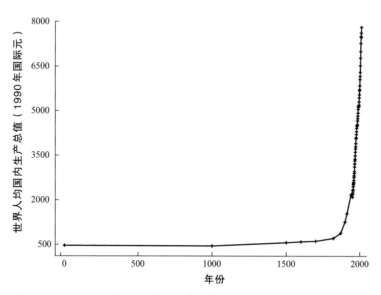

图1 1—2008年世界人均国内生产总值

来源：J. Bolt, R.de Jong, J. Van Zanden, 2018, "Rebasing 'Maddison': New Income Comparisons and the Shape of Long-Run Economic Development," Maddison Project Working Paper 10, Maddison Project Database, version 2018。

我们发现了一些开创性的发明与观念。而且如果我们放大历史进步的不同时期（就像本书的做法），就会发现在变革的浪潮中，人们的处境非常不同。

机械化工厂的到来带动了图 1 描述的那种"起飞"式发展。意大利为这一开端做了不小的贡献。促成第一批工厂建立的缫丝机图纸是托马斯·洛姆（Thomas Lombe）从意大利皮埃蒙特地区（Piedmont）偷来的，托马斯还因为这份图纸而被英国政府授予爵士称号。然而英国是第一个大规模使用机器的国家。工业革命确实在丝绸生产方面有其起源，但工业革命的真正开端在棉纺织业。正如历史学家艾瑞克·霍布斯鲍姆（Eric Hobsbawm）的那句名言："一提起工业革命就是在说棉花。"[12] 随着棉花生产实现机械化，情形一变再变，技术进步就像滚雪球一样创造了现代世界。然而在工业化早期，随着技术的进步，许多人的生活水平下降了。我们的词汇见证了 1750 年后一个世纪的变化。"工厂""铁路""蒸汽机"和"工业"这些词在当时首次出现，"工人阶级""共产主义""罢工""卢德主义者"和"贫困"（pauperism）这些词也随之出现了。等在这场始自第一批工厂的到来的革命之终点的不仅有铁路建设，也有《共产党宣言》（*Communist Manifesto*）的问世。工业革命带来了许多革命性技术，同时也催生了许多政治上的变革。[13]

我并不是要贬低英国工业革命的价值。工业革命被正确地认为是人类历史上的大事件，因为它帮助人类摆脱了托马斯·霍布斯（Thomas Hobbes）曾描述的"污秽、野蛮而短暂"的生活。[14] 但这一过程还是花了不少的时间。经济学家安格斯·迪顿（Angus Deaton）曾称工业革命为"伟大的逃离"（Great Escape），但它也没有立刻把普通人生活的小屋变成伊甸园。[15]

在工业化初期，许多普通人的生活变得更污秽、更野蛮，寿命变得更短。1840年之前，普通英国人的物质生活水平并未得到提高。诗人威廉·布莱克（William Blake）的诗句"黑暗的、如地狱般的工厂"，捕捉到了工厂里漫长的工作时间和危险的工作环境——这些正是工业化的具体表现。[16] 在曼彻斯特和格拉斯哥这种主要的工业城市，人们的平均预期寿命居然比全国平均值低了10岁。在工业城市，工人领回家的工资几乎无法弥补肮脏且不健康的生活和工作环境。虽然产量增加了，进步带来的收益却并未惠及普通人。实际工资没有变化，甚至在有些人那里变得更少了。工人们能看到的唯一的增长，只有在"黑暗的、如地狱般的工厂"中工作的时长。工业家们攫取了技术进步带来的绝大部分收益，他们的利润率翻番。结果，英国工业革命期间的平均粮食消耗量直到19世纪40年代才有所增加。19世纪上半叶，低收入农业劳动者和工厂工人的家庭有余力购买非必需品的比例下降了。营养不良使得那一代人的身高也变矮了。这就是现代经济增长刚开始那辉煌的几十年的情形。[17]

造成英国生活水平危机的原因在于家庭生产体系的没落，它逐渐被机械化工厂取代。手工工匠们技术熟练，收入不菲。但随着工厂兴起，一个又一个工匠眼看着自己的收入消失了。虽然工厂中出现了新的岗位，但纺纱机显然是为儿童设计的，他们拿着成年人工资的一小部分做着这份工作，因此在工厂劳动力中占比越来越高。他们是工业革命中的"机器人"。除工资低外，他们没有任何讨价还价的能力，也很容易控制。[18]

机械化不断发展，熟练工匠们的旧手艺过时了，成年男性工人落败了：童工占比迅速增加。19世纪30年代，纺织业雇用童工的比例达到了50%左右。收入下降，健康和营养状况恶化，因为工作和地理原因导致的被迫迁移，以及〔某些情况下的〕失业，这些社会成本都落到了劳动者头上。这些情况不容忽视。童工的遭遇就更不用提了。罗伯特·布林克（Robert Blincoe）以前是一名童工，他在接受采访时说，他宁愿让自己的孩子被放逐到澳大利亚，也不愿让他们体验工厂生活。[19] 但单从经济学角度看，成年工匠无疑才是工业化的主要受害者。他们人数众多。研究工业革命的著名学者戴维·兰德斯（David Landes）写道："即使机械化给所有人都带来了舒适和繁荣的新期望，它也摧毁了一些人的生计，还将另一些人裹挟到进步带来的逆流中……工业革命的受害者人数高达数十万，甚至数百万。"[20]

历史学家们疑惑的是，为什么普通英国人愿意加入将降低他们生活水平的工业化进程。简单来说他们并没有。英国政府有时会与愤怒地反抗机器的工人起冲突。但是为了避免英国在贸易中的竞争地位遭到削弱，英国政府逐渐加强管控，所以反抗机器的工人们并没有取得成功。1811—1816年，卢德主义者采取的每一次行动换来的都是政府更大规模的军事镇压：为了解决反抗机器的骚乱，政府派遣了1.2万人的军队前去镇压，比惠灵顿公爵在1808年与拿破仑进行半岛战争时派遣的军队人数还要多。

我们将了解到，19世纪末之前的人们经常（而非偶尔）抵制会威胁工人技能的技术。虽然大部分评论都集中于卢德主义者的骚乱，但这些骚乱只是席卷欧洲和中国的长期反抗浪潮的一部分。对劳动力取代技术的反抗可以追溯到更久远的年代。公元69—79年在位的罗马皇帝维斯帕先（Vespasian）因为担心就业问题，拒绝使用机器将圆柱运到卡比托利欧山。威廉·李（William Lee）发明了织袜机，但1589年女王伊丽莎白一世

（Elizabeth I）担心技术进步会带来失业，因此拒绝授予他专利。1551年，能节省大量劳动力的起毛机在英国遭到禁止。欧洲其他地方对机器的反抗同样强烈。17世纪欧洲许多城市禁止使用自动化织机。为什么？在采用机器的城市（例如莱顿城），暴乱接踵而至。统治阶级担心愤怒的工人会像莱顿城的工人们一样反抗政府。这种忧虑绝不仅仅发生在欧洲。经济史学家认为，中国的工业化开始得如此晚，原因之一就是人们持续反抗威胁工人技能的技术。直到19世纪末，进口机器仍被当地工人毁坏。实际上英国政府是第一个支持工业先驱而不是反对技术的工人们的政府。这也是英国成为第一个工业化国家的原因。[21]

早在2012年，比尔·盖茨（Bill Gates）就注意到了一个时代悖论："创新比过去任何时候都更快了……但美国人对未来的悲观更胜以往。"[22]事实上皮尤研究中心的数据显示，只有略多于三分之一的美国人仍相信他们的孩子会比他们这一代更富有。[23]如果说过去几十年对理解未来确实有所启发，那么一些人肯定会对未来有很多感到悲观的事情。1980年出生的美国人中，只有一半比他们的父母更富有。而出生在1940年的美国人有90%比父辈更富裕。[24]尽管事实如此，但是像"地球上最伟大的国家"这样的口号在总统选举中仍是标准表述。只有在2016年的时候，共和党总统候选人凭借"让美国再次伟大"（"Make America Great Again"）的口号赢得了总统选举。终于有一位候选人说出了真相——或者说出了那些在机会早已消失的地方生活的人们一定会有的感觉。

正如工业革命的情况，盖茨悖论并不是一个真的悖论。和工业化初期一样，今天的工人们不再能收获进步带来的好处了。

更糟糕的是，很多人已经被抛弃在进步的逆流中。工业化进程的不断推进导致中等收入的工匠们的机会枯竭了，同样，对美国中产阶级来说，自动化时代意味着机会减少。就像早期工厂的受害者一样，面对工作中的计算机化，许多美国人只能努力适应这种情况，不情愿地转到工资更低的岗位，或者跟不上节奏，完全退出劳动力大军。与工厂的受害者们类似，和自动化博弈的失败者也主要是正值盛年的男性。在20世纪80年代前，即使没有受过大学教育，普通男性工人也能在制造业领域找到工作，过上中产阶级生活。随着制造业就业机会的减少，对很多公民来说，向上流动的途径关闭了。[25]

此外，到目前为止，自动化带来的消极后果主要还是局部现象。如果你只密切关注国家数据，可能会忽略这样一个事实，那就是把贫富平均一下，你可能觉得情况还相当不错。工业革命也是如此。1800年，当北安普敦郡的织布业已成一片废墟时，在英国南部的乡村，也就是简·奥斯汀（Jane Austen）曾经生活过的地方，人们还几乎没听说过工厂。这一次，社会和经济基本结构的分崩离析发生在传统制造业城市，在这些地方，自动化剥夺了很多中年人的工作机会。由于自动化或全球化，很多社区眼看着制造业工作机会减少，失业率不断上升。这些社区的公共服务状况也在不断恶化，金钱犯罪和暴力犯罪不断增加，人们的健康状况变得糟糕。自杀和酒精导致的肝病使得死亡率不断上升。离婚率上升，越来越多的孩子生活在单亲家庭中，他们的未来堪忧。中产阶级的工作机会大量减少后，这些地方的社会流动性大幅降低。[26]没有了工作机会，人们更可能将选票投给民粹主义的候选人。研究确已表明，在美国和欧洲，在那些工作越是容易被自动化取代的地方，人们对民粹主义的热情越高。[27]和工业革命时期一样，技术下的输家要求变革。

　　我们本应该预见它的到来。1965年，当第一批计算机进入办公室时，埃里克·霍弗（Eric Hoffer）就在《纽约时报》的一篇文章中发出了警告："一群具有技能的美国人被剥夺了意义和价值，这是塑造美国版希特勒的绝佳机会。"[28] 或许有些讽刺，希特勒和他的政府对取代劳动的技术所具备的毁灭性力量非常清楚。1933年1月30日，希特勒被任命为德国总理，宣告要重新采用前工业时代的政策，限制使用机器。那年，在纳粹党赢得超过半数选票的但泽，限制机器是政府的首要任务。为了解决技术带来的失业问题，参议院颁布了一项法令，除非政府特别允许，否则工厂不能安装机器。如果没有遵守法令，工厂将面临严重的处罚甚至会被勒令关闭。[29]1933年8月，纳粹的德意志劳工阵线领袖阿尔弗雷德·冯·霍登堡（Alfred von Hodenberg）安慰公众时明确表示，将来不会允许机器威胁工人的工作，"再也不会出现工人被机器取代的情况了"。[30]

决定性技术

　　几个世纪以来，省力技术的不断推广就是我们的致富之路。经济学家保罗·克鲁格曼（Paul Krugman）曾调侃道："经济萧条、失控的通货膨胀或者内战都能让一个国家变得贫困，但只有生产率会让它变得富有。"[31] 如果技术进步允许我们用更低的成本生产出更多的东西，生产率就提高了。如果使用机器能够让劳动生产率每年提高2.5%，那么每过28年个人生产率就会翻番，即一个人在一小时内的工作成果，在他的约半个职业生涯中能翻一番。这足以证明技术的破坏性力量，它明显缩短了生产所需的时间。然而，生产率虽然是提高普通人收入的先决条件，可它并不能保证这种增长。如果机器取代工人原有的工作，那么随着技术的进步，一些人可能过得更糟糕。尽管如此，经济学的教科书依旧认为技术进步是一种帕累托优化（Pareto improvement），即它假定机器在取代人们工作的同时，也会为每个人提供新的、工资更高的工作。正如历史记载表明的那样，在分析会取代劳动力的技术进步时，这类模型毫无用处。这些技术在带来更高的物质水平的同时，也会造成工人被取代。

省力技术造成的工人失业程度取决于它们是使能技术还是取代技术。取代技术让工作和技能变得多余。相反地，使能技术会帮助人们更高效地完成已有的任务，或为劳动者创造全新的工作机会。因此"省力"（labor-saving）这个概念有两个密切相关但不相同的意思，二者之间的差别对劳动者来说很重要。[32] 1934年，经济学家哈里·杰罗姆（Harry Jerome）写道，如果用1890年的技术生产1929年的钢铁产量，所需的工人就是125万而不是40万。难道这意味着这80多万工人到1929年就会失业吗？当然不是。大萧条开始时，钢铁行业的就业人数已经上升了。[33] 更先进的技术减少了生产一定数量的钢铁所需的工人数量，但钢铁需求量的稳定上升也意味着这个行业的工作机会增加了。显然，随着钢铁行业机械化的发展，钢铁生产的本质有所改变，但很少有人失业。不像取代技术会取代以前由人完成的工作，增强性的技术会增加工人的单位产量，但不会导致人员被取代（除非某一产品或服务的需求达到饱和）。[34] 我们能列举许多使能技术的例子。计算机辅助设计软件能帮助设计师、工程师和其他具有技能的专业人员，让他们的工作更高效，而不是取代他们。像Stata和Matlab这样的计算机统计软件让统计学家和社会科学家们更好地分析，却没有减少对这些人员的需求。像打字机这样的办公机器则创造了之前不存在的文书工作。

取代技术给劳动力带来的后果则与此不同，我们可以想想电梯。没有电梯，就没有摩天大楼，也就没有电梯操作员。当第一批电梯投入使用时，更多的电梯意味着有良好时间感知能力的人获得更多的工作，他们能在电梯与地面对齐时将电梯停下来。取代技术出现时情况就不一样了：自动电梯出现后，人们就不再需要电梯操作员了。虽然我们现在使用电梯的机会更多，但突然间，电梯操作员的工作消失了。我们对电梯的需求显然没有饱和，同样，我们对很多制造业产品的需求也没有饱和。但是，在机械操作员的工作已被机器人取代的世界里，工厂产出更多汽车并不必然意味着机械操作员能有更多工作机会。因此显而易见，取代技术对就业和工资的影响与使能技术带来的影响很不一样。但直到最近，经济学家们才做出这样的区分。自从第一位诺贝尔经济学奖获得者扬·丁伯根（Jan Tinbergen）的开创性工作以来，经济学家们在构建技术进步的概念时，倾向于只采用一种增强性的观点。技术进步的增强性观点认为，新技术会给某些工人（相比于另一些人）带来更多帮助，但永远不会取代劳动力。这意味着工人的工资不会随着技术进步而下降。20世纪的大量经济事实可以说是这样的。其实，大部分经济学理论反映的都是经济学家所处的特定时代的模式。丁伯根在1974年（计算机化时代前）发表的著作也不例外。在20世纪的大部分时间里，人们的工资全面上涨。经济分析非常困难的原因在于，很少有模型适用于所有时间和所有地点。

30多年来，美国劳动力市场中大量群体的工资一直在下降，这一事实促使经济学家们从不同的角度思考技术变革。经济学家达龙·阿西默格鲁（Daron Acemoglu）和帕斯夸尔·雷斯特雷波（Pascual Restrepo）取得了突破性的进展，他们在构建技术进步的概念时，将其区分为使能技术和取代技术，提供了一种有用的形式模型，我们可以用它来理解人们整体工资下降和工资上涨时期的情况。本书使用他们的理论框架来分析历史记录。[35] 能取代人的工作的机器，这一概念很重要，它意味着技术会减少工资和就业机会——除非有其他经济力量与之抗衡。虽然生产率的提高仍在带动整体收入的提高，因此有更多的经济支出在其他地方创造了就业机会，部分地抵消了人力被取代带来的影响，但它没有完全抵消取代技术造成的负面影响。在阿西默格鲁和雷斯特雷波的理论框架中，要想增加对劳动力的需求、提高工人工资、增加劳动者（而不是资本所有者）的收入占国家收入的比例，创造新的工作岗位至关重要。换句话说，工人们的状况在很大程度上取决于工作被取代的速度和新工作出现的速度之间的角逐，以及工人们过渡到新工作中的难度有多大。

在历史上，一项技术在何种程度上是取代技术或使能技术，会给普通人带来很不同的结果。如果新技术会取代工人们现有的工作，他们的技能就会过时。甚至如果技术只是会取代一些人的工作，而增强另一部分人的工作，工人们也可能会陷入艰难的处境。近年来，机器人工程师工作岗位的涌现根本无法弥补流水线上被工业机器人取代了的工人。类似情况也曾发生在纺织业，动力织机取代了手工纺织工人，同时也为动力织机工人创造了工作机会。虽然手工纺织工人的收入几乎立刻减少了，但动力织机工人的工资过了几十年才上涨，他们需要学习新的技能，能提供这些技能的新的劳动力市场也需要渐渐发展成熟。[36]

因为取代技术的进步通常伴随着熊彼特所说的"创造性破坏这股长期肆虐的大风",所以总会有赢家和输家。[37] 令人遗憾的是,主流评论绝大部分都集中在一些无法回答的问题上,比如2050年是否会有足够的工作岗位。实际上这完全弄错了重点。虽然在自动化进程中旧的工作被淘汰,新的工作机会出现,但对失去了工作的人来说并没有什么用。现代主义作家注意到了自动化的两难境地。例如在詹姆斯·乔伊斯(James Joyce)的《尤利西斯》(*Ulysses*)中,主人公利奥波德·布卢姆(Leopold Bloom)提道:"在布卢姆先生这扇车窗旁边,一个弯着腰的扳道员忽然背着电车的电杆直起了身子。难道他们不能发明一种自动装置吗?那样,车轮转动得就更便当了。不过,那样一来就砸掉此人的饭碗了吧?但是另一个人会捞到制造这种新发明的工作吧?"[38]

某个人会得到制造新发明的工作。但这个人是"另一个人":制造这项发明需要另一种类型的工人。工业革命和计算机革命主要都是给另一类人创造了新工作,他们的技能和那些被取代的工人完全不同。经济史学家加文·赖特(Gavin Wright)恰当地描述了工业化的第一个阶段,他认为"在极限范围内,我们可以创造一种经济,在这种经济中,技术由天才设计,由傻瓜操作"。[39] 这在早期的工厂中是事实。当时的机器非常简单,连小男孩都能操作。由于儿童的工资只是成年工匠的一部分,所以中等收入的手工匠们被儿童取代了。计算机革命的不同之处很明显:不再需要儿童来操作机器了。由计算机控制的机器可以自己运转。不过计算机化也产生了一些新工作,需要一些全新的技能,诞生了视听专家、软件工程师和数据库管理员等职业。因此我们似乎创造了一种由一些天才设计、由另一些天才操作的经济。一些工作已经实现自动化，但计算机也加大了对具有高度认知技能的工人的需求。事实上人们普遍存在误解，认为自动化是机械化的延伸。自动化恰恰取代了以前由机械化带来的照看机器的半技术性工作，这些工作曾支撑着一个庞大而稳定的中产阶级。一般来讲，那些有幸读过大学的人在计算机时代都发展得很好。但随着中等收入的工作机会不断减少，许多半技术性工人很难找到体面的工作。在工业革命和最近的计算机革命中，中等收入的中年男性是进步的牺牲品，因为他们的技能已不适用于新兴工作了。

当技术变革取代劳动力的时候，工人们过得如何就取决于他们的其他工作选择了。亨利克·易卜生（Henrik Ibsen）在他1877年的戏剧《社会支柱》（*The Pillars of Society*）中，将工业革命的经济影响与约翰内斯·古腾堡（Johannes Gutenberg）的活字印刷术的经济影响相提并论。其中一个角色，卡斯滕·博尼克（Konsul Bernick）认为，19世纪手工匠们的命运和印刷术问世时抄写员的命运相似，他暗示道，"印刷术发明出来后，抄写员将不得不挨饿"。造船厂工头渥尼（Aune）直言不讳地回答道："卡斯滕，如果你是抄写员，难道会这么崇拜这一技术？"[40] 尽管易卜生用了一个反问句，但很少有抄写员反对印刷术。正如我们将在第一章了解到的，与因工业机械化而遭受苦难的纺织工人不一样，抄写员和篆刻员更可能受益于古腾堡的发明。他们当中很多人都不是通过抄写手稿谋生。对他们来说，活字印刷并不意味着收入的减少。那些以抄书为生的人则要么专门抄写那些用印刷术印刷不划算的短文本，要么成了装订员和设计者。因此，欧洲的纺织工人和其他手艺人在18世纪和19世纪因面临更差的职业选择会去破坏纺织机器，15世纪晚期的抄写员却很少反对印刷术。当然，印刷术并不是在所有地方都受欢迎。苏丹巴耶济德二世（Sultan Bayezid Ⅱ）担心识字的人会削弱其统治地位，于是在1485年颁布法令，禁止在奥斯曼帝国用阿拉伯文印刷。这项举措给这一地区的识字率增长和经济发展带来了长期的负面影响。[41] 虽然20世纪之前欧洲普遍存在着对取代技术的敌视，但印刷术的推广引发的劳动者骚乱非常少。

印刷术这一例子表明，当人们有更好的可替代的工作选择时，就不太可能反对机器。工作岗位的更迭不可能是毫无痛苦的，但如果人们充分相信他们最终会成功，他们就更可能接受劳动力市场永无止境的剧烈变化。我们将了解到，20世纪机械化大生产的工厂里中产阶级工作岗位数量的剧增，是机械化得以顺利发展的一个主要原因——大量的制造业就业机会是人们能获得的最好的失业保险。在此期间，一批使能技术及其带来的生产率的迅猛提高赋予了工人阶级以攀登经济阶梯的能力。汽车和电力催生了一批新的工业巨头，随着更多资本被投入机械产业，企业开始提高工资，避免工人辞职去其他地方找更好的工作。处于收入分配顶层和底层的人们发现各自的生活水平都有了巨大的提高。因此，中产阶级接受了劳动力市场的洗牌，也期待着能从中获利。

人们可能不会反对技术的另外一个原因在于，那些技术虽然会威胁他们的工作，但显然几乎会让所有人都以消费者的身份受益。即使对于那些在福特汽车和通用汽车公司生产线上工作的人来说，虽然工作被机器人取代，但他们在某种程度上也受益于更便宜的汽车。然而，机器只有在投入使用后，才会降低商品和服务的价格。因此若一项技术是取代技术，那只有在工人失业已经发生后，消费者福利才会增加。更重要的是，除非他们有更好的工作选择，否则失业的个人成本（如压力和流失的工资）会比任何消费者福利多得多。比如说，虽然机械化给消费者们带来了福利，但日益便宜的纺织品并不足以纾解那些反对使用机器的卢德主义者的痛苦。这里并不是说，从长远来看取代技术对人们来说是不利的。事实恰恰相反。但除非那些失去工作的人有希望找到同等收入的新工作，否则这些福利并不能宽慰他们。

大部分经济学家承认，技术进步在短期内会造成一些调整问题。但很少有人提到，这个"短期"可以是人的一生。而且，长远的影响最终取决于短期内做出的政策选择。仅有更好的机器并不足以支撑长远的增长。达龙·阿西默格鲁和政治科学家詹姆斯·罗宾逊（James Robinson）在《国家为什么会失败》（*Why Nations Fail*）中指出，经济和技术发展的前提是"没有受到经济失败者和政治失败者的阻拦，经济失败者们觉得他们会失去经济特权，政治失败者们担心自己的政治权力会被削弱"。[42] 仅靠工人可能难以有效阻止新技术的发展。但统治阶级减缓了几千年来的取代技术的发展进程。[43] 因为经济失败者们可能会挑战政治现状，所以政治当权者大多对会破坏稳定的创造性破坏这一过程不感兴趣。杰出的经济史学家乔尔·莫基尔（Joel Mokyr）多次提道：

> 任何技术变革几乎都无可避免会增进一些人的福祉，而让另一些人的处境变差。诚然，我们在思考的时候，可以认为生产技术的变化是一种帕累托优化，但在实践中这种情况极为罕见。除非所有个体都接受市场结果的裁决，不然的话，决定采用一项创新可能会受到失败者通过非市场机制和

政治激进主义的方式的抵制。[44]

工业革命期间，英国的优势并不在于没人抵制技术变革，而在于英国政府始终坚定不移地支持"创新派"……法国人对技术的抵制似乎比英国人更成功，这一区别或许能解释工业革命为何首先发生在英国。[45]

我也将以类似的方式论证，英国政府持续镇压反对机械化的力量的早期决定，可以解释为什么英国是第一个工业化国家。我们会了解到，这一决定在很大程度上是政治权力转移的结果。新世界的发现促进了国际贸易，基于土地财富的权力面临着从机械化中受益的新阶级"烟囱贵族"（chimney aristocrat）的挑战。[46]说得再明白些，民族国家之间的层层竞争使得技术保守主义与政治现状更难保持一致。外在政治威胁比下层工人反抗带来的内部威胁更大。即使工人们成功解决了所谓的集体行动问题，走上街头反抗，他们的希望仍然十分渺茫。面对英国军队，他们不可能获胜。最终许多卢德主义者被捕入狱，随后被遣送至澳大利亚。

1832年和1867年的两次改革法案当然是重要的历史事件，但这两个法案并未使英国成为一个自由的民主国家。财产权被视作最重要的权利，公民权和政治权利仍居于其后。很少人有机会接受教育，拥有财产仍然是投票的一项必要条件——这意味着大部分普通人被剥夺了政治公民权利。如果英国是一个自由的民主国家，卢德主义者们就不会如此绝望。诺贝尔经济学奖得主瓦西里·列昂惕夫（Wassily Leontief）曾开玩笑说："如果马也能加入民主党并参加投票，农场的情况可能会有所不同。"[47]马可能会使用它们的政治权利来中止拖拉机的扩张。类似地，如果卢德主义者如愿以偿，工业革命可能就不会发生在英国了。当然我们没办法准确知道到底会发生什么，但我们知道的是许多公民尽其所能想阻挡进步。

本书计划

我们将了解到，在人工智能时代，技术进步正越来越多地取代劳动力。因此，要明白未来的发展，我们就必须掌握它的政治经济学。技术会造成劳动力市场中一部分人的工作处境变糟，这就足够成为他们抵制自动化的理由了。对努力避免社会动乱的政府来说，限制一些技术的发展也有了足够的理由。这些原因表明长期必定不能和短期断开联系。短期事件会干扰和改变长期的发展轨迹，会给长期繁荣带来消极后果。

我们都知道在世界上的不同地方，人类历史进程大有不同。经济学家和经济史学家花费了极大精力，去研究一些地方变得富有而另一些地方依旧贫穷的原因。本书没有那么大的野心，它考察了几个世纪以来，为什么在允许技术发展进步的世界各地，人们的遭遇有所不同。新兴技术和人类财富之间的关系从来都不是齐整和线性的。历史从来不会完全重演。但马克·吐温说过，有时候历史的确是押韵的。正如我写到的，中等收入的工作正在消失，实际工资停滞不前，这种情况和典型工业化时期的情况类似。当然，21世纪的计算机革命与造就现代工业的其他技术有很大不同，但它们的许多经济与社会影响看起来极其相似。从长远来看，工业革命会在极大程度上使我们更富有，生活得更好。人工智能也可能让我们更富有，但人们担心人工智能会像工业革命一样把大批公民甩在身后，也许会激起人们对技术本身的强烈反抗。许多时事观察员指出，近期民粹主义的复兴不能不考虑用全球化中的输家来解释。但技术在降低中产阶级的工资方面同样发挥了重要作用。虽然目前什么都没有发生，但人工智能越来越普遍，自动化及其影响也会如此。

经济史学家们长期以来都在争论，为什么18世纪60年代英国的技术爆炸经过这么长时间才带来更高的生活水平。如今的经济学家正在进行一场极为类似的辩论，即为什么自动化领域的巨大发展还未对普通人的收入产生影响。本书试图将这两大研究主题联系起来，即将盖茨悖论置于历史的角度来讨论。本书将追溯逐渐扩大的技术版图，从农业的发明到人工智能的兴起，跟随技术的进步来追踪人类的命运。我想提醒读者的是，这并不是一份全面的记述。这个领域的书籍必定有所侧重，仔细取舍将要讨论的问题。有关技术史这一主题的文献卷帙浩繁，我无法在这里全面妥善地处理它们。但重新审视一些最重要的技术进展后，我将试图说服读者，在历史上的不同时期，劳动力为进步付出的代价有很大不同。这取决于技术变革的本质，而这种代价在21世纪有所增加——这解释了如今人们的诸多不满。

读者也应该意识到，由于工业革命发生在英国，从那以后技术领导权一直被西方世界所牢牢掌握（虽然还不确定这种情况会持续多久），因此本书是基于西方来记述的。西方直到15世纪才赶上当时更先进的伊斯兰文明和东方文明。但我将主要通过西方的经验来对工业革命前后的情况展开对比。本书涉及的大部分历史都与英国和后来的美国有关。原因很简单，工业革命首先发生在英国。然后美国接过了接力棒，在所谓的第二次工业革命中取得了技术领导地位，因此后续主要讲述美国的经验。正如经济史学家亚历山大·格申克龙（Alexander Gershenkron）所认为的那样，赶超型增长依赖于现有的、在其他地方发明的技术，这与那些将技术前沿扩展到未知领域的增长在本质上不同——本书着眼的增长属于后一种。一些读者可能会失望地发现，许多主要的技术突破在本书中甚至提都没提。比如现代医药的发展极大造福了人类，却被无耻地忽略掉了。近年的技术发展——包括人工智能领域的发展、移动机器人技术、机器视觉、3D打印、物联网——都是节省劳动力的技术。本书致力于呈现如今劳动力面临的挑战，因此节省劳动力的技术将占据大量篇幅。

我也必须强调一下，虽然本书后面部分的章节集中讲述美国经验，但技术不是独奏，而是合奏中的一部分。它与社会和经济中的各种制度及其他力量息息相关。这也解释了为什么在过去的30多年，其他工业国家的经济不平等的加剧并没有那么剧烈。但工资停滞不前、中等收入工作消失、劳动在收入中所占的份额下降，这都是西方国家的普遍特征。它们都与技术趋势有关。毫无疑问，有多种力量影响着收入分配，但本书重点关注长期趋势而不是周期性问题，重点关注那99%的部分而不是1%的部分。随着历史不断发展，技术已成为决定普通人收入的最重要的因素。

然而，本书面对的主要挑战也许是去说服读者我们可以以史为鉴。经济学家和经济史学家都倾向于对此持怀疑态度。读过本书手稿的一位不愿透露姓名的评论者说：

经济学家明显都是"否认历史的人"。他们不愿意接受经济学家能从过去的经验中习得某种东西的看法，即使是已由经济史学家分析过的东西。没能预测（事实上，也许无意中帮助创造了）2008年金融危机这一惨痛经历，带来了一种对经济史非比寻常的兴趣，因为经济学家试图洞察那些看起来不可预测且令人不安的事件。但这种兴趣〔以及谦卑〕是短暂而肤浅的。然而，经济史学家也不愿意通过对过去的研究为当下的情况提供洞见，这对他们这门谦卑的学科要求太高了。所以弗雷所涉及的两个学科都会对他提出的核心议题感到不自在，背后原因在于这两个学科存在更大的沟通困难。它们有着相似的技术工具包，但经济学已经把它的内容磨砺到了极致，而且对其他方法怀有敌意；历史学的内容有时候并不涉及技术前沿，必须在叙事的情境下使用。任何作者想要向经济和历史领域的受众强调我们可以以史为鉴，都面临着严峻的挑战。

但接下来我会试图让读者们相信，历史不只是一个事实接着另一个事实。我们可从中习得一些通用模式。当取代技术盛行时，历史告诉我们接下来可能会出现敌意和社会动荡。当使能技术盛行时，相反地，更多人受惠于经济增长，人们对新技术的接受度也更高。我把接下来的经济史章节分为四部分。

第一部分是"大停滞"（The Great Stagnation），由三章组成，主要讲述前工业时代的技术以及它们对人类生活水平的影响。第一章简要总结了从约1万年前农业的发明到工业革命前的技术进展。它表明有许多重要技术在18世纪前就出现了，但没能改善普通人的物质条件。第二章表明，虽然人们的生活水平在工业革命前就有了改善，但经济增长主要以贸易为基础。现代的熊彼特型增长（Schumpeterian growth）基于节省劳动力的技术、就业的创造性破坏和新技能的获取，它并不是经济进步的动力。第三章试图解释为什么会出现这种情况。我们将看到，在工业革命前，创新也一度蓬勃发展，但几乎不被用于取代工人——当被用于取代工人时，技术遭到了激烈反抗甚至封锁。工业革命中出现的技术为何没有早点出现？一个有说服力的解释是，威胁人们生计的机器遭到了普遍的反抗。工人们可能因害怕失去工作而反抗政府，而掌握政治权力杠杆的地主阶级面对取代技术，失去的比得到的要多得多。

第二部分"大分流"（The Great Divergence）迅速回顾了英国工业革命。前工业时代的君主们害怕机器会带来毁灭性破坏，他们是对的。随着机械化工厂取代家庭生产系统，劳动者们愤怒地反抗机器。第四章详述了构成工业革命的关键技术，这些技术几乎都起到了取代工人的作用。第五章说明了中等收入工匠工作岗位的空心化使英国社会出现巨大的分流——这种分流解释了工业革命所造成的大量冲突。但如今，允许机械化发展使统治阶级受益良多，并且有效推进了第一个大众意义上的机器时代。直到工业革命的最后几十年，工人们切实体会到工资上涨，抵抗才结束。

第三部分的标题是"大平衡"（The Great Leveling），这一部分聚焦于美国经验。随着第二次工业革命的发生，美国从英国和整个世界手中接过技术领导权。这一部分意在研究，为什么在技术前沿越来越快地不断推进的情况下，20世纪没有出现同样的对机械化的敌意。第六章概述了随着第二次工业革命的技术变革（工厂电气化、家庭机械化、人们离开农村进入城市工厂从事大规模生产），劳动力市场发生了巨大变化。我们都知道这些转变往往伴随着痛苦。第七章讲述了机械焦虑是如何短暂地卷土重来的。随着一些工作岗位的消失，部分劳动力正在努力适应。虽然有时候人们普遍担心新兴技术会取代人们的工作，但很少有人深信限制使用机器会是好主意。为什么？美国也许经历了工业世界最暴力的劳动史，但在19世纪70年代后，当发生暴力冲突时，工人们几乎不会将矛头对准机器。第八章致力于回答劳动者们为何不像19世纪的人一样反对机器的问题。我不认为我提供了一个完整的答案，但技术显然是其中一部分。在第二次工业革命烟囱林立的城市中，源源不断的使能技术给人们提供了酬劳更高的新工作。劳动者们开始认为技术符合自身利益，其理性反应就是寻求降低适应成本而非妨碍技术进步。实际上，劳动者们接受了放任机器发展的政策，但他们坚持要求建立福利体系和教育体系来帮助人们适应变化，同时限制那些失去工作的人的个人损失。这已成为20世纪的新社会契约。

第四部分"大逆转"（The Great Reversal）着眼于计算机时代。第九章说明了自动化时代不是20世纪机械化的延续。相反，它完全是一种逆转。人们正确地认为20世纪的前75年创造了"有史以来最大的平衡"。[48]这是一段平等主义的资本主义时期，各个阶层的工人工资都上升了，连卡尔·马克思（Karl Marx）眼中的无产阶级都能成为中产阶级。20世纪70年代，美国中产阶级成了一种由蓝领和白领构成的多样化混合体。许多人在办公室或工厂中管理某种机器。但正如我们将看到的，机器人和由计算机控制的其他机器恰恰使得机械化带来的中等收入的工厂和办公室工作减少了。第十章将关注的重心从整体转移到工作岗位消失的群体上来。虽然数字技术可能让世界变得扁平，但实际效果恰恰相反。计算机革命开始以来，绝大部分新的工作岗位都集中在熟练工人聚集的城市中。自动化取代了传统制造业巨头企业的工作岗位，加剧了美国沿地理边界线的社会结构两极分化。由于美国经济带的逐渐两极化，政治也朝两极化发展。第十一章转向下面这一问题：为什么公民们眼看着工资下降，却没有像中值选民定理预测的那样要求更多补偿。如果中产阶级减少，不平等加剧，我们本以为工人们会投票支持更多的再分配政策。我认为他们没有这样做的一个原因在于，他们已失去政治影响力。日益严重的社会经济隔离让那些遭受苦难的人逐渐与美国社会其他部分相脱离。与此同时，在战后经济迅猛发展的年代涌入工厂的准工人阶级正日益脱离工会和主流政治党派。民粹主义吸引力见长，似乎在很大程度上反映了全球化和自动化的输家们的机会日益减少，以及缺乏解决他们的担忧的政治回应。全球化已成为民粹主义者的攻击目标。但展望未来，随着就职于非贸易经济行业的劳动者比重增加，越来越多的工人不会受全球化的影响。但是他们无法避免受自动化的影响。如果当前的经济趋势持续几年甚至数十年，就像工业革命一样，那么自动化就会像现在的全球化一样成为反抗的目标。

　　第五部分的标题是"未来"（The Future），虽然它并未试图预测未来将发生的情况。如前所述，未来在很大程度上取决于取代技术与使能技术之间的角力，但未来30年显然不会与过去30年一模一样。这里并不是说我们能简单地从当前的趋势推断出这一观点——虽然这是经济学家们经常会干的事。我也没有预测未来的技术突破的雄心。我能做的最多就是考察从实验室中研究出来的尚未被广泛使用的原型技术。举例来说，洗衣女工的就业前景在1910年前后达到顶峰，这一年阿尔瓦·J.费雪（Alva J. Fisher）取得了第一台电动洗衣机的专利，并为其取名"托尔"（Thor）（图2）。如果1910年的经济学家从过去的经验

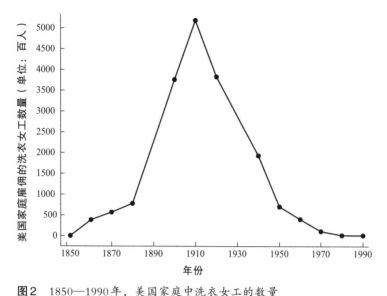

图2 1850—1990 年，美国家庭中洗衣女工的数量

来源：M. Sobek, 2006, "Detailed Occupations—All Persons: 1850-1990 [Part 2]. Table Ba1396-1439," in *Historical Statistics of the United States, Earliest Times to the Present: Millennial Edition*, ed. S. B. Carter et al. (New York: Cambridge University Press)。

中分析未来，那么他们会推测在未来几十年会存在大量洗衣工作岗位。相反地，通过观察技术的趋势（如第十二章所做的），他们可以得出结论，电动洗衣机将取代洗衣女工的工作。

在探讨了机器学习、机器视觉、传感器技术、人工智能领域下的各个子领域以及移动机器人等近期的许多技术发展后，我的结论是：虽然这些技术会给劳动者们提供大量新工作机会，但大部分技术都是取代技术，将使本已不堪一击的中产阶级就业前景变得更糟。因此，假设20世纪对技术进步的积极态度将延续存在，而不管工人如何从自动化中获益，这是一个非常大胆的假设。正如我们将看到的，人们对未来和自动化的态度已更加悲观了。大部分美国人会投票要求制定政策限制自动化发展，民粹主义者很可能有效利用日益增长的对自动化的焦虑。事件如何发展很可能取决于政策选择。本书的第十三章简要概括了一些帮助人们适应自动化的策略和途径。

第一部分

大停滞

任何工匠都不应想出、设计出任何新发明或利用这种发明。出于公民和兄弟般的爱，每一个人都应该效仿他的亲人和邻居，在不伤害他人手艺的前提下实践自己的手艺。

——波兰国王齐格蒙特一世

在1800年统治世界的农业经济中，不平等现象盛行。少数人占有的财富让大众的微薄分配相形见绌。简·奥斯汀可能在用瓷杯盛茶时记录下精致的对话。但对大多数英国人来说，1813年他们的生活并没有比他们非洲大草原上赤裸的祖先更好。特权阶层人很少，穷人很多。

——《告别施舍》，格里高利·克拉克

　　我们最好把人类财富理解为那些使我们用少数人生产更多东西的技术带来的累加效应。但在工业革命前，人们的生活水平并不怎么依赖于取代人力的机械技术的传播。这并不是说直到18世纪才有技术发展。前工业时代，各个社会采纳技术的差距揭示了重大的技术进步。1642年荷兰探险家阿贝尔·塔斯曼（Abel Tasman）对塔斯马尼亚的发现是对以上论述最好的解释。这一发现结束了有记载的历史中最长久的人口隔离。技术在世界上其他地方不断扩散传播，极大地改变了人类发展。相比之下，居住在塔斯马尼亚的人们仍缺乏农业、金属、陶瓷、生火设备，连拼装的石质工具都没有。[1]

　　我们从有记载的历史中了解到，技术创新的缺乏并不是阻碍经济增长的核心原因。随便列举一下，风车、用马技术、印刷术、望远镜、气压计以及机械钟在18世纪前就都发明出来了。我们倾向于认为有重大意义的技术变革始于工业革命，这是因为工业革命时期的那些技术显著提高了人们的平均工资。因此，就算技术进步的历史记录不均衡，但人类99%的历史——可能有些许夸张——都可被看作在经济领域是完全停滞的。本书第一部分试图解释其原因。通过回溯西方（工业革命首次发生的地方）的关键技术进步和它们在生产领域的应用，试图解释为何前工业时代世界上的技术进步没能带来18世纪技术进步后的那种舒适和繁荣。各类文献对此有大量解释。一种流行的理论认为，在工业革命前，整个世界陷入了马尔萨斯陷阱，更大的繁荣只转化为了更多的人口，人均收入却没有实质性的增加。马尔萨斯主义的观点并非毫无意义，然而1500—1800年间英国人民的生活水平虽然提高得很缓慢，但确实是在提高。真正的难题是，与工业革命相关的多数小工具早在18世纪前就能被发明出来并得到广泛应用，实际情况却是没有。除了蒸汽机，18世纪并没有出现任何"让阿基米德感到困惑"的重大技术突破。[2]

　　前工业时代的技术史阐明了一个重要观点：对取代劳动力的技术进行抵制是常态而非例外。18世纪以前，创新蓬勃发展，但是很少以取代劳动力的资本的形式出现——当技术取代劳动力时，往往伴随着激烈的抵抗。我们不应认为这是技术落后的缘故。但它有助于解释工业革命中出现的取代技术为什么没有更早来临。

第一章

前工业时代发展简史

　　虽然前工业社会的生产率水平明显不如后续社会，但技术创造一直以某些形式存在于人类历史中。早在有历史记载前，我们的大部分基础技术就已被发明出来了，例如如何使用器具生火、如何制作打猎和捕鱼的工具、如何驯养动物、如何灌溉、如何制陶和上釉、如何制造车轮、农业技术以及纺织技术等。这些发明中最具变革意义的是农业，因为它的出现催生了第一代文明。正如伯特兰·罗素（Bertrand Russell）所言："文明人与野蛮人的区别在于谨慎精明（prudence），用泛一点的词来说是深谋远虑（forethought）。文明人愿意为了将来的欢乐忍受当前的苦难……这一习惯随着农业的兴起而变得重要。"[1]

　　新石器时代的变革始于约1万年前。在此之前，狩猎采集者（hunter-gatherer）忙于寻找食物。狩猎不需要计划，但需要分享狩猎所得。当时还没有技术来储存狩猎得来的肉类或其他食物，这就意味着即时吃掉食物是唯一的选择。因此，当时不存在也不需要现代意义上的财产权。和黑猩猩相似，狩猎采集者聚居生活，常为领地争斗，但没人能积累食物或其他有意义的盈余，因此也就无法建立起财产所有权。种植庄稼和驯养动物这些农业方面的发展改变了当时的情况，用粮仓储存粮食，以家畜的形式储存肉类，这些都是史无前例的。它们反过来帮助人们积累大量食物盈余，促进了所有权概念的发展，也催生了为保护财产权而出现的社会组织。

与狩猎采集者类似，新石器时代初期人们的社会群体由家庭成员构成。但他们并不搜寻可食植物或猎捕野生动物，而是从事农业生产。由于务农所需的工具和技能与采集狩猎大不相同，人们在技术上的努力都直接致力于满足农业需求。农民需要用斧头清理土地上的树木，用挖掘棒和石锄开垦土地，用边缘锋利的镰刀收割庄稼。从定义来看，新石器时代的工具主要是石制的。虽然这些工具非常简易，但那时遗留下来的巨石和石碑表明，甚至早在第一批主要的文明出现之前，人们就已能够造出令人印象深刻的建筑结构了。但由于人们把大部分时间都用在了开垦土地、生产所需的食物上，建造工作花了很多年。在大型水利工程项目或大型城市的修建变得切实可行之前，需要大量食物盈余来供养全职建筑工人。在适当的时候，农业生产率的提高促进了粮食增产和城市扩张。因而城市中的工匠、熔炼工、铁匠和其他工种逐渐走向了全职。逐渐增加的熟练工人专注于发展技术，进一步促进了农业生产率的提高。[2] 这就意味着社会可以供养更多人口，更多的人可以从事更专业的事情，技术更复杂的文明得到了发展。

第一批伟大的文明包括毁于克里特岛火山喷发的米诺斯文明，以及美索不达米亚文明和埃及文明。在这些文明中，大部分人仍是农民，他们种植大量的大豆、小麦、扁豆、大麦、洋葱等，也蓄养奶牛、猪、绵羊、驴和山羊。最重要的是他们有大量食物储备，所以人们能够从事耕作之外的活动：一些人是建筑工人、工匠、商人或战士，另一些人则充当统治阶级的仆人。当时的统治阶级成员包括政治、宗教和军队的领袖。随着越来越多的人不事农业生产，发明创造不再局限于农业领域。现代社会从古代文明中继承下来的最重要的使能技术是写作。写作让我们能够跨越时间和空间，保存和传播信息。另一个伟大的发明是5000年前首次出现于美索不达米亚文明的陶轮。在大约公元前3000年，轮式推车和货车（当时由牛拉）在美索不达米亚已逐渐普及，但车轮由沉重的木板制成，无法在崎岖多岩的路面上使用，还经常会陷入松软的土中。因此，车轮在这个时候对生产率的影响可以忽略不计。车轮发明了很长时间以后，人们仍用驴拉的大篷车来运送货物。[3]

在节省劳动力的技术方面，古代文明最重要的成就可能就是发现和利用金属。人类使用的第一种金属是铜。人们还发明了许多工艺创新来增加铜的硬度，通过加入锡来制作青铜（由此开启了从约公元前4000—前1500年的青铜时代）或者加入锌来制作黄铜。人们发现了金和其他软金属，将它们作为货币的基础。铁最后登场（由此开启了从公元前1500—前500年的铁器时代），由于古代的铁匠发现它是一种非常坚硬的金属，所以铁器迅速得到广泛采用。这些发展反过来促进了一系列其他技术的发展。此前木制或石制的工具如今可以用更耐用且可锻造的金属来制造。锯子、镰刀、鹤嘴锄、铲子等全新的工具也被制造出来。如果没有冶金业的发展，这些都是无法想象的。[4]虽然当时没有机器来减轻工人的负担，但即使是最简易的工具也能节省大量的劳动力。"一个有铲子的人能做的工作比得上20个只能徒手掘地的人。"[5]这些工具显然帮助了人类，但冶金业的发展也带来了一些意外的纷乱。拥有钢铁武器的战士征服了那些只有石制或木制武器的文明。欧亚大陆上的古老文明持续了数千年，部分原因在于这些文明的精英阶层在面对可能威胁他们统治的新技术时获益很少，失去的却很多。直到铁器被发明和马匹被驯化之后，统治阶级的地位才受到挑战。骚扰美索不达米亚的游牧民族战士是第一批使用铁制武器的人。因此在罗马帝国鼎盛时期，老普林尼（Pliny the Elder）曾这样描述铁器：

> 铁是人类使用的最宝贵同时又最糟糕的金属。我们在铁的帮助下开垦荒地、建造苗圃、砍倒大树、清除藤蔓中无用的部分，使它们每年都可再生。我们使用铁器来建房子、凿石头，等等。但同时，这种金属也被用于战争、谋杀和抢劫，而且并不局限于近距离或面对面使用，它们还可以远距离投射，因为铁制武器既能用弹道机器投射，也能徒手，甚至以箭矢的形式投掷。我认为这是人类文明最值得诟病的产物。[6]

正如现在很多人担忧人工智能的毁灭性影响——史蒂芬·霍金（Stephen Hawking）和尼克·博斯特洛姆（Nick Bostrom）都认为人工智能可能意味着人类文明的终结，生活在前工业时代的人们也担心技术会摧毁他们小而闭塞的世界。这并不仅仅是老普林尼的担忧，而是整个古典时代（约公元前500—公元500年）精英们的直觉，这种直觉直接影响了他们对待技术进步的态度。对那些想要保有权力的政治家来说，技术并不总是受欢迎的。

受传统压迫

大部分早期学者认为古典文明并没有很高的技术成就，这种论调如今却被认为低估了古典时代的技术突破。[7]人们的这种理解在很大程度上是因为新技术很少有经济目的。古典学者摩西·芬利（Moses Finley）认为，我们将自身的价值体系强加到对产业目标毫无兴趣的文明之上，对古代技术进步的理解因此受到影响。[8]自工业革命以来，技术的主要功能一直是改善工业流程、优化产品和服务，所以我们倾向于用这些术语来考虑技术进步。相比之下，古典时代的技术主要被用来服务于公共领域，而不是满足私人利益。统治者推动技术进步并不是为了提高生产率，而是着眼于完善公共工程，以此提高自己的受欢迎程度，巩固政治权力。[9]历史学家凯尔·哈珀（Kyle Harper）曾记录，"公元4世纪一份令人骄傲的清单表明，罗马有28个图书馆、19条水渠、2个马戏团、37扇大门、423个社区、46,602栋公寓楼、1790座大房子、290个粮仓、856个澡堂、1342个蓄水池、254个面包房、46家妓院以及144个公共厕所。无论怎么说，它都是一个非同寻常的地方"。[10]

古典文明特别因其市政工程、水利工程和建筑而闻名于世。[11]"公元100年的罗马街道、污水处理系统、供水和消防系统都比1800年欧洲国家首都的要好。"[12]供应洁净水源的输水管道早在古希腊早期就已出现，之后传到罗马。[13]从公元前312年阿庇乌斯·克劳迪乌斯开始监造阿庇亚水道开始，罗马的供水系统逐渐扩张。到大约公元100年，供水监察官弗罗伦蒂努斯（Frontinus）记载，罗马的家庭开始有了自来水供应。为了给公共澡堂提供中央供暖，供暖方法得到了改进，例如用火炕来加热地板。[14]罗马建造了很多大型建筑，但其所以可能，一项重要的使能技术就是水泥砌筑技术，它被称作罗马人仅有的伟大发明。[15]这种说法显然夸张了些，但罗马对工业发展几乎没做出什么贡献却是事实。这并不是因为他们缺乏技术创造力或者技能，只是罗马统治者对工业没有兴趣而已。历史学家赫伯特·希顿（Herbert Heaton）对此解释道，罗马的统治者们只会将涉及战争、政治、财政、农业的活动视为必要的。[16]甚至机械方面的进展——包括起重机、水泵和提水装置——大部分也只是支持建筑和水利工程成就的附带发明而已。据我们所知，这些装置没有给私人领域的生产率带来任何有意义的影响。一些液压工程装置尽管应用在了灌溉和排水方面，但对私营经济部门的溢出效应微乎其微。农业方面几乎没有出现劳动力取代型的发明：有证据表明曾出现过一些收割机，但它们最后被提及的时间是公元5世纪。这些机器的消失表明它们没有得到广泛应用。[17]在纺织产业也未出现多少重要的机械化进展，纺线和编织仍是高度密集型劳动。人们用纺锤和纺轮来纺纱，这意味着需要10名纺纱工连续工作来供应一台织布机的纱线。连水车这种罗马帝国最著名的发明也基本没有对整体生产率的提高产生影响。公元前1世纪罗马工程师维特鲁威（Vitruvius）描绘的水车到了公元5世纪主要被用于加工面粉，而且即使在面粉加工领域，它的使用也受到了限制。[18]

这足以说明大部分古典时代的作家对机械不太关心。维特鲁威在技术方面著述颇丰，但在他的《建筑十书》（De Architectura）中只有一部书涉及机械装置，而这部书中大约一半的篇幅都是关于军事机械的。军事机械在书中有着相对较高的重要性，这表明在古典时代文明中，技术的主要作用在于充当保持和扩大政治权力的工具，而非服务于经济利益：罗马的道路和桥梁也都主要是出于军事目的而修建的。[19]之后有人很好地总结了《建筑十书》提到的当时的重要成就。虽然它对文艺复兴时期的主要作家和建筑师（包括菲利波·布鲁内莱斯基、莱昂·巴蒂斯塔·阿尔伯蒂和尼科利等）产生了深远影响，但对后世机械发展的影响却微不足道。从名字就可得知，文艺复兴伟大先驱之一达·芬奇的名作《维特鲁威人》就是基于维特鲁威提出的比例概念而作的。但达·芬奇在别处找到了他关于机械的灵感。

古典文明最主要的机械成就是对机械的原理和特征的理解。阿基米德（公元前287—前212年）通过应用数学发现了杠杆原理和流体静力学原理，为后来伽利略的一些工作奠定了基础，这些工作对后续更复杂机器的发展至关重要。[20] 此外，《论力学》（*Mechanika*，被普遍认为是亚里士多德所著，但据推测实际应当为其他人所著）详细讨论了杠杆、车轮、楔子以及滑轮，但它们的应用情况表明，人们对其实际使用兴趣有限。在古代文献中能找到的其他机械元件——齿轮、凸轮和螺钉等——也主要被应用于战争武器。

换句话说，古典文明见证了大量技术进步，但它们几乎没有任何重大的经济影响。原因在于，为了提高物质生活水平而诞生的发明需要服务于经济目的，并且必须应用于生产。因此，关于这一时期没有技术创造的论断是错误的。事实上，古典时代是一个技术高度发达的时代。亚历山大的希罗（Hero of Alexandria），这位优秀发明家发明了第一台售货机、第一台蒸汽轮机，以及操作风琴的风轮。[21] 这些发明虽然只是玩具，却迸发着古典时代技术创造力的火花。特别值得一提的是安提基特拉机械（Antikythera Mechanism），它是一种用于预测天体位置和日食的天文计算机器，于1900年在克里特岛附近的一艘沉船上被发现。它展现了古希腊文明惊人的技术创造力。这一机械制造于公元前1世纪，后来德瑞克·普莱斯（Derek Price）将其修复，他促使历史学家们"彻底重新思考我们对待古希腊技术的态度。能够做出这种机械的人几乎能造出他们想制造的任何机械装置"。[22]

因此关键问题在于，为什么这种技术创造力几乎没能转化为经济进步。部分原因可能在于下述事实，即奴隶制阻碍了取代技术的引进。虽然历史学家伯特兰·吉尔（Bertrand Gille）批判了古代世界的科学和技术十分繁荣这一观点，但奴隶的大量存在仍可以解释为什么技术很少应用于生产。[23] 此外，奴隶制的存续意味着古代文明中很大一部分人没有从事生产活动的自由。科学家及历史学家约翰·贝尔纳（John Bernal）提出了一个相关的解释，他认为古典时代没能造出工业革命时期那样的机器，原因在于缺少经济动机。他认为富人能买得起手工制品，而奴隶们买不起除必需品外的任何东西。[24]

此外，技术进步有时也会受到阻碍。比如，老普林尼就曾讲过罗马皇帝提比略（Tiberius）统治时期的一个故事。有个人发明了摔不坏的玻璃，由于害怕愤怒的工人会因此而造反，皇帝非但没有因这一创造奖励他，反而把他处决了。苏埃托尼乌斯（Suetonius）则提供了政府想要控制技术发展的更直接的证据，是关于罗马皇帝维斯帕先在位期间（公元69—79年）对引进取代技术的反应的。有人走到维斯帕先跟前，告诉他自己发明了一个装置，可以将圆柱运送到卡比托利欧山，维斯帕先拒绝使用这一技术并说："用它怎么能养活我的子民呢？"[25] 圆柱又大又重，把它们从矿山运送到罗马需要数千名工人。虽然这对政府来说是一笔巨大的开销，但剥夺罗马人的工作可能造成政治不稳定。考虑到这个问题，让技术维持现状以保留工作这一选择在政治上更具吸引力。运送圆柱给工人们提供了生计，让他们忙碌起来，从而将社会动荡的概率降到了最小。[26]

毋庸置疑的是，当时几乎没有能推动工业发展的文化和政治利益。经济史学家阿博特·厄舍（Abbott Usher）认为古典文明"受传统压迫"，因而对新技术缺乏兴致。[27]古代文明显然具有技术创造力，却几乎没有动机为一般的目的而去发明任何具有工业用途的东西，尤其是劳动力取代技术。但缺少这种创新并不意味着经济落后。政体、贸易、秩序以及法律，这些希腊人和罗马人因之而闻名的东西都推动了经济增长。社会的这些组成部分确实能促进经济的长期发展，在现实中也是如此。正如经济学家彼得·特明（Peter Temin）所记述的那样，罗马帝国实行的是市场经济。罗马治下的和平促进了地中海地区的贸易，工业革命前，这里的生活条件比大部分地区要好。[28]但这里的经济增长主要基于贸易。当这种增长的政治基础遭到破坏时，就像罗马帝国崩溃后的情况一样，人们的生活水平迅速下降。[29]

黑暗时代之光

出人意料的是，中世纪时期，当政府对技术的管控开始减少、技术带来的福利从公共领域转向私人领域时，技术发展逐渐转向，开始服务于经济目的。许多历史学家认为，罗马帝国的衰落标志着古代世界的终结和中世纪（中世纪早期仍不时被认为是黑暗时代）的开始。在中世纪早期（公元500—1100年），欧洲的经济条件和文化环境比古典文明时期更加原始：人们的文化水平下降，法制的约束力减弱，暴力频仍，商业恶化，罗马修建的道路和引水渠年久失修。封建领主制随罗马帝国的灭亡而兴起。在这种秩序中，君主在顶端，贵族随后，农民在底层。封建秩序就意味着政治权力掌握在高度分散的领主们手中，他们都拥有自己的军队。所以与罗马帝国相比，封建秩序下王权较弱。领主们将自己的土地分给农民，后者通常被称作农奴。农奴不得不进行大量没有报酬的劳动，但和奴隶不同的地方在于他们能够保留一些劳动所得。农奴和奴隶的相同之处在于他们都受到了很多限制。比如没有领主的允许，他们不能离开庄园，也不能进入由贵族主持的法庭提起诉讼。在这一体制下，努力工作和进行创新的动机可能非常低。但也正是在这一时期，"人们成功突破了阻碍罗马人的许多技术瓶颈"。[30] 毫无疑问，中世纪的欧洲没有罗马帝国那样的奢华建筑，但也不需要造价高昂的道路和桥梁，因为没有庞大的军队来维护和使用。[31] 相反，中世纪的技术成就越来越致力于解决经济问题，尽管以现代社会的标准来看，这些问题大多并不严重。与"亚历山大的工程师们有趣的玩具或者阿基米德的战争机器"不同，中世纪的技术减轻了日常劳作的辛苦。[32]

值得注意的是，人们逐渐开始愿意模仿和采纳外来技术，这是技术更加进步的社会的早期迹象。中世纪早期的欧洲绝对不在技术前沿，但它正在迎头赶上。[33] 在中世纪，农业技术的发展尤为重要。虽然农奴制的盛行阻碍了技术进步，但由于绝大部分人仍从事农业活动，因此农业方面的发明对整体生产率影响最大。农业转型是一个渐进的过程，可能持续了数个世纪，但它最终影响了整个欧洲的工作方式。

这一转型的驱动因素是重型犁的推广和三圃制的建立。[34] 重型犁是一项使能技术：有了它，罗马时代无法开垦的大片土地现在可用于农耕。但除了扩大农业用地，重型犁还提高了生产率。研究中世纪历史的历史学家林恩·怀特（Lynn White）写道，重型犁构成了"农业的发动机，它通过畜力节省了人类的精力和时间"。[35] 但和大部分发明一样，重型犁也面临着新的挑战——它需要几头牛才能拉动。[36] 农业越来越依赖于畜力，这意味着农民需要寻找更好、更便宜的方式来喂养他们的牲畜。人们从在欧洲逐渐普及的三圃制中找到了部分解决办法，三圃制允许动物们在地里吃草，同时给土地施肥。这种制度极大地提高了生产率。与二圃轮作制相比，三圃制能使生产率提高约50%，虽然这主要是通过节约资金达成的。[37] 此外，三圃制还极大地增加了特定庄稼的产出（比如尤其适合用于喂马的燕麦），从而提高了发展用马技术所需的储备粮食的数量和质量。中世纪结束时，在农业领域，三圃制和马的使用似乎形成了非常密切的联系。[38]

在一系列辅助发明问世之后，用马技术在整个中世纪有了极大的发展。举例来说，固定马蹄铁的发明使得马可以更普遍地用于商业运输。在湿润的土壤中马蹄铁可以保护马蹄，从而在农业生产中提高对马的力量的使用。马镫的发明是另一个重要的技术进步。马镫虽然主要用作军事目的，使骑士可以在马背上战斗，但它也提高了平民骑手们骑马时的稳定性和舒适性。但在经济影响方面，现代马项圈的诞生所做的贡献可能最为重要——虽然直到20世纪初，当退休的法国骑兵军官里夏尔·列斐伏尔·德诺埃特（Richard Lefebvre des Noëttes）对项圈进行记录，它的真正意义才为人所承认。德诺埃特对比了古代和中世纪时期马匹的使用情况，发现希腊人和罗马人使用的喉-腹挽具用两根带子绕住了马的腹部和颈部，使马丧失了80%的行动力。[39]

这些技术进步的重要性再怎么强调也不为过，因为在11世纪，英国70%的能量仍来自动物，剩余的来自水车。但即使马匹越来越多地被应用于农业，用马技术对生产率的影响仍不完全清楚，因为人们也使用牛。但有一点是确定的，用马技术的转变与生产率的大幅提高密切相关。[40] 现代实验表明，虽然马和牛在牵拉方面表现相似，但马移动更快，每秒钟做功的英尺磅数（foot-pound）要多出50%，而且马每天能多工作两个小时。用马技术对运输领域生产率的影响可能同样巨大，它通过促进陆路运输和贸易的发展来促进斯密型增长（Smithian growth）。据估计，有了新的挽具和马蹄铁，13世纪时每增加100英里的陆上谷物运输，成本只提升了30%，这比罗马时代高出三倍多。[41]

在使用风力和水力代替畜力方面，也有了很大的进展。在中世纪，尤其是在7—10世纪期间，更大、更好的水磨坊逐渐遍布整个欧洲，越来越多地被应用于工业。1086年，"征服者"威廉下令完成的《土地调查清册》（The Domesday Book）表明，英国3000多个社区中有5624个水磨坊，也就是每100个家庭就有大约两个水磨坊。[42] 它们为洗涤厂、啤酒厂、锯木厂、风箱、麻布加工磨坊和餐具磨床等提供动力。虽然我们无法使用《土地调查清册》提供的数据来评估这些磨坊的平均马力，但被人们长期广泛使用正说明了水磨坊的经济重要性：即使在整个工业革命期间，水磨坊仍是英国最主要的能量来源。[43] 它们的出现表明与早前的文明相比，技术在持续进步。中世纪晚期也的确被描述为"水和风驱动的中世纪工业革命"。[44]

虽然风力在以前便被用于航海，但古典时代的人对风车一无所知。直到诺曼征服（公元1066年），风车才发明出来：第一批有可信文字记载的风车可追溯至1185年。相关争议的出现表明了它的经济意义。一位名叫布尔查德（Burchard）的富有的神职人员向教宗塞莱斯廷三世（Pope Celestine Ⅲ）直接抱怨道，有一个骑士拒绝缴纳其风车收入的什一税（每个人需缴纳其年收入的十分之一，作为维持教堂和神职人员的税款）。即使风车的主人们辩称他们面临的是现行条例并未涵盖的新情况，但到了1195年，教宗依然开始向这些人征收什一税。[45]

总的来说，中世纪欧洲的生产率（无论是制造业还是农业生产率）相比于之前的文明来说，显然有能力达到更高的水平。然而，像机械钟和印刷术这样最具变革意义的技术却几乎没能影响当时的经济活动。由砝码带动的时钟出现于13世纪末期，但直到1500年以后才具有了经济意义。在中世纪，家用时钟很罕见，它们要么是有钱人的精致玩具，要么是科学家的实用工具。厄舍写道："截至1500年，几乎所有城镇都有塔钟。家用时钟虽在富人们当中很普遍，但直到下一个时代才在欧洲真正普及开来。后来的作家们指出，15世纪纽伦堡的时钟制造业非常发达，因此家用时钟在德国中部和东南部比在欧洲其他地方更为普遍。这些15世纪的德国时钟是第一批标明分和秒的时钟之一，天文学家也使用了这些时钟。"[46]

然而公用时钟的情况大不相同。中世纪晚期，城镇建造塔钟主要是为了彰显地位和名誉，而不是出于经济目的。塔钟的建造通常由富有的贵族出资，本意是为了显示城镇的发达，却带来了意想不到的经济后果。经济史学家拉斯·博尔纳（Lars Boerner）和巴蒂斯塔·塞韦尔尼尼（Battista Severgnini）认为，早先使用时钟的城市——在1450年以前就拥有塔钟的城市——在1500—1700年间比没有时钟的城市发展得更快。[47]从长远来看，时钟对经济的贡献是巨大的，影响却滞后了：

> 在城镇修一座塔钟是出于声誉而非经济目的。城镇并不

能预料到塔钟会给他们带来长远的经济利益，或者说从现状看也没有什么经济效益。因此，时钟的经济效用经历了一个缓慢的过程。尽管在 14 和 15 世纪，时钟就已经被用来协调一些活动，例如确定市场开放时间和城镇行政会议的时间，但人们使用时钟来监督和协调劳动的过程发展十分缓慢，在 16 世纪尤为缓慢。从 16 世纪中期开始，我们就可以在新教运动（约翰·加尔文提出了"时间稀缺"）等日常文化活动和哲学思想中发现时间观念了。17 世纪出现了罗伯特·波义耳（Robert Boyle）和托马斯·霍布斯（Thomas Hobbes）这样的科学家和哲学家，他们把时钟作为世界运转的象征，并用其诠释国家机构该如何运行。这个过程进行得比较缓慢，这并不奇怪，因为互相补充的有组织的、程序的和文化的创新行为转化为经济增长需要一些时间。[48]

许多历史学家指出了精准测时对经济进步的重要意义。法国历史学家雅克·勒高夫（Jacques Le Goff）将公共时钟的诞生称作西方社会的一个转折点。[49] 历史学家刘易斯·芒福德（Lewis Mumford）甚至坚持认为不是蒸汽机而是机械时钟带来了工业时代。[50] 虽然这可能有点夸张了，但毫无疑问，时钟全面改变了西方人的生活，尤其是工作节奏。中世纪晚期，"守时"这一文化观念已经开始出现。当然，早在时钟出现之前，将一天分为可测量的时间单位的做法便已存在，但"小时"这一时间长度并不是固定的。它取决于一天的长度，这意味着夏天和冬天"小时"的时长变化很大。因此人们仍倾向于通过太阳的位置来判断时间。中世纪的人们虽然可以根据太阳和滴漏判断时间，但它们在商业活动中没有扮演任何有意义的角色。市场在日升时开放，在正午阳光最强烈的时候关闭。直到公共时钟普及之后，市场时间才由钟声来确定。因此，公共时钟为人们提供了一种新的、所有人都十分易懂的时间概念，从而为公共生活和工作做出了极大贡献。这反过来又促进了商业和贸易。消费者、零售商和批发商之间的交易与往来变得不那么散乱了。重要的城镇会议开始有了固定的时间，这使得人们能够更好地规划时间，用更有效的方式分配资源。[51]

在工业领域，时钟的重要性体现得稍晚。直到18世纪，随着工厂制的诞生，它的重要性才凸显出来（见第四章）。早期工业革命是由纺织机驱动的，而钟表匠在设计纺织机方面的作用可能被夸大了。但对工厂制来说，机械钟无疑是至关重要的使能技术，因为它的工作时间是固定的。工厂工作依赖于规则、次序和精确的时间测量之间的互相协调。在文艺复兴时期，精密车床和测量工具得到了发展，蒸汽机和其他机器的许多后续发展则需要用这些工具来生产科学仪器和导航仪器。钟表制造和仪器制造的紧密联系为1800年左右的许多发展提供了帮助。卡尔·马克思和马克斯·韦伯（Max Weber）正确地认识到，钟表极大地影响了资本主义的发展。[52]

1453年，约翰内斯·古腾堡发明了第一台金属活字印刷机。这是中世纪晚期又一个标志性成就，它对生产率的主要贡献很久之后才体现出来。古腾堡没有为需要印刷的每一页内容都制作非常复杂的字模，而是给每一个字母和符号制作金属字模，按所需的顺序进行设置。古腾堡活字印刷的优点体现在书籍价格的明显变化上，书价很快下降了三分之二——更多人有机会接触到书籍了。[53]然而科技史学家唐纳德·卡德韦尔（Donald Cardwell）所说的"信息技术的第一次革命"不能仅仅归功于古腾堡。[54] 纸张（从中国引进）、廉价的印刷油墨、印刷机（很可能是由古代的葡萄榨汁机演变而来）和罗马字母表（在整个欧洲通用，26个字母非常适合印刷）等使能技术的发展使印刷术在经济上更加可行。尽管如此，古腾堡的发明无疑仍是人类历史上最重要的发明之一。到了15世纪末，欧洲有超过380家出版社，出版了海量的书籍。古腾堡印刷术发明之后的50年里出版的书籍比之前1000年里出版的都多。[55]

格里高利·克拉克（Gregory Clark）等经济史学家认为印刷术对宏观经济增长的影响"微乎其微"。[56] 然而虽然印刷产业没有出现在总量统计数据中，但我们从经济学家杰里迈亚·迪特马（Jeremiah Dittmar）最近的作品可以知道，印刷术是16世纪城镇发展的引擎。[57] 在印刷术得到推广的那些城市，商业教科书的推广使人们能更好地传播商业知识，例如如何进行货币兑换、确定利息支付方式以及计算利润份额——这些又反过来促进了宝贵的商业技巧的传播。按照1519年出版了第一本葡萄牙语算术教科书的加斯帕·尼古拉斯（Gaspar Nicolas）的话来说，"我之所以印刷这本算术书，是因为当葡萄牙人和印度、波斯、埃塞俄比亚以及其他地方的商人进行交易时，算术非常有必要"。[58]

众所周知，印刷术还促进了科学的传播。但我们也应该看到，科学直到19世纪才成为技术进步的支柱。正如迪特马笔下所描述的，16世纪时"印刷媒介在工业创新的传播上起到的作用可能更有限"。[59] 印刷术的主要影响在于推动了贸易的发展。在贸易越繁荣的地方，印刷术越能大显身手。拥有水上交通的城市最容易从中获利，这一事实更印证了金属活字印刷是斯密型增长的一股动力来源。实际上迪特马的著作说明，印刷术给港口城市带来了特定的福利，这些城市或多或少都从商业实践的创新中获得了不成比例的收益。更广泛地说，印刷术的早期使用者发现面对面的交流变得更加重要，因为印刷术首次使机械师、学者、商人和工匠聚集到同一个商业情境下。书店成为知识分子们的聚集地。采用新印刷技术的城市也吸引了造纸厂、装饰书稿的人以及翻译人员。同计算机革命一样（我们会在第十章中提到），信息技术的第一次变革并不意味着距离的消亡。同计算机技术一样，印刷术让地理空间的束缚变得更为明显，使人们聚集到一起，促进了城镇化。因此与计算机革命一样，印刷术革命使世界更不扁平了（如果有影响的话）。

虽然印刷业自身规模太小，对社会整体发展的影响微乎其微，但毫无疑问，印刷经历了一次熊彼特式的转变。因为在印刷术发明之前，抄写员手抄稿件，但后来他们发现自己的技能过时了。西方人在面对可能取代工作的新技术时通常会反抗，但为什么这次热情地接纳了印刷术呢？举例来说，1397年当裁缝们提出抗议，科隆市就禁止使用自动压制针头的机器。1412年科隆市丝绸纺织工人行会抵制一种捻丝机器。作为对此的回应，科隆市宣称："我们的城市里许多在行会谋生的人将陷入贫困，因此市议会决议，无论是这种捻丝厂还是任何与之类似的工厂——无论是现在还是未来——都不被允许建设。"[60]

那为什么抄写员没有以同样的方式反对印刷术呢？一个可能的原因是活字印刷是一个基本不受监管的新生行业。正如历史学家斯蒂芬·福塞尔（Stephan Füssel）指出的那样，在这个行业发展的初期，大多数城市的人们都可以自由地发明创造，不会受到行会或者政府规章制度的限制。[61]我们会看到，在行会势力逐渐壮大的地方和行业，取代技术的发展常会受到行会的强力限制。印刷行业也不例外：16世纪巴黎的抄写员行会发起了一次对取代劳动力的印刷技术的抗议。

当然不是每个人对古腾堡的15世纪发明都很满意。我们了解到随着印刷术的采用，劳动者们也发起过一些反抗，比如1472年热那亚职业作家们的反抗、1473年奥格斯堡卡牌制造商们的反抗和1477年里昂的文具商们的抗争。但总的来说，印刷术的迅速传播表明抵抗比预想中的要弱。在《为什么抄写员们没有发动暴乱》这篇文章中，乌韦·尼德梅尔（Uwe Neddermeyer）认为理由很简单：大多数情况下，抄写员能从印刷出版的兴起中受益。大部分手写稿是由那些为自己〔而非出于商业目的〕而写书的人撰写的。几乎没有抄写员或宗教团体依靠抄写书籍来谋生。因此，对绝大多数受印刷术影响的人来说，活字印刷并未造成任何收入损失。对于收入确实受影响的人来说，多数人有了一些更好的替代选择："许多职业抄写员继续撰写文件、清单、信件、会议记录等使用印刷术不划算的文本，以此来养家糊口。"[62] 也许更加重要的是，印刷出版不仅创造了人们对书籍日益增长的需求，也创造了许多能让抄写员获利的新工作。

同时代的人也注意到了这一点。在1490年于里昂出版的《佩特里·西斯帕尼论文集》（*Expositiones in Summulas Petri Hispani*）中，主编约翰·特里歇（Johann Treschel）认为新的印刷工艺终结了抄写员的工作，"他们现在只能做书籍装订的工作了"。[63] 许多修道院的文书房一直在大量出产新书。在15世纪的最后几十年里，这些文书房将重心转移到了书籍的封面设计和装订上来。有些修道院甚至建立了自己的印刷厂。一些抄写员甚至庆幸印刷术的到来，因为印刷术将他们从烦琐的书写中解放出来，让他们能够专门从事书籍设计和装订工作。尼德梅尔写道，如果"他们被问到是否认可这一新技术，古腾堡时代的大部分抄写员无疑都会说'认可'"。[64] 在第八章中，我们将讨论到，20 世纪的人们对劳动力取代技术的抵抗之所以如此无力，原因之一在于大部分工人都有好的替代工作可选。这主要得归功于制造业的稳步扩张。但很显然，情况并非总是如此。

尽管如此，总的来说，中世纪的技术进步起到的作用更主要在于促进贸易发展而非节约劳动力。尤其是在造船和航海这些领域的使能技术的发展（包括三桅船、可移动的方向舵取代转向桨以及海员使用的罗盘的发明），使与之相关的国际贸易快速增长。此外，"轻快帆船"的建造在 15 世纪的葡萄牙达到顶峰，瓦斯科·达·伽马（Vasco da Gama）、克里斯托弗·哥伦布（Christopher Columbus）和斐迪南·麦哲伦（Ferdinand Magellan）乘坐这种船发现了新的贸易路线。当时的欧洲在某种程度上已赶上了此前更先进的伊斯兰文明和东方文明。随着一些技术创新火花的迸发，欧洲虽仍是外来技术的模仿者，但很快就会转变为创新者了。[65]

没有汗水的灵感

1500—1700 年间，西方世界和其他地方的技术差距拉开了。欧洲不再是技术落后的地区了。早在工业革命前，欧洲就在不断拓展技术边界。始于意大利、逐渐传播到整个欧洲的文艺复兴运动将中世纪和工业时代连接了起来。文艺复兴虽然一开始只是一场文化运动，却同样带来了深刻的技术变革。我们仍应看到，这一时期的重要发明几乎没有一项是取代工人的技术。取代工人的技术的出现则遭到了人们的强烈抵抗。

　　文艺复兴时期的技术进展在很大程度上要归功于中世纪后期的一项发明——古腾堡的印刷术。人类历史上首次出现了大量技术文献，详细介绍了水坝、水泵、水管、隧道，使技术知识更具积累性和可传播性。本书清楚地表明，文艺复兴的一些领军人物充分理解了机械的实践意义。有着诸多发明的达·芬奇认为"力学是数学的天堂，数学要在力学中才得以实现"。[66] 但在最佳实践和机械的被使用并被推广之间存在着很大的差距。在数量繁多的技术文献中记载的发明很少对经济增长产生显著影响。比如，格奥尔吉乌斯·阿格里科拉（Georgius Agricola）在《论矿冶》（De Re Metallica）一书中详细说明了各种采矿机器；维托里奥·宗卡（Vittorio Zonca）描述了一台非常复杂的捻丝机，它在约一个世纪后启发了约翰·洛姆（John Lombe），促使他前往意大利发现了这个宝贵的秘密。但正如那些技术著作所提到的多数机器一样，它们没能成为文艺复兴时期欧洲的标准设备。与此类似，服务于英国皇家海军的荷兰工程师科内利斯·德雷贝尔（Cornelis Drebbel）建造了第一艘可航行的潜艇，并于1624年将它展示给了国王詹姆斯一世（James Ⅰ）。直到两个多世纪后，这一技术才得到实际应用。这艘潜艇尽管在泰晤士河中多次试航，却没有激起人们足够的热情来进一步发展这一设想。[67]

　　爱迪生认为发明依靠的是1%的灵感加上99%的汗水，但这一观点在文艺复兴时期的欧洲显然不对。恰恰相反，想法和图纸很少转化为样品。文艺复兴时期充满了新奇的技术构思和丰富的想象，但这些很少变为现实。正如乔尔·莫基尔认为的那样，"如果按照一项发明的概念初次在脑海中浮现开始算日期，而非按其首次实际生产开始算日期，文艺复兴时期确实可以说得上和工业革命一样富有创造力。虽然这一时期人们设想的桨轮船、计算器、降落伞、钢笔、蒸汽操作车、动力织机和滚珠轴承对思想史家来说很有趣，但它们由于无法被实际制作出来，所以没有经济意义"。[68]

从经济角度来看，我们对于文艺复兴时期的技术可以给出的最好的评价是，它为人类迄今为止最重要的技术突破之一蒸汽机铺平了道路。蒸汽机的科学始于伽利略和他的助手、发明了气压计的埃万杰利斯塔·托里拆利（Evangelista Torricelli）。1648年，托里拆利发现大气是有重量的。随后在1655年，奥托·冯·格里克（Otto von Guericke）通过几次实验证明，空气的重量可用来做功：格里克发现从气缸中抽出空气会推动活塞进入气缸，使其能够举起重物。丹尼斯·帕潘（Denis Papin）发现向气缸注入蒸汽然后冷凝能产生同样的效果，于是他在1675年制成了第一台非常简单的蒸汽机。这一系列发现最终以托马斯·纽科门（Thomas Newcomen）的蒸汽机而达到巅峰，他的设计是建立在"大气有重量"这一观念之上的。在文艺复兴时期的发明中，纽科门的蒸汽机对后续的工业发展最为重要，但这并不意味着它是应用于工业的唯一的科学成果。[69]

从机械历史的角度来看，伽利略的力学理论是另一个标志性成就。在古典时代，阿基米德在描述杠杆原理方面取得了一些进展，但他没有考虑更复杂的机械运动。伽利略的力学理论则表明，包括滑轮、齿轮等系统在内的所有机械的功能是共通的，即尽可能有效地施力。在伽利略之前，人们对不同的机械有着各自独特的描述，人们还没有认识到支配所有机械的一般规律。运动学之父弗兰茨·吕罗（Franz Reuleaux）指出了这一转变的重要意义。他认为"早些时候，人们把每台机器当作一个独立的整体，由独特的部件构成。他们完全忽略或者说很少能理解被我们称为机械装置的独立的零件组。磨坊就是磨坊，铁砧就是铁砧，不是什么别的东西。我们发现以前的书籍从头到尾都是在分别描述每种机器"。[70] 此外，在力学理论出现之前，人们只能对机器进行定性评估。在它出现后人们可以定量衡量了。从经济学的角度看，伽利略力学理论尤为有趣的地方在于它旨在提高效率。机器的功能在于，以最有效的方式部署和使用水、风和畜力等由自然提供的力量，从而完成一定量的工作。[71] 但在当时，这种直觉很少被付诸实践。力学和魔法常被混淆，这表明使用自然力量达成现实目的的原理并未得到人们的广泛理解。人们普遍认为机器是欺骗自然的装置，制造机器的人则拥有魔法师的力量。力学魔法师的传说还将持续很长一段时间，比如在雅克·奥芬巴赫（Jacques Offenbach）的歌剧《霍夫曼的故事》（*The Tales of Hoffman*）中，发明家斯帕兰扎尼的形象就是如此。[72]

　　在提高生产率的技术发展方面，文艺复兴在很大程度上是中世纪的延续。在多数情况下，技术似乎节省了资本而不是劳动力。采矿业取得了一些进步，包括地下轨道运输和一些抽水设备的采用。[73] 采矿业可能是最能直接从科学和科学家那里获利的行业了。伽利略和牛顿考虑到了采矿业的许多工程问题，从空气的流通到煤炭的运出。但他们的洞察并没有减少采矿所需的工人数量。农业仍是经济中最大的构成部分，农业技术的提高会在最大程度上影响整体生产率。这一时期农业方面最重要的发明是新型畜牧业的出现，它包括喂牛的牛棚和新作物的引进以及休耕制的废除。新型畜牧业使得农民能够喂养更多的牛，产出更多动物制品。但很少有发明旨在减少从事农业劳动的人数。例如，新的铁犁减少了犁地所需的动物数量，因此，它可能节约了更多资本而非劳动力。其他农业发明——比如被普遍认为由杰思罗·塔尔（Jethro Tull）在1700年左右发明的现代条播机，确保播种更加均匀——提高了农田的利用率，同样节约了资本。[74]

和纺织行业的情况相似，劳动力取代技术一出现便成为人们普遍反抗的对象，当局也常对其加以抵制。比如，人们预计有了起毛机，一个男子和两个小男孩就能完成十八个男子和六个男孩的工作。1551年英国颁布的一项法令禁止了它。在约一个世纪后，国王查理一世（Charles Ⅰ）再次发布公告对其加以禁止，但这正说明有一些工厂仍在运作，且未受惩罚。[75] 1589年牧师威廉·李发明的丝袜针织机是当时具有里程碑意义的劳动力取代技术，也遭到了强烈抵制。女王伊丽莎白一世拒绝授予他专利，并宣称："尊敬的李先生，请想一想你的发明会对我可怜的子民们造成什么影响吧。你的发明会剥夺他们的工作，给他们带来灭顶之灾，使他们沦为乞丐。"[76] 女王的决定反映了针织品行会对新技术的抵制：织品商们担心他们的技术将因此而变得多余。行会强烈抵制李的发明，使他不得不离开英国。

人们抵制取代工人的技术的例子比比皆是。除了纺织业，1623年枢密院下令禁止使用缝针制造机，要求毁掉用它制造出来的针。九年后发生了类似的事件，查理一世禁止铸造水桶，他认为这样会毁掉那些仍在用传统方法制作水桶的手工匠的生计。[77] 在欧洲的其他地方，反抗同样猛烈。17世纪时，欧洲许多城市都颁布了法令禁止使用自动织机。在1620年的莱顿城，自动织机的使用引发了暴乱。[78] 1685—1726年，自动织机在德国被全面禁止。1705年，愤怒的富尔达船夫们毁掉了帕潘发明的蒸汽引擎：

　　当时，富尔达和威悉的河道交通是由船夫行会垄断的。帕潘一定已经察觉到了可能有麻烦。他的朋友及导师、德国著名的物理学家戈特弗里德·莱布尼茨（Gottfried Leibniz）写信给国家领袖黑森-卡塞尔选帝侯（Elector of Kassel），请求允许帕潘"没有麻烦地通过"黑森选侯国。但莱布尼茨的请求被驳回了，他收到了一个敷衍的回复："选帝侯的顾问发现在授予许可的过程中遇到了极大阻碍。他们没有说明理由，只让我将这一结果告知您。结果就是，您的请求没有得到选帝侯的批准。"帕潘没有退缩，依旧踏上了旅程。当到达明登的时候，船夫行会第一次试图让当地法官扣押他的船，但没有成功。随后船夫们袭击并毁掉了帕潘的船，将他的蒸汽机砸得粉碎。帕潘最终死于贫困，被埋葬在一座无名墓穴中。[79]

　　和富尔达的船夫们类似，手工业行会掌控着前工业时代欧洲城镇的学徒和生产。举例来说，在16世纪中期的伦敦，约75%的工人隶属于行会。[80]经济史学家希拉格·奥格尔维（Sheilagh Ogilvie）认为，"在欧洲工业化之前的八个世纪中，行会是为经济活动制定游戏规则的核心机构"。[81]他们还阻挠取代技术的应用，采取合法或暴力的手段来维护他们的技能和利益。的确，虽然经济史学家们在行会对待新技术的态度上存在分歧，但在后者对待新技术的态度取决于新技术对其技能的影响这一点上，人们逐渐达成了共识。行会并未试图减缓整体的技术进步。但当技术威胁到行会成员的工作时，就会受到强烈抵制。[82]若能从新技术中获利，他们就静静地接受；如果新技术会给他们的工作带来不利影响，他们就会激烈反抗——虽然反抗也可能失败。经济史学家斯蒂芬·爱泼斯坦（Stephen Epstein）认为，那些节省资本或使工人技能更有价值的技术不会受到抵制，劳动力取代技术则更有可能遭到抵制。[83] 但爱泼斯坦指出，实际上，个体行会做出的反应通常是受政治力量而非市场力量影响的结果。"那些资本投入低、主要依靠手艺谋生的贫穷手工匠与那些较富裕的手工匠之间存在着根本性差异，因此前者〔通常与熟练工人结盟来〕反对资本密集型创新和省力技术创新，后者则更喜欢这种变化。"[84]

　　奥格尔维追踪了手工业行会在数世纪之中的活动。她通过这一创造性工作发现，在某些情况下，即使新技术可能意味着工匠们将失业，但技术变革的政治经济影响仍会驱使人们采用新技术。有时，若行会中有实力的分支受益于新技术，行会就会牺牲稍弱势的分支来推广这一技术。有时，强大的商人会否决行会的决定。在有些情况下，政治当局会出于经济利益授予发明者特权。这些经济利益要么是直接获得报酬，要么是有望分享利润。但在大多数情况下，行会将极力反抗那些将威胁到自身技能和收益的技术，且通常都能成功。奥格尔维解释道：

　　　行会抵制了马拉的机器，因为它们夺走了行会工人的工作。比如1498年，科隆市禁止使用由马驱动的捻线机，因为它们威胁到了亚麻捻线机行会师傅们的工作。在现代早期的欧洲，大部分行会都成功地抵制了多梭丝带机。但1604年后，得益于荷兰丝带织工行会一些派别的大力支持，多梭丝带机在荷兰北部传播开来。这一机器在1616年后的伦敦也得到了应用：在满怀敌意的行会自由民们动员人们反抗之前，纺织公司内部少数有政治关系的同业公会会员使用了这一机器。[85]

反对创新是行会和具有破坏性的新工艺与新产品之间进行互动的最显著特征。前现代时期的人常抱怨行会阻碍创新。行会也公开进行游说活动，阻止行会成员和其他人使用新方法进行生产。城邦、王室、领主和帝国政府时常考虑行会反抗机器的请求，且经常通过立法解决这些问题。[86]

在详细研究伊丽莎白一世时代、詹姆士一世时代到查理一世时代的英国专利和法律案件文献后，法律学者克里斯·登特（Chris Dent）发现"这一时期的法律决策证明，就业最大化是精英阶层的首要任务"。[87]这一时期人们对待取代技术的态度与古典时代的人们类似，政治精英们反对技术进步以避免社会动乱。相比于中世纪，15—17世纪强大的民族国家的崛起使政府对技术发展有了更强大的影响。在中世纪封建秩序下，权力分散在拥有军队的高度自治的领主们手中。国王的领土只是由分散且基本独立的领地拼凑而成的，不存在中央管理。但随着时间的流逝，君主们之间竞争越来越激烈，需要更多的资源为战争动员做准备，同时又需要有更集中的机构来整合这些资源。[88]军事史学家昆西·赖特（Quincy Wright）估算，15世纪的欧洲由大约5000个政治体构成，但到了三十年战争时期（1618—1648年），通过合并，政治体数量变成了约500个。[89]步兵军的出现意味着拥有大量土地的贵族不再能提供有效的军事防护了，封建寡头政治被中央集权的君主制所替代。政治学家查尔斯·蒂利（Charles Tilly）曾说过："战争造就了国家，国家制造了战争。"[90]1500—1800年，西班牙有81%的时间处于战争状态，英国和法国处在战争状态的时间超过了50%。[91] 这反过来也刺激了人们去努力创新。事实上，正如经济史学家内森·罗森伯格（Nathan Rosenberg）和小伯泽尔（L. E. Birdzell Jr.）所认为的那样，"在西方，通过引进那些可能带来贸易或产业优势的技术，竞争政治权力的核心群体能获得很多好处……如果一些人先引进，另一些人就会失去很多。一旦意识到总有竞争者会带来难以挽回的恶果，那么将基于经济现状的政治权力和反抗技术革新结合起来的可能性就会或多或少从西方人的头脑中消失"。[92]

政府开始资助工程师，授予发明家专利，在一些关键的商业领域实行垄断经营。这说明他们开始意识到政治权力越来越难与技术保守主义相一致。关于政府驱动技术赶超，有一个著名的事例：沙皇彼得大帝决意实现俄罗斯的现代化，他化名彼得·米哈伊洛夫（Pyotr Mikhailov），跑到一家荷兰船厂工作，学习造船技术。然而，虽然政府清楚地意识到需要推动技术进步，但他们是有选择地做这件事的——正如我们所看到的，他们尽可能地限制取代技术的采用。因此总体来说，文艺复兴时期的技术发展撬动的是斯密型增长而非熊彼特型经济增长。比如说，航海技术对欧洲各国正积极参与的国际贸易来说至关重要，而这一方面的使能技术就包括天文仪器和罗盘。实际上在技术术语中，文艺复兴时期被贴切地称为"仪器时代"（age of instruments）。望远镜、气压计、显微镜、温度计是这一时期的主要技术成就，被应用在各个领域。伽利略使用望远镜观测木星的卫星，拿骚的莫里斯（Prince Maurice of Nassau）用它来观察西班牙军队，他的船长们使用望远镜来发现海上的敌军战舰。有些发明即使并不是为贸易和战争需要而生的，最终也会为贸易和战争服务。[93]

仪器时代的到来带来了重要的溢出效应，仪器商店成了科学家、手工匠、业余爱好者们集会的场所，在传播新思想、促进科学与技术的交流中发挥了重要作用。卡德韦尔认为："有充足的记录表明，到了1700年现代技术的基础已被奠定。18世纪结束前，'技术'一词已经问世，而'发明家'一词也已开始有了如今我们所理解的那种意思。"[94] 然而，这就更难解释为什么工业革命没有早点发生了。

第二章

工业化之前的繁荣

到了18世纪，欧洲的技术前沿已得到极大拓展，然而这种拓展对经济增长和社会繁荣所产生的影响仍颇具争议。格里高利·克拉克甚至认为"公元前8000年的消费者们只要有足够的食物（包括肉类）和更大的空间，就能轻易享受到1800年英国工人们梦寐以求的那种生活方式"。[1]

对熟悉简·奥斯汀所描写的18世纪英国上流社会的人来说，无疑有一些人享受到了远优于狩猎采集者们的生活方式。在1811年的《理智与情感》（*Sense and Sensibility*）中，布兰登上校（Colonel Brandon）提到一个年收入300英镑的教区长时说："这个小小的教区长能让费拉斯先生成为一个舒服的单身汉，却没法让他结婚。"[2] 当时一般农场工人的年收入大约是费拉斯先生的十分之一，但费拉斯先生仍然没有娶到妻子。为了更明确地理解费拉斯先生的收入，我们可以做个比较：在《理智与情感》出版的同一年，第五代德文郡公爵的继承人、哈廷顿侯爵威廉·斯宾塞·卡文迪许（William Spencer Cavendish）成年了。第六代公爵继承的财产包括四处房产：位于德比郡的查茨沃斯庄园和哈德威克厅、位于约克郡的博尔顿修道院和位于爱尔兰南部的利斯莫尔城堡。他在伦敦还有三处宅邸：奇斯维克庄园、伯灵顿宫和德文郡庄园。他的房产由爱尔兰和英国的八个郡的土地来支撑，年收入7万英镑。[3] 这些观察性证据表明的极端收入差距也得到了统计数据的证实。1801年，收入最高的那5%的英国人年收入占据了全国家庭总收入（按实际价值计算）的三分之一以上，到1867年甚至还略有提高。[4] 那一年历史学家伊波利特·泰纳（Hippolyte Taine）在参观了上议院后评论道："在场同僚们向我展示了他们的巨大财富——最多每年有30万英镑。贝德福德公爵每年从土地上获得的收入是22万英镑，里士满公爵仅土地就有30万英亩。威斯敏斯特侯爵是整个伦敦地区的大地主，如果现在的长期租约到期，他每年将获得100万英镑的收入。"[5]

为什么会出现这些不平等现象？首先要指出的是，富裕贵族们（比如德文郡公爵和威斯敏斯特侯爵）的收入来自土地资本而非劳动。在简·奥斯汀笔下的英国，资本是产生收入差距的主要原因。经济史学家彼得·林德特（Peter Lindert）估计，1810年英国最富有的10%的人口拥有80%以上的财富。[6] 他们的财富大多来自土地。国民财富大约是国家收入的七倍，农业用地就占了国家财富的一半左右。[7] 换句话说，如果没有农业这项重要的技术，地主阶级的财富就将不复存在。没有农业，18世纪的英国将不可能出现地主阶级。新石器时代的技术变革带来的福利，在约1万年后的18世纪仍影响着人类社会。这一事实表明，虽然技术变革已历经数千年，经济生活却没有从根本上得到改变。大部分人仍在家庭生产体系的农场中工作，这表明劳动力取代技术寥寥无几。虽然中产阶级逐渐出现，但社会地位和财富的获得仍来自土地。

农村生活的愚昧状态

人类的大部分历史中不存在财富，也没有不平等。不平等的时代随着新石器时代的变革而开始。相比于之前的采集狩猎时代，接下来的时期只构成了人类历史的短暂篇章。如上所述，缺少储存肉类的技术，即时食用就不可避免，人们也无法大量储存剩余粮食。农业发明后，人们才能够储存食物、拥有土地，积累大量个人财富——这反过来促进了财产所有权概念和保护这些权利的政治机构的出现。当然，史前时代没有关于第一批政治机构的诞生情况的任何记录。但在中世纪的欧洲形成了一种封建体系，这显然建立在农民用劳动换取骑士的保护这种交换关系之上。早期政权的建立可能遵循了与此类似的模式。政权提供了稳定，但代价就是不平等。[8]从公元前1500年迈锡尼的希腊墓葬中出土的骷髅来看，王室成员的骨架比普通人的骨架高2—3英寸，牙齿基本上也更好，这说明王室成员摄取的营养更好。公元1000年左右的智利木乃伊提供了更多证据。从展出的木乃伊来看，精英阶层由疾病造成的骨骼损伤的比例要比其他人低得多。此外还有一些显著的财富特征，如装饰品和金发夹。[9]让-雅克·卢梭（Jean-Jacques Rousseau）认为政治上的不平等源于农业的发明，这一观念似乎可以站得住脚。[10]

当然，如果普通人也能从农业生产中获利，不平等的代价可能就会很低。因此考古学要探究的最大的问题之一就是农业对普通人富裕繁荣的影响。虽然关于前工业时代生活水平的数据仍然很少，但食物消耗显然构成了一个重要方面。虽然人的身高由基因决定，但人口身高反映了人们的食物消耗模式。基于这一直觉，考古学家们经常通过身高来推测人们摄取的食物量。[11] 特别是在一些非常贫困的社会，随着收入的增加，人们对食物的需求迅速增长。在这种情况下，身高就是反映食物消耗的合理指标。除了身高，人类学家也关注多种健康指标（包括骨骼和牙齿特征），这些指标有时候会提供另一些状况。但总的来说，已有的证据表明，随着新石器时代之后不平等现象的出现，人们的平均生活水平下降了。

一直以来，人们相信农业的出现极大地改善了普通人的生活水平——因为农业减轻了人类为寻找食物而不断迁徙的负担。但20世纪60年代开始出现的大量数据表明，人们对农业生活方式的理想看法是一场误会。人们对从采集转向以农业来勉强维持生活的社会展开研究发现，这种转变与个子更矮、健康状况的恶化以及营养不良情况的增加有关。比如人类学家乔治·阿米拉戈斯（George Armelagos）和马克·科恩（Mark Cohen）记录了21个向农业社会转变的社会，其中有19个社会的健康状况恶化了。[12] 另一位人类学家克拉克·斯宾塞·拉森（Clark Spencer Larsen）在综观已有的资料证据后也得出了类似的结论：随着农业的推广，人们整体的健康状况有所下降，而这点可以从各种骨骼和牙齿的病理状况得到印证。[13] 虽然之后又有一些研究，但阿米拉戈斯和其他合著者们最近又回到了这个问题上来。他们发现从事农业与成年人身高的下降及整体健康状况的恶化有关。他们通过进一步观察发现，在不同的大陆，当农业得到推广，人们的身高普遍变矮了。[14] 有证据表明狩猎采集者们的饮食更加多样，而从事农业以后人们食用食物的种类减少了，这种情况导致了某些必需营养素的缺乏。阿米拉戈斯的发现与这些证据相吻合。[15]

农业出现后人们的生活条件反而变差了，这一事实让许多经济学家、人类学家以及考古学家感到困惑。为什么狩猎采集者会愿意将他们的生活转变为《共产党宣言》描述的那种"农村生活的愚昧状态"（idiocy of rural life）呢？[16] 随着冰河时代即将结束，狩猎采集者的人口密度逐渐变大，人口压力增加，搜寻食物变得更加困难，这当然可能是人们从事农业的原因之一。[17] 比如生态学家贾里德·戴蒙德（Jared Diamond）认为，"如果必须在限制人口和增加食物产量之间做选择，我们选择了后者，结果导致了饥荒、战争和暴政"。[18] 实际的因果关系可能相反。另一种理论认为，生产率更高只会带来更多的人口，人均收入却不会增加。人们之所以从事农业，是因为它在技术上更先进，在初期能带来大部分人收入的提高。但农业时代到来后，妈妈们不再需要带着孩子寻找食物，生养多个孩子的成本便降低了。更高的收入能供养更多的人口，人口数量因此而激增，抵消了人均收入的增长。当然，我们无法得知具体的因果关系发展方向。两种解释很可能都有道理。但有一点是清楚的：随着人们从事农业生产，人口数量猛涨。狩猎采集者的人口密度极少超过每平方英里一个人，通常还会更低，但农民的平均人口密度是前者的40—60倍。[19]

人口诅咒

更好的技术只会带来更多的人口这一观点非常有说服力，因为它也解释了为何大部分人类历史都处于增长停滞的状态。正如农业的推广一样，促进生产率的每种发明的传播只会带来人口增长。1798年托马斯·罗伯特·马尔萨斯（Thomas Robert Malthus）提出的马尔萨斯人口模型构成了这一直觉的思想基础。这一模型描述了一种有机社会，在那里主宰人类社会经济活动的规律同样主宰着所有动物社会。人类和动物的种群规模取决于可消费的资源有多少。马尔萨斯人口模型认为，从长远来看，人们的收入（以及可供消费的资源）是由生育率和死亡率决定的。生育率越高，人口越多，每个人享有的资源份额就越少。相反，如果疾病或干旱导致死亡率上升，剩下来的人就能获得更大比例的资源。因此，即使前工业时代的技术进步具有累积意义，但技术推广过程缓慢，意味着它们无法带来收入的持续增长。由于人口调整需要时间，技术发展可能在短期内带来收入的提高。但从长远来看，收入提高会使死亡率降低；而当出生率开始超过死亡率，人口就会开始增长。最终，技术迈上更高平台的唯一结果就是人口增长。当人们的收入退回到只能维持生计的水平，人口增长就会停止。[20]

许多历史学家评论道，这一理论一经马尔萨斯提出就迅速过时了。工业革命一开始，英国终于打破了工资铁律，逃离了马尔萨斯陷阱。[21] 一些经济学家和历史学家仍相信前工业世界陷入了恶性循环，人口负反馈阻碍了人均收入的增长。[22] 这一观点可能有些道理，但若认为马尔萨斯人口模型适用于所有前工业社会，那就太牵强了。首先，实证研究表明前工业时代出生率和死亡率的波动主要并不是由报酬的变化造成的，至少在16世纪前不是。[23] 其次，工业革命之前有些地方已经实现了收入的持续增长。[24] 虽然中世纪末之前反映工资的数据很少，但罗马皇帝戴克里先（Diocletian）在公元301年颁布的关于最高价格的法令就包括了规定罗马人工资的信息。在戴克里先公布的收入明细表的基础上，经济史学家罗伯特·艾伦（Robert Allen）做出估计，罗马一般的非技术型工人收入大约只能维持最基本的生计，工人们的实际工资与他们在18世纪欧洲、亚洲中南部的同行们差不多。[25] 但在公元1500年之前，英国和荷兰就与西欧其他国家及整个世界出现了小的分化。截至1775年，伦敦和阿姆斯特丹劳动者的收入已经领先于他们的同行了（图3）。

安格斯·麦迪森（Angus Maddison）最新修订的国内生产总值（GDP）数据也得出了类似的结论：1500年以前绝大部分经济体的人均收入几乎都保持停滞，但此后英国和荷兰的人均收入增加了。[26] 17世纪奥斯曼帝国的人均收入（相当于1990年的700国际元）并不比1世纪拜占庭和埃及的人均收入高，而

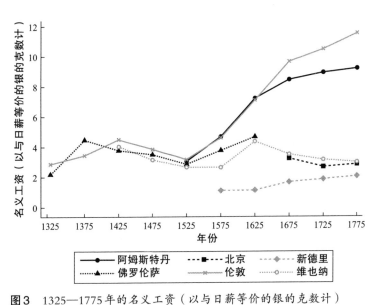

图3 1325—1775年的名义工资（以与日薪等价的银的克数计）

来源: R. C. Allen, 2001, "The Great Divergence in European Wages and Prices form the Middle Ages to the First World War", *Explorations in Economic History* 38(4): 411—47; R. C. Allen, J. P. Bassino, D. Ma, C. Moll-Murata, and J. L.Van Zanden, 2011, "Wages, Prices, and Living Standards in China, 1738-1925: In Comparison with Europe, Japan, and India", *Economic History Review* 64(January): 8-38.

只是略高于 1 世纪的英国、荷兰和西班牙的人均收入（相当于1990 年的 600 国际元）。在公元 1—18 世纪间，西班牙的人均收入几乎没有增长。一直到 13 世纪，西班牙的人均收入和英国、荷兰大致保持在同一水平（相当于 1990 年的 900 国际元）。但随着 1348 年腺鼠疫（俗称黑死病）的暴发，欧洲人口死亡了30%—50%，它造成了人口的长期下降态势。之后英国和荷兰的人均收入开始快速增长。[27] 但我们不应夸大这种增长，因为它在很大程度上是人口缩减的结果。在英国，随着人口增长的回升，1400—1500 年间人均收入略有下降。但在 1500 年后，英国和荷兰的人均收入几乎翻倍，在 1800 年分别达到 2200 国际元和 2609国际元（以 1990 年的价格计）。与此同时，包括比利时、德国、葡萄牙、西班牙和瑞典在内的欧洲其他地方没有明显增长。我们当然无法确认这些估算是否正确，但对收入数据和国内生产总值两者的估算得出的结论十分相似，这表明在 1500—1800年，欧洲各国遵循着不同的经济发展轨迹。

发现的时代

然而，1500 年以后收入的增长与取代技术几乎没有关系。如果说马尔萨斯模型为 1500 年以前的经济生活提供了合理的粗略估计，那么英国和荷兰在接下来两个世纪的情况则更符合亚当·斯密的直觉。由达·伽马、哥伦布、麦哲伦等人的探索所开创的地理大发现带来了持续的斯密型增长。跨大陆的贸易出现了，以前闻所未闻的新商品开始为人们所发现并消费：来自殖民地的货物（糖、香料、茶叶、烟草以及大米，等等）被船只从曾经不为人知的地方运来。虽然关于国际贸易的兴起的实证论据比较稀缺，但1622—1700年的数据显示英国的货物进出口量翻了一番。航运的迅速扩张同样表明贸易的重要性正在上升。从1470年至19世纪初，西欧的商船数量增长了七倍。[28] 随着越来越多的人有机会接触到殖民地货物和其他进口物品，人们开始喝更多（加糖的）茶，买更多奢华的衣服，向饮食中加入新的香料。工业革命之前有一场创造了新欲望的消费革命，它激励着人们更加努力工作，来获得更多新的殖民地商品。[29]

在供给方面，贸易的激增推动了工业发展。许多英国商人借用贸易扩张建造了第一批工厂。[30] 虽然中世纪传统工艺主要为本地市场制作商品，但日益壮大的具有创业精神的商人阶级推动了乡村工业的出现，制造商品并出口到英国其他地区和外国。经济史学家富兰克林·门德尔斯（Franklin Mendels）将这一过程命名为"原工业化"（proto-industrialization）。[31] 统计信息清楚地表明了这些行业的重要性。1688年格雷戈里·金（Gregory King）出版了著名的关于英国的状况和条件的著作后，历史学家们长期都在争论为何英国的贸易经济没有反映在劳动力市场的统计数据中。据金推测，大约只有8%的劳动者是商人或工匠。但经济史学家彼得·林德特和杰弗里·威廉森（Jeffery Williamson）的修订版著作表明商人和工匠的实际数量可能要比这一数据大得多：商人、店主和工匠的数量高达38.4万人，约占所有劳动人口的28%。尽管农业仍是最主要的经济活动，但前工业时代的英国经济是很有活力的。[32]

虽然地理大发现的时代并不是一个经济奇迹的时代，但大量可用证据表明英国经济在不断增长。麦迪森估计1500—1800年英国经济的平均年增长率为0.22%。[33] 虽然以1990年的价格来估计前工业时代的经济增长不可避免地要依赖于大量假设，但基于其他数据来源的方法也得出了相似的经济增长率数据。[34] 持怀疑态度的人可能不会被支撑这些预测的假设所说服，但是很显然，18 世纪的作家们毫无保留地相信英国是一个相对富裕的国家。因小说《鲁滨逊漂流记》(*Robinson Crusoe*) 而广为人知的丹尼尔·笛福（Daniel Defoe）在他周游前工业时代的英国的时候做了大量的记录。在 1724 年出版的《不列颠全岛纪游》(*A Tour through the Whole Island of Great Britain*）中，他注意到：“劳动昂贵，工资高昂。如今已没有人为面包和水而工作，我们的劳动者不用在路上工作，喝小溪中的水了。因此，尽管我们很富有，但要建造罗马人几乎毫不费力修建的那些大厦、堤道、高架渠、线路、城堡、防御工事和其他公共建筑，仍会耗尽整个国家的财力。”[35] 他并不是 18 世纪唯一一位为英国的财富感到震惊的观察者。斯密对北美洲的描述是：“〔虽然〕北美还不像英格兰那么富有，但劳动者得到了很好的回报。在大家庭中，众多的孩子非但不是负担，反而是父母们富裕和繁荣的来源。”18 世纪的英国人比前几代人更为富裕，斯密的论述也佐证了这一事实：“在英格兰，土地和劳动者的年产量……比一个世纪前那少得可怜的产量要多得多。查理二世复辟时，英国土地和劳动力的年产量肯定比我们估计的约 100 年前伊丽莎白一世时代的产量大得多。”[36]

显而易见，虽然简·奥斯汀笔下的英国景象在某种意义上反映了经济现实，地主阶级的财富让工业资本相形见绌，但经济生活正发生改变。[37] 在整个 18 世纪，土地在财富总量中所占的比例大幅下降，与新兴的商业、制造业阶层有关的工作岗位开始大量出现，用笛福的话来说就是“中等阶级的人们经商致富”。[38] 英国的经济结构在很多方面仍是新石器时代变革的遗产，但国际贸易的同时兴起意味着从经济增长中获益的人群占比越来越高。此外，由于商业资产阶级（commercial bourgeoisie）的生育率首次高过穷人，中产阶级迅速扩大，而任何社会流动都倾向于向下而非向上。[39] 资产阶级的壮大对后续的经济发展至关重要。资产阶级家庭从事的职业要求他们掌握技能，而不是将所有时间花在奢侈的休闲活动上。相比之下，地主家庭能依靠从资本中获得的收入来培养精致的休闲和文学品味。斯密敏锐地捕捉到了这种心理和能力上的差异，他认为"商人们惯于把钱花在有利可图的活动上，而普通乡绅习惯消费享受"。[40] 父母对孩子的教育和成长方面的投资由他们对孩子将来的职业期望所决定，因此资产阶级的职业道德通常随着"资本主义精神"（"spirit of capitalism"）被有效地传给了下一代。[41]

经济史学家戴尔德丽·麦克洛斯基（Deirdre McCloskey）总结的"资产阶级的美德"包括节俭、正直和勤勉。[42] 这些美德帮助他们取得了前所未有的成就。在《共产党宣言》中，连卡尔·马克思和弗里德里希·恩格斯（Friedrich Engels）都提到了这一阶层的特殊性，他们认为资产阶级"第一个证明了，人的活动能够取得什么样的成就。它创造了远超埃及金字塔、罗马高架渠和哥特式教堂的奇迹"。[43] 事实上，工业革命时期的领军人物通常都来自已经在某种程度上参与到商业和工业活动中的家庭。历史学家弗朗索瓦·克鲁泽（François Crouzet）开创性地汇编了226名大工业公司创始人的信息，这些人的父辈的职业都为人所知。克鲁泽发现有些人有着绅士家庭或工人阶级背景，但这些人里超过70%来自资产阶级家庭，他们中很大一部分人从事商业贸易以获取财富。[44] 因此，马克思认为现代资本主义在文艺复兴时期随着新世界的发现就已开始，这一直觉是站得住脚的。

然而，前工业时代英国的经济活力不应被夸大。虽然到1700年从事农业的人口比例有所下降，小规模工业的出现让英国贸易经济得到了前所未有的扩张，但实际上在工业革命前，农业和制造业之间并没有清晰的区别。那时出现的乡村工业是一种典型的淡季活动。许多生活在内陆的工人既是农民又是制造业从业者。冬季农活不多的时候，他们开始纺织。笛福描述过一幅景象：制造业从业者用一匹马给纺织工人运送食物和羊毛，用另一匹马运送布匹到市场出售；牛就在他家周围的土地上吃草。[45] 虽然农业不是他的主业，但他的生计的一部分来自土地，这可以保障他的独立。在这个"家庭体系"（"domestic system"）中，家庭、农场和工场没有明显的区别。在18世纪初的英国，某些时候只有大约30%的工人挣得工钱。绝大部分人依旧是个体经营者，这意味着乡村产业主要由小作坊构成，即使是挣得工钱的工人也大多在自己的家中工作。"家庭体系"盛行，这表明在大多数情况下制造业仍然是（用克鲁泽的话来说）"没有工业家的工业"。[46]

第三章

机械化为何失败

为什么熊彼特型增长在很长一段时间里、在很大程度上一直缺席？没有任何单一理论能解释为什么数千年来，技术创新没能提高普通人的生活水平。马尔萨斯陷阱提供了部分解释：生产率提高带来的收益都被转化成了更多的人口，因此人均收入的增长受到了限制。但并非全世界的情况都符合马尔萨斯模型：从1500年开始，人们的生活水平确实提高了。大发现的时代使得大多数英国人和荷兰人的生活水平持续提高。若没有技术突破，这一切无从谈起。以三桅船和罗盘为代表的造船业和航海业的进步促进了国际贸易的兴起，但这些进步基本没能促进熊彼特型增长。相反，它们成了撬动斯密型增长的杠杆。因此，前工业世界的经济增长不仅在量上更慢，在性质上也不同于我们熟悉的现代经济增长。[1] 我们这个时代的增长严重依赖技术的采用、就业中的创造性破坏与能够进一步引起创新的新技能和新知识。尽管前工业世界肯定已在一定范围内经历了这种增长，但在欧洲沿着不同的经济轨迹发展的过程中，这种增长只起到了次要作用。因此真正让人困惑的地方在于，为什么技术创新（时不时会兴起）几乎没能从根本上改变经济生活。我们当然可以简单地说，技术创新是经济增长的必要条件，而非充分条件。技术创意需要被转化为可靠的图纸和原型，图纸和原型反过来又需要在生产中得到应用，才能影响生产率和社会繁荣。前工业时代并不是缺乏想象力，而是很难将想象转变为现实。前工业时代发明家的典范达·芬奇绘制了成百上千的发明图样，却很少将它们变成能运行的原型机。虽然有无数的发明被制成了原型，例如科内利斯·德雷贝尔的潜水艇，但它们没能得到进一步的发展。即使被发现具有实用性，它们也多被用来服务于政治而不是经济。比如，罗马帝国的统治者就把技术努力的方向放在了建造大型建筑上，为的是提升他们的受欢迎程度。

诚然，在大部分人类历史中，技术进步并没有发生在聚焦于为特定的工程问题找到技术解决方案的研发部门。以往的技术发展组织方式和今天的完全不同——如果以往的技术发展有组织的话。在今天，科学家和工程师紧密合作，致力于将技术想法进行合理应用，其重要性不言而喻。但在前工业时代，这种合作非常少见。由伽利略开启的科学革命无疑促成了更多此类互动以及后续的技术发展。特别是大气压的发现对发展出蒸汽机尤其重要，使其最终取代水力，成为工业革命的引擎。然而工业革命期间的其他技术就算离开了科学进步，本来也可以被发明并得到推广使用。为什么这种情况没有发生呢？

大体上说，有两种解释。一些学者强调技术供应的限制，另一些学者则认为需求有限。熊彼特认为，要采纳某一技术，首先需要存在某种对应的需求。[2] 马尔萨斯也持有同样的观点。他认为"毫无疑问，需求是发明之母。人类头脑中的一些最崇高的努力，动机都在于满足身体必要的需求"。[3] 自工业革命以来，一系列符合这一观点的技术发展的例子涌现了出来，包括美国政府为了赶在纳粹德国前面造出原子弹而开展的曼哈顿计划，托马斯·萨弗里（Thomas Savery）为了从英国的煤矿中抽水而发明的蒸汽机，伊莱·惠特尼（Eli Whitney）发明的标准零部件。惠特尼的标准零部件"用准确而高效的机器操作来代替工匠们只有通过长期练习与经验才能习得的技能，它在很大程度上是这个国家所不具备的技能"。[4]

回到前工业世界，关于它的缺乏增长，大多数由需求驱动的解释都强调这样一个事实：那些让我们能够事半功倍的省力技术，只有在资本相对于劳动力来说更便宜的情况下才有经济意义。也许在前工业时代根本不是这样。比如历史学家塞缪尔·里雷（Samuel Lilley）认为在古典时期，奴隶比机器更便宜，因此人们缺乏去开发和推广更贵的机器的动力。[5]将这一论点进一步延伸，奴隶在很多方面其实就是前工业时代的机器人。在匈牙利，为封建领主工作的无薪农奴就被称为"robotnik"：这就是当代"机器人"（robot）一词的来源，它最早出现在卡雷尔·恰佩克（Karel Čapek）1921年的著名戏剧《罗素姆万能机器人》（R.U.R.）中。[6]奴隶几乎能够完成人们所能想到的所有乏味的手工任务，显然他们能做的体力工作范围比现代机器人技术所能做的要宽泛得多。

不过，认为奴隶制妨碍了古典时代的技术进步的观点显然极具争议。将这种观点从古典时代推演到所有前工业社会显然是牵强附会。虽然公元2世纪时奴隶制在罗马帝国就已基本消亡，但奴隶制的结束是农奴制的开端，而非自由的开端。农奴和奴隶不同的地方在于他们可以保留部分劳动所得，他们的相同之处在于都受到诸多限制，这些限制确保了稳定的劳动力供应，同时对工资施加了下行压力。虽然1348年的黑死病造成了劳动力短缺，终结了英国的农奴制，但政府立法阻止工资上涨，这带来了长远的影响。从全球范围来看，奴隶制和农奴制持续的时间相当长。即使到了1772年，即美国发表《独立宣言》四年前，亚瑟·杨（Arthur Young）估计当时全世界只有4%的人口是自由人，[7] 剩下的96%是奴隶、农奴、契约劳工和奴仆。

虽然很难说奴隶制在多大程度上妨碍了机械化的发展，但核心问题并不在于奴隶制（或农奴制）自身是否阻碍了人们采纳取代劳动力的技术：人们推广机械化的动力并不取决于劳动者是否自由，而取决于劳动力的价格。前工业社会劳动力价格一直都很低。最近的一项研究令人信服地说明了就算是在现代环境中，大量廉价劳动力与缓慢的机械化进程之间也存在着联系。[8] 在美国南部，奴隶制的长期存在说明农业一直是劳动力高度密集的产业。虽然南北战争期间大量奴隶被解放，但黑人的工资仍然很低。1927年密西西比河的洪灾是一个导火索，它使得美国南部一些郡县走上了不同的发展道路，因为许多黑人家庭离开了遭受洪水侵蚀的地区，去其他地方寻找工作。由于无法阻止黑人劳动力的流失，相比于廉价劳动力仍十分充足的、未受洪灾影响的地区，洪灾地区的种植园主向着资本更集中和机械化发展。

因此，我们有充分的理由相信，前工业时代相对廉价的劳动力使得人们缺乏动力去使用和推广取代工人的技术。事实上，罗伯特·艾伦认为，工业革命之所以最先发生在英国，就是因为一开始，在其他地方使用这些技术并不划算。[9] 他认为英国工业革命之路始于黑死病。黑死病造成了长期的人口下降和劳动力短缺，增强了工人的议价能力。[10] 农民们要求用自由取代农奴制，虽然法律仍想压低劳动力价格，工资最终还是开始上涨了。

随着大发现时代的英国在贸易领域取得成功，工资增长变得更快。随之而来的是新挑战：劳动力成本高昂，英国将如何保持贸易竞争力呢？艾伦认为关键因素在于英国的实业家们幸运地坐拥了成山的煤炭。[11] 煤炭工业的早期兴起是英国区别于〔荷兰这样的〕其他高薪国家的标志。面对低廉的能源价格和高昂的劳动成本，英国的工业开始采用在其他地方性价比不高的机器。这样的解释看似有说服力，但新近收集的数据表明英国人的工资并未如以前所料想的那样迅速增长。[12] 此外，即使我们假设英国的工资水平相对较高，早期的省力技术——如威廉·李发明的织袜机和起毛机——早在工业革命之前就已出现了，却遭到了强烈抵制。

实际上在工业革命前，由需求推动技术进步的例子非常少。乔尔·莫基尔关于前工业时代技术进展的权威研究指出，"发明是需求之母"，这一观点更准确地描述了前工业时代人们为发明创造而做的努力。[13] 实际情况并不是先有需求，然后有技术发展，而是阵发性的技术进步触发了人们此前未曾意识到的欲望，带来了新需求。技术进步经常是随机且不可预测的，正如有时因技术而产生的需求一样。例如古腾堡的印刷术创造了对书籍、教育和识字的需求，而非人们对书籍的需求导致了印刷术的发明。另一些发明则是偶然发现的结果。当冰河时代的狩猎采集者们第一次在炉膛发现残留的石灰石和燃烧过的沙子，不可能预见到数千年来的偶然发现会导致罗马第一批玻璃窗的出现。[14] 与之类似，当托里拆利发现大气有重量时，他没能预见后续的一系列事件最终会导致蒸汽机的诞生。

新的技术会创造自己的需求，这一观点意味着前工业时代增长乏力主要是因为技术供应受到了阻碍。为了支撑供应驱动这一解释，大量理论把矛头指向了那些可能阻碍前工业时代技术供应的因素。比如众所周知，创业面临的风险对技术进步来说非常重要，但有一点很容易被忽略：在前工业时代，发明创造的风险更高，回报更少。在大规模生产时代和社会安全网到来之前，冒着风险创业的收益上升空间非常小，潜在的风险则大得多。19和20世纪之前的发明家们能获得的财富很少，因为新技术的市场通常局限于当地，因此一般都比较小。创业失败最糟糕的结果是会因饥饿而死去。除此之外，由于前工业时代的技术进步通常局限于当地，一项在A地出现的技术可能会在未来引领B地的技术进步，但此时B地的人们对这一技术尚一无所知。这种路径依赖有时会把社会引入到技术发展的死胡同中。例如在北非和中东的大部分地方，驼鞍的诞生（公元前500—前100年）表明骆驼逐渐取代了轮式运输，人们减少了道路和桥梁建造方面的资源投入，造成基础设施落后，人们愈发没有兴趣来开创新的运输方式。然而如上所述，虽然发明创造有着高风险，技术知识的传播也要花时间，但如印刷术这样的突破性技术仍被发明出来并得到了采用。[15]

更重要的是，虽然经济学家经常不屑于认为文化会阻碍经济发展，但我们有充分的理由相信文化理念会阻碍进步。莫基尔支持过一个非常有影响力的理论，该理论认为17世纪的技术变革为一种进步的文化的发展奠定了基础。[16]他恐怕说得很对。那种以理性和科学的态度取代迷信的文化，被社会学家马克斯·韦伯视作对技术进步至关重要，直到启蒙运动才出现。[17]抛开迷信不谈，前工业时代的大多数知识分子未能看到机械化的任何好处。他们和古典时代的哲学家对于技术发展有着相同的文化态度，正如伯特兰·罗素恰如其分的总结："柏拉图和其他多数希腊哲学家一样认为闲暇对智慧来说必不可少，因此那些必须为了生活而工作的人是没有智慧的。"[18] 实际上，亚里士多德在《政治学》（Politics）中写道："那些过着技师和劳工生活的人无法践行美德。"[19] 换句话说，劳动，特别是建造机器所需要的体力劳动，在古典时代的许多伟大人物看来是没有价值的。虽然18世纪英国上流社会的观点与古典时代哲学家们非进步的信仰没什么区别，但中产阶级（或者说生产阶级）的观念发生了更深刻的变化，其核心是宗教信仰的本质的变化。技术与宗教之间的关系总是复杂又微妙，但毋庸置疑，在前工业时代的欧洲，宗教信仰发生了改变，人们对技术进步的态度随之发生了改变。罗马人和希腊人认为自然是众神之域，使用任何技术手段操控自然都是有罪的甚至是危险的。他们的观点与中世纪的基督教形成了鲜明对比。历史学家们认为，中世纪的基督教拥戴了一个更理性的上帝，故而为未来的技术进步铺平了道路。林恩·怀特解释道："基督教与古代异教和亚洲的宗教截然不同……它不仅建立了人与自然的二元论，而且始终坚持认为，人们为正当的目的而利用自然是上帝的意志。"[20]

虽然无法证明其因果关系，但"如果上帝希望人类飞翔，就会给人类以翅膀"的观点显然在拉丁教会内部遭到了反抗。13世纪的方济各会修士罗吉尔·培根（Roger Bacon）在作品中曾设想过汽船、汽车和飞机的出现。马姆斯伯里的僧人埃尔默（Eilmer）在尝试使用滑翔机飞行时也没有罪恶感。[21] 神职人员甚至在某种程度上促进了技术发展。对中世纪人们的生活产生巨大影响的本笃会的教义强调，工作和生产都是美德，而且能够提供救赎。然而这并不代表基督教总是赞成进步。伽利略支持日心说，这引发了一场著名的论战，他由此成了异端甚至遭到囚禁。这显示出与前面所说的相反的情况。然而，拉丁教会对科学的压迫无疑阻碍了一些创造追求，可是早期的工业化是没有科学基础的。蒸汽机是工业化进程中的后来者。直到19世纪以后，科学才成为经济进步的支柱。莫基尔曾写道："我们认为，与古典时代工业革命相关的'工具潮'的许多东西用1600年的知识很容易就能制造出来——但蒸汽动力是个明显的特例。不容置疑的是，在18世纪后期和19世纪，科学对生产性经济来说越来越重要。到1870年之后，随着所谓的第二次工业革命的到来，科学已必不可少。"[22]

　　另一个关于工业革命开始的时间和地点的解释是：前工业世界的制度更多的是在阻碍而非鼓励发明创造。受到道格拉斯·C.诺斯（Douglass C. North）的开创性工作的启发，许多经济史学家认为，直到1688—1689年的光荣革命后，随着议会权力超过国王，英国才具备发生工业革命的前提条件。[23] 在此之前，寻租的王室和其他"经济寄生虫"发现从他人手中直接抽税要比从需要努力工作的生产活动中获得收入更容易。1689年《权利法案》的第4条改变了游戏规则，即英国人只要自己没有同意就不能再被征税。如果没有议会授权，为了给王室提供用度而征税将被视作非法。然而，虽然此事非常重要，但若想要解释为何工业革命会长期缺席，就不仅仅需要找到一个阻碍总体技术进步的评价变量。如上所述，前工业时代的文化和体制并没有阻碍所有的进步。18世纪以前出现了一些重大的技术进步。关键区别似乎在于，光荣革命之前的政府频繁试图阻碍发展取代工人的技术，而工业革命的核心发明正是取代工人的技术。

工业革命的起源

那些终有一天会促成工业革命的必需的制度变革是如何发生的呢？一个非常有说服力的观点认为，新世界的发现开启了工业化的道路。达龙·阿西默格鲁、西蒙·约翰逊（Simon Johnson）和詹姆斯·罗宾逊已经证明了，一些地方的政治机构对君主制产生了重要制衡，限制了国王的权力，帮助商人们进行促进工业和技术发展的改革，使得大西洋两岸的贸易增长了，商人群体不断壮大。[24] 因此，在英国和荷兰这种不那么专制的经济体中，经济增长更快，王室圈子之外的商人群体是贸易的主要获益者。比如在英国，议会成功地阻止了都铎王朝和斯图亚特王朝建立垄断经营的数次尝试，结果，贸易活动主要以个体商户或合伙人的方式来进行。这与王室垄断贸易之风盛行的大部分欧洲国家相反。在葡萄牙，与非洲和亚洲的贸易被王室贸易公司印度之家（Casa da Índia）所垄断。位于塞维利亚的西班牙印度等地贸易署（Casa de Contratación）也为西班牙帝国发挥了同样的作用，其管辖范围内的殖民贸易被卡斯蒂利亚王室所垄断。在法国，商人的政治影响力也遭到了削弱。[25] 虽然早期的大西洋贸易使得一些商业群体特别是基督新教胡格诺派这样在王室圈子之外的人变得富有，但拉罗歇尔之围意味着新教最终被路易十四所禁止，导致大部分胡格诺派教徒离开法国。[26] 一些国家的议会没能制衡执政者的权力，贸易被王室牢牢地掌控着。

议会和王室之间的权力斗争是诸多社会政治冲突的核心。16世纪70年代的荷兰独立战争、17世纪40年代的英国革命和1789年的法国大革命都是如此。[27] 这些冲突在北海国家造成的结果和这类冲突在欧洲其他部分的长期缺失表明，在南欧和中欧，议会的影响力被削弱，而在荷兰和英国，议会的重要性有所增强。经济史学家扬·卢滕·范赞登（Jan Luiten Van Zanden）、艾尔乔·伯林根（Eltjo Buringh）和马尔滕·博斯克（Maarten Bosker）发现，1500—1800年间进行殖民活动的欧洲经历了持续的制度分化期。[28] 议会活动在北海国家迅速增长，在欧洲其他地方则有所下降（图4）。法国议会的政治影响力和政治活动在16世纪中期之前一直在增强，但后来国王设法在不经三级会议批准的情况下征税，此后议会的影响力便降低了。西班牙通过新世界的地理大发现（主要是银和金）为王室带来了新的收入

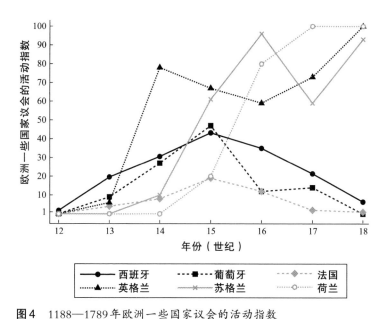

图4　1188—1789年欧洲一些国家议会的活动指数

来源：J. L. Van Zanden, E. Buringh, and M. Bosker, 2012, "The Rise and Decline of European Parliaments, 1188–1789", *Economic History Review* 65 (3): 835–61。

注：活动指数指的是每百年议会召集正式会议的次数。如果指数为0，意味着不召集议会。如果指数是100，表明那个世纪每年都召开一次会议。

来源，降低了征税（需得到议会的同意）的需求。因此，议会就不再非召开不可了。

有一系列事件可以解释北海国家议会活动的增加。在荷兰，大西洋贸易带来的商业利益导致荷兰商人和哈布斯堡王室（在荷兰独立战争之前统治荷兰）爆发了冲突，这些冲突在16世纪70年代的荷兰独立战争中达到顶峰。当荷兰议会和北部低地国家三级会议掌握了国家的统治权并建立荷兰共和国时，商人是支持独立的一股主要政治力量，自然而然成了新统治阶级。英国1642—1649年的内战改变了国家制度，议会势力打败了保皇派，查理一世遭受审判并被处以死刑。随后是1688年的光荣革命，英国议会议员与荷兰军队势力结盟，荷兰执政奥兰治的威廉领导了英国的君主立宪，取代了詹姆斯二世。议会在内战中的胜利意味着支持工业发展的议会成员显著增加了。[29] 更重要的是，以1689年的《权利法案》告终的光荣革命限制了国王任意统治国家的权力。例如，《叛变法案》（The Mutiny Act）禁止国王在未经议会同意的情况下组建和维持常备军，限制了君主以武力推翻议会的能力。由于国王必须定期召开议会以达成新的协议，议会通过缩短批准国王征税的时间，进一步获得了政治影响力。同时，为防止被国王从内部控制，议会设立了新的预防机制以避免购买席位和选票。[30]

这些操作不仅让政治权力从国王转移到了议会，也使得政治影响力倾向于向商人转移。尽管商人在议会中很难成为多数群体，但随着代表商人和新教地主的辉格党联盟的形成，商人们的利益受到了保护。[31] 相比之下，1832年之前在很大程度上控制着政治权力的土地贵族们并没有对工业革新和机械化做出什么贡献，但至少没有抵制它们。[32] 这种情况的部分原因在于英国作为贸易国家，历史决定了土地贵族们的财富是多样化的，他们甚至能从工业化当中受益。[33] 虽然光荣革命标志着地主贵族们缓慢衰落的开始，但直到20世纪早期，上议院仍照顾着他们的利益。因此英国的贵族仍然能够保留一些权力，虽然其他方面的社会和经济力量正在发生转移，但他们较少感受到威胁。[34]

这些都表明议会越来越多地采取行动捍卫工商业的利益。人们必须执行契约。财产权被视作高于一切权利。正如1776年亚当·斯密所看到的，"大不列颠的法律让每个人都有安全感，每个人都能享有自己的劳动果实，这一点就足够让任何国家繁荣起来"。[35] 当然并不是所有的体制都有利于经济和技术的发展。穷人受教育的机会有限，也不能担任陪审团成员。即使通过了《1832年改革法案》（Reform Act 1832）和《1867年改革法案》（Reform Act 1867），大部分普通人仍没有政治权利。"贸易是一种零和博弈"这种有缺陷的重商主义学说仍作为经济逻辑指导着议会的许多决策。议会的一些法案禁止了机器出口和工匠移民。议会通过的另一些法案则意在保护英国的商业和制造业免受外国的竞争。虽然那时的英国绝非现代民主国家，也缺乏自由放任经济所具有的许多特点，但英国社会已变得更多元、更具包容性和更勤劳。约翰·洛克（John Locke）在1689年写道："在我们国家，宽容终于被法律所承认。"[36] 人们享受着表达的自由和选择职业的自由，能够从事他们喜欢的任何科学发明。商人们与地主们相处愉快。伏尔泰在英国逗留期间写道："贵族们年幼的儿子不会看不起商业。内阁大臣汤森勋爵（Lord Townsend）的弟弟就对在城里开公司感到很满意。"[37] 18世纪早期在各地游历的丹尼尔·笛福曾这样描述英国商人："这里的贸易不会违背绅士原则。简言之，在英国从事贸易会塑造绅士：

经过一两代人的努力，商人们的子辈或者孙辈就会成为优秀的绅士、政治家、议会成员、枢密院成员、法官、主教和贵族。这就和那些具有最高出身的最古老的家族一样了。"[38]

这种情形在北海国家以外的地方闻所未闻。环顾欧洲大陆，除荷兰共和国外，其他国家的工业和贸易都是由王室控制的。在这种情况下，英国商人阶级的相对影响力最为明显。例如在法国，路易十四时代的财政大臣让-巴普蒂斯特·柯尔贝尔（Jean-Baptiste Colbert）认为工业发展需要国家支持，这对于将国家从破产的边缘拯救回来也至关重要。为了经济增长和让法国在奢侈品生产领域实现自给自足，柯尔贝尔在1665年建立了王家镜子制造厂（众多国营工厂之一），目的是取代来自威尼斯的进口货。在法国的玻璃制造业站稳脚跟后，威尼斯玻璃就遭到了禁止。检查员们制定的统计分类法把制造商分成了三类，它显示了王室极大的影响力。第一类是由王室财政资助的国家工厂：这些工厂主要生产仅供王室使用的奢侈品。例如著名的戈贝林工厂就雇用了大量手工匠供王室差遣，他们装饰凡尔赛宫、圣日耳曼城堡和马尔利城堡。第二类是王家制造厂，这些制造厂是受国王的正式邀请，在指定地区生产大众消费品的私有企业。最后一类是特权制造厂，它们享有生产和销售特定商品的王家垄断经营权。所有这些行业都不存在竞争，也没有机械化，它们的生存全靠王室的支持和赞助。[39]

欧洲的君主们不仅没有鼓励工业发展，反而积极地阻碍其发展。神圣罗马帝国末代皇帝、1835年以前的奥匈帝国皇帝弗朗茨二世（Francis Ⅱ）显然很害怕技术进步带来的政治后果，因此尽可能地保持农业经济。他担心的主要问题是工厂会取代家庭体系中的工人，使穷人们集中到城市并组织起来反抗政府。

为避免这种来自下层的威胁，1802年弗朗茨二世禁止在维也纳建设新工厂，直到1811年都禁止进口和采用新机器。当建造蒸汽铁路的计划被放到他面前时，他回复道："不，不，我不会和这些东西扯上关系，否则我的国家可能会发生革命。"[40] 因此在哈布斯堡王朝治下的区域，很长一段时间里铁路车厢都是由马拉动的。

沙皇尼古拉一世同样担心机械化工厂在俄罗斯帝国的推广会动摇他的统治。为了延缓技术进步的过程，他禁止了工业展览。1848年一系列革命在欧洲爆发后，他颁布了一项新的法律，限制了莫斯科的工厂数量，明令禁止使用新的纺织机器和铁器铸造厂。[41] 如同在神圣罗马帝国一样，铁路不仅被视为一项革命性技术，对革命来说也是一项使能技术。因此，1842年之前修建的唯一一条铁路连接着圣彼得堡和位于皇村与巴甫洛夫斯克的皇帝住所。甚至俄国报纸中关于铁路的信息都要经过审查。工人的流动和信息的传播不符合统治阶级的利益。俄国精英们对机械化工厂感到恐惧无疑是正确的。1895年《纽约时报》的记者在圣彼得堡有如下报道："拉费尔姆的香烟厂引进机器，在周六引发了一场严重骚乱。员工们认为机器会取代他们大多数人的工作，于是捣毁了机器，将碎片扔出了窗外。"[42]

我们在第一章提到，英国政府长期以来都在试图阻挠取代技术的传播。甚至到了17世纪，查理一世还发布公告禁止推广起毛机。但在光荣革命后，事情发生了变化。阿西莫格鲁和罗宾逊写道："如果是在都铎王朝和斯图亚特王朝时期的英格兰，帕潘（他的蒸汽机被富尔达的船夫们砸坏了）可能会面临同样的敌意，但在1688年后，一切都改变了。事实上，若船没有被毁，他原本打算开船去伦敦。"[43] 无疑十分值得注意的是，英国君主们阻碍取代技术的例子在 1688 年之前还数不胜数，但后来就很难找到了。部分原因在于光荣革命以后，议会和竞争的加剧削弱了行会的势力。虽然直到《1835 年市议会组织法案》（Municipal Corporations Act of 1835）的颁布，英国才正式禁止行会，但早在此前行会的成员就在流失，势力也在变弱。前文讨论过，如果技术能增强行会成员的技能，行会就不会抵制技术发展。但当技术威胁到行会的成员，可能使行会成员被淘汰时，就会遭到抵制。工业革命主要以取代工人的机器为基础，因此削弱行会力量是工业革命的一个先决条件。

随着市场变得更加一体化，这种情况自然会发生：行会的影响力仅限于他们所在的城市，而随着城市之间竞争加剧，行会的政治影响力也在变小。剪切工行会曾是羊毛行业最强大的行会之一，成功地保障了其成员的高工资。通过请愿和暴力活动，他们在长达数十年里成功阻止了将起毛机引进到英国西部。然而接踵而至的竞争改变了游戏规则。在威尔特郡和萨默塞特郡，行会长期以暴力反抗起毛机的推广。但随着他们的生意输给了格罗斯特郡，反抗终于停止了。格罗斯特的剪切工们发现，通过使用工厂，他们能以更低的成本进行生产和扩大业务范围。[44] 伯明翰和曼彻斯特这种以前是乡村后来发展为新城镇的地方，也从行会的规章制度中解放了出来，自然而然成了工业革命的引擎。[45] 从更广泛的层面来说，针对 1620—1823 年存档的 4212 项专利的统计分析表明，在英国，越是更多地接触外部竞争的地区，在新技术上的投入也越多。[46] 最关键的是，技术进步的本质也发生了改变。经济史学家克里斯汀·麦克劳德（Christine MacLeod）查证了 1663—1750 年间存档的 505 份专利文件后发现，极少有技术是为取代工人而被发明的。据说大约 45% 的专利的目的在于提高工人的技能，另外37%在于节约资本。只有2%的专利是用于节省劳动力的。然而在1750—1800年间，省力技术所占的比例上升了四倍。[47]毫无疑问，发明家们长期以来都在隐藏发明省力技术的想法，就是因为担心遭到抵制。然而，取代技术的激增为英国手工业行会的衰落提供了额外的解释。

中国的情况正好相反。中国的行会（公所）存在的时间更长，而且几乎不受约束地控制手工艺。[48]中国的行会比欧洲的更有影响力，而且会定期用他们的势力强行限制取代工人的技术。当时的观察家丹尼尔·J. 麦克戈万（Daniel J. Macgowan）在1886年写道：

> 佛山当地的商人从伯明翰进口了大量黄铜薄片，提供给生产者来打造黄铜器皿。这造成了一些铜匠失业——这些人以前的工作是把此前进口的厚黄铜片捶打成薄片。为避免帝国最嘈杂的城市中最吵闹的阶级发动暴乱，这些金属被退回到了香港。除此之外，一位来自美国的华裔进口了一些高效的缝纫机，为中国的上层阶级缝制毛毡鞋底。然而当地的鞋匠们（圣克里斯平的子嗣）捣毁了机器，选择用父辈的方式继续生产鞋子。那个具有创业精神的中国人则穷困潦倒地回到了香港。几年前，一位开明的中国人建立了蒸汽棉纺厂，但由于棉花种植者不供应棉花，这种简单的计划也落空了，工厂也就毫无用处了。来自法国的缫丝厂不仅能节约大量的时间和金钱，也提高了丝绸产量和质量。这些工厂在广州成功了一阵子后，被中国的资本家引入到养蚕地区，不料被乡下人彻底捣毁了。[49]

因为害怕社会动乱，中国的当权者选择支持行会。1876年，一份发往位于伦敦的外交部的报告着重强调了这一点：

> 过去几年［1875—1876年］有人尝试在这个港口城市［上海］建一座蒸汽棉纺厂，用当地种植的棉花生产棉制品……这与中国人目前正在制造的商品类似。……但这座工厂的英国产机械设备和蒸汽机拥有优势。……当中国的报纸逐渐了解这家公司以后，棉布行会变得十分惊慌。因此，支持这一项目的本地人退缩了。不幸的是，一项传言在当地人——特别是手工织布工人——中间传开了，即建厂的方案一旦得到实施，手工织布行业马上就会终结。于是，行会通过了一项决议，大意是禁止人们购买机器制造的衣服。……当地的官员们担心人们发动暴乱，于是都拒绝支持建厂计划。[50]

对取代技术的抵制和公所的长期存在也可以解释中国工业化的姗姗来迟。与英国相比，中国的城市更为分散，这意味着城市之间竞争更少，公所的权力受到的威胁也更小。因此经济学家克劳斯·德斯梅特（Klaus Desmet）、阿夫纳·格赖夫（Avner Greif）和斯蒂芬·帕伦特（Stephen Parente）认为，当18世纪英国城市之间的竞争削弱了行会势力的时候，中国的缺乏竞争意味着它的工业化要在200年后才会发生。届时中国才会融入世界经济。1842年第一次鸦片战争结束的时候，英国要求开放5个所谓的通商口岸在中国开展对外贸易。在第一次世界大战的最后几年，中国的通商口岸数量增加到了近100个。对外贸易带来的竞争使得中国技术落后的事实愈发明显了。到了20世纪初，中国从西方引进了许多节省劳动力的技术。[51]

然而，英国行会的衰落不仅是城市之间竞争的结果。它也是一种政治选择，是新的"烟囱贵族"（chimney aristocracy）的兴起和民族国家之间竞争加剧的结果。英国的政治机构和司法部门在以前支持工人和行会的主张，反对取代技术，但到了18世纪，他们和发明家站到了一边。议会曾多次裁定，驳回了纺纱工、精梳工和剪切工们提出的禁止使用棉纺机、精梳机和起毛机的请愿。上文提到，英国政府在机械化问题上的立场有了转变，部分原因在于制造业商人的政治影响力增强了。商人的财富源于大英帝国贸易的成功，贸易反过来又需要机械化以保持国际竞争力。大体上说，英国对贸易的依赖使得经济保守主义与政治现状更难保持一致。由于民族国家之间竞争加剧，外国入侵等外部威胁可能导致的政权更替的危险逐渐变得比来自底层的威胁更大。统治精英们非常清楚，他们的军事实力取决于他们的经济实力。

1769年的立法进一步强调了政府支持发明者这一坚定承诺，这次立法规定毁坏机器可判处死刑。[52] 当然我们将在第五章说明，工人们仍将尽其所能反抗省力机器的引进。由于议会废除了1551年的禁止起毛机的法律，1811—1816年，卢德主义者由于害怕取代劳动力的技术变革而发动了暴乱。然而英国政府以更严厉的态度处理那些阻止技术力量的企图，并派遣军队镇压闹事者。1779年兰开夏郡暴乱后通过的一项决议表明了政府对人们捣毁机器的态度："大暴乱发生的唯一原因就是棉花制造厂采用了新机器。尽管如此，由于我们的国家在机器的使用上获利良多，在这里捣毁它们只会让它们迁往别处……从而危害到英国的贸易。"[53]

与此同时，在英吉利海峡的另一边，事情的发展则大不相同。英国正经历工业革命的时候，法国则正处于社会和政治革命的前夕。经济史学家杰夫·霍恩（Jeff Horn）曾提到，法国革命自下而上的威胁对法国政府来说是实实在在的。[54] 与英国政府大规模部署并严厉镇压损坏机器的行为不同，法国政府担心机械化会加剧社会动荡。英国的发明家和实业家能仰仗政府的支持来对抗捣毁机器的手工匠，但在海峡另一侧，政局动荡意味着法国的工业家们得不到政府的保护。众所周知，E. P. 汤普森（E. P. Thompson）曾在他的经典作品中提出，动荡是卢德主义的必然后果。[55] 然而，英国反抗机械的暴徒们是叛逆的而不是革命的。法国的情况则正相反，革命的威胁是实实在在的。与英国相比，1789年法国的反抗机器的暴乱对工业化进程所起的延迟作用要大得多。当巴黎群众冲击巴士底狱时，来自达尔纳塔尔镇的愤怒的羊毛工人冲破了守卫塞纳河桥梁的王家军队的防线。他们到达圣塞夫的制造厂附近并毁坏了安装在那里的机器。接下来一连串类似的事件给整个国家留下了长久的阴影。在新成立的卡洛恩公司，愤怒的暴民们捣毁了30台机器。在鲁昂郊区，超过700台珍妮纺纱机被毁。一些工业先驱——比如乔治·加尼特（George Garnett）——试图回击，但民众太多了。和英国不同的是，没有军队来帮助平息事态。政府担心手工匠们的反抗会让国家整体动乱的局势进一步恶化，因此法国的实业家和发明家们也不太相信政府会愿意保障他们的利益。[56] 这种政治不确定性削弱了人们在机器和工业方面进行投资的意愿，也抑制了法国的经济增长。霍恩解释道："由于劳动者们的好战，劳动阶级发起彻底的社会和经济革命的可能性使得法国政府和欧洲大陆的企业家们无法像在英国那样安全地将收益或者创新做到最大化。……因为1789年的毁坏机器事件是革命性政治出现的一个方面，而颇为自信的法国政府几乎无力压制。在十年革命（1789—1799年）期间，法国的工业家们无法依靠政府来镇压工人阶级的好战情绪。"[57]

结　语

1750年之前的经济增长缓慢不能用缺乏创新或好奇来解释。前工业世界出现了大量发明，包括安提基特拉机械、机械钟、印刷术、望远镜、气压计和潜水艇。前工业时代的一些发明甚至可以说比工业革命期间的"工具潮"（wave of gadgets）更精细更复杂。然而，仅靠具有技术创造力的人显然不足以构成经济进步的充分条件。因此技术必须先找到一个经济目的，然后得到推广。正如经济学家弗里兹·马克卢普（Fritz Machlup）指出的那样："努力工作需要激励，天才的灵感闪现却不需要。"[58] 前工业时代显然存在着天才的灵感闪现，但很少有投资机械的动机。

工业革命前，政治权力被牢牢掌握在地主阶级手中。权力结构随着农业的发明而成形。农业发明之后人们首次储存食物、拥有土地，个人能够积累有意义的盈余。这反过来促进了产权的概念，并促成了保护这些权利的政治结构。农民用劳动换取骑士的保护，这种交换创造了一个不平等的世界，在这个世界中寻租的回报比寻求进步的回报更丰厚。统治阶级担心取代了劳动力会造成人们生活困难、社会动乱，最糟糕的情况甚至是政治现状受到挑战。因此，取代工人的技术经常遭到抵制甚至被禁止。拥有政治权力的人在进步中的损失大过收益，在这种情况下，西方世界陷入了一种技术陷阱，威胁人们技能的技术往往遭到强力抵制。

一些事件打破了平衡，使天平朝着对发明家有利的方向倾斜。民族国家的兴起和君主间竞争的加剧，意味着限制技术进步的成本极大提高了。落后的国家很快就发现他们将被先进国家超越，更糟的是甚至会被征服。先进国家则会发现，想要在保持政治现状的同时在经济上实行保守主义将更加困难。换句话说，外部的威胁比来自下层的威胁更大。尽其所能抵制取代技术的手工业行会随着城市间竞争的加剧而衰落了。他们的衰落意味着政府支持企业家和发明家将更容易，这将对行会不利。德斯梅特、格赖夫和帕伦特写道：

> 随着从政界和司法部门得到的支持越来越少，当手工业行会成员的工作受到新技术的威胁时，他们就会诉诸暴力手段。这些暴力行为包括暴乱、游行示威和蓄意破坏。这些活动在19世纪之交的时候变得更加频繁，最终在1811—1816年的卢德主义暴乱中达到高潮。这些暴力行为与其说是力量的象征，不如说是没落的行会体制在做垂死挣扎。……这就是正在发生的事情。行会阻挠省力技术引进的行动变得越来越无力，英国进入由工业化主导的时代，逃离马尔萨斯陷阱也只是时间问题。[59]

只有当统治精英们开始支持发明家后，英国工业的机械化进程才能开始。

第二部分

大分流

1780—1850 年，在不到三代人的时间里，一场影响深远的变革史无前例地改变了英国的面貌。自此之后世界大不相同。……也许除了新石器革命之外，没有一场革命像工业革命这样带来了如此剧烈的变革。

——《欧洲经济史》，卡洛·M. 奇波拉

财富的增长并不和人们为生产所付出的努力相称，也没有惠及大部分人口；两个对立的阶级，一个在人数上不断增加，另一个在财富上不断增加；一个通过不断增加的劳动谋生，赚着仅够维持生计的工资，另一个享受着先进文明带来的所有好处。这些情况，伴随着同样的思想和感受，随处可见。

——《十八世纪产业革命》，保尔·芒图

机器的兴起导致工人们反抗技术进步。正如我们将看到的，构成工业革命的那些技术主要都是劳动取代型的（第四章），这也就为它们受到的普遍抵制提供了解释（第五章）。然而这一次政治力量牢牢掌握在那些从机械化受益的人手中。工人在大部分情况下缺少政治权力，他们的主张是无望的。

以现代眼光来看，工业化似乎发端于一些小发明。这些小发明让工厂制得以建立，持续扩张的工业时代由此得以开启，现代世界从中诞生。工厂的故事和科学很像。尽管将现代科学归功于伽利略、弗朗西斯·培根或勒内·笛卡尔的观点可能有些荒谬，但他们确实是奠基者。与之类似，直到理查·阿克莱特（Richard Arkwright）、塞缪尔·克朗普顿（Samuel Crompton）和詹姆斯·瓦特（James Watt）的时代，工厂制的技术基础才出现。工厂早在工业革命之前就已存在了，但彼时的工厂的特点和现代工厂制不同，用卡尔·马克思的话来说，后者的独特之处在于机器的引进。[1] 这些机器的发明者因此也可以被视作现代工业的发明者。

与科学的演变一样，工厂制的兴起也是一个渐进但不平缓的过程。经济学家华尔特·罗斯托（Walt Rostow）主张工业革命意味着自给自足的经济进入了"起飞"阶段。然而这一主张被之后的实证分析否定了，这些实证分析认为经济增长是渐进的过程。[2] 工业革命期间不仅整体增长较慢，工业产量也并没有出现某种能体现"革命"特点的猛增。[3] 1750—1800年间，人均收入增长的速度基本没有比18世纪初更快。但到1870年，英国的人均收入比1750年高出82%。按现代的标准来看，相应的约0.5%的年增长率是很低的。然而，它比前工业时代的经济增长速度明显还是要快一些。

从宏观经济影响方面来看，工业革命还不足以被称作经济革命，但是还有一些因素表明1750年后发生了一场技术革命。相比于18世纪50年代，60年代的专利授予量平均每年翻一番，此后继续保持快速增长。[4] 肯定会有人质疑经济与专利的相关度，但专利激增的时间正好佐证了历史学家T. S. 阿什顿（T. S. Ashton）那些令人难忘的话语："工具潮大约在1760年席卷了英国。"[5] 工业革命的许多标志性发明大约就在那个时候出现了。阿克莱特的水力纺纱机和瓦特蒸汽机上的分离式冷凝器都在1769年获得了专利。

没有出现经济革命并不奇怪。仅有更好的技术并不一定会转化为更快的经济增长。为了经济的快速增长，广泛采用技术是必要的。然而，工业革命一开始仅限于整体经济中的少数几个行业，这些行业共同构成的只是整个经济的一部分。因此工业革命在其发展初期并不是一个总体现象。正如经济史学家迈克尔·弗林（Michael Flinn）的解释："从统计数据中吸取的教训似乎是，一小群极具活力的行业叠加在了稳步增长的经济上。从统计上看，即便到了〔18〕世纪末，这些产业在国民生产总值中所占的份额也很小，但它们的增长足以使现有的整体经济增长率翻番。"[6] 工业革命始于纺织业，纺织业也是人们最能强烈感受到机械化工厂的威力的一个行业。我们将看到，机械化推动了被经济史学家们称为"大分流"的过程。这一过程发生在工业革命之后，在这一时期西方国家变得比世界上任何其他地方都更加富有。而在工业化早期，英国内部同样也出现了大分流：工资停滞不前，利润突飞猛涨，收入差距急剧扩大。

第四章

工厂时代的到来

　　1769年被唐纳德·卡德韦尔称为奇迹之年，它通常被认为是工业革命的标志性的开始。[1]如上所述，理查·阿克莱特和詹姆斯·瓦特也就是在这一年为他们的重要发明申请了专利。但工业革命起源的时间其实可以追溯得久远，工业革命的起源在很大程度上与工厂制的演变同步。工厂制出现的确切时间还不明晰。安德鲁·尤尔（Andrew Ure）在1835年的《工厂哲学》（*Philosophy of Manufactures*）中首次给出了工厂制的定义："许多成年的年轻工人在中央权力的持续推动下，以自身的技能殷勤管理着一系列生产机器的联合行动。"[2]第一个法定的定义可追溯到1844年，它可以被解释为"在建筑物和房屋的附近或内部，使用蒸汽或其他机械动力来移动或操作机械"。[3]换句话说，追溯工厂制的起源就是在追溯用机械力驱动机器在生产中的应用。取代工人的机器出现后，现代工业终于到来了。

　　为了更容易理解工厂制，我们最好把它与早期的生产模式进行比较。18世纪初以前，英国的主流生产体系仍然是家庭生产体系。经济史学家保尔·芒图（Paul Mantoux）描述了工厂兴起之前人们的生活和工作，这在说明工业革命的变革意义方面非常有启发性。家庭生产体系中的一般工匠们生活在窗户又小又少的村舍中。一栋房子常常只有一个房间，它既是生活场所又是作坊。为了腾出空间（比如留给织布机），房间里几乎没有家具。劳动的安排也很简单。如果工匠的家庭有足够多的成员，就能细分操作，完成所有事情。比如妻子和女儿们负责转纺轮，儿子们负责梳理羊毛，丈夫操作梭子。也有工匠会雇佣其他技工，但受雇的技工们通常和雇主同吃同住，并不会将雇主看成不同社会阶级的成员。雇主控制生产，而且不依赖任何财务人员，因为他拥有原材料和必要的工具。他的部分生计来自土地，手工业通常只是一份附带的工作。自中世纪以来，生产几乎没有发生变化。

家庭产业的产出增长缓慢但很稳定。随着市场变得更加一体化，商人成了工匠们不可或缺的中间人，他们帮工匠把产品出售到英国各地和海外。工匠们生产的布匹通常未经加工或染色，因此商人们需要进行最后的加工才能把商品拿到市场上销售。因此商人必须雇用工人，由此也就身兼批发商和制造商两种角色。工匠们仍以独立承包商的身份住在乡下，但他们的生活越来越依赖于批发制造商。如果庄稼收成不好，他们可能无法更换一些工具和设备。意识到了这种困境的批发制造商们开始提供生产工具。曾居住在乡下的独立承包商（工匠）开始被雇用，定期拿工资，他们聚集到了批发制造商居住的镇上。换句话说，人们逐渐失去了对生产方式的所有权和对工作进度的自主权。卡尔·马克思所说的工人阶级出现了。资本与劳动之间缓慢而持续的分离标志着工业化进程的开始。从17世纪末开始，这一分离过程并不平稳，但它席卷了整个国家。在约克郡，工匠的独立性几乎未受影响；但在布拉德福德，富有的商人们控制了工业。但任何地方的生产方式都还没有改变。机械化还未开始。[4]

　　为什么机械化一开始，工厂制就出现了呢？上文提到，国际贸易的兴起和民族国家间竞争的加剧，使得技术保守主义更难与政治稳定相协调。英国工人工资的上涨意味着国家必须用机械化来保持贸易竞争力。随着市场规模的扩大，那些把商品销往海外的制造商们有了降低劳动成本的动机。竞争的加剧推动了人们允许工厂机械化的政治意愿。此外，制造商们运用金融手段，用昂贵的机器代替了工人。最重要的是，从经济和技术层面上讲，只有工厂环境才能满足这些条件。一些设备需要在大工厂中才能运转，对工人的小屋来说，这些机器太大，也太复杂了。蒸汽机、炼铁炉、捻丝机等机器都需要厂房。[5]工厂制的发展是一个技术演变的过程，它是由经济和政治动机支撑的机械化所带来的。如上所述，虽然工厂制出现的时间通常可追溯到18世纪60年代末，但工厂出现得更早：1718年，德比郡一栋五层高的建筑里有一家丝绸厂，大概300名工人受雇在这里工作。

机器的崛起

　　随着南特敕令（Edict of Nantes）的废除，一群技术工人离开法国，定居到了伦敦郊区，英国的丝绸业开始兴起。一开始，由于走私者把更便宜的丝绸投放到市场，英国的丝绸业起步艰难。英国相对的高工资使国内的制造商难以与走私丝绸抗衡。寻找降低劳动力成本的方法便成了当务之急。为此他们大力开发缫丝机器，但都没有成功。尽管如此，关于意大利已有这种机器的传言仍流传开了。1716年，为了解开这个秘密，约翰·洛姆踏上了前往意大利的冒险之旅。他和一位意大利神父（这位神父同时担任一名丝绸厂业主的告解神父）一起想出了一个计划，从而有机会接触到那些机器，悄悄地画出图样。这些图纸随后被藏在丝绸中运回了英国。从意大利回来一年后，约翰和提供了必要资金的哥哥托马斯一起，在德比郡附近建立了第一座丝绸工厂。捻丝机器就是按照从意大利带回的图纸制造的，托马斯·洛姆赚了一大笔钱。除了通过这次工业间谍活动积累的财富，他还因服务于英国而被封爵。毫无疑问，德比郡的机械化丝绸厂令人印象深刻。然而即使德比郡和斯托克波特拥有大量的制造企业，但它们的规模还是太小，不足以对总体经济活动产生显著影响。这些丝绸厂只是"侏儒时代的巨人"。[6]

虽然丝绸产业的发展预示着工业革命的到来，但棉花业才是工业革命真正的开端。棉花业在1750年还只是一个边缘产业，后来迅速发展并最终成为英国最大的产业，在1830年占据了国内生产总值的8%。这一扩张使得英国的棉产业超过了17世纪时拥有领先棉产业的中国和印度，曼彻斯特这样的工业中心只是它扩张的结果之一。即使到了1750年，孟加拉国每年的纺棉量约为8500万磅，但英国每年只能生产300万磅。[7]英国棉产业举步维艰的一个原因是亚洲的劳动力更廉价。但它的成本劣势很快成了一个优势，因为国际贸易刺激了人们，促使人们转向机械化生产。

机器时代到来之前，纺棉花是一项耗时费力的工序。人们用锭盘和纺轴构成的纺轮制作细纱线，用纺车制作粗纱线。工业革命刚开始时，制作棉纱的过程分为三步。第一步，将袋装棉花开袋，去除污垢；第二步是梳理棉花，这一步骤主要是把棉线排成粗纱；最后一步，把粗纱纺成纱线。在工厂环境中，每一个步骤都实现了机械化。阿克莱特是现代棉产业和后来的工业革命的先驱。正如芒图所写的那样:"阿克莱特机器的发明,使得工业这个词在最广泛的意义上不再只属于技术史领域,还成了经济事实。"[8] 虽然阿克莱特有好几项发明,但他最伟大的成就无疑是1776年开业的第二家克罗姆福德棉纺厂。在这里,水力驱动的机器按照生产顺序排列,它成了其他早期棉纺厂仿效的模板。[9]

可以肯定的是,阿克莱特并不是凭他自己改变棉产业的。他只是碰巧成了第一个成功的棉产业实业家。在几十年前,即18世纪四五十年代,刘易斯·保罗(Lewis Paul)和约翰·怀亚特(John Wyatt)改良了一种很有前途的滚筒纺纱系统。怀亚特很早就意识到了工厂制的潜力,但没能付诸实践。据他自己估计,滚筒纺纱能降低三分之一的劳动需求,也就能提高英国工业的利润率。光荣革命之前,他可能会更小心地掩盖节省劳动力的效果,但事实上他没有这么做。这表明人们对取代技术的接受度更高了。然而,如果认为这个话题已毫无争议,那就错了。正如第五章将讨论到的,18世纪的工人经常会捣毁他们认为将威胁自身工作的那些机器。下面这段话或许可以解释,为何怀亚特认为有必要指出,失业工人很快就能在其他地方找到待遇更好的新工作:"布匹商人的贸易带来的额外收益自然会刺激他所在的行业,使他能够按照机器带来的收益比例扩大交易。通过扩大交易,他同样会吸纳那33%的失业人口中的一些人……然后他需要在他生意的其他分支中都增加人手,比如织工、剪毛工、洗刷工、精梳工……跟以前相比,这些被雇佣的全职工人有了充足的工作机会,能够为家里赚更多钱。"[10] 怀亚特认为取代工人的机器不仅会让少数工业家们变得富有,甚至可以让整个英国富裕起来。虽然英国最终会因机器而变得富有这一点说对了，但他的滚筒纺纱系统甚至都没能让他和自己的合伙人富起来。刘易斯·保罗因债务而入狱，这台机器和保罗的其他财产一起被没收了。二人在1742年破产，后来他们的发明被卖给了《绅士杂志》(*Gentleman's Magazine*)的编辑爱德华·凯夫(Edward Cave)。凯夫在北安普敦建立了一座有5台水力机器的小工厂，这座工厂最后落入了阿克莱特手中。[11]

阿克莱特的成功并不在于他是一位杰出的创新者。他的成就在于克服了滚筒纺纱机的一些工程瓶颈，使其得以用于实践。与文艺复兴时期的技术不同，18世纪出现在英国的发明实际上是1%的灵感加上99%的汗水。它们被发明出来都是出于相同的目的，即降低生产过程中的劳动力成本。阿克莱特的水力纺纱机应用滚筒纺纱，据估计降低了三分之二的纺纱劳动成本，最终降低了20%的粗纺棉花生产总成本。阿克莱特的第二项发明——梳棉机，在经济上的影响也与之相似。与水力纺纱机类似，梳棉机也不是什么极具创新的发明。事实上，这一发明的创新性受到了质疑，他的专利也备受争议。[12]

詹姆斯·哈格里夫斯(James Hargreaves)的珍妮纺纱机(spinning jenny)是另一项非常重要的发明。据说哈格里夫斯看到一架纺车倒在地板上却仍在旋转，似乎在自动纺纱，于是萌生了这一想法。可以肯定，这个机器结构非常简单，它由带有四条腿的长方形框架构成，在框架的一边有一排垂直排列的纺锤。和水力纺纱机类似，它也不需要科学突破。与被它所取代的纺车相比，它的优势在于可以让一个工人同时纺几根线。珍妮纺纱机尽管比手纺车贵出约70倍，却仍比阿克莱特的机器便宜得多。珍妮纺纱机占空间小，并不局限于工厂环境。[13]事实上，珍妮纺纱机不需要对生产过程做很多变动，这可能是它得以迅速推广的原因之一。

虽然珍妮纺纱机没有直接促成工厂制的兴起，但它有间接
参与。塞缪尔·克朗普顿在孩童时代就开始使用珍妮纺纱机，
他也试图改进珍妮纺纱机。1779年他发明了克朗普顿式走锭细
纱机（Crompton mule），这个机器将哈格里夫斯珍妮纺纱机的
拉杆和阿克莱特水力纺纱机的滚筒结合了起来。走锭细纱机首
先被家庭作坊所采用，后来很快应用于工厂。工厂里原先使用
的木质滚筒也被阿克莱特的钢质滚筒所取代。

随着纺车被纺纱机取代，手工纺纱工人也被取代了。因
此，基本没有工人喜欢纺纱机，这毫不意外。当哈格里夫斯发
明了这样一台机器的传言散播开来的时候，布莱克本的居民闯
入他家捣毁了机器。事实上，工人捣毁机器的事件在英国的典
型工业化时期频频发生。因此，虽然政治权力已经转移到那些
从机械化获利的人手中，但发明家们仍不大可能宣称他们的发
明会取代工人或节省劳动力。经济史学家简·亨弗里斯（Jane
Humphries）对此解释道：

> 18世纪初的发明家很少说他们的发明能节省劳动力，
> 他们可能认为公开宣传任何对当地就业可能产生不利影响的
> 说辞都是不明智的。有趣的是，他们更可能承诺创造就业岗
> 位，尤其是为女性和儿童创造工作机会，言下之意是否则这
> 些人就会成为政府的负担。但随着时间的推移，人们越来越
> 能接受发明会取代劳动力这一论点。到18世纪90年代，专
> 利持有者不再受任何限制，纺织业、金属和皮革业、农业、
> 绳索制造、船坞和酿造等领域的发明家都开始声称有这样的
> 优势。但即便如此，省力技术省下的也不是所有的劳动，而

主要是成年技工的劳动。通常有些发明者宣称他们的发明能降低对力量或技能的要求，可以让没有技能的女性和儿童取代那些熟练的成年技工。约翰·怀亚特为他〔和刘易斯·保罗〕发明的纺纱机辩护时的考量非常具有指导意义，至少对于低效的法律机构在为妇女儿童创造就业时的那种谨慎有借鉴意义。怀亚特声称，一名雇用了上百工人的服装商可能会解雇30个"最好的工人"，但会雇用10个儿童或残疾人，他的财富可以因此而增加35%，教区的居民每人可以省下之前需要用来救济穷人的5英镑。取代劳动力这一点是工人抵制新技术的关键，因此发明家需要一定的勇气来提出这种主张。这种情况可能说明，出于这一目标的发明比公开宣称的要更多。[14]

纺纱机实际在多大程度上节省了劳动力，这个问题一直以来都有着激烈争论。有一点是毫无疑问的：纺纱机节约了劳动成本，取代了手工纺纱的工人。举例来说，珍妮纺纱机的使用不仅用资本取代了劳动，还用童工取代了相对昂贵的成年劳动者。阿克莱特写道，在峰区南部有充足的童工，这也许能解释为何他决定在那里进行生产。实际上早期的纺纱机器是为童工特别设计的（见第五章）。正如当时以尖锐著称的评论员安德鲁·尤尔提出的那样："机器的持续改进，其目标和趋势都在于通过用妇女和儿童取代男人来降低成本。"[15]

当然，机械化的好处不仅在于用机器和廉价劳动力取代了昂贵的劳动力。它的另一个动机是试图进一步控制工厂工人，而这和雇佣童工密切相关。童工许多都是远离家人和朋友，在工厂工作的贫民学徒。当童工占据了工厂大部分劳动力时，由于缺少成年同事提供的保护，他们经常被委派去做一些没有酬劳的工作。许多监工和经理都会用大棒而不是胡萝卜来控制无法无天的大量童工。与成年工人相比，他们几乎没有议价能力，很容易被工厂纪律控制。[16] 亨弗里斯写道，制造商们很明显已清楚意识到了新发明的优点，他们"绕过工匠的实践和控制，削弱对变革的抵抗"。[17]

尽管纺纱业在18世纪晚期开始走向工厂制，但织布仍主要通过家庭体系中的手摇织布机来完成。因此有人担心，纺纱厂的数量会在阿克莱特的专利过期后猛增，以至于会没有足够的人手来织纺出来的所有棉纱。埃德蒙·卡特莱特牧师（Edmund Cartwright）和曼彻斯特的一位绅士讨论到了这一点。这位绅士认为不可能成功建造纺织厂，卡特莱特开始证明他的观点是错误的。卡特莱特是一位乡村绅士的儿子，曾经在牛津大学求学，脑子里只有文学。后来他在一名木匠和一名铁匠的帮助下证明了自己的观点。他花了数十年时间和一大笔钱来制造动力织机。他和格里姆肖（Grimshaw）兄弟一起建立了一座拥有400台蒸汽织机的工厂。然而由于担心失业，织工们将它付之一炬。如果是在伊丽莎白一世治下，由于可能引发社会动乱，卡特莱特的织机几乎毫无疑问会被完全禁止。但在卡特莱特的时代，政府几乎总是会站在发明家那边，不仅没有禁止这项发明，反而帮忙筹集资金。1809年他成功地向议会申请到了拨款，这说明他的机器对保持英国的贸易竞争力至关重要。[18]

动力织机无疑是一项意义重大的发明。在整个19世纪，动力织机不断改进，生产率也不断提高：经济史学家詹姆斯·贝森（James Bessen）总结道，1800年使用一台手摇织机的织工需要近40分钟才能织出1码（yard，英制长度单位，1码约等于

91.44厘米。——编者注）粗布，但到了1902年，一名织工同时操作18台动力织机，能在1分钟以内织出同等数量的布。[19] 但这样做的代价是手工织工被淘汰了。我们将在第五章回溯一下手工织工的命运。但到目前为止，我们注意到，随着动力织机的推广，纺织业的机械化几乎已胜利完成。

铁、铁路和蒸汽

大部分人认为工业革命是由蒸汽推动的。这种观点无疑有一定的道理，但蒸汽动力在工业化进程中只是后来者。虽然从人和动物的肌肉力量向机械力量的转移是工厂制兴起的决定性特征，但直到19世纪中期，蒸汽机的经济影响才开始凸显。毫无疑问，蒸汽动力相比于总会受地理限制的水力有着明显的优势。正如马克思所写的那样，蒸汽机出现以后，原动机终于出现了，"蒸汽机完全处在人们的控制之中。它可以移动，它是运动工具的一种。它属于城镇，不像水车属于乡村。人们可以在城镇集中生产，而不像水车必须分散在乡下"。[20] 但也许更重要的是，蒸汽动力的应用不限于单项任务或单个行业：与水力不同，蒸汽动力在陆地运输中也可使用。蒸汽机和计算机、电力一样，被经济学家们视作通用技术的典范。

相比于18世纪其他有着单一的工程目的的重要技术，蒸汽机只是科学革命的副产品，它的出现建立在人们发现"大气有重量"这一事实的基础上。随着蒸汽机的问世，科学首次在技术发展中占据中心位置，而且其重要性还在继续上升。17世纪晚期，英国康沃尔的一位军官托马斯·萨弗里首次对大气压进行了实际应用。在发展初期，蒸汽机——也就是人们口中的火力机（fire engine）——只不过是一个由锅炉和水箱构成的泵。这种机器一开始只是专为铜矿排水而发明的，但萨弗里发现了它的通用性。除了用于采矿，他预测人们将使用蒸汽机为城镇和家庭供水、灭火和带动磨坊的轮子。但是萨弗里的发明就连为矿井排水也做不到，因为它的工作极限只有约30英尺深（约9.14米）。随着1712年托马斯·纽科门的蒸汽机问世，人们就不再使用火力机了。但由于其固有缺陷，纽科门的蒸汽机也没能得到推广。蒸汽机工作时需消耗大量能量，这意味着很少有制造商会使用它。1770年以前，它几乎只用于煤矿排水，用在煤炭非常便宜的地方。

詹姆斯·瓦特发明了分离式冷凝器后，蒸汽动力才在经济上变得可行。他的发明使得冷凝过程中汽缸内的热量不会大量流失。[21]然而，瓦特的蒸汽机过了几十年才在商业上变得可行，它也需要来自瓦特的伙伴马修·博尔顿（Matthew Boulton）的财力支持。瓦特的蒸汽机于1784年在阿尔比恩面粉厂首次投入使用，博尔顿-瓦特公司出于推广的目的向这个工厂注入了资金。一年后，它被用于棉花生产，并逐渐被推广到毛纺厂、锯木厂、为酿造啤酒提供材料的麦芽厂、制陶厂、食品加工厂、甘蔗厂以及铁矿和煤矿。然而，蒸汽动力给宏观经济带来的即时影响仍十分有限。经济史学家G. N. 冯·通泽尔曼（G. N. Von Tunzelmann）估算了蒸汽机节约的社会储蓄，将它与下一个最好的技术进行对比后发现，如果瓦特没有发明分离式冷凝器的话，1800年英国的国民收入只会比实际少0.1%。[22]不用说，这种估算总是实际上就等于它们背后的假设，但直觉告诉我们1800年以前，蒸汽机对总体经济的影响微不足道。现有的数据表明，整个18世纪总共有2400—2500台蒸汽机被制造出来。[23]

正如经济史学家尼古拉斯·克拉夫茨（Nicholas Crafts）认为的那样，蒸汽机对整体经济的影响直到1830年仍然非常小。[24] 虽然到后来，尤其是1850—1870年间，它在提高生产率方面的贡献日益增加，但跟计算机和电力等后来的通用技术相比，蒸汽机对经济的影响仍然很小。农业和建筑业等许多行业都未受影响。蒸汽动力也没有走进普通人的家庭。与电力和计算机一样，蒸汽也带来了经济效益，但是，蒸汽对生产率的影响被推迟了。原因之一是蒸汽机的推广过程很慢，因为在很长一段时间内水力仍然更便宜。蒸汽机领域没有摩尔定律。因此直到19世纪40年代，大部分工厂仍由水力驱动。直到那时，蒸汽机的燃料消耗才下降到在经济上可接受的范围内。

19世纪中期蒸汽机彻底改变了交通运输，它的经济优势变得十分明显。铁路出现之前，工业革命很大程度上只局限于局部地区，英国大部分地区未受其影响。这里无意贬低18世纪交通运输方面的进步：议会通过法案，授权信托基金为收费公路的建设征税和发行债券，这为英国相当规模的公路网铺平了道路。[25] 18世纪收费公路系统的发展极大改善了英国的道路，加上改进后的驿马技术，大大减少了旅途时间。在18世纪50年代，从伦敦到爱丁堡需要花10—12天。19世纪30年代第一批铁路出现后，乘坐驿站马车走完同样的距离只需45小时。[26] 不过，在此前的历史上没有任何交通方式比马更快，用马来旅行是件奢侈的事，只有少数人能够享受到。如今乘火车出行的英国人中的大多数在铁路出现之前只能步行去目的地。相比于驿站马车，乘坐火车更快也更便宜。第一批火车的行驶速度比马车快三倍，比人类最快的走路速度快十倍左右。[27] 直到第一次世界大战爆发，如果依靠铁路出现之前的交通工具，英国人需要花50亿个小时才能走完所有乘火车完成的路程。

　　同样，铁路的出现本身就是一段漫长的旅程。不仅蒸汽动力是铁路所必需的，对于铁路甚至工业革命的大部分成果来说，便宜的钢铁也是一项必要的使能技术。钢铁被用于建造工厂、蒸汽机、机械、桥梁和铁路。但在18世纪以前，高炉生产的生铁既昂贵又脆弱。1709年，也就是纽科门发明蒸汽机三年前，有了第一个突破：亚伯拉罕·达比（Abraham Darby）发展出了一种用焦炭取代木炭作为高炉的燃料，从而改进生铁冶炼的方法。尽管我们不能就此认为达比是焦炭熔炼法的发明者，但他的方法让冶铁更经济实惠了。在1709—1850年间，据估计生铁的平均成本下降了63%。[28]

　　达比家族三代人领导的科尔布鲁克戴尔（煤溪谷）炼铁厂的发展很好地体现了从焦炭冶炼到铁路的过程。这个故事引人入胜，因为它阐释了促成工业革命发生的那些技术之间的联系。达比的炼铁方法使得蒸汽机的汽缸（后来主要由科尔布鲁克戴尔炼铁厂生产）更加精确，蒸汽机也变得更节能，这降低了焦炭熔炼法的冶铁成本。1774年科尔布鲁克戴尔炼铁厂安装了一台博尔顿-瓦特蒸汽机，并在1805年将它升级为新设计。在此期间，生铁产量从每天15吨增长为每天45吨，产量增加了两倍。到1757年，科尔布鲁克戴尔炼铁厂为运输这些成吨的材料修建了16英里的铁路网。10年后，木质轨道被铁轨取代，世界上第一条铁路由此诞生。换句话说，达比的方法不仅仅是铁路领域的一种使能技术。为焦炭熔炼服务是铁轨的第一种应用方式。[29]

　　虽然蒸汽动力的铁路客运始于科尔布鲁克戴尔，但这一过程从开始到完成花了几十年。1805年第一条客运铁路开通，但车厢是马拉的。铁路出现前，人们曾多次尝试将蒸汽机应用在陆地交通工具上，但道路没有铺路面，而且收费公路法案规定要收取通行费，这意味着在公路运输方面使用蒸汽机没有吸引力。推动蒸汽铁路发展的核心人物之一理查·特里维西克（Richard Trevithick）于1803年制造了伦敦蒸汽机车。他的成就在于通过舍弃分离式冷凝器让蒸汽机变得更轻更小，使蒸汽机能够更高效地应用于交通运输。然而想要在交通运输中使用蒸汽机，还需要更新更好的齿轮、仪表、联轴器等重要技术。这一系列发明最终集成在了乔治·史蒂芬森（George Stephenson）设计的"火箭"号蒸汽机车上。它是世界上第一辆用作公共运输的蒸汽机车，在连接利物浦和曼彻斯特的铁路上完全依靠蒸汽运行。

1830年，从利物浦至曼彻斯特的铁路举行落成典礼，这是当年最重要的公众事件之一，时任英国首相的惠灵顿公爵阿瑟·韦尔斯利（Arthur Wellesley）和其他人一起参加了这场典礼。虽然这代表着英国工程学的胜利，但蒸汽客运也带来了伤亡。前内阁大臣、利物浦议员威廉·赫斯基森（William Huskisson）两年前因不同意议会改革方案从政府辞职。他没有听从乘客应留在火车上的建议，在火车短暂停靠时离开车厢，靠近惠灵顿的车厢希望与他和解。在和首相交谈时，他看到另一辆蒸汽机车驶来，但已太迟了，他绊倒在机车前的铁轨上。因为"火箭"号并没有配备刹车，司机只能试图通过换倒挡这一复杂过程将火车停下来。当晚，赫斯基森不治身亡。

20世纪的"兴登堡"号空难宣告了飞艇技术的终结。与之相比，虽然赫斯基森的事故被广泛报道，但人们对铁路的狂热没有衰退。当全英国的人们都知道了这种新型的远途交通方式时，什么也无法阻挡它的推广了。1850年英国的铁路网扩张到了6200英里，1880年达到了15,600英里。大约在那个时候，传记作家塞缪尔·斯迈尔斯（Samuel Smiles）认为铁路是"这个国家迄今为止所完成的最伟大的公共事业，远超此前任何政府或其他联合起来的社会力量所达到的成就"。[30] 就像如今的数字技术拓宽了世界一样，铁路使得19世纪的人们能够去到之前的视野所不及的地方。铁路出现后，书籍、信件、报纸和人口的流动性都增强了，各种发明和想法都能以更快的速度传播。工人们更容易外出寻找更好的工作。运输成本的下降意味着制造商们的市场能够不断扩大，各个地区能专门生产有相对优势的商品。越来越大的工厂开始利用规模经济的优势，本地垄断企业面临着来自外地实业家的日益激烈的竞争。随着工厂规模的扩大，人们也发现在工厂生产中使用蒸汽动力更经济。换句话说，铁路刺激了蒸汽动力在制造业中的推广，蒸汽机反过来又催生了很多劳动密集型的新工作机会。

不少经济史学家应用社会储蓄的概念，将铁路的优势与下一项可靠的技术的优势做比较，从而估算了铁路对总增长的贡献。加里·霍克（Gary Hawke）的一项早期研究认为，1865年与铁路相关的社会储蓄占国内生产总值的6.0%—10.0%。货物运输占国内生产总值的比例约为4.0%，客运占比大约为1.5%—6.0%，具体情况取决于乘客对舒适度的重视程度。然而，霍克估算的客运储蓄是向下倾斜的，因为它不包括节省时间带来的好处。[31] 经济史学家蒂姆·洛伊尼希（Tim Leunig）考虑了乘客节约的时间，他估计客运带来的社会储蓄占1865年国内生产总值的5%左右，到1912年达到了14%。在此期间，铁路贡献了总体生产率增长的整整六分之一。[32] 对这些数据进行进一步分析发现，据估计在铁路时代到来的前夕，与收费公路信托基金相关的社会储蓄占国内生产总值的1%左右，但那时的国内生产总值低得多。[33]然而，铁路出现很久之后，主要优势才开始凸显出来。特别是在19世纪70年代后，这些优势的经济意义越来越大，三等舱的价格已经充分降低，因此那些以前从未旅行过的人有机会出门旅行了。[34]

换句话说，工业革命带来的好处要经过一个多世纪才完全显现出来。英国的部分地区几乎未受影响，蒸汽机和铁路直到19世纪下半叶才对整体经济造成明显影响。然而，某些地方和部分行业更早感受到了日新月异的变化，1800年后其中一些行业迅速扩张，对整体经济数据产生了影响。当时的人们当然也注意到了工业的崛起。比如在1835年，英国记者兼议员爱德华·拜因（Edward Baines）爵士认为，"制造业空前扩张的原因可以从一系列辉煌的发明和发现中去寻找。在这些发明和发现的共同作用下，现在纺纱工一天能纺的纱线如果使用旧工艺来生产需要1年，之前需要6—8个月来漂白的布现在只需要几个小时就能漂白"。[35]这种现象在棉花城曼彻斯特最为明显。

第五章

工业革命及其引发的不满

在本杰明·迪斯雷利（Benjamin Disraeli）1844年出版的《康宁斯比》（*Coningsby*）一书中，一个被当时的技术所深深震撼的人物说道："我看见这些城市里到处都是机器。当然，曼彻斯特是现代最棒的城市。"[1] 那时，英国大约三分之二的棉花生产都在工厂里完成；蒸汽技术正在取代肌肉力量；第一条通用铁路（连接利物浦和曼彻斯特）在10年前就已完工了。现代工业正在崛起。虽然曼彻斯特和其他工业中心周围都是一片辉煌，但人们普遍还是担心机器的好处并没有惠及大众。在《康宁斯比》问世的同一年，弗里德里希·恩格斯出版了《英国工人阶级的状况》（*The Condition of the Working Class in England*）。这本书是他待在曼彻斯特的时候完成的。与着迷于机器大军的同时代人不同，恩格斯认为机器只会减少普通人的收入，只有少数工业家会从机器中获利："改良的机器降低了薪水，这一事实不仅引发了资产阶级的激烈争论，工人群体也在反复强调它……英国中等阶级选择无视工人的苦难，工业家们尤其如此，他们靠大量工薪阶层的苦难攫取财富。"[2] 劳动者们和"中等阶级"对待技术进步的态度截然不同。[3] 正如戴维·兰德斯所写的那样，中等阶级和上层阶级都相信他们生活的世界是所有可能的世界中最好的。对他们来说技术是新的天启，工厂制为他们崇拜进步的新宗教提供了证据。然而贫穷的劳动者，"尤其是那些遭到机械工业忽略和碾压的群体……无疑有另一种看法"。[4] 当工业家们正为机器的崛起而惊叹时，工人们则常常正在反抗这些机器的引进，他们用如下诗句表达对失业的担心：

> 技工和贫苦劳工
> 都在流浪，
> 现在的农村和城镇
> 除了贫穷已一无所有；
> 机器和蒸汽动力
> 摧毁了穷人的希望，
> 受苦受难的失业群体
> 只能祈祷。[5]

贫穷的劳动者们当然有许多要抱怨的。在19世纪40年代之前，工人阶级的状况并没有改善，对许多人来说，生活水平正在恶化。在曼彻斯特和格拉斯哥这样快速发展的制造业城市，人们的预期寿命比全国平均水平少10年，而全国平均预期寿命也只有40岁。收入的大幅上涨也许能补偿这些工厂城市糟糕的工作和生活环境，但是这种补偿基本上是不存在的。虽然有一些证据表明工厂城市的工资比农村地区高，在某种程度上弥补了这种肮脏又不健康的条件，但考虑到英国北部城市的生活成本的话，工资就不存在溢价了。[6] 在典型的工业革命年代，生产有了前所未有的增长，但增长带来的收益并未流向劳动者。[7] 1780—1840年间，工人的人均产量提高了46%，但相比之下，实际周薪仅上涨12%。[8] 考虑到1760—1830年平均工作时间增加了20%，不夸张地说，相当一部分人的实际时薪下降了。[9] 随着利润率翻番，工业革命带来的收益落入了行业先驱们的口袋中。[10] 随着资本占国民收入份额的扩大，彼得·林德特预计，最富有的5%的人群收入占总收入的份额几乎翻了一番，在1759—1867年间从21%上升到了37%。[11]

关于物质水平的各种定义和衡量标准都支持以下观点，即在工业化进程初期，许多普通人的处境变得更差了。人们普遍认为直到19世纪40年代，英国的平均粮食消费量才有所增加。[12] 许多家庭减少了食物之外的非必需制成品的支出份额。劳动阶级消费在缩减，这意味着增加的商品需求主要来自中等阶级。事实上在典型的工业化时期，消费的不平等正迅速加剧。虽然家庭总体消费有所提高，但在19世纪上半叶的工厂工人家庭和从事农业的家庭中，能承担非必需品消费的家庭比例下降了。[13] 尽管存在争议，但生物学指标同样表明整体的物质生活水平下降了。须知，在其他条件相同的情况下，享受更好营养的人会长得更高，而成年人的身高可作为人们物质生活水平的一项指标。[14] 基于这一直觉，学者们发现19世纪50年代初出生的人比19世纪其他时期出生的人更矮，19世纪最后几十年再也没能达到前几十年的身高水平。[15] 虽然这些研究呈现了一些不同的时间模型，但它们一致表明1850年的男性比1760年的男性更矮。

我们在讨论物质生活水平生物学指标的下降时，很难将营养与疾病和公共卫生分开。在工业革命时期，糟糕的健康状况是一个关键问题，当时的人们对其成因展开了激烈争论。1842年，埃德温·查德威克（Edwin Chadwick）发表的《关于英国劳动人口卫生状况的报告》（*Report on the Sanitary Condition of*

the Labouring Population of Great Britain）对这一问题进行了
调查。该报告认为公共卫生问题主要是一个环境问题。穷人群
体的生活环境越来越不卫生，工业化就等于在穷人中间传播疾
病。因此，想要解决公共卫生危机，必须应对工业城镇带来的
垃圾清理、污水处理和提供清洁的饮水等卫生挑战。相比之下，
爱丁堡大学医学杰出教授威廉·艾莉森（William Alison）坚持
认为低工资是公共卫生状况糟糕的原因之一。他认为失业、收
入减少和营养不良是解释普通人健康状况的关键因素。[16]

　　这两种解释都有一定道理。工业革命的结果之一是工业中
心的兴起，工业中心臭名昭著，这不仅是因为它们外表丑陋，
还因为它们的环境拥挤又不卫生。随着农村的收入消失、就业
机会逐渐减少，越来越多的工人往城镇迁移。1750—1850年间，
居住在5000人以上城镇的人口比例从21%激增至45%。工业城
镇的生活环境极其糟糕，经济史学家们在谈到工厂制的兴起时
都说这是"城市惩罚"。[17]即使在1850年，曼彻斯特和利物浦的
人口预期寿命也仅分别为32岁和31岁，远低于41岁这个全国平
均数。[18]虽然查德威克的观点也许在很大程度上可以解释这种差
异，但天花疫苗极大改变了当时的疾病环境。这种情况表明我
们对当时人们物质水平下降的估计应进一步下调。此外，环境
的观点还掩盖了收入更低常常等同于营养更差、人口身高更矮
这一事实。即使人均收入提高了，但许多普通人还是眼见自己
的收入消失，和中等阶级的收入差距进一步拉大。美国的情况
也是如此，在工业化初期，食物价格的上涨比工人阶级工资的
上涨更快。经济史学家约翰·科姆洛斯（John Komlos）和布莱
恩·阿赫恩（Brian A'Hearn）对美国的工业化进程总结道：

从19世纪30年代初出生的人开始，在超过一代人的时间里，美国人的平均身高下降了。由此可以推断，在现代经济增长带来的结构性变化期间，美国的人口营养状况下降了。这种下降发生在一个人口迅速增长、城市化和工业化迅速发展的充满活力的经济体中。营养状况的下降跟死亡率和发病率的上升有关。迅速发展的工业化迄今为止都有着隐性的负面影响，它是由不平等日益加剧、实际食品价格显著上涨带来的，后者又通过从可食用到不可食用的替代，引起了饮食的变化。这表明在处于不断增长状态的经济体中，人体生物系统并没有像理论预计的那样茁壮成长。[19]

英国的状况问题

是什么造成了普通人的不幸呢？即使英国的工资比其他大多数地方的工资更高，当时的人们仍担心随着机器不断剥夺人们的工作，情况正发生改变。在恩格斯考虑工人阶级的处境前，人们很早就表达过这一观点。比如18世纪90年代，弗雷德里克·伊登爵士（Sir Frederick Eden）在他著名的关于英国穷人的调查《穷人的状况》（*The State of the Poor*）中，对那些居住在救济所的人表达了深切的忧虑——救济所为穷人提供就业和住宿，这些人因机器而变得多余。伊登认为：

许多人对在羊毛加工生产中引入机器表达不满。他们认为用机器来纺织和梳理羊毛不仅剥夺了勤劳的穷人们的就业机会，对国家来说也是巨大的劣势。我承认，对我来说，关于这个话题的所有争论到最后都只能说明一点，那就是土地应该由劳动者来开垦，而不是由铁犁和马来开垦……羊毛纺织工人用机器纺织的话，比不使用机器时的产量高出 10 倍，这对国家来说是一个巨大的不幸。[20]

在 19 世纪初，随着工业和农业领域的机械化进程加快，人们对所谓的机械问题的关注变得更强烈了。在经济学家群体中，大卫·李嘉图认为：“劳动阶级接受的观点是，使用机器经常会损害他们的利益。这不是基于偏见和错误，反而符合政治经济学的正确原则。”[21] 他在著名篇章《论机器》（ On Machinery ）中宣称，机器降低了对无差别劳动的需求，导致了技术性失业；他还提出了一些理论方法证明这种失业只是短期问题。[22] 然而如果说对机器的恐惧有了什么变化的话，那也只是在接下来的几十年间有所回升。查尔斯·狄更斯（Charles Dickens）和伊丽莎白·盖斯凯尔（Elizabeth Gaskell）等维多利亚时代小说家的作品抓住了当时人们的关切点，频繁呼应了劳动者们对机器的看法。盖斯凯尔的《玛丽·巴顿》（ Mary Barton ）一书将背景设定在了 1839—1842 年的曼彻斯特，书中一个角色在伦敦的一场议会听证会上评论道：“嗯，说到底你在点子上。上帝保佑你，小伙子，一定要让他们破坏更多的机器。自打珍妮纺纱机出现以来，我们就没有过过好日子了。机器毁掉了穷苦人的生活。”[23] 当时的人们也担心机器会影响工人的工资、尊严、道德、独立以及社会地位。1839 年狄更斯参观了曼彻斯特的几座工厂，虽然他自己也经历过贫穷和苦难，但他仍对工人们的生活和工作环境感到震惊。他的小说《艰难时世》（ Hard Times ）就是根据这些印象写成的。马克思认为，“工人利用工具，在工厂中，是工人服侍机器”。狄更斯则虚构了焦煤镇（Coketown）这样一个工业城市，在这里"蒸汽机的活塞单调地上上下下，就像大象陷入了忧郁的疯狂"。二人都强调了工厂工作的重复性，将工人描绘成了工厂机械力量的奴隶。[24]

从19世纪30年代开始，机器的问题就成为更广义的"英国状况问题"之争的一部分。为了描述典型工业革命年代英国普通人的情况，托马斯·卡莱尔（Thomas Carlyle）最早提出了"英国状况问题"这一概念。卡莱尔强烈批判工业化，他认为使用机器只会降低工人的地位。另一些社会改革者，例如彼得·盖斯凯尔（Peter Gaskell）和詹姆斯·凯-沙特尔沃斯（James Kay-Shuttleworth）爵士，也都持有类似的观点。他们认为工人在工厂里长时间工作，被迫长期将注意力放在机器的重复动作上，他们的道德和智力发展不可避免地会受到不利影响。[25] 与工厂相比，人们通常用理想化的语言来描述家庭体系，认为它代表着产业的黄金时代。这类观点认为与居住在工业城镇相比，生活在乡下的家庭能免受外来的影响，而那些影响可能损害孩子们的道德发展。如果生活在乡下，父母就能引导孩子们的思想和情感。人们普遍相信家庭生产支撑了家庭结构，工厂则将原本分散在全国各地的人聚集到一起，在社会层面创造了一个新的贫困阶层。[26]

即使这些对比有夸张之嫌，家庭体系中的工人生活与工厂里的工人生活无疑有很大差别。在家庭体系中，家庭和作坊没有明显的界限，这意味着工匠可以花更多时间陪伴妻子和孩子。工匠根据自己的需要干活，不受工厂主需求的掌控。虽然他不得不工作更多个小时，但他能自己决定每天工作的开始时间和结束时间。因此，许多工人对工厂的憎恶也就不难理解了。对他们来说，工厂强制工时，他们在里面缺乏自由。它就像一座监狱。正如兰德斯所写的那样，工厂制"需要并最终创造了一种新的工人，他们被时钟的无情要求所摧毁"。[27]

如今的人们常常把人工智能的未来描绘成世界末日，与之相似，工业革命时期的人们认为技术给人类未来带来的危害将多过好处。盖斯凯尔坚定地认为他只见证了开始，他指出未来的生产将基本走向完全的自动化，这将给就业带来严重的负面影响：

> 曾经需要灵巧手工才能完成的过程现在几乎都可以使用机器装置来完成。如今要么手工匠失去了其必要性，要么手工的价格必须能和机器竞争。然而这是不可能的：人力必定永远是昂贵的；它不能超过某一个特定的点，也不允许被支付低于人的生存所必需的水平的工资。这个最小值很难确定……
>
> 但实际上，这一刻似乎很快就要来了……届时，工厂里将满是由蒸汽驱动的机器，它们建造得无比精美，所有必要的生产步骤都能在里面完成。人们也会用同样的方式开垦土地。这些都并非宏大的幻想，它们只是下个世纪将发生的巨大变化的一小部分。那时，人们可能会问一个问题：该怎么办？人们必将遭受巨大的灾难。[28]

盖斯凯尔当然不是革命者，但正是他的作品启发了恩格斯去思考工人阶级的状况。恩格斯认为工人阶级的不幸是由工厂制带来的。恩格斯的同胞、和他一起完成《共产党宣言》的马克思后来在《资本论》（*Das Kapital*）中将恩格斯的作品扩展成了一个关于机器的宏大章节。《资本论》认为："机器本身在某些产业部门的使用，会造成其他部门的劳动过剩，以致其他部门的工资降到劳动力价值以下……英国这个机器国家，比任何地方都更无耻地为了卑鄙的目的而浪费人力。"[29]

总的来说，维多利亚时代机器的反对者们提出的问题多过答案，但他们激励了机械化的捍卫者（包括查尔斯·巴贝奇、安德鲁·尤尔和爱德华·拜因）来为机械化辩护。巴贝奇在《论机器和制造业的经济》（ *The Economy of Machinery and Manufactures* ）中提出，机器是对工人劳动的有用补充，并提出"在手工行业的各种操作中，多一只手的帮助给了工匠极大的便利。在这些情况下，结构最简单的工具和机器都能帮助我们……蒸汽的无穷力量的出现已经给这座岛屿的人们提供了成千上万只手的帮助"。[30] 除了提高工人的生产率，尤尔还宣称，只有机器得到推广，新的、酬劳更好的工作才会出现。这样普通人才可能有机会在经济阶梯上更上一层：

> 工人们不再像以前那样抱怨他们的雇主如何发达……优秀的工人会努力改变自己的境遇，朝着监工、经理和工厂合伙人的位置去奋斗，与此同时也会使市场对他的同伴们的劳动力需求上升。只有通过这种不受干扰的发展，工资水平才会一直上涨或维持在较高水平。若非机器操作者的错误认识带来了暴力冲突和干扰，工厂制会比现在发展得更快，给所有相关的人都带来福利，也会更频繁地出现更多诸如熟练工人成了富裕业主那样让人高兴的例子。[31]

拜因的看法也是如此。他认为在工业城市，工人们强烈的不安主要是由"比理性判断强得多的想象和情感"所激起的。[32] 与巴贝奇类似，拜因也认为机器是人力劳动的补充而非替代品，他认为得到机器助益的各阶层劳动者都获得了很好的报酬。他还补充道："工人不是做苦力的人，相反，蒸汽机是替他们做苦力的工具。"[33] 在对23.7万名棉纺厂工人的数据资料进行考察之后，拜因认为他们的工资不仅足够让他们买必需品，还使他们能买得起一些奢侈品。虽然有数据显示，在1814—1832年间工人们的名义工资下降了，但他认为机器的改进使得工人们能够买到更便宜的商品，这一点弥补了工资的下降。然而，拜因还观察到了被动力织机取代的手织工人，"无论是在大城镇还是乡村，他们的情况都非常糟糕。他们工资少得可怜，工作的地方同时也是住所，环境封闭又不卫生"。[34]

当机械化工厂取代家庭体系时，关于工人们经济状况如何的证据是有瑕疵的。正如我们所看到的，经济学指标和生物学指标一致表明在典型的工业革命期间，人们的物质生活水平停滞不前，部分人的物质生活水平甚至有所下降。这些指标具有参考意义，因为它们准确记录了物质福利的总体发展轨迹。然而，工业革命在其发展早期并不是一个总体现象。纺织业是第一个机械化产业，也是最能让人强烈感受到工厂力量的地方。最近，经济史学家譬如珍妮·亨弗里斯和本杰明·施耐德（Benjamin Schneider）提请我们注意机械化工厂给部分人口带来的个人悲剧。英国乡村中数十万成年人（其中绝大部分是妇女）从事的兼职工作（手工纺纱）是最先受到冲击的行业。亨弗里斯和施耐德指出，在18世纪晚期，手工纺纱被机械化宣判了死刑，它的消亡给英国乡村家庭带来了长期的痛苦。随着纺纱工人就业机会的枯竭，家庭收入受到冲击，乡村家庭只能努力从这种冲击中恢复过来。[35]

然而在公众的想象中，手摇织机的工人仍是工业革命的悲剧英雄。出生于1846年的沃尔特·弗里尔（Walter Freer）在他的自传中描述道："在我出生前，手摇织机的织工是劳动者中的贵族。"[36] 与手纺工人相似，织工的技能也随着机械化的发展而过时了。罗伯特·艾伦在调查织工的工资时发现，贫困与动力织机的扩张是同步的。不仅工资不平等迅速扩大，织工的工资潜力也降低到了仅能维持生计的水平。[37] 手摇织机织工的情况从更广的层面揭示了英国状况问题：随着工厂制的扩张，许多工匠没了收入。亨弗里斯开创性地为600名生活和工作在工业革命时期的男子作了传，生动描述了由手工贸易的消失而引发的许多个人悲剧。[38] 他们的故事与艾伦的描述也产生了呼应："工业革命时期的生活水平问题是手工纺织和其他手工贸易遭到毁灭的结果。"[39] 事实上，即使邓肯·比瑟尔（Duncan Bythell）针对手摇织机织工的详细调查常被引用来说明织工的情况并不像有些描述那样令人绝望，这份调查仍断言动力织机带来了"我们近来的经济史上最大规模的解雇潮和技术失业"。[40] 1816年，斯托克波特地区的织工失业率是60%。10年后，达温镇69%的手摇织机织工仍处于失业状态，格拉斯哥有大约五千名织工失业，下城区84%的织机处于空置状态。[41]

毫无疑问，人们的处境随着工作机会的消失而变得艰难了。然而，比这更难的是去判断工业革命期间的失业究竟在多大程度上是由机械化造成的。这不仅因为统计数据少，还因为造成失业的原因有很多。事实上，织工的失业率长年居高不下，与经济衰退保持着同步，这表明失业在一定程度上是周期性的而非技术性的。[42] 约翰·费尔登（John Fielden）采用了相对繁荣的1833年的统计数据，在此基础上的估算可能更接近真实的技术失业率。他调查了兰开夏郡和约克郡33个镇的穷人——这些人主要都是手摇织机的织工——发现失业率大约是9%。[43] 至于这种失业率是永久的还是临时的，则是另一回事了。即使动力织机的到来使得一些地方的手摇织机工人失业，但最终有些人还是迁移到别处工作去了。

关于工人流动性的证据同样有瑕疵。1850年左右，在曼彻斯特、格拉斯哥和利物浦这样的主要工业城市，只有四分之一的成年人是土生土长的本地人。这表明英国人的流动性非常高。然而，更能干、更年轻的工人的流动性要远高于那些三十多岁的人，后者更倾向于将他们的住所与职业紧密联系在一起。他们就算选择迁移，通常也只是移居到附近的地方，很少有人会从南部的乡村迁移到北部的工业城市。[44]

如上所述，工厂老板对雇用更廉价、更顺从的童工的偏好和工厂工作的性质强化了工业革命的时代气质。正如尤尔在1835年观察到的那样，“即使是今天……人们发现仍几乎不可能将过了青年期的人——无论是从乡村来的人还是从事手工职业的人——变成有用的工厂劳动力”。[45] 在机器的帮助下，人们很快就能学会纺纱，而且几乎不费什么体力。在1833年的一场关于童工问题的议会听证会上，一位见证者解释道，“阿克莱特、瓦特、克朗普顿和其他造福人类的伟人们的发现彻底变革了生产方式，以至于成年人被儿童取代，因为儿童的工资更低，而且很快就能熟练”。[46] 阿克莱特的第一批工厂里几乎全都是年幼的儿童；哈格里夫斯的珍妮纺纱机被改造得非常完美，一个儿童能同时操作80—120根纺锤。[47] 走锭细纱机上的纺锤数量迅速增加，工厂里的童工数量也增加了：儿童和成年人的比例从2∶1上升到9∶1左右。[48] 羊毛精梳方面的情况也差不多。据尤尔观察，"人们想办法设计了许多自动机器来完成精梳羊毛的工作……干燥处理后，羊毛被放入拔毛机中，拔毛机通常由一个10—14岁的男孩照看着"。[49]统计数据充分证明了这些例子：到19世纪30年代，在纺织行业，童工占比大约是50%，在煤炭行业，童工则占了约33%。[50]

对工厂老板来说，儿童是成年工人的廉价替代品。童工仅有的开销一般只有食宿。即使他们能获得报酬，薪水也只有成年工人的三分之一，甚至只有六分之一。[51]儿童不仅是更廉价的工人，他们也更容易管教。成年工人常有的一个问题是酗酒。博尔顿-瓦特公司的一名发动机操作工在领取工资后，"第二天喝了很多酒，他让发动机失去了控制。最终发动机完全乱了套"。[52]儿童还可以工作更长时间。他们的一个工作日可以长达18个小时。因为机器可以日夜不停地运转，所以为了充分利用工厂的技术能力，童工常常被迫轮班工作。童工通常只被允许在40分钟内去吃一天中唯一的一顿饭，还得利用部分休息时间清理机器。如果没有遵守工厂的纪律，就会面临体罚的风险。虽然工厂委员会的人通过对儿童们的工作环境展开调查发现，极端的虐童案件只是个例而非一般情况，但许多儿童处境很差，这一点是毋庸置疑的。在利顿工厂，埃利斯·尼达姆（Ellice Needham）在踢打完孩子们之后，掐他们的耳朵，指甲穿过皮肉。曾当过童工的罗伯特·布林科（Robert Blincoe）描述了一些具有创造力的折磨方法，包括用锉刀锉掉童工的牙齿、绑住手腕吊起他们以及浇热沥青扯掉他们的头发。当然，并不是所有的工厂主都残忍地对待童工，但我们在此引用拜因对工厂的描述——"人间地狱"，无疑是非常合适的。[53]

成年工人几乎不会遭受同等程度的残忍对待，他们的担忧主要来自收入面临的威胁。即使假设机器没有暂时降低工厂对工人的整体需求，我们也不能保证被取代的工人能够找到酬劳更高或危险程度更低的工作。毫无疑问，一些工匠在工厂里找到了工作，但转换到新工作的成本往往是巨大的，因为新工作要求专业性和地域流动。最近针对北安普敦郡的一项研究提供了一个很好的例证。随着英国的精纺工业机械化程度越来越高，北安普敦郡的家庭生产体系瓦解了，当地的生产者无法与机器抗衡。纺织行业在北安普敦郡经济中所占的就业份额从1777年的11%下降到了1851年的1%，纺织工和羊毛精梳工在劳动力中所占的比例下降得更快。这一时期前20年的净人口下降表明一些工人搬家了，也许搬去了其他有工厂的地方找工作。然而，就在北安普敦郡纺织业的从业人数下降的同时，农业就业人口却在激增。这一事实同样说明，许多原来的纺织业从业者转换到收入更低的农业中去了。由于涌入农业的工人没办法被吸收，我们可以猜测失业率随之上升了。[54]

随着生产过程不断变化，工人技能过时的步伐也在加快。这给他们带来了压力，要求他们变得更加敏捷，更能适应快速变化。就算失业只是暂时的，人们也得在有工作的时候节省有限的收入，为可能的失业做准备：直到1911年，英国才开始有了由政府资助的失业保险业务。经济史学家马克辛·伯格（Maxine Berg）在其著作中详细地研究了机器问题，并做了恰当的总结：

　　劳动者们都强烈感受到了前所未有的、对地理和职业流动的需求。对他们来说，机器意味着失业或至少威胁着工作。这种失业最好的结果是让劳动者在经济的各分支之间或经济部门内部过渡，最坏的结果则是在资本稀缺的时候影响整体经济。对他们来说，机器伴随着技能模式的改变，还包括经常会引入廉价的、非技术性劳动力……但这一时期政治经济的观念变化也和阶级斗争密切相关。这从政治经济学家对1826年兰开夏郡反机器暴动和1830年农业暴动的严肃态度中可见一斑。[55]

像尤尔这样的机械化的捍卫者认为，工厂最终会创造新的、报酬更高的就业机会。这种观点是正确的。显然，每个人都可能受益于更便宜的纺织品。然而，对于那些最初发现自己的工作技能由于取代型技术而变得多余的工人们来说，这些好处没法提供安慰。在19世纪40年代以前，工人们很少能感受到工业化带来的好处落入自己的口袋。也许工人们的反应最能说明问题。工业革命创造了新的工厂和工作，但也创造了许多卢德主义者。对许多经历过工业革命的人来说，反对是一种理性的回应。

卢德主义者

对机器问题的任何讨论都必须区分短期和长远。尽管一开始那些技能被淘汰的工人的情况很差，但最终，工业革命带来了以前的穷人没机会接触到的新商品，也创造了新的、报酬更高的工作。19世纪机械化的捍卫者们可能正确地认识到了反抗机器的工人们的情绪比判断力更强烈。然而对那些失去了生计的工人，尤其是没法活到能体验新技术带来的好处的那一天的工人来说，长远影响有什么意义呢？正如工业革命的经验表明的那样，短期很可能就是一辈子，而等到长远影响实现的那一天，我们都已经死了。因为机械化带来的好处和利润都归了工厂主，而且是以牺牲工人为代价的，很多人由此推断机器威胁到了他们的生计，必须捣毁。

事实上一位经济学家可能会疑惑，如果工业化会使人的效用降低，为什么他们还愿意参与到其中去呢？当然，有一个解释是，随着人们在家庭体系中的收入日益减少，转向工厂工作的机会成本降低了。工业化无情地降低了工业制成品的价格，让乡村产业失去竞争力。乡村工人的工资降低，因而被迫去工厂就业。此外，如果人们相信他们还有其他选择（虽然事实上他们没有），那么他们从家庭体系转移到工厂制就很令人迷惑了。一些工人确实发起了暴动来反抗日益增长的机械化工厂，但他们遏制机器扩张的努力并未成功，因为英国政府站在了工业先驱的那边。正如保尔·芒图所写的那样，"不管〔工人的〕抵制是出于直觉还是深思熟虑，不管反抗是平和的还是暴力的，显然都不可能成功，因为整个趋势是与这种抵制相悖的"。[56]

劳动者和英国政府之间在采用机器技术问题上的冲突并不少见。查尔斯·丁利（Charles Dingley）因创办了莱姆豪斯地区第一座蒸汽动力锯木厂而被授予艺术协会金奖。1768 年 5 月 10 日，这座工厂被大约 500 名锯木工人烧得一干二净，他们认为它剥夺了他们的工作机会。四天前，锯木工人就将他们的打算告知过丁利，但后者很不明智地轻视了工人们将语言付诸行动的能力。据说在锯木工人们到达后，丁利的员工克里斯托弗·理查森（Christopher Richardson）跟他们对峙，问他们想要什么，"他们告诉我当锯木厂正在运转的时候，成千上万的锯木工人正因没有面包而挨饿"。[57] 英国政府对莱姆豪斯暴乱的反应比锯木工人对机器的愤恨态度更加强硬。前工业时代的君主们因害怕社会动乱而竭力阻止取代工人的技术进步。与此形成鲜明对比的是，1769年议会通过一项法案认定捣毁机器为重罪，可处以死刑。[58]

然而，1769年的法案并没有防止类似的骚乱。1772年，曼彻斯特一家使用卡特莱特动力织机的工厂被付之一炬。在机器发展最快的兰开夏郡，1779年发生的暴乱同样非常危险。工业家乔赛亚·韦奇伍德（Josiah Wedgwood）当时就在那里，他的一封信描述了情况的严重性。他在路上碰到了数百名工人，其中一人告诉他，他们在捣毁所能找到的所有机器，还打算在整个英国都这样干。英国政府反应非常果断，立即开始镇压。政府从利物浦调来了军队，暴徒被轻易驱散了。兰开夏郡暴乱后，英国通过的一项决议指出，限制机器的使用会削弱英国的贸易竞争力。这不仅说明了英国政府的逻辑，也表明此时的商人们相对于前工业时代，获得了更多政治影响力。即使机器的扩张是以牺牲了工人的效用、导致社会动乱接踵而至为代价的，英国的贸易竞争优势也并未受损。莱姆豪斯和兰开夏郡的事件很难说是孤例。在约克郡的西赖丁区和萨默塞特郡发生了一系列机器暴乱，这只是随便找出的例子。在历届英国政府任上，任何危及机器传播的暴力企图都很快被粉碎。[59]

劳动者们也探索了其他方法阻挠机器技术的扩张。他们向议会提交了反对各种机器的请愿。这些诉求包括：羊毛精梳工们请愿反对卡特莱特的精梳机，熟练工们请愿反对使用机器造纸，棉纺织工们请愿反对他们声称已造成他们失业的机器。[60]然而，通过政治手段阻挠机器传播的尝试同样惨淡收场。雇主们指出机器对贸易至关重要，而英国的国家财富又非常依赖于贸易。这一主张相比于工人们的抱怨，又一次在议会引起更多的共鸣。

但是，工人们的担忧也并没有被忽视。议会针对羊毛行业成立了调查组，他们的调查结果最终反映在了1806年发表的一份著名的报告中。兰德尔·杰克逊（Randle Jackson）被委派考察英国的羊毛制造情况，他代表布商在下议院委员会发言。他尝试用不同的方法进行论证，说明了机械化会造成生产者失业，失业又导致他们的顾客身份被剥夺。[61] 虽然有人争辩说，限制机器使用也符合工业家的利益，许多当事人也认为机器会降低劳动力价格从而对人们产生不利影响，但委员会得出的结论要乐观得多，他们认为"机器的使用已逐渐被确立了下来，似乎没有损害工人的福利，也没有减少工人的数量"。[62]

这次针对羊毛产业情况的调查结论凸显了英国工人的无助境况。除了没能阻止新技术的传播，他们也没能让议会通过立法禁止采用传统的取代技术。虽然10年来他们一直请愿强制执行那项可追溯至16世纪的针对起毛机的禁令，但议会仍在1809年废除了旧法。随之而来的是更多的骚乱。在卢德主义者兴起的1811—1816年，诺丁汉郡的暴徒的主要攻击目标是针织机，但在约克郡，暴乱主要是由反抗起毛机扩张的修剪工人发起的。然而起毛机既是传统技术，又早已成熟。被捣毁的各种机器有个共同点——威胁了人们的工作。此外还有许多反抗事件。杰夫·霍恩解释道：

> 莱斯特一位名叫内德·卢德（Ned Ludham）的织布工学徒被雇主责骂后，拿起锤子砸毁了纺织机器。他被追随者们称作"卢德王"或"卢德将军"，这些人以捣毁机器为目标。"卢德主义"运动由此得名。这场运动兴起于1811年2

月初，最先开始于由诺丁汉郡、莱斯特郡和德比郡组成的密德兰三角地区的丝带和袜类行业。因为受到社会特殊群体的支持与保护，卢德主义者们至少开展了100次单独行动，捣毁了（总共2.5万台机器中的）约1000台机器，它们价值6000—10,000英镑。密德兰地区的卢德主义暴乱在1812年2月逐渐平息下来，但它已经激励了约克郡的羊毛纺织工人，他们在1月份开始行动。三分之一的运动于4月份由兰开夏郡的棉花纺织工发起。全副武装的人群袭击了工厂。数千人参与了这些活动，其中的许多人的生计并没有受到机械化的直接威胁。尽管人群很多样，但卢德主义者通常只捣毁那些"创新"机器或威胁就业的机器。他们并不理会其他机器。这些运动爆发的具体原因随地区和行业的不同而各不相同。总之，卢德主义者最初的一系列活动可能造成了价值10万英镑的损失。在1812—1813年的冬天、1814年的夏天和秋天、1816年的夏天和秋天以及1817年年初，在一系列捣毁机器的浪潮中，又有几百台织袜机被毁。[63]

然而，除了招致英国政府派遣更多军队进行镇压，卢德主义者并没有比他们的前辈更成功（见引言）。因此，工人们的政治境遇仍令人绝望。卢德主义暴乱发生时，另一个议会委员会听取了棉纺织工人申请救济的请求，于1812年向议会提交了报告。这份报告明确指出，政府不会做任何会将英国置于国际贸易不利地位的事情，即使这意味着工人们将遭受痛苦："尽管委员会完全承认参与棉纺生产的无数个体的悲惨遭遇，并对此深表遗憾，但他们认为立法机关不应该干扰贸易自由。"[64] 于1812年成为英国首相的利物浦伯爵甚至认为，对失业工人的任何临时救助都是多余的，只会阻碍他们的再就业，不利于英国经济。在写给利物浦伯爵的一封信中，肯扬勋爵解释道，即使他不期待机械化进程加快会使工人阶级的状况变好，政府也不应该抵制技术力量。[65] 事实上，超过30名卢德主义者在1812年和1813年被绞死。[66]

正如许多历史学家所指出的那样，工业革命时期的机器骚乱不仅是工人害怕技术进步会带来裁员和失业的结果。实际上在拿破仑战争和1806年的大陆封锁时期，工人们愤怒地反对机器的事件越来越普遍，这说明还有其他重要因素导致了社会动乱。在战争和贸易中断造成周期性经济衰退之外，摧毁机器代表了人们对工资的日益减少、工作时间过长、没有选举权、缺乏自由和尊严的不满。在某些情况下，人们反对的是工厂制本身而不仅仅是机器的扩张。我们很难理清这许多因素在解释那些机器骚乱时的相对重要性次序，尤其其中一些因素还是紧密关联的。尽管如此，还有一些案例中的工人特别针对机器，他们明显将机器当成了自己不幸的根源。兰开夏郡的纺织工人放过了纺锤数量不超过24个的珍妮纺纱机，而是选择毁掉了更大的珍妮纺纱机。此外，暴徒们时不时也会毁坏和工厂制完全不相干的机器。1830年爆发的"斯温队长"（Captain Swing）暴动包括遍及整个英国的两千多起骚乱，这些暴动只针对农业机器。在1830年9月至11月底，492台机器被毁，其中大部分是脱粒机。[67] 英国政府再次严厉应对，命令军队和当地民兵镇压暴徒。最终252人被判死刑，其中一些人的死刑被改成了流放至澳大利亚或新西兰。[68] 虽然历史学家们长期都在争论斯温队长暴动的原因，但有两位经济史学家布鲁诺·卡普雷蒂尼（Bruno Caprettini）和汉斯-约阿西姆·福特（Hans-Joachim Voth）利用新整理的关于脱粒机扩散的数据资料，对这个问题提出了新的看法。他们的发现非常直观：取代工人的技术是社会动荡可能性的关键决定因素。[69] 在采用机器的地方，发生社会动乱的可能性要比别处高出50%。因此，虽然在一些案例中，摧毁机器可能反映了人们对经济和社会的普遍不满，但有关这个问题的统计数据表明机器本身是工人们担心的关键原因。

恩格斯式停顿

恩格斯认为，工业家"依靠广大工薪阶层的苦难而变得富有"，在他观察的那个时期，这一观点大致是准确的。当劳动人民通过暴力反抗机械化工厂时，英国经济正以前所未有的速度增长。从经济学理论的观点来看，使停滞不前甚至下降的实际工资与不断增长的经济相适应是一个挑战。但经济学家们已经根据目前的经济趋势，研究出了一些模型，解释了随着技术进步，薪资和劳动在收入中所占的份额会如何下降。[70] 我们将看到，这些研究也有助于增进对典型工业革命时期的理解。如果技术取代了现有任务中的劳动力，薪资和劳动在国民收入中所占的份额可能会下降。相反，如果技术变革增强了劳动力，就能提高工人在现有任务中的生产力，还可能创造全新的劳动密集型活动，从而增加劳动力需求。换句话说，产量与工资之间的落差和这个由取代技术占主导地位的时期是相符的。家庭生产体系中的工匠被机器取代，机器则主要由几乎没有议价能力且常常没有报酬的童工来照管。资本在收入中所占的份额逐渐增加，这说明技术进步带来的收益分配极不均匀：工业家们拿到了企业利润，然后将它们投资于工厂和机器。艾伦称这段时期为"恩格斯式停顿"（Engels' pause），因为恩格斯对这段时期进行了观察与描述。[71]

典型的工业革命时期是一个工业资本的时代。在 19 世纪的前 40 年，由于土地和劳动占收入的份额都在下降，国民收入的利润份额翻了一番。上文提到，在典型的工业革命时期，产量的增长速度几乎是工资增长速度的 4 倍。然而在此后的 60 年，情况发生了改变（见图 5）。在 1840—1900 年间，工人的人均产量增加了 90%，实际工资增加了 123%：伴随英国劳动力和资本收入之间的巨大差距而来的是一段缩减期。1887 年，英国政府的首席统计学家罗伯特·吉芬（Robert Giffen）观察到了这一现象。1843 年，英国开始征收个人所得税，吉芬在收集了从那

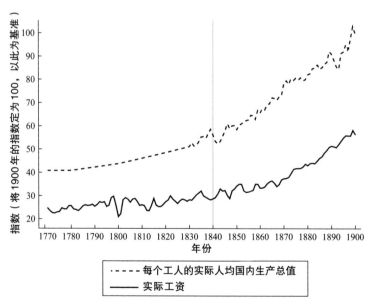

图 5 1770—1900 年英国工人的实际工资和实际人均国内生产总值
来源：见本书附录。

时以来的个人收入数据后发现，富人的数量翻了一番，他们的总收入也因此翻了一番。不仅富人的数量增加了，劳动者们的总收入也翻了一番，但劳动者的数量没有大幅增加。换句话说，富人没有变得更富，只是数量增加了。然而，劳动者的收入却大大提高了。[72]

吉芬的分析并不完全令人惊讶。英国政府早已知悉各类劳动者群体税收水平的波动。首相威廉·尤尔特·格莱斯顿（William Ewart Gladstone）二十多年前在下议院发言时说："如果富人越来越富有，穷人也越来越不穷，这种情况带给我们的慰藉将是意义深远而无法估量的……如果我们调查英国劳动者——无论是农民还是矿工，技术工人还是手工匠——的平均状况，各种不同但毫无争议的数据会表明，在过去的二十年里，这种增长可以从他们的生活方式中体现出来。我们几乎可以断言，历史上任何时代、任何国家都没有这样的先例。"[73]

一个关键问题是，为什么人们的实际工资最终上涨了。最有说服力的解释是，技术变革越来越偏向于增强劳动者的能力，而非取代劳动者。人力资本取代物质资本，逐渐成为驱动增长的主要动力。与物质资本一样，人力资本（包括技术、知识和能力）的积累可以被看作一项投资，因为教育和培训成本可能被后期发展带来的更高收入所抵消。经济学家奥戴德·盖勒（Oded Galor）的一项著名研究表明，人力资本直到19世纪末才变得至关重要，因为到那时技术进步对技能的需求有所提高。[74]虽然对于各种各样的技术需求来说，不存在完美的衡量方式，但识字率和受教育年限可作为人力资本积累的常用指标。在工业化进程初期，对物质资本的投资迅速扩张，人力资本的积累却没什么变化。[75]1750—1830年间，英国的识字率在很大程度上停滞不前，但后来增速非常快。[76] 19世纪30年代以前，男性劳动者的平均受教育年限没有增加；但到20世纪初，这一比率增长了两倍。与此同时，英国的投资率在1760—1831年几乎翻了一番，此后直到一战爆发都基本保持在这一水平。[77] 因此19世纪30年代前，技术进步似乎使得对实体资本的需求增加了，同时取代了工人，使他们的技能变得多余。但之后，技术进步使得对人力资本的需求也相对增加了。

我们可以将人力资本积累的长期缺失简单解释为几乎没有需求。正如兰德斯指出的那样，在工业革命初期许多工作都可以由受正规教育年限少甚至从未受过正规教育的人来完成。[78] 工厂里的工作对工人的读写能力要求很低。虽然工厂里的工人显然通过在岗培训掌握了新技能，但这些技能要求比他们将取代的工匠的技能要求还要低。正如巴贝奇指出的那样，在工厂出现之前，每一位工人必须有足够的技能才能完成生产中的每一项任务，甚至是最复杂的任务。工匠们的作坊里没有劳动分工，他们也就无法专攻一系列小领域。相反，劳动分工是工厂的特点，允许技艺高超的工人完成最难的任务，没有技术含量的工作可以留给非技术型工人。童工的数量随着工厂制的扩张而迅速增加就说明了这一点。如上所述，在工业革命早期，儿童（低于14岁）在劳动力中的比例迅速提高。19世纪30年代，童工占到纺织业从业者的近一半，占煤炭业从业者的三分之一。[79] 这种现象不仅出现在英国：来自美国东北部的证据表明，在美国工业化初期，制造业的童工比例增长了，并在19世纪40年代达到了顶峰。[80] 在这一点上，美国的工业化进程遵循了和英国类似的模式。最近，经济学家劳伦斯·卡茨（Lawrence Katz）和罗伯特·玛尔戈（Robert Margo）关于美国工业历程的一项研究表明:"机器有'特殊的目的',因为机器是为完成特定的生产任务而被制造出来的,这些任务之前由熟练工匠用手工工具完成……虽然用途特殊,但是取代熟练工匠、执行特定生产任务的'按顺序执行的'机器不能自动运转——它们需要'操作员'。工匠可以从头到尾制作一件产品,操作员却只能在机器的帮助下完成一些范围较小的任务。从这个意义上说,操作员的技术不如被他们取代的工匠。"[81] 卡茨和玛尔戈发现,随着工厂制取代家庭体系,美国也面临着中等收入工匠工作空心化的问题——与如今计算机使得中等收入的工作自动运行的情况类似(第九章将回顾当代的模式)。只不过当时的中等收入工人是被照管机器的童工取代,而不是被由计算机控制的机器所取代。

然而,在整个19世纪,这种模式变得更加难以捉摸。回到英国的语境中来,到19世纪50年代,儿童参与劳动的情况显著减少。这很有可能是因为19世纪30年代通过的工厂法规范了工厂工作时长,改善了工厂童工的处境,使得雇用童工的成本增加了,从而促进了蒸汽动力的使用。当然因果关系也可能刚好相反。无论如何,19世纪30年代以来蒸汽动力得到了更广泛的运用,加上随后更大尺寸的机器的出现,都意味着工厂需要技艺更高超的操作员:随着机器变得更加复杂,工厂设备和操作它们所需的人力资本之间的协作性也越来越强。在19世纪30年代,彼得·盖斯凯尔等同时代人已经察觉到了这种趋势。盖斯凯尔断言:"自从蒸汽织机得到了普遍使用,取代了手摇织机,在工厂工作的成年人数量日益增多。这是因为过于年幼的儿童不再能够操作蒸汽织机。"[82]

我们很难确定技术进步是从什么时候开始增强劳动力的。1840年以后人们的实际工资开始上涨,这表明当时有一个拐点。

然而这一过程自然和新技术的使用一样是循序渐进的。直到19世纪30年代，蒸汽动力才开始对总体经济增长产生显著影响，童工的数量大概就在那个时候达到顶峰。第一批铁路也修建于19世纪30年代，它们在19世纪下半叶的增长使得人力资本需求也日益增加。铁路出现以后，工业革命从局部走向全国，更大的工厂利用规模经济的优势服务于不断扩大的市场。这些工厂更快地采用蒸汽动力，运输革命使得生产在技能方面变得更加密集。生产率的增长随着蒸汽机的采用而加快，通过在经济中创造出额外的需求，部分抵消了劳动力被取代所带来的负面影响。但劳动者们普遍受益于新工作的大量出现，才是人们实际工资的增长比生产率的增长更快的原因。随着工厂数量和规模的增长，全新的技术岗位出现了。工厂需要经理人、会计、书记员、售货员、机械工程师、机床操作工等。技术岗位越来越重要，这也许是19世纪下半叶识字率猛增的主要原因：技术岗工人比非技术岗工人更有文化。[83]

1840年以后人力资本重要性的上升促成了工资上涨吗？对此持怀疑态度的人指出，经济学家们所谓的"技能溢价"（skill premium）的演变证据在19世纪时还很少。[84] 有一项研究发现人力资本没有回报，但这并不奇怪，因为该研究关注的是建筑行业中未受机械化影响的传统技能。[85] 但是，机械化需要新技能，它们最终反映在了工人的工资中。在美国方面，詹姆斯·贝森追踪了19世纪动力织机和蒸汽机投入使用后工厂织工们的工资发展轨迹。与英国的工资宏观经济趋势类似，机械化发展几十年之后，美国工厂织工们的工资才开始随机械化而增长。贝森认为理由很简单：动力织机的织工需要花时间来掌握所需的新技能，新技能则需要甚至更长的时间才能反映在工资上。不同工厂经常使用不同型号的织机，所以一开始新技术并未在工厂实现标准化，织工们掌握的技术只在他们工作的工厂中有用，在别的工厂常常起不了多大作用。因此，只有在机器更加标准化之后，工厂工人们才能威胁雇主，如果他们的技能没有得到相应的报酬就辞职。[86]

当然，教育和技能以外的因素也可能影响工资的长期趋势。政府的监管（例如最低工资标准）和工会的议价能力都是重要的变量，但它们无法解释1840年左右英国工人工资相对于产量的突然增长。直到1909年，英国才首次实行最低工资标准。此外，欧文的空想社会主义和英国宪章运动（19世纪中期以前最重要的一些观念形态）并没有建立起任何有显著意义的全国性劳工运动："几乎没有证据……表明那些运动影响广泛或能够协调各方利益，以致对1850年之前的收入分配产生较大影响。"[87] 直到19世纪90年代，第一份详尽的工会密度综合统计数据发布时，英国组织工会的比例仍然很低：只有大约4%的劳动者是工会成员。[88] 因此，我们最好用工业化进程本身来解释工资的上涨。

结　语

人们通常认为英国工业革命标志着西方国家和世界上其他地方产生"大分流"的开始。然而，早期的机械化在英国内部也带来了大分流，这一点同样值得注意。在被称为恩格斯式停顿的这一时期，许多人的生活水平停滞不前，甚至不断恶化。过了大约70年，普通人才真切体会到技术进步带来的好处惠及自身。例如，随着动力织机的普及，手摇织机工人的收入迅速减少。在工业化初期，增长带来的收益绝大部分归了资本所有者。

前工业时代的君主们经常为了降低政治动荡的风险而阻挠技术进步，面对技术的创造性破坏，他们失去的会比得到的多。然而到了18世纪，新兴的工业阶级已成为英国一股强大的政治力量。由于机器对保持英国的贸易竞争优势至关重要，因此对工业家们的财富也十分关键，政治领袖们决意促进机器的传播——即使这会牺牲工人的效用。前文讨论过，民族国家间竞争的日益加剧和手工业行会政治权力的衰落可能是更重要的原因，因为这些情况意味着统治阶级在面对机械化时，突然间失去的更少而收益更多。因此政府支持的对象变成了发明家和工业先驱，而不是愤怒的工人。如果工厂的兴起会降低工人的福利，他们却仍愿意接受，这似乎不合逻辑，这种观点错误地认为工人们没有受到胁迫。随着机械化工厂取代了家庭体系，导致工匠们没有了收入，许多人愤怒地反对机器。卢德主义者们竭尽全力阻止技术进步，但由于缺少政治权力，他们的行动是徒劳的。虽然进步损害了许多人的利益，但那些能从中获益的人正掌握着政治权力。

然而，我们必须把短期效果和长远影响区别开来。在英国工业革命的最后几十年里，出现了一种新的增长模式：蒸汽机的采用使生产率的增长加快了，人们的实际工资开始同步增长。很大程度上，它是在缺少对劳动力进行组织，也缺少政府为提高工资而进行重大干预的情况下发生的。原因很简单，在典型的工业化时期，随着机械化工厂取代家庭体系，技术以资本的形式取代了现有任务中的工匠。虽然在早期的工厂中也出现了新任务，但它们需要的是另一种工人：纺纱机器经专门设计，适合儿童照管；儿童没有议价能力，而且相对容易控制，因此雇佣童工的成本很低。与如今的高级机器人技术相似，操作机器的童工取代了中等收入的成年工人。相比之下，在工业革命后期，工厂中出现的更复杂的机器就要求有更多技术工人，工人们发现新技术有助于增强他们的技能。越来越大的工厂也需要更多工程师和更多技术工人从事运营和管理。技术变革从取代型转向使能型，随着工人们的技术变得更有价值，技术变革的变化使他们的议价能力有所提高。现代增长模式的到来标志着对机器的普遍抵制的结束，这很难说是一个巧合。我们将看到，人们对待技术变革的态度取决于是否有望从中获利。

第三部分

大平衡

　　反对技术变化的卢德运动被证明是非常错误的，只要有更高薪水的工作来替代正在消失的工作。亨利·福特在密歇根州高地公园工厂发明的汽车装配线，实际上降低了所需要的平均技能水平。他将早期汽车轿厢工业的复杂操作分解开来，改成小学五年级水平的工人即可胜任的简单重复步骤。这个经济秩序支撑了广大中产阶级的兴起和相应的民主政治。

——《政治秩序与政治衰败》，弗朗西斯·福山

　　对技术进步将消灭工作机会的担忧并不新鲜。在20世纪30年代的大萧条时期，查尔斯·比尔德（Charles Beard）和其他著名的美国思想家指责工程师和科学家为大规模失业创造了条件。20世纪60年代初，随着企业首次开始严重依赖计算机，机床放缓了车间的就业增长，人们又开始害怕自动化。那时刚崭露头角的喜剧演员伍迪·艾伦在他的固定节目中提到了"自动化躁狂症"，讲述了自动电梯是如何毁掉他父亲的工作的。

——《技术会创造就业抑或摧毁就业还是两者兼有？》，
格雷格·帕斯卡·扎卡里

如果人们的生活水平不断恶化，恩格斯式停顿继续下去，机械化会畅通无阻地发展下去吗？违背事实的事情当然不会发生，但19世纪早期的工人们显然没有顺从地接受市场结果，那些发现自己的生计受到机器威胁的人竭尽所能地抵制机器。为什么20世纪的西方国家很少出现卢德主义者反对引进机器的事件呢？令人遗憾的是历史学家们几乎没有关注到这个问题。原因显然不是变革的步调放缓了。相反，19世纪下半叶蒸汽机的引入加速了机械化进程。随着电气化和内燃机——人们所熟知的第二次工业革命——的到来，20世纪的机械化进程得到了进一步发展。

其他欧洲国家发展工业化的方式不同，但它们的共同点在于工业化起步都比英国晚。它们能够采用英国已发明的工业技术奋起直追，有了这些技术，它们可以选择不同的工业化路径。如上所述，在革命年代的法国，来自下层的巨大威胁意味着政府无法像英国的统治精英们那样压制工人们的反机器骚乱。因此正如杰夫·霍恩所认为的那样，法国的工业化不仅被延迟了，而且从根本上就是不同的。法国工业化的特点是国家干预更多，国家来斡旋劳动和资本之间的不同利益。[1] 普鲁士和英国一样通过制度改革消除了行会对贸易的限制，从根本上促进了工业化。[2] 但与英国不同的是，在普鲁士，教育从一开始就在工业化中发挥了更大的作用。我们从第五章得知，在英国，教育直到工业化后期才变得重要，那时更多技能密集型技术（比如蒸汽机）已开始发挥作用。在普鲁士，只要具备必要的技能就能应用英国已发明的技术。因此，工业化一开始，教育就在工业化中发挥了更大的作用。[3]

然而，我们的重点不在于解释不同的工业化路径。追赶型增长与那种通过将技术前沿拓展至未知领域所带来的增长总是不同的。[4] 第二次工业革命始于19世纪70年代，此时美国取代英国成了技术领导者。这意味着要想追踪技术前沿，我们今后就必须重点关注美国的经验。关键问题是，为什么对机器的反抗结束了？诚然，福利国家的兴起使得失去工作的体验变得不那么残酷了。但直到1930年，美国的福利支出（包括失业补助、养老金、医疗保险和住房补贴）也只占国内生产总值的0.56%。[5] 大萧条和第二次世界大战促进了福利国家的兴起。当然，卢德主义情绪的相对缺失可能也反映了一个事实，即工人们选择加入工会，为更高的薪酬、更好的工作环境而奋斗。前工业时代的手工业行会认为某些技术会威胁行会成员的技能，他们会强烈反对这些技术。与之不同，工会工人们并不会朝机器发泄怒火。虽然美国也许有着工业世界最暴力的劳动史，但19世纪70年代以后，工人们很少（如果有的话）将目标对准机器。为什么？我会在后续的章节中阐述其理由：人们开始认为技术符合他们自身的利益。虽然很难证明这是造成卢德主义情绪在整个20世纪相对缺失的理由，但若脱离由于技术进步而发生在劳动人民身上的实际情况，这种缺失就更难解释了。

我们知道新技术能摧毁工作机会，也能创造全新的工作机会，或彻底改变那些在纸面上看似完全相同的工作的性质。如上所述，如果技术变革是取代型的，那么仅凭生产率的增长可能无法抵消技术给就业和收入带来的负面影响。相比之下，使能技术不仅能提高生产率，同时也让劳动者们能够在更广阔的范围内从事全新的行业和岗位。经济学家米歇尔·亚历克索普洛斯（Michelle Alexopoulos）和乔恩·科恩（Jon Cohen）在一项重要的研究中发现，美国在1909—1949年间的伟大发明绝大部分是使能技术。随着新工作的出现，另一些工作显然被毁了。但整体而言，新技术大幅增加了就业机会。事实上，一些巨大的新兴行业出现了，它们包括汽车、飞机、拖拉机、电器、电话、家用设备的生产，这些新行业创造了大量新工作岗位。随着技术的神秘力量继续发展，岗位空缺增加，失业减少。[6]亚历克索普洛斯和科恩考察的技术都是第二次工业革命时期的技术。他们证明了，与其他技术相比，内燃机和电力在创造就业机会这一点上起到了更大的作用。节省劳动力的机器对生产率也有着相似的影响，但它们没有像电力和内燃机那样大规模地促进就业。这说明电力和内燃机也让工人得以从事以前难以想象的工作。因此，经济学家们得出结论，这是一个技术为劳动者的利益而服务的时代。达龙·阿西默格鲁和帕斯夸尔·雷斯特雷波写道："第二次工业革命中的技术变革和组织变化很好地揭示了新任务……的重要性，它们导致了新的劳动密集型任务的产生。这些任务为那些工程师、机械师、修理工、管理员、后台工作人员和那些参与新技术引进和操作的管理人员创造了工作机会。"[7]

在一个由使能技术创造大量新型高薪工作岗位的世界里，即使取代技术对劳动者来说也没那么糟糕了。虽然20世纪的劳动力市场经历了前所未有的动荡，但这一时期的绝大部分工人仍有望获得成功。美国的工厂创造了越来越多半技术性工作岗位，就算是那些已经失去工作的人也能在这里找到大量工作机会。人们能够摆脱田间的苦差事，寻找更轻松、酬劳更高的工厂工作。实际上在第二次工业革命时期，许多人不是被取代技术赶出了农场，而是被吸引到了烟囱城市（smokestack city），城市工作报酬更高、工作条件更好。与此同时，家庭的机械化使得妇女们放下没有报酬的家务，转而从事有报酬的办公室工作（见第六章）。当然，一些农夫、铁路报务员、电梯操作员、码头工人等成了输家。尤其是在20世纪30年代，大萧条意味着人们可替换的工作选择更少，这引发了对机器的担忧。然而即使是那时，我们看到的19世纪那样的工人抵制机器引进的事件也没有发生（见第七章）。对劳动者来说，机械化的好处太大了。制造业持续扩张和教育程度不断提高，使得绝大多数人能转换到酬劳更高、危险系数更低的工作中去，普通美国人成了进步的主要受益者（见第八章）。诚然，随着工人工资的提高和工作条件的整体改善，劳资关系很可能在缓和过渡上发挥了作用。福利国家的出现也降低了失业的残酷性。此处的关键并不是要淡化社会发明的重要性，关键是技术本身让每个人都过得更好了，以至于卡尔·马克思所说的无产阶级成了强大的中产阶级。因此，劳动者们的理性反应是允许机械化发展，同时将技术强加给劳动者的调整成本降至最低。

第六章

从大生产到大繁荣

1786年托马斯·杰斐逊（Thomas Jefferson）访问英国时，美国还是一个技术落后的年轻的共和国。詹姆斯·瓦特的蒸汽机是当时的技术奇迹，也是英国技术相对进步的证据。"简单、伟大，可能会带来广泛的影响"，杰斐逊对蒸汽机如此评价道。[1] 蒸汽机最终也在美国产生了显著影响。1831年阿历克西·德·托克维尔（Alexis de Tocqueville）游历北美时曾惊叹道："世界上没有哪里的人像美国人这样，在贸易和制造业领域取得了如此快速的进步。"[2] 一度落后的美国在某些领域正迎头赶上，而在另一些领域很快就会取得技术上的领先地位。在1867年巴黎世界博览会上，人们已普遍认可了美国的技术进步：从电报机、机车、缝纫机到收割机和割草机，美国人的许多新技术获奖。全世界专利数量自1851年的万国工业博览会以来，在半个世纪里扩大了13倍，专利申请数量几乎每年翻两番。因此在1900年，爱德华·W.伯恩（Edward W. Byrn）在专利局调查近期的技术进步时观察到：

这是人类智慧和资源的巨大浪潮，规模惊人、种类繁杂、思想深远、成效卓著，以至于人们在努力扩展视界、欣赏技术进步的过程中，大脑甚至会感受到紧张和局促……随着发电机的出现，电力已经在全世界商业活动中占据了一个新的、更广阔的空间。电力使汽车运转，让电灯发光，电镀金属，驱动电梯，电死罪犯；它以沉默而有力的方式，秘密而迅速地为我们做着其他无数事情。[3]

电力和内燃机是19世纪的通用技术，它们不仅影响了工业的方方面面，还改变了普通人的生活。在1879年的新年夜，卡尔·本茨（Karl Benz）成功试验了气燃机，刚好就在10周前托马斯·爱迪生发明了电灯，这是经济史上最伟大的巧合之一。[4]因此，如果说工业革命的奇迹之年是阿克莱特和瓦特各为自己的决定性发明取得专利的1769年，那么1879年可被视为第二次工业革命象征性的开端。然而，我们不应过分夸大爱迪生和本茨的个人成就。这些成就是改变工业的创新大潮的一部分，并在批量生产（大生产）时代到达巅峰。正如美国商人爱德华·法林（Edward Filene）指出的那样，大生产之于第二次工业革命正如工厂制对于第一次工业革命一样重要。[5]

工厂的电气化

人们总是将批量生产与福特汽车公司联系在一起。亨利·福特（Henry Ford）和他的工程师们的成就不仅在于开发了一款革命性的交通工具，还在于成功利用电力部署了一套先进的生产系统。在T型车出现之前，我们的词典里甚至都没有"批量生产"（mass production）的概念。到1928年，福特在密歇根州鲁日河旁开设综合性厂房时，这个概念已经广为人知。虽然直到福特的发言人威廉·J.卡梅伦（William J. Cameron）以亨利·福特的名义在《不列颠百科全书》（*Encyclopaedia Britannica*）上发表了一篇文章，"批量生产"才首次得到精准定义，但在这篇文章出现前，它已有了一些吸引力——1925年，《纽约时报》就发表过一篇题为"亨利·福特解释批量生产"的周日专题报道。卡梅伦代写的那篇文章辩称，批量生产是美国人的发明。根据福特自己的定义，零件装配必然需要完全淘汰手工劳动。这一判断是正确的。[6] 和英国工业革命的工厂制一样，批量生产也是一个技术事件：它需要机床工业生产可互换零件，还需要电动机来驱动机器。如果没有这两项发明，普通美国人需要的新产品和工具就不可能以足够低的成本被大量生产出来。

　　在某种程度上，批量生产是工厂制的延伸，只不过它采用的技术更新、更好。正如历史学家戴维·霍恩谢尔（David Hounshell）所提出的那样，批量生产始于南北战争前的美国。伊莱·惠特尼（Eli Whitney）、塞缪尔·柯尔特（Samuel Colt）、艾萨克·辛格（Isaac Singer）和塞勒斯·麦考密克（Cyrus McCormick）通常被视作所谓的美国制造体系的先驱。这一体系的特点在于，复杂的产品可以由批量生产、各自独立的可互换零件组装而成。这一体系的优越性在1851年的伦敦万国工业博览会上得到了普遍认可。一位参观者观察到："几乎所有的美国机器都做到了全世界热切希望机器能做的事情……最令人激动的是塞缪尔·柯尔特的转轮手枪，它不仅杀伤力很大，而且是由可互换零件组合而成的。这种方法极具特色，被称作美国体系。"[7]

　　然而，如果可互换零件这一概念能算是一种发明的话，它也不是美国人的发明。18世纪20年代瑞典工程师克里斯托弗・波勒姆（Christopher Polhem）使用可互换零件制作了一座木质时钟。美国工业的成就在于设计出了足够精准的机床，使得可互换零件的统一批量生产成为可能。零件要想做到可互换，就必须一模一样。只有通过不断改进机床，人们才拥有大批量生产统一零部件的能力。最终进入福特工厂的大部分机器技术都起源于枪支生产，机床行业正由此孕育而来。[8] 柯尔特的格言"没有什么是机器不能生产的"勾勒出了福特后来的实践原则。[9] 柯尔特的格言建立在对机床的信赖之上，但这种信赖当时并未得到广泛认同。1854年，在克里米亚战争期间，英国议会组成了专责委员会调查最便宜的武器生产方式。在小型武器能否由机器生产这一问题上，美国体系自然是一个切入点。曼彻斯特的机床生产商约瑟夫・惠特沃思（Joseph Whitworth）是受命向委员会提供证据的专家之一。他参观了美国大约15座城市的制造企业。惠特沃思显然对所见所闻印象深刻。他在报告中写道："每当机器可以代替体力劳动，人们就普遍自愿采用它。"惠特沃思并不认同柯尔特"一切都可以机械化"的观点。他对委员会辩称，我们永远都会有手工技术活的需求。惠特沃思和柯尔特的关键分歧在于零件的可互换性。柯尔特认为机器能够大量生产统一的零部件，不需要人工使它们达到精确统一。相反，惠特沃思坚称机器生产的精确统一是不可能达到的，因此要达到特定的目的，总需要手工调试。[10]

从本质上来说，巨大的技术飞跃是罕见的，那句格言从被柯尔特说出到被福特证明为正确，已过去了半个世纪。福特首次证明，成本最小化和生产最大化的策略可以带来利润最大化，它能让公司开拓一个看似无限的消费市场。然而正如霍恩谢尔指出的那样，这一策略需要更好的机器生产统一的零件。福特的工程师们对可互换零部件的不一致导致的装配问题一清二楚，因此把精度作为对机床的首要要求，并为此制造了一些特殊的机器。"每个人都知道福特的机器是世界上最好的"，当时一位权威人士对这一问题评论道。[11] 福特的任何一个装配部门都不需要手工校准。1908年出厂的T型车是第一款符合这些标准的产品。

剩下的挑战就是零部件的组装了。这个问题在连续的移动装配线生产中得到了解决。在移动装配线上，工人们保持静止，零部件朝工人移动。电贯穿整个工厂，提供光亮，驱动机器，这是移动装配线存在的前提条件。电力引发了一场彻底的生产重组。1913年，在密歇根州底特律北部的高地公园，移动装配线开始运行。它成功利用了所有这些新技术。电动机使得人们可以使用精确度更高、速度更快的机器；电动起重机减少了搬运和托运过程中的劳动力要求；电灯有助于完成精准工作；电扇让工厂环境更健康，温度更宜人。最重要的是，电力提供的灵活性让工厂可以不断重新配置、加快生产。1913年，组装一辆T型车需要花费大约12个工时。一年后，组装一辆同样的车只需要1.5个小时。在生产单个零部件时，电力也像这样节省了时间。

诚然，许多工厂在1900年以前就已实现电气化，但早期的电力主要用于照明。1882年，爱迪生的纽约珍珠街发电站开始运行。从那时起到第一次世界大战之间，家庭照明成本下降了90%，这归功于质量更好的灯泡和不断得到改进的发电与输电技术。虽然灯泡带来的好处很难量化，但相比煤气灯，它无疑有着明显的技术优势。电的使用降低了工厂的空气污染程度，让工作环境更健康。通电也降低了火灾的风险，进而降低了火灾保险的成本，使工作场所变得更安全。此外，更明亮的光线提高了精确度，使得可互换零件保持高度一致，进而淘汰了手工校准的步骤。简而言之，电力出于各种原因造福了企业和工人。有报告显示，随着电灯的使用，工人因病缺勤的情况减少了50%。因此，当美国政府印刷办公室允许工人们在电灯和煤气灯之间作出选择时，所有人都选电灯也就毫不奇怪了。[12] 在你能想象的任何领域，电力的优越性都是压倒性的。正如美国政府印刷办公室的一名电气技师指出的那样："对于出版印刷工作来说，从传动带蒸汽驱动转换到单个电机驱动的优势不仅在于节省了动力，还在于工作级别更高，损坏的纸张更少，员工房间更清洁、更健康，机械维修更少。最重要的是，在产量提高的同时，印刷机的价值却没有因高速运转而减少。此外，从来不会出现动力故障，也没有一台电动机熄火。实际上在这个办公室，这种不受动力中断影响的自由是从未有过的。"[13]

　　然而在很长一段时间内，电动机只被用来做牵拉工作。在20世纪初，美国的工厂里95%的机械动力仍来自蒸汽和水。然而就在这个世纪早期，供给侧的变化推动了工厂的电气化。到1929年，电动机提供了80%的机械动力。[14] 当时的人们观察到，从芝加哥到墨西哥湾，从大西洋沿岸到大平原，美国正经历一场"巨大的动力变革……只有一百多年前的工业革命可以与之相比"。[15] 1925年《纽约时报》的一名记者写道，这种新的动力变革正在"催生第二次工业革命"[16]。

　　这种延迟的原因之一在于，要使用电力驱动，电机就必须足够可靠而高效，电力才能优于蒸汽或水力驱动的机械系统。1884年弗兰克·J.斯普拉格（Frank J. Sprague）研发出第一台实用直流电动机，之后这类电机陆续问世。试验很快就显示出了这种新电力系统的优点：机械系统的齿轮、轴和传动带产生的摩擦造成了能量损失，这种情况凸显了电动机的优势。转向电动机的过程循序渐进却永不止息。20世纪上半叶，电动机的容量提高了约60倍，电动机的使用量也随之迅速增加。在某种程度上，电成了工业的主要原动力。促成电动机普及的另一个因素是交流电机的出现，它由尼古拉·特斯拉（Nikola Tesla）发明，几乎可以用于驱动任何机器。"因此，特斯拉对交流电机的使用和迅速推广做出了贡献，其重要性不亚于爱迪生推动白炽灯走向商业化的努力。"[17] 实际上电动机为美国的生产率做出的贡献远超电灯对生产率的影响。电不再只能用于照明，还能让事物运动起来。

不过，为什么电对生产率的贡献要花如此长的时间才开始见效？更重要的原因在于，只有通过实验，对工厂进行整体改造，才能实现工厂电气化的全部好处："正如城市电气化不仅仅是用路灯和电车代替煤气灯和马车一样，工厂的电气化也不是简单地用电动机取代水车和蒸汽机。"[18] 电气化、工厂重组和现代化管理是同一个过程的不同部分。正如保罗·戴维（Paul David）指出的那样，直到20世纪20年代，美国制造业的生产率才迅速提高，距离第一批工厂通电已经过去了两代人的时间。[19] 这在很大程度上是因为向单独传动过渡的时间相对较晚，经济史学家小沃伦·迪瓦恩（Warren Devine Jr.）对此做了一些详细描述。[20] 1900年以前，直接驱动一直是主要的生产系统。机器通过连杆结构直接连接中央动力源，这个动力源通常是蒸汽机或水车。在直接驱动系统中，作为中央动力源的蒸汽机和水车直接被电动机取代，但是没有出现生产重组。一旦中心动力源开始运行，不管实际使用的机器数量有多少，由总轴和副轴组成的整个传动网络都会持续运行。如果中心动力源出故障，所有的机器都会停止工作，这意味着在中心动力源的修复完成前，所有生产都是中止的。与由蒸汽或水力驱动的工厂相似，电源通常被单独放在一个房间，因此需要错综复杂的传动带、滑轮和旋转轴才能将动力配送至整个工厂。从水力驱动时期以来，动力的分配决定了生产的组织架构，工厂的基本设计几乎没有变过。

要想充分利用电力的灵活性，关键在于省却整个工厂中用于机械地分配动力的那些装置。但如上所述，电动机作为一种驱动机器的手段，其优点经历了漫长的时间才完全显露出来。组合传动是工厂演变过程的一个中间阶段，它允许轴较短的中型电机驱动成组的机器。之后电气工程师们发现，他们能通过给每台机器配备更小的电机，彻底摆脱传动轴。改用单独传动引发了一场工厂设计构思的革命。单独传动具有灵活性，使得工厂可以为了适应流水线技术而重新配置工作流程。如此一来，人们可以根据生产操作的自然顺序来布置机器。为了充分利用流水线技术，一些工厂（比如位于鲁日河边的福特工厂）被设计成了单层结构。单层结构的好处还在于能大大降低单位面积的建造成本。此外，既然驱动系统不再使用机械配送动力，工厂也就不需要将旋转轴悬挂在天花板上了。安装高架起重机来运输通用零部件也就更容易了。这些变化中的大部分都节省了更多的资本而不是劳动力。节省下来的大部分劳动力都与建造和维护任务有关，而不是与操作有关。当时哈里·杰罗姆就注意到了这一点：

　　　　工业技术的变化不会给受到直接影响的操作所需的劳动

量带来很大变化，但是，它可能会极大改变其他过程中的劳动力。比如通过减少所需的地面空间来减少材料浪费或产品损坏，抑或通过节省燃料、动力、物资或机器损耗等来影响劳动力。所有这些（包括地面空间、材料、设备）在施工建造过程中都需要劳动力，任何与它们的使用相关的经济活动都会对劳动力需求产生间接影响。因此，没有了传动带和旋转轴，工厂动力部门电气化可能会减少维修劳动力。[21]

电气化给工人带来了什么样的生活？我们将在第八章回顾这个问题。但除了上文提到的健康福利，值得一提的是美国的工薪阶层发现他们的收入在迅速增长。批量生产不仅使普通美国家庭有机会接触大量新产品，也将劳动力置于良性循环中：制造业由于爆炸式增长，需要更多的操作员，人们的技能也因更多资本被捆绑在机器上而变得更加有价值了。与如今的科技行业中出现的工作相比，工厂工作很简单，工人们能够在工作中快速学习大多数任务。历史学家戴维·奈（David Nye）认为，"任务变得简单的一项优势在于，人们可以很快学会每项工作。事实上，几乎任何人都能在福特的工厂中工作，工人们也可以方便地变换工作"。[22] 当然，正如我们将在第七章谈到的，劳动力市场的快速变动也带来了一些适应性问题。但总的来说，直到20世纪70年代，大部分人的工资都有望上涨。正如20世纪30年代经济学家弗雷德里克·C.米尔斯（Frederick C. Mills）注意到的那样，"在机械化的压力下，人们必须学会用新方法做新事情"。[23] 比如杰罗姆认为，在玻璃行业，"通过用其他不受机器影响的材料制作气缸式鼓风机……人们成功地淘汰了手拉风箱；或者通过将手拉风箱放置在机器操作工的位置上，成功地解决了鼓风机潜在的位移问题"。[24] 除了玻璃行业，许多行业的操作方式由纯手工转变为由机器辅助。随着工厂实现电气化，一些维修工和搬运工被取代，但机器操作的不断扩大意味着他们能找到生产率更高、收入也更高的工作（见第八章）。第二次工业革命最大的优点在于不仅为普通人创造了全新的工作，也给他们提供了新的产品。电器涌入了美国家庭，人们同时作为消费者和生产者而从中受益。

解放人类的机器

如果说工业革命的首要特征是工厂的机械化，那么第二次工业革命的决定性特征就是家庭的机械化。蒸汽虽然在19世纪时改变了工厂，却没有影响家庭。相比之下，电除了改变工厂，还给家庭带来了变革。通用电气和西屋电气等公司率先扩大了普通市民可使用电器的范围，它们包括电熨斗（1893年首次推向市场）、真空吸尘器（1907年）、洗衣机（1907年）、烤箱（1909年）、冰箱（1916年）、洗碗机（1929年）和烘干机（1938年）等。这些都不是美国人的发明，但美国是它们最大的市场，美国的主妇们是它们的最大受益者。所谓的家庭革命不仅仅让家庭更令人舒适和愉悦，它还让主妇们从无报酬的任务中解放出来。由此，女性能去工厂参加有偿工作，促进了美国劳动力的迅速扩张，同时使得家庭收入也增加了。电气化的先驱们预见了这一发展。1912年，爱迪生在《好管家生活杂志》（*Good Housekeeping*）上说："未来的家庭主妇既不是服侍的奴隶，也不用当苦力。她花在家里的精力将更少，因为家中需要她做的事会变少。与其说她是家庭劳动者，不如说她是家庭工程师；将有最好的女仆——电——为她服务。电和其他机械力量将引发女性世界的变革，以至于女性会把大部分精力保存起来，用在更广泛、更有建设性的领域。" [25]

想象一下1900年的美国家庭吧。大多数家庭没有自来水，几乎没有家庭有电或中央暖气系统（图6）。没有电，人们只能用蜡烛或煤油灯照明。火灾的风险是日常生活的一部分，在最糟糕的情况下，从油灯或敞口炉中迸出一颗火星，都有可能毁掉整栋房子。石器时代火的发现到此时仍为家庭生活所依赖。在中央供暖的时代到来之前，大部分热量仍由敞口的壁炉提供。人们必须将木头或煤搬到家里使用，每天都要做清理灰尘和生

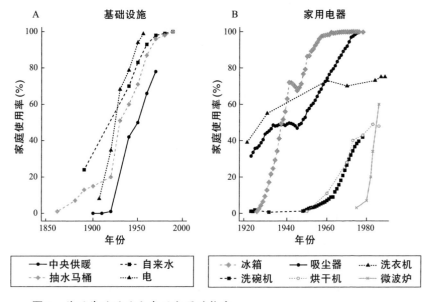

图6 美国基础设施和家用电器的推广

来源：J. Greenwood, A. Seshadri, and M. Yorukoglu, 2005, "Engines of Liberation", *Review of Economic Studies* 72 (1): 109–33。

火这类无聊工作。虽然人们花了极大的力气让房子变得暖和，但在冬天绝大部分房间仍和外面一样冷。"人们将屋子的缝隙都塞满破布，这是唯一的隔热方式。大部分房间的天花板都相对更热，地板则几乎都是冰冷的。"[26] 在美国人的卧室里，人们将〔提前用厨房里的炉子烧热的〕铁锭或陶瓷砖放在床上，它们是寒夜里的主要热源。此外，没有自来水意味着几乎每一个美国人要想享受洗澡的乐趣，都必须把笨重的木桶或锡桶搬进厨房，装满用炉子加热好的水。"即使到了20世纪早期，工人阶级的主妇们还是要从街上的给水栓取水运回家，这项工作与数个世纪前农妇们从离家最近的小溪或井中挑水没什么两样。做饭、洗碗、洗澡、洗衣和房屋清洁所用的水都得运进来，用过了再运出去。"[27]

对于那些既要做农活又要操持家务的农村妇女来说，生活尤其艰难。除了照顾家庭，女性几乎要照管所有的家禽，喂养牲畜，常常还要下地干活。农业部在1920年发布的一份报告显示，女性在一年中平均每天工作11.3小时，夏季平均每天工作13.1小时。在夏季，她们通常每天有1.6小时的闲暇时间，冬季的话每天多0.8小时。有一半的受访女性每天早上5点就起床。由于大部分农场没有自来水，她们每天的第一件事通常是走到泉边或水泵旁，将做早餐需要的水运回来。做早餐是没有任何厨房电器帮助的。这份报告认为，农村电气化是解决办法的一部分："对农民来说，农场通电最能节省时间。对家庭主妇来说，家里通电是最大的福利。"[28] 然而，直到1936年5月2日，富兰克林·罗斯福总统签署了关于成立农村电气化管理局的国家法，农村的电气化才真正开始发展。这一法令给被私有电力公司忽视的地方合作社提供了资金。

随着更多家庭用上了电，美国的公司通过直接吸引家庭主

妇来推动电器的使用（图6）。20世纪30年代，有人在印第安纳
州曼西市分发一些传单，上面有句话很贴切："电，家中沉默的
仆人。"通用电气公司则打出了一则广告："男人的城堡是女人
的工厂"。[29] 这些广告语传达的信息很明确：雇用沉默的电力仆
人就能腾出之前花在家务上的时间。很多在今天看来很简单的
任务在当时却并不简单。拿洗衣服来说，在1900年98%的家庭
使用搓衣板。手洗衣物之前需要往炉子里加木头或煤块来烧水。
然后，洗完的衣服必须拧干，多数时候要靠手。之后是将它们
挂在晾衣绳上晾干。晾干以后，熨衣服这种同样枯燥的任务开
始了。当时没有电熨斗，人们使用的是需要放在炉子上反复加
热的重熨斗。20世纪40年代中期的一项研究表明，与手洗相
比，电动洗衣机每次能节约3小时19分钟。一个主妇手洗一次
衣服要走3181英尺（约970米），但如果使用电器，则只需要走
332英尺（约101米）。与之类似，熨衣服的时间从4.5小时减至
1.75小时，所需的步数减少了近90%。[30]

　　值得注意的是，电在服务于富人和穷人时是一样的。显然，
更富有的美国人首先用上新技术：即使在同一条街上，有的女
人可能正像在中世纪一样用手搓衣服，另一些女人则用上了电
动洗衣机。然而随着时间的推移，基本家庭设施普及开来，电
器价格相对有所下降，所有人都能买得起了。1921年全国电灯
协会（NELA）在调查费城家庭的电器使用情况后发现，只有
熨斗和真空吸尘器在受调查家庭中的普及率达到一半。电冰箱
起步较晚，部分原因在于出现了冰柜这种更便宜的替代品，还
因为对那时的大部分美国人来说，即使他们想换，在很长时间
内他们也买不起电冰箱。一台冰箱的价格在1928年为568美元，
但价格很快下降，到1931年只需要137美元。冰箱的销量随之

暴涨。到了这时候，绝大多数美国人都能负担得起大多数电器品类了。1928年，最便宜的洗衣机的售价相当于三周的薪水，一台电动真空吸尘器大约只需要一周的工资，最便宜的电熨斗只需花费不到一天的工资就能买到。[31]

不久之后，普通美国人的家里"除了金丝雀和看门人，一切都是电动的"。[32] 电器价格下降的最大受益者是低收入和中等收入家庭。以前，富有的家庭会让仆人去完成最令人反感的工作和最重的体力活。直到家庭革命的到来，其他家庭才能请得起仆人，虽然只是机械仆人。到1940年，现代社会的便利开始惠及相当一部分人口。此后，富人和穷人不分高低贵贱，全都逐渐平等地进入到电、气、水和下水道的庞大网络之中。虽然洗衣机、冰箱和洗碗机等技术价格较高，因此较晚才能到达穷人手中，但有了批量生产和分期还款，很快大多数人都能负担得起了。

然而，家庭革命对花在家庭生产上的总时间的影响仍可能引起争议。经济学家斯坦利·勒伯格（Stanley Lebergott）的一项早期研究直观地表明，工作时间大幅减少。[33] 他估计从1900—1966年，家庭主妇一周的工作时间减少了42小时。这一发现令人非常惊讶。然而，正如另一位经济学家瓦莱丽·拉梅（Valerie Ramey）认为的那样，勒伯格无意间把所有家庭成员和佣人的工作时间都算入了家庭生产时间中，而不只是家庭主妇做家务的时间。[34] 相比之下，拉梅对壮年女性做家务的时间下降幅度的估计要保守得多：1900—2005年，主妇每周工作时间只下降了18小时。但值得注意的是，男性花在家务活上的时间更多了，抵消了这种下降。这种情况怎样与家用电器减少了家庭生产的劳动力需求这一既定事实相协调呢？技术史学家鲁斯·施瓦茨·考恩（Ruth Schwartz Cowan）给出了一种解释：技术只是取代了仆人们的家庭劳动，家务活所需的时间却并没有减少。考恩认为，要达到20世纪50年代的健康干净的中产阶级标准，19世纪50年代的美国家庭主妇需要3—4个仆人。但在新的电动仆人的帮助下，20世纪50年代美国的家庭主妇可以独自达到这一标准。[35]

的确，在此期间家政服务逐渐消失了，像法国的锥形洗衣机这类发明受到质疑也就不无理由了，尽管1860年《纽约时报》的一位作者认为洗衣女工无须担心："洗衣机能减轻劳动、节省手工，使我们摆脱手洗带来的劳累和许多不愉快。但洗衣机不是用来取代、也不会取代单身年轻女性的工作的。对于这一点我们很有信心。如果年轻女性的情况能得到改善，她们会利用好这些辅助工具来做家务。"[36] 洗衣女工认为自己的技能将被淘汰，事后我们知道，这一认识是正确的。但直到半个世纪后，电动洗衣机终于出现了，她们的职业才开始没落。在匹兹堡管家俱乐部1921年的一次会议上，管家们埋怨洗衣女工"播放留声机，而不是操作洗衣机"，他们还坚持认为仆人们必须遵守"要么与女主人和睦相处，要么就走人"的新规定。[37]

虽然这在一定程度上支持了考恩的观点，但若认为技术除了取代家佣之外不会影响家务劳动就错了。第一，由于电器极大地减少了家里的重体力劳动要求，许多女性开始把更多的时间花在不那么乏味的家庭工作上，例如教育和照顾小孩。第二，随着新技术的出现，卫生标准和营养标准提高了。[38] 随着家务变得更简单，她们做家务的频率更高了。人们更有规律地更换衣物，更勤洗澡，经常打扫自己的家。"人们不再每年把地毯拖到室外拍打几次，而是每周用吸尘器打扫整个房子。"[39] 第三，拉梅将每人的小时数转换为每户的小时数的做法更有意义：1900—2005 年间，每个家庭花在家庭生产上的小时数的下降幅度达到了惊人的 38%。当然，在此期间美国家庭的规模也变小了是一个事实，但若由此就认为每人花在家务上的小时数没有下降，就忽略了规模经济。[40] 为一个两口之家或一个五口之家准备晚餐没什么区别。研究表明在那些使用电器更普遍的地方，女性进入职场的情况增长得更快。这为上述观点提供了证据。图 7 显示了在整个 20 世纪，女性进入职场的增长速

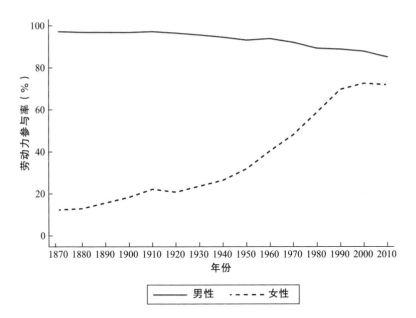

图 7 1870—2010 年，25—64 岁的美国人（按性别分类）的劳动力参与率

来源：1870–1990: *Historical Statistics of the United States (HSUS), Millennial Edition Online*, 2006, ed. S. B. Carter, S. Gartner, M. R. Haines, A. L. Olmstead, R. Sutch, and G. Wright (Cambridge: Cambridge University Press), Table Ba393-400, Ba406-413, Aa226-237, Aa260-271, http://hsus.cambridge.org/HSUSWeb/HSUS EntryServlet; 2000–2010: Statistical Abstract of the United States 2012 (SAUS) (Washington, DC: Government Printing Office), Table 7 and 587. See also Gordon, 2016, figure 8-1。

度令人惊讶。在1900—1980年间，女性劳动力增长了51个百分点。经济学家杰里米·格林伍德（Jeremy Greenwood）、阿南斯·塞沙德里（Ananth Seshadri）和穆罕默德·尤鲁科格鲁（Mehmet Yorukoglu）在《经济学季刊》（*Quarterly Journal of Economics*）上发表的一项有影响力的研究表明，单单是家庭革命这一项所起的作用就占了这一增长的55%。[41] 随着家庭机械化程度越来越高，更多的女性进入劳动力市场，从事有偿的且往往更有成就感的工作，这种情况使得更多家庭突然有了两份收入，在此过程中许多美国家庭越来越富有了。

　　显然，更多女性进入劳动力市场不仅是省力技术影响的结果。文化和社会因素同样发挥了巨大作用，但它们不在本书的讨论范围内。显而易见，尽管女性仍面临待在家里的压力，但她们当中已有许多人加入了劳动力大军，技术发展给她们提供了便利。正如家庭生产活动的机械化使得能够进入（也愿意加入）劳动力市场的女性供应有所增加一样，办公用机器也推动了女性的工作岗位需求的增加。像1874年出现的打字机这样，一些办公机器催生了大型办公室，也第一次引发了文书工作中女性职员的崛起。文森特·E. 朱利亚诺（Vincent E. Giuliano）在《科学美国人》（*Scientific American*）杂志上撰文解释道：

> 　　随着打字机的出现，办公室规模和数量都有所上升，办公室职员的数量和他们工作的种类也随之上升。办公室里的社会结构也有所改变。比如，虽然有一些女性被招进工厂，但办公室工作仍是男性的工作岗位。（我们可以回想一下查尔斯·狄更斯的《圣诞颂歌》中斯克鲁奇办公室的职员构成。）办公室机械化是一股强大的力量，足以克服长期以来

不愿让女性在男性环境中工作的情绪。随着打字机的引进，一个直接结果就是大量女性进入办公室工作。[42]

然而正如我们将在第八章讨论的，办公室职员的大部分增长发生在1900年之后。在那时，办公用机器激增，家庭生产走向机械化，人们有意愿去提高家庭收入。这些因素使得女性向前迈进了一大步。尤其是在1950—1970年，从事文书工作的女性增加了约1140万，男性则只增加150万。在20世纪70年代，"粉领"一词逐渐变得普遍，指的就是数量不断增加的管理机器的办公室女职员。[43]换句话说，20世纪劳动力参与率的增长在很大程度上是由于机械化，尽管并不仅仅是因为机械化。

驶向现代化

如同家庭和工厂的变革一样，我们要讲的故事的另一个必不可少的部分是商品和人员流动的革命。事实上，经济史学家亚历山大·菲尔德（Alexander Field）认为，1919—1973年间生产率的提高可以被视作"一个有着两次转变的故事"。[44]第一次是为了充分利用电的优势而重新设计工厂，第二次则是随着机动车辆对运输和配送的彻底革新，人们转向"无马时代"。从20世纪30年代开始，第二次转变的影响逐渐使第一次黯然失色。不过，可以适应机动运输的道路则开始得更早。

虽然铁路产业发展迅速，但20世纪以前美国人仍受制于马。有了铁路，商品和人员能够以更快更便宜的方式从铁路的一端运输到另一端，但人们仍需要马匹将人和货物送到最后的目的地。[45]工业革命以后很久，马仍然长期占据交通运输的主导地位，原因之一就在于蒸汽机没能彻底变革市内交通："人们担心火花会引发火灾，反感震耳欲聋的噪音和浓烟，还担心机车的重量会动摇地基、压碎街道路面，因此蒸汽机不能在城市街道上使用。"[46] 解决的办法之一就是将交通工具放到地下。1863年开通的伦敦大都会铁路一开始是由蒸汽驱动的，但隧道内的浓烟给人们造成了不适，所以这种交通方式并不受欢迎。在美国从未出现过蒸汽驱动的地铁。然而在19世纪下半叶，随着马拉公共汽车、缆车和电车的出现，市内交通经历着持续的变革。1904年纽约市的地铁终于开通了，它由电力驱动，比马拉公共汽车快10倍以上。缆车、电车和地铁一起促进了美国郊区的发展，它们使市民们得以逃离城市。然而虽然这些城市交通方式有诸多优势，但它们并未彻底改变个人出行。人们仍然受制于公共交通的线路网和时刻表。旅行则依赖于更灵活的马车，它类似现代的出租车。然而马车的缺点非常明显。首先（也是最重要的）是速度慢：马车行进的速度不超过6英里每小时，若旅途更长，人们就需要定期更换马匹。其次，马对大多数美国人来说太贵了。城镇家庭很少有足够的空间养马，而大部分劳动者没有购买喂马所需饲料的经济条件。因此，不到五分之一的劳动者乘坐马车通勤。绝大多数人只能走路，步行的体验则由于路旁的马粪而变得非常糟糕。[47] 据估计，在19世纪末每平方英里的城市区域就有5—10吨马粪；马的尸体会在街上滞留多天。[48] 即使最怀旧的人大概也不会怀念清理马粪和马尸的工作。

　　1895年11月，纽约开始出现一本叫作《无马时代》（*The Horseless Age*）的新期刊，它的诞生是对汽车兴起的回应。虽然马有很多缺点，但对当时的人来说没有马的时代是不太可能的。汽车产业尚处于萌芽状态。[49] 1895年整个美国生产了4辆汽车。自行车是当时唯一的既能替代马又十分灵活的个人交通工具。但是，所谓的"驶向现代化"（ride to modernity）这个说法很恰当，只因为自行车确实为汽车铺平了道路。[50] 骑车在很大程度上是一项冒险活动。马克·吐温在《驯服自行车》（*Taming the Bicycle*）中描述了他在19世纪80年代试图骑高轮自行车的经历。文章的结束语恰当地总结了这次冒险的经历："去买辆自行车吧！只要你还活着，就不会后悔的。"[51] 轮子更小、安全性更高的自行车的出现和随后的充气轮胎的发明，最终带来了19世纪90年代中期自行车的黄金年代："人们为自行车而疯狂。自行车行业简直成了一个黄金国（El Dorado），人们都急着分一杯羹。"[52] 然而骑车在美国很快就过时了。随着自行车行业的衰落，许多自行车公司改行造汽车去了。

　　自行车在很多方面是通向汽车的桥梁。[53] 美国自行车工业之父阿尔伯特·A. 波普（Albert A. Pope）不仅预见了汽车的兴起，还雇用了希拉姆·珀西·马克西姆（Hiram Percy Maxim）帮他将预测变为现实。波普制造公司在1907年宣布破产，它从来不是汽车行业的领军者，但整个自行车行业为后续批量生产汽车时出现的许多一般性工程问题的解决做出了贡献，例如精确加工齿轮和充气轮胎。也许更重要的一点是，自行车的到来让美国人第一次体验到了不依靠马的个人交通带来的自由。马克西姆宣称他是在骑车的时候第一次想到汽车的好处。他回忆1937年时说："夜半时分，自行车载着我穿过一条偏僻的乡村道路，不到一小时就跑完了这段路程。同样一段路，乘坐马车需要将近两个小时；坐火车只需半小时，但它只能把我从一站带到下一站。我还得遵从火车的时间表，它并不总是很方便。"[54] 马克西姆认为，正是许多人骑自行车的体验创造了对方便廉价的个人交通工具的需求。汽车也就应运而生了。

　　早在18世纪，人们就尝试着用蒸汽机来研发机动车了。然而经过了数十年的实验，蒸汽机车从未进入大众市场。蒸汽机又重又不安全，而且效率低，没能引发个人交通方式的革命。汽车革命不得不等到内燃机被发明出来后才开始。1864年，尼古拉斯·奥托（Nikolaus Otto）取得了第一台煤气发动机的专利，但它并不适用于道路运输。汽车的实用设计始于戈特利布·戴姆勒（Gottlieb Daimler）和威廉·迈巴赫（Wilhelm Maybach）以及卡尔·本茨各自独立制造的汽油发动机和汽车。他们首次成功地使用内燃机驱动公路车辆。尽管如此，有一段时间里似乎电动机才是驱动无马车辆的选择。"1900年时，电动汽车似乎很可能像其他电器一样迅速发展到极致。"[55] 然而一些事件的发生打破了平衡，使情况向有利于内燃机的方向发展。查尔斯·凯特林（Charles Kettering）发明的电子启动器使得汽油驱动的车辆更容易操作；城际公路网的发展意味着汽油车可以充分发挥更大里程和更高速度的优势；大型油田的发现降低了燃料的价格；得益于福特工厂在批量生产方面取得的进步，燃油车的价格迅速下降，但此时电动车的价格没有下降。

　　正如波普指出的那样，尽管马的时代已经开始衰落了，但若汽车行业想要腾飞，我们就需要好的道路。"不仅是市内和城市周围，而是整个国家的道路情况都要好。"[56] 配套的基础设施必须从头开始建设。20世纪初美国的两百万条道路充其量是土路网。对能乘汽车出行的少数人来说，轮胎漏气和爆胎是正常现象而不是特殊情况。20世纪早期，来自佛蒙特的一位医生和他的司机属于最早开车穿越整个国家的那批人。他们从旧金山出发，花了63天开到了纽约。[57] 之后，天数变成了小时数：谷歌地图显示，如果不堵车，现在开车走同样的路程只需约40个小时。20世纪二三十年代，道路网迅速扩张，因此司机们无须驶过主干道上未铺路面的路段，而是能直接走东西海岸间的高速公路穿越美国。本杰明·富兰克林大桥、乔治·华盛顿大桥、金门大桥和布朗克斯白石大桥等是美国卓越工程技术的全新表现，为进出城市的交通量的持续增长做出了贡献。随着加油站数量的增加，路边商业也开始蓬勃发展，出现了许多新工作。[58] 1920年以前美国高速公路沿线几乎没有商业活动。1928年，一段多姿多彩的描述提供了鲜明的对比："每隔几百码就有一座加油站，加油站前面有几个五颜六色的加油泵。挂着'热狗'字样的小屋将这些加油站连接了起来。在既没有加油站也没有快餐店的地方，竖立着贴满海报的巨大广告牌。"[59]

关于是道路建设为汽车工业奠定了基础还是正好相反，学者们意见不一。公平地说，因果关系可能是双向的。[60] 没有对汽车的日益增长的需求，政府和企业就不会有动力投资建设昂贵的基础设施。如果没有更好的生产技术，普通民众就买不起汽车，汽车革命也就不可能发生。1901年的梅赛德斯汽车"基本上是第一辆真正意义上的现代汽车"，也是全世界速度记录的保持者，达到了每小时40.2英里。当时美国市场上一台梅赛德斯汽车的售价为12,450美元，约为当时人均年收入的12倍。[61] 因此，一开始只有一小部分人拥有汽车。随着亨利·福特革命性的T型车的出现，情况才发生明显变化。1908年T型车开始生产时，售价为950美元；1927年停产时，它的价格降到了263美元。T型车的售价与人均可支配年收入的比率从1910年的316%下降到了1923年的43%。1923年，T型车的统治地位达到了巅峰：美国市场上出售的车辆一半以上是T型车。在整个20世纪

20年代，分期偿还贷款的扩张使得民众买车的支出在可支配年收入中所占的份额进一步下降了。结果，拥有注册机动车的家庭比例呈爆炸式增长，从1910年的2.3%上升到1930年的89.8%。[62]

对大部分美国人来说，汽车不仅取代了电车，成了连接家庭和工厂的交通方式。人们也开始开车购物、走亲访友，周末开车到乡下以逃离城市的喧嚣。通过改变人们的工作和生活方式，汽车改变了整个北美大陆的面貌。随着交通变得更好、更便宜，城市不再仅仅是一堆人的巨大聚集。城市发展出了专门的工厂区、购物街区和郊外住宅区。这些区域又被细分为工作、消费和生活区。许多在城市工作的人不必住在城市里。用拉尔夫·爱泼斯坦（Ralph Epstein）1927年写下的一段话来说："不只是城市和乡村之间的距离被拉近了。城市除了是它本身之外，还成了周围乡村的一部分。纽约不再只是曼哈顿、布鲁克林和布朗克斯，它也是长岛、拉伊、新罗谢尔，甚至是康涅狄格州和新泽西州的一部分。"[63]

机动车不仅以这种方式彻底改变了城市，还引发了农业革命。自从人类驯养动物代替人力以来，从马车到汽车的转变毫无疑问是农业领域最大的变革。19世纪的农业机械化落后于制造业机械化，这只是因为蒸汽机不适用于开放的环境，而且对大部分农民来说它也太贵了。[64]即使是塞勒斯·麦考密克的收割机这样的19世纪的突破性发明，也都是用一支支马队拉动的。

正如汽车在交通运输中取代了马一样，拖拉机在农业领域也取代了马。拥有拖拉机的农场的比例从1920年的3.6%猛增到1960年的80%。在同一时期，农场中马和骡子的数量从2500万减少到只剩300万（图8）。[65]虽然造成了马匹大量冗余，但拖拉机极大地促进了经济增长：经济学家威廉·怀特（William White）估计，1954年拖拉机带来的直接社会储蓄超过了国民生产总值的8%。马匹的消耗占农场产量的五分之一，拖拉机则彻底终结了这种效率低下的情况。[66] 然而，虽然拖拉机是农用马匹数量下降的主要原因，但卡车和乘用车也产生了影响，它们让货物的快速交付和分发成为可能。随着汽车和卡车的出现，以前使用马一天走的路程现在只需一小时就能走完。结果，运输成本的大幅下降使美国的农场能够供应更大的市场。[67] 1921年美国农业部关于美国中部玉米产区的一份研究发现，农场的经营范围不断扩大，它表明随着卡车的引进，许多农场改变了部分或全部产品的销售市场。[68]

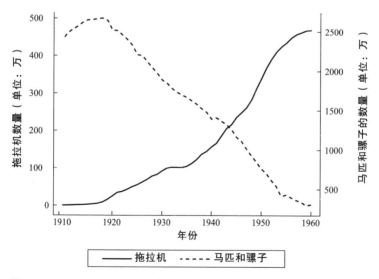

图8　1910—1960年，美国农场马匹、骡子和拖拉机的数量

来源：R. E. Manuelli and A. Seshadri, 2014, "Frictionless Technology Diffusion: The Case of Tractors", *American Economic Review* 104 (4): 1368−91。

除了农业，还有其他领域的经济增长也受到了机动车的推动。在20世纪30年代，运输、公共事业以及批发和零售业贡献的增长占了整体经济增长的近一半。卡车运输和仓储的增长则占了交通运输及公共事业增长的约三分之一。[69] 对道路进行大量投资的结果是，到了大萧条时期，卡车司机不需驶过任何未铺砌的道路就能穿越整个国家。结果，1929—1941年的卡车注册量增加了45%。在大萧条时期，企业能够充分利用卡车运输提供的更灵活的替代性配送方式。城市里的百货公司开始雇用卡车将包裹配送至周边的乡村地区，消费者想购物只需打电话而不需要开车去城里。在短途运输方面，卡车因其灵活性取代了马匹，在火车站、农场、工厂、批发商和零售商之间运送商品。

1947年《巴黎和约》签订后，两次世界大战间歇期的生产率发展趋势再次显现。[70] 菲尔德所观察到的第二次转变（通过机动车辆对运输和配送的彻底革新而淘汰掉马匹）的继续是推动生产率增长的最大推动力，而这种推动是机动车带来的。然而，正如电气化对生产率的推动一样，内燃机对经济增长的全面影响也延迟了。原因不仅在于战争，还在于支持机动化运输的基础设施很落后。直到1956年联邦援助公路法案通过后，随着基础设施方面的支出开始恢复和增长，机动车辆的全部优点才体现出来。[71] 从1944年罗斯福总统递交给国会的关于跨区域高速公路的报告可以看出，直到那时铁路仍被认为比高速公路货运更高效。这份报告指出，"公路规划调查收集的所有证据都指向一个事实，即卡车的运输距离相对较短，且没有任何迹象表明将来卡车的运输里程有可能扩大"。[72] 虽然现在回顾这一预测会发现它有些荒谬，但第二次世界大战期间的经验支撑了这一观点。二战期间，1943年卡车运输货物（单位为吨·英里）的份额下降到了5.6%，与此同时铁路的份额占城际货运量的72%。同样，在那之后铁路的相对重要性也在下降。到1958年，卡车运送了20%（吨·英里）的货物，这一比例在州际公路系统完成后迅速增加。经济学家们肯定了公路系统对战后生产率做出的贡献，他们发现在州际公路方面的支出贡献了20世纪五六十年代美国生产率增长的25%，而在20世纪80年代只贡献了7%。[73]事实上，卡车文化的全盛时期和生产率增长的黄金时代（1947—1973年）末期基本重合。20世纪70年代，卡车司机成了新的美国牛仔，常在《警察与卡车强盗》（*Smokey and the Bandit*）这类电影中被浪漫化。

卡车运输业本身不仅促进了美国生产率的提高，还给运输业和贸易带来了极大的溢出效应。和卡车行业一起兴起的集装箱革命是战后经济增长的动力之一。集装箱运输直接来源于卡车，卡车企业家马尔康·马克林（Malcom McLean）发明了集装箱，将其作为整合航运、卡车运输和铁路等细分行业的一种手段。1956年4月26日，马克林的"理想-X"号开始了从纽瓦克港到得克萨斯州休斯敦的处女航，这是历史上第一次成功的集装箱船运。这次看似不起眼的船运与哥伦布发现新大陆一样，是贸易史上的关键事件。正如铁路和轮船为第一次全球化浪潮（这次全球化随着一战的到来而终止）铺就了道路，集装箱运输技术为始于战后的第二次全球化浪潮奠定了基础。最近的一项研究表明，在使用集装箱的头5年，双边贸易增长了320%。[74]

集装箱改变了贸易世界，集装箱化也是斯密型增长和熊彼特型增长的动力。当时的人们称其为"我们的批量生产技术在海外贸易运输方面的延伸"。[75]据估计，集装箱码头除了淘汰掉了制造商和消费者之间装卸货物的12个单独步骤外，还使每个码头工人能处理的货物量从每小时1.7吨增长到了每小时30吨。[76] 虽然码头的修建是一项资本密集的活动，但更高的吞吐率节省了大量资本，更不用说与盗窃率下降相关的资本了。纽约码头曾流传着一个广为人知的笑话：集装箱出现以前，码头工人的工资是"一天20美元和你所能搬回家的威士忌"。[77] 集装箱运输终止了这一现象，降低了货物运输过程中的保险成本。

集装箱出现后，改革之风席卷了美国的港口。这对码头工人来说就是狂风骤雨。"没人知道这股风会吹多远，但把海内外的货物装在盒子或集装箱里的想法像海浪一样涌来"，1958年《纽约时报》这样评论道。[78] 和许多革命性技术一样，集装箱化并未受到所有人的欢迎。在集装箱时代到来之前，拥挤的港口是成千上万码头工人装卸船只的地方。集装箱化之后，机器取代了大批码头工人。一切搬运工作逐渐变为由起重机和专用叉车来完成。但码头工人也不是被动的旁观者。1958年，国际码头工人协会的纽约区主席明确表示码头工人不会处理集装箱，他说集装箱剥夺了太多码头工人的工作。"我们不打算被淹没在这一浪潮之中"，码头工人工会的一位谈判代表补充道。[79] 围绕着集装箱化的劳资纠纷是一个在整个20世纪60年代反复出现的问题。然而连工会都低估了集装箱将给工会成员的工作带来的巨大影响。1968年，时任国际码头工人协会主席的托马斯·W.格利森（Thomas W. Gleason）指出，纽约的港口工人工作了4070万个工时，比上一年下降了300万个。他估计在集装箱的压力下，总工时将减少至2800万个。8年后，当联邦法院撤销一项用于保护剩余码头工人工作的劳动管理协议时，港口只剩下1900万个工时了。[80]

虽然20世纪时一些取代技术明显得到了传播，但大部分进步都是使能技术。无业时代并没有随无马时代而到来，原因之一就在于工人不像马，他们有办法获得新技能来从事机器操作之外的工作。汽车、卡车和拖拉机取代了马，成了农业的主要原动机，在运送商品和人员方面也有相对优势。结果，马匹数量逐渐减少，劳动人口的数量却没有减少。比如，在有轨电车上工作的人"为了生存，与私家车和公共汽车展开竞争"。[81] 然而，机动车的运行、服务和维修方面的就业机会大幅增加了：如今在美国的许多州，卡车司机是最大的单一职业工种（图20）。此外，机动车制造业还创造了大量就业机会。我们将在第八章中看到，在农场劳动力需求下降的同时，工业却在扩张，这意味着农场工人有了更好的替代工作可选。比如，汽车业很快超过铁路，成了美国工人的主要雇主。一开始，汽车业的重要性很低，在1900年的人口普查中它甚至没有被单列出来，但到1940年，它成了最大的制造业。在汽车业出现的头30年里，这一领域的就业增长速度比整体制造业快765%。[82] 相比之下，在半导体行业于1958年出现后的30年中，就业增长速度比整体制造业快121%。[83] 亚历克索普洛斯和科恩的研究证实了汽车比其他技术更能促进就业这一普遍看法。[84] 汽车业对就业的贡献远远超出了自身的范围。它还带动了供应商、建筑、运输、旅游、汽车服务和道路商业等行业的就业。正如1986年历史学家戴维·L. 刘易斯（David L. Lewis）所写的那样，20世纪五六十年代汽车业的光荣时代当然无法再现，但它仍"直接雇用了大约120万人，而汽车经销商、服务站和其他相关行业的员工数量是汽车业的好几倍。总而言之，每六个美国人就有一个人在这个行业工作"。[85]

第七章

机器问题的回归

1930年，时任美国劳工联合会主席的威廉·格林（William Green）为《纽约时报》写了一篇文章。故事情节很眼熟：

> 今天，我们的行业领袖自豪地回忆起提高生产率、安装机器……他们以技术进步、管理、科学进步为荣。但是，看着被音乐复制技术取代的音乐家们、因最新的电影而被遗忘的表演艺术家们、被电传打字电报机取代的莫尔斯电码操作员们、被新工序取代的钢铁工人、看着房子由一个个单元组装而成的木匠、被电报排字机取代的印刷工人们，这些行业领袖又会有什么想法呢？在这些行业成千上万的人失去了工作，他们倾尽所有才学会的技能也没有了未来。[1]

的确，读格林的文章让我们很难不想到恩格斯的那句论断：工业家们"靠大量工薪阶层的苦难攫取财富"。[2]然而这种类比可能有些过了。诚然，在20世纪，对机器的忧虑时不时出现。然而尽管一些工人很难适应机械化，恩格斯式停顿却没有出现。正如我们将在第八章看到的，随着生产率的提高，人们的工资上涨了，工作环境得到了改善，美国社会也随着技术进步而变得更加平等。连工会领袖们都不提倡放慢变革的步伐，这多少能说明点问题。与典型工业革命时期的英国不一样，20世纪的美国并没有经历过对技术进步的彻底反抗。因为正如格林在他的文章中所说的那样，机械化提高了绝大多数工人的物质生活水平。工业革命的例子表明，从长远来看社会作为一个整体会受益于技术进步，但对部分群体来说，机械化会带来转型的阵痛期。格林也指出了技术进步给一些劳动者带来的负面影响，他们的技能变得多余了。为了支持那些因社会的利益而经历痛苦的工人，格林提议给他们提供失业工资以应对转型，缩短每周工作时间以便让更多人享受闲暇，建立联邦就业体系来提高工作匹配效率，给工人提供职业培训以更新他们的技能，提高工资以刺激需求以及让工厂满负荷运转等。

不只是格林在关注机器问题。在20世纪30年代早期，关于机器窃取民众工作的讨论就出现在了电台脱口秀、电影和学术会议上，众议院劳动委员会甚至还就这一问题举行了好几场听证会。[3] 想要对机器焦虑的回归加以解释，就不能完全抛开大萧条，因为大萧条无疑加深且延长了人们对技术失业的担忧。但后者不是前者的原因。正如经济史学家格利高里·沃洛尔（Gregory Woirol）所指出的那样，"发起技术失业的辩论的荣誉应该归于劳工部长詹姆斯·J. 戴维斯（James J. Davis）"。[4] 在大萧条爆发两年前的1927年，戴维斯是第一个在演讲中提到劳动者面临的技术挑战的人：

> 在很长一段时间里，人们认为不可能造出一种机器来取代人类制造玻璃的技术。然而现在所有玻璃制品都由机器制造，而且其中一些机器的效率非常高。比如，我们拿一种玻

璃瓶为例，自动机器生产这种瓶子的产量是传统手工工艺生产的41倍，而且机器生产过程不需要身怀玻璃吹制技术的工人。换句话说，现在一个人就能完成之前41个人做的工作……玻璃产业只是以这种方式进行变革的诸多行业中的一个。我的第一份工作是钢铁搅炼工，这是一份要在炉前挥汗如雨的苦差事。同样在钢铁行业，人们在很长一段时间内也认为没有机器能取代人力，但就在上周，我目睹了一种新的机械板材轧制工序，其生产效率是传统方法的6倍。[5]

然而正如格林一样，戴维斯也不是卢德主义者。他补充道，技术进步必须继续：

　　如果你看得长远一些，就会发现目前没什么是值得非常担心的。当缝纫机出现时，我们曾担忧女裁缝们会挨饿，但如今我们对吹制瓶子的人的担忧不会超过那时。因为我们知道，如果没有缝纫机，今天不可能多出成千上万的以之为生的女裁缝。说到底，每种减轻人类辛苦劳动和提高生产率的设备都是人类的福音。只是在调整期，当机器把工人原来的工作变成新工作时，我们必须学会处理，使困难最小化……请理解我，我们决不能限制进步。我们决不能以任何形式限制那些挖掘财富的新方法。劳动者们在工作中不应该偷懒或削减产量。在建立了大的工业组织后，资本不能拒绝工厂。那条路行不通。我们必须继续前进，一旦发现旧方法和旧机器过时了，就无所畏惧地抛弃它们。[6]

尽管人们意识到了制造业的就业机会开始减少，但几乎没有严肃的评论家主张放慢机械化进程。1927年5月发布的两项新的生产力数据来源表明，1919—1925年间制造业的就业下降了，这引发了人们关于技术失业的辩论。在1927年12月的美国经济学会会议上，新汇编的数据自然成了激烈讨论的焦点。经济学家约翰·D. 布莱克（John D. Black）评论道："在这么短的时间里，农业、制造业、采矿业和铁路运输业的工人数量实际减少了7%，这让人不可思议。"[7] 多数分析师认为农业外流人口主要被制造业吸收了。

尽管如此，随着一系列研究的展开，一些工人面对变化时难以适应这一事实变得越来越不容置疑。在大萧条之前的1928年，参议院教育和劳工委员会委托布鲁金斯学会调查"有多少流离失所的劳动者正在被吸纳进美国的各个产业"。[8] 该研究追踪了各行各业中754名由于机械化而失去工作的工人们的命运。11.5%的工人在一个月内找到了新工作；5%的工人在一年之后仍在找工作；绝大部分人失业超过三个月，但最终在别处找到了工作。其他研究同样表明过渡成本可能很高。经济学家罗伯特·迈尔斯（Robert Myers）研究了1921—1925年间芝加哥服装产业370名失去工作的裁剪工的情况，他发现这些人的平均失业期是5.6个月，甚至一年后仍有12.9%的裁剪工处于失业状态。[9] 工人们的适应能力也与年龄有关。超过45岁的裁剪工中足足有90%的人干脆没找到工作，或者被迫从事薪水更低的工作。相较而言，大部分年轻人成功地找到了薪水更高的工作。两项研究都表明，大约一半的失业工人找到了和以前工资差不多的工作。[10] 和工业革命时期英国的情况一样，在美国，年龄更大的人尤其难以适应新技术。至少从短期来看，许多找到新工作的人的经济状况变得更糟了。

　　工人的技能专业程度越高，就越难以适应变革，这种情况并不奇怪。比如，当娱乐行业（特别是电影）正经历异常迅速的技术变革，许多音乐家就很难适应。由于发声机器的推广，剧院不再需要雇用现场演奏的音乐家，所以受雇的音乐家数量迅速下降。在华盛顿特区，音乐家工会和电影院所有者们通过协商，同意裁员60%。地方广播电台对音乐家的需求有所增长，音乐家失业的状况被部分抵消了，但只有少数音乐家靠广播谋生。和其他关于失业工人的调查一样，一项关于华盛顿电影院的一百名失业音乐家的研究表明，大部分人的收入下降了。好的一方面是，虽然电影院音乐家蒙受了损失，但电影机操作员得到了好处。从默片到有声电影的转变"伴随着电影机操作员社会地位的提高，因为一方面持证操作员取代了传统的男童帮工，另一方面电影放映员的平均工资也提高了"。五家主要电影院的代理人表示，大约有一万名音乐家因默片转向有声电影而失业，但操作员人数的增加要更多。然而即使出现了新工作类型，对那些技能不适用于其他行业的音乐家来说也没什么帮助。[11]

　　针对失业工人的调查的确并未说明总体情况。政府开展的"再就业机会和工业技术最新进展的国家研究"项目意在调查技术在失业中扮演的角色，遗憾的是这一研究没能提供多少结论性的证据。该项目的主管戴维·温特劳布（David Weintraub）在1932年的一篇文章中指出，他们对于20世纪20年代技术变革对就业的影响得出了乐观的结论。然而他的后续分析又表达了刚好相反的观点：他发现机械化是造成失业的关键因素。[12] 正如当今的经济学家们仍很难将技术造成的失业份额分离出来，20世纪30年代的研究面临着类似的挑战也就不足为奇了。大萧条期间在国家复兴管理局工作的利奥·沃尔曼（Leo Wolman）

在研究技术失业问题时，发现了一些限制进步的经验性问题，其中的一些似乎很难得到解决。[13]

虽然面临着统计上的挑战，但当代经济学家们在技术失业问题上达成了共识，虽然是暂时性的。保罗·H. 道格拉斯（Paul H. Douglas）、阿尔文·汉森（Alvin Hansen）和雷克斯福德·G. 特格韦尔（Rexford G. Tugwell）都认为，劳动力市场僵化正在阻碍工人的再就业：在不同地点间迁移的费用、再培训的人力消耗和失业的心理压力都使得工人难以适应，调整成本也很高昂。为了缓和这种状况，道格拉斯反对拥有房产，也反对过于狭隘的教育专业化，他主张建立某种形式的失业险，成立联邦就业机构。他认为若没有这些政策，"劳动者几乎不可避免地会抵制和反对绝大部分提高工业效率的尝试"。[14]

很难说经济学家在多大程度上影响了公共话语。很少有经济学家（如果有的话）认为使进步放缓是一个好主意。然而，失业工人研究和经济萧条的程度确实促进了一些政策的推行，这些政策以20世纪的标准来看是非常规的。20世纪美国最大的例外是富兰克林·罗斯福当局，它试图让机械化进程慢下来。在国家复兴管理局颁布的280条规定中，有36条包含限制安装新机器的内容。[15]政府太关注取代工人的技术，错过了当时许多先进的使能技术。米歇尔·亚历克索普洛斯和乔恩·科恩写道：

> 在这方面，罗斯福当局十分关注劳动力被新技术取代所造成的影响，这在很大程度上可能是它关注制造业创新的结果。如果政府能以更广阔的视角，观察与汽车和电力进步相关的新产品的快速增长，它就会更乐观地看待新技术给就业带来的影响。政府甚至可能会接受这一观点：从20世纪30

年代中期开始席卷美国的工具潮实际上阻止了糟糕的局面变得更糟。[16]

相反，只有当人们不再忧心于失业问题的时候，辩论才会终止。直到1940年，罗斯福还在国情咨文中警告美国人必须"开始更快地找工作，不能让新发明把他们甩在后面"。[17]珍珠港袭击和美国参战使得关于机器问题的讨论平息了下来。要想打败轴心国，就需要所有美国人全力工作，他们也做到了。

然而机器问题只是暂时消停了而已。一开始，人们数次尝试将计算机应用在工作场所，在新闻媒体上引发了"自动化可能威胁工作"的恐慌。朝鲜战争之后的三次经济衰退造成的失业率激增也促使人们将自动化和失业联系起来。罗伯特·索洛在回顾1965年时说："无论何时，只要技术迅速变革和高失业率同时存在，人们就不可避免会将它们联系起来。所以在20世纪30年代大萧条时期，技术性失业成为一个热门话题也就毫不奇怪了。而如今，这场辩论又开始了。"[18]如上所述，关于技术失业的辩论实际上在大萧条之前就开始了。然而20世纪人们对机器的忧虑显然是周期性的，这一次则是随着朝鲜战争后的失业率上升而出现的。尽管我们很难发现这些辩论在本质上有什么进展，但词汇见证了技术的进步：20世纪五六十年代的讨论集中在了"自动化"这个新的流行词上。[19]就像20世纪30年代的"技术失业"一样，"自动化"及人们对它的不满成了战后那些年的标志性主题之一。

1955年，针对自动化给就业带来的影响，美国展开了第一次全面调查，来自工人群体、企业和政府的26位代表在国会专门委员会上作证。[20] 委员会总结道，"美国经济的方方面面都接受并欢迎进步、变革和生产率的提高"，但"没有人敢轻视或否认一个事实，那就是许多人在适应这一变化时会经历个人的精神和物质层面的痛苦"。[21] 在听证会期间，没有人建议采取措施限制机器的使用，甚至都没有人对自动化提出异议。相反，证人们敦促国会更加关注因失业而出现的社会问题，并特别指出年龄大的工人尤其难以找到新的更好的工作。工会代表们表达了传统的诉求，希望通过提高工资、缩短工时和降低退休年龄让工人在日益增长的国家生产率中占有更大份额。但劳工部长詹姆斯·P. 米切尔（James P. Mitchell）做出了回应："我再重复一遍，我们没有理由相信技术的新阶段会导致一次压倒性的重新调整。科学和发明在持续地开辟工业扩张的新领域。虽然正在衰落的、传统的产业中工作机会可能减少了，但充满生机的新产业正不断拓宽我们的视野。"[22]

关于自动化的辩论远远超出了美国的范围。1957 年，在国际劳工组织的第四十届年会上，自动化是所有人心中的话题。国际劳工组织总干事戴维·A. 莫尔斯（David A. Morse）就这一主题在《纽约时报》上发表了一篇文章。正如威廉·格林说机械化在 20 世纪 30 年代并不是什么新鲜事，但如今的发展速度比历史上任何时期都要快一样，莫尔斯认为："没有人能说自动化是新鲜事。机器的生产率在许多个世纪里一直在提高人类的生产率。也许自动化能称得上'新鲜'的地方就在于它加快技术变革速度的倾向，增加了社会进步的机会，也将随之而来的社会问题积累了起来。"[23] 与 20 世纪 30 年代一样，人们认为由于技术变革逐渐加快，20 世纪 50 年代会有所不同。莫尔斯还指出，如果自动化意味着被取代的工人找不到其他工作，那么人类的悲剧就出现了。但总的来说，他对人们将有机会见到"更好的生活、更好的社会"持乐观态度。[24]

在公共辩论中，不出所料，人们会更关注那些降低劳动者议价能力的取代技术，但是事情不像看起来那么简单。就拿电梯操作员来说，在1945年9月24日的总罢工中，电梯操作员的罢工几乎使得曼哈顿1500栋办公楼完全空了。大厅里和人行道上挤满了人，只有少数勇敢者尝试攀爬那些最高的摩天大楼的无尽的楼梯。这种混乱带来了巨大代价，对商业也无益，使用自动电梯似乎是确保这种事情不会再次发生的最好办法。

然而，用自动电梯取代人工操作的电梯需要得到公众认可。许多人在第一次得知这种情况时感到很恐慌，他们觉得自动电梯可能将他们悬在几百米的高空，没有操作员为他们的安全负责。这种担忧如今看来似曾相识，和当下关于无人驾驶汽车的讨论很相似。但正如现在的人类驾驶员一样，电梯操作员也并非不会出错。伤亡事故很频繁，据报道纽约市有几名操作员遭遇了致命的事故。第七大道的一名电梯操作员由于电梯"突然启动，将他夹在了电梯门顶"而死亡。另一起事故发生在布朗克斯，一名操作员"被卡在了电梯和门之间"。[25]一些人试图阻止自动电梯的推广，但1952年电梯行业协会发布的一份报告得出的结论对此做出了回应：自动电梯比人工操作的电梯安全五倍。[26]

卡车和出租车司机的工作何时会消亡还有待观察。然而在20世纪50年代，人们认为电梯操作员很快将成为遥远的回忆，这显然是对的。1956年《纽约时报》预测"电梯操作员可能会和路上的马车夫及有轨电车司机一样被人遗忘"。[27]据估计，那一年仅在纽约就有43,440部电梯（占美国正在运行的电梯的约五分之一）搭载了1750万乘客，总运行距离相当于地球到月球距离的一半。但据报道，1950年纽约市还有3.5万名电梯操作员，到1963年只剩约1万名了。帝国大厦是当时仍由人工操作电梯的地方之一，但有篇文章提到将有200万美金的投资被用于削减与电梯操作员的工资、养老金计划和病假相关的运营成本。克莱斯勒大厦的52部电梯中已有48部被换成了自动电梯。三分之二的电梯操作员经过再分配，成了搬运工和杂工，剩下的三分之一则只能重新找工作。[28]

然而，自动化焦虑在很大程度上与计算机有关。正如1961年亚伯拉罕·拉斯金（Abraham Raskin）所写的那样："在劳动者的脑海中，最大的恐怖就是有人宣称一台计算机能完成75台现在使用的最大的计算机完成的工作……当计算机开始造成其他计算机失业时，人们确实应该开始担心了。"[29] 我们将在第九章中看到，正如今天的人工智能时代，20世纪60年代的第一代计算机并没有对劳动力市场产生任何有意义的影响。实际上，直到20世纪80年代人们才开始察觉到计算机对就业的影响。即便如此，在计算机引入的早期，大部分评论的关注点也都集中在了对它们会造成大量美国人失业的担忧上。这些担心触及了政府的核心，有些国会议员担心计算机会取代政府员工，这将危及给予政客工作以表彰他们的服务的做法。用 C. P. 特鲁塞尔（C. P. Trussell）的话来说，由于机器能更好地完成统计工作，政治家们在"想要提高效率和担心任命系统被破坏"两种想法之间犹豫不决。国会非常严肃地对待这个问题。1960年众议院成立了一个由密歇根州国会议员约翰·莱斯金基（John Leskinki）主持的专门委员会，委员会建议应当向那些可能失业的工人给出充分的告知，让他们接受再培训以操作新机器，使他们具备足够的技能保住工作。在就业净减少的情况下，专门委员会也建议暂停招聘，让失业工人获得空缺职位。不过，委员会并未提出任何减缓计算机推广的主张。[30]

在20世纪60年代的总统大选中，参议员约翰·F.肯尼迪（John F. Kennedy）在底特律的一次集会上就自动化的困境发表了一篇激动人心的演讲。他的观点和1927年劳工部长戴维斯的说法很相似，传达的信息也直截了当。肯尼迪说，正在来临的自动化革命"有望给美国的劳动者和财富带来新繁荣。但它也会带来产业混乱、失业率提高、贫困加剧的风险"。[31]肯尼迪成为总统后，他的劳工管理政策顾问委员会在1962年发布的第一份正式报告宣称，"很明显，失业是由自动化和技术变革带来的裁员造成的"。但它又补充道，"根据现有的可用数据，我们不可能分离出由这些原因造成的失业"。[32]虽然这份报告非常谨慎，但肯尼迪并没有因此而在这个问题上犹豫不决。在1962年的一场记者招待会上，当有记者问他"你觉得自动化这个问题有多紧急"时，他回应道：

> 有一个事实是，为了给那些被机器取代的人和即将步入职场的人提供工作，我们要在整整10年里的每周增加2.5万份新工作，这对我们的经济和社会来说是一个很大的负担……但如果经济能够如我们所希望的那样增长，我们就能吸纳很多男女劳动力。但我认为20世纪60年代国内的主要挑战在于，在自动化取代劳动力的时代保持人们的充分就业。[33]

1963年肯尼迪遇刺的悲剧也并没有中止关于自动化的讨论。总统林登·约翰逊（Lyndon Johnson）上任后不久就成立了国家技术、自动化和经济进步委员会。和肯尼迪一样，约翰逊也不反对自动化。他在签署成立这个委员会的法案时说："技术既创造了机会，也给我们带来了责任。"他既看到了让生产率增长加快的机会，也看到了我们有责任确保没有工人和家庭"为进步付出不公平的代价"。他认为"如果我们往前看，如果我们明白将发生什么，如果我们在对未来做出合理规划后，明智地设定路线"，自动化可能成为"给我们带来繁荣的盟友"。[34] 这个委员会在1966年发表的大部分报告都致力于调查"技术变革是造成失业的主要原因"和"技术最终会消灭大部分工作岗位，如今的劳动者中大部分人的工作都会由机器自动完成"的忧虑。[35] 然而，与肯尼迪的劳工管理政策顾问委员会不同，约翰逊的委员会认为1954—1965年的持续失业不是自动化造成的，这一结论得到了一些实际分析的支撑。该委员会宣称："朝鲜战争后的几年里失业率普遍居高不下，这不是技术进步加快的结果。它是生产率的提高、劳动力的增长和对总需求的反应不充分这三者相互影响的结果。"[36] 尽管得出了这一结论，但委员会还是认为自动化的破坏性很强，因此他们建议政府作为最后的雇主，扩大免费教育，引入最低收入保障。

20世纪二三十年代关于技术失业的辩论有很多相似之处。正如20世纪30年代的国家研究项目一样，20世纪60年代的委员会意在调查技术在失业中扮演的角色。虽然委员会的调查结果更具说服力，但二者都没能平息争论，也没能和在第二次世界大战时一样，终止1940年时人们对技术失业的担心。1965年，另一场战争有效地终止了自动化辩论。正如沃洛尔所写的那样："自动化在整个20世纪60年代中期一直是受到热议的问题。直到越南战争期间，失业率下降到了4%，此后'自动化'才逐渐从流行出版物中的日常话题之中退出来。"[37]

然而，大部分评论和学术研究都对工人们面对技术进步时的感受缺乏理解。我们已经了解到，典型工业革命时期的英国工人用各种方式表达了他们的诉求。他们向议会请愿，敦促议会阻止取代工人的技术的推广。他们用小说和诗歌表达他们的失望，也用暴力反抗过机器的推广。尽管像威廉·格林这样的工会领袖的情绪表明，20世纪的工人没有兴趣阻碍技术进步，但在讨论技术失业的时期，基本没有直接证据能反映工人对待机械化的态度。大萧条时期人们写给罗斯福政府的信件是非常罕见的一类信息源。其中包括一些普通公民的政策建议，能让我们深入了解美国民众的担忧。近期，沃洛尔将其中的800封信作为样本，对其中的小部分建议进行了分类。[38] 最常见的是用于提高消费者购买力的计划，包括实施最低工资、价格管控、政府贷款、抚恤金或失业保险计划以及直接创造就业机会。另一些计划则意在通过支持扩大各种类型的项目来带动公共就业。然而，也有些民众支持政府出台政策来限制引发失业的力量：有5%的信件呼吁对节省劳动力的机器的发展进行限制。

虽然沃洛尔选取的样本可能没法代表美国民众，但它确实表明，即使在最艰难的时候也几乎没人相信限制机器会是好主意。然而，这点有限的证据并没有揭示那些直接被技术进步所影响的工人们对技术进步的看法。但在20世纪五六十年代，社会学家们为了了解工人们对待机械化的态度而展开了大量研究。他们的发现印证了本书的直觉：工人们的态度在很大程度上取决于他们适应技术的情况。比如，威廉·方斯（William Faunce）、埃纳·哈丁（Einar Hardin）和尤金·雅各布森（Eugene Jacobson）发现，为大型公用事业机构安装IBM 705计算机那段日子"对许多人来说是一段增长期，对另一些人来说则是失败和幻灭期。这一变革对那些小员工和主管们来说是严格的考验，但对更有经验、更有能力的人来说，它却提供了更多发展和证明自己的工作潜力的机会。对一些雇员来说，工作机会与职责的流失与混乱是很严重的问题"。[39]

在工厂里也有过相似的研究。弗洛伊德·曼（Floyd Mann）和劳伦斯·威廉姆斯（Lawrence Williams）通过调查两个电厂的工人发现，在自动化程度整体更高的工厂工作的操作员普遍更喜欢他们现在的工作。[40] 他们必须花在脏活上的时间更少，感到自己有更多的责任，和同事们也有更多的交流。当然，这基本不反映他们有关机械化变革的态度。1958年，社会学家方斯为此调查了人们被转到自动化汽车发动机工厂时的表现。[41] 他发现相较于传统工厂，绝大多数工人更喜欢自动化工厂，这主要是因为手工搬运重部件的工作减少了，这种情况使得他们的体力要求变低了。但人们并不总是从一开始就支持机械化。查尔斯·沃克（Charles Walker）在研究一家自动化钢铁厂时发现，在工厂的整个调整过程中，人们的工作满意度变化很大："工厂的自动或半自动操作对工作的影响有着相同的特征，那就是这些操作一开始被恐惧、被厌恶，但到后来都成了满意的来源。"[42] 一旦熟悉了新工作，人们的态度就转变了。

因此，方斯和其他合著者在文章的评论部分对这一问题恰当地总结道：

> 实地调查表明，办公室自动化对工作满意度的影响取决于工作内容：员工是在因自动化而获得工作任务的电子数据处理部门工作还是在那些因自动化而失去工作任务的部门工作，计算机是大型的还是中型的，以及其他几种情况。办公

室雇员们认为，办公自动化在广义上减少了工作，工作方式的变更是一种临时性的破坏，但他们通常都欢迎变革，很少拒绝机械化。对待变革的态度似乎取决于个人有效应对变化的能力和相应的组织机构处理这些变化的技巧。关于工厂自动化的研究表明，尽管自动化工厂是诸多不满的来源，但相比于不那么先进的工厂，人们还是更愿意在自动化工厂工作。在适应自动化的过程中，满意和不满意的来源各不相同。[43]

的确，这些研究都没有对失业工人进行调查，所以那些工作被机器取代的工人不太认同机械化也就顺理成章了。事实上，就算技术没有取代工作，人们对技术变革的态度显然也取决于工人在当前的工作中受到的影响。当工人们发现他们的部分工作被机器完成，相比于失去职责的感觉，他们感受到的更可能是丢掉工作的担忧。相比之下，当新任务和新工作被创造出来，尽管有可能会担心培训不够，但工人们通常会感觉到责任感增强了。对技术变革的看法显然总是视情况而定，但工人的态度在很大程度上还是取决于他们到底是得到了技术的协助还是被技术取代。正如我们将要看到的那样，对大部分人来说，技术进步增强了技能。机械化使得现有工作中的工人的技能变得更有价值，也创造了许多全新的工作。因此，它提高了劳动者的议价能力和薪水。这也有助于解释为什么20世纪很少出现卢德主义者。

第八章

中产阶级的胜利

不断加快的变革步伐对大多数美国劳动者有什么影响呢？虽然机械化发展速度很快，但20世纪的美国从来没有经历过英国典型工业革命时期那种规模的机器骚乱。相比之下，19世纪发生过一些工人反对机器的事件。就在托马斯·爱迪生发明白炽灯的1879年，《纽约时报》报道了埃利亚斯·格罗夫（Elias Grove）发明的小麦脱粒机被纵火烧毁的事件。事件发生十天后，格罗夫收到了一封带有警告的信件："格罗夫先生，你必须把其他机器停下，否则下次停下来的就是你的生命。我们打算阻止蒸汽脱粒，因为整个夏天和冬天我们没有足够的工作。"[1] 这篇报道也提到，一些农民也收到了类似的恐吓信。然而，我们很难找到距离现在更近的关于美国工人因害怕失去工作而捣毁机器的例子。历史学家丹尼尔·纳尔逊（Daniel Nelson）曾写道：

> 农业机械化并不是一帆风顺的。早在19世纪30年代，脱粒机一出现就引发了那些在冬天为小麦脱粒的人的抗议，偶尔还出现过暴力反抗。在19世纪70年代中期，经济衰退恰巧和节省劳动力的捆绳机一起出现，这种机器极大地减少

了收割人员的规模，于是更严重的反抗事件就发生了。中西部的夏天通常十分平静，1878年的夏天却充斥着罢工和恐怖活动。如今仍是美国重要小麦产地的俄亥俄州在当时是暴力的中心……直到1879年经济情况得到改善，城市工人们前往农村就业的情况越来越少，危机才过去。此后，几乎（或者说根本）没有人公开反对机械化。[2]

　　这并不表示美国的劳动史在其他方面一片和平。著名劳动史学家菲利普·塔夫脱（Philip Taft）和产业关系学教授菲利普·罗斯（Philip Ross）认为，"美国的劳动史是世界上所有工业国家劳动史中最血腥、最暴力的"。[3]但20世纪美国的劳工暴力很少针对机器。塔夫脱和罗斯详细评述了罢工和劳工暴力事件的原因，但并没有提供专门的资料来明确指出是省力技术的引进导致了这些事件，这确实能说明一些问题。还有一些关于1900—1970年间的罢工事件之决定因素的研究，甚至都不认为机械化是工人罢工的潜在原因。[4] 20世纪的美国白人有其他方式来表达挫败感，这可能是美国没有发生任何机器骚乱的原因之一。他们只需要在投票处投票，不需要使用棍子和石头表达诉求。然而，工人们虽然享有投票的权利，但还是频繁地使用暴力来表达他们对整体工资和工作环境的失望。那么，为什么他们没有用暴力反对机械化呢？最简单的解释最具说服力：多数劳动者在很大程度上受益于新技术的稳步发展。

　　事实上工会的出现也提供了一种解决争端的机制，但它是19世纪早期的英国工人所无法获得的：1825年，工会在英国取得合法地位，但只有非常小的一部分工人加入工会。直到19世纪70年代，工会成员才获得合法罢工的权利。[5] 20世纪的工会对机械化的做法说明机械化给工会成员带来了福利。工会领袖们十分清楚，工人一周获得多少工资取决于他们的工作得到了多少机械力量的帮助。工厂电气化使得工人们能生产更多产品，从而挣更多钱。工人和工会不仅没有愤怒地反对机器，反而竭力使他们从进步中获得的利益最大化。从工会的角度来看，机械化是获取工人要求的更高的工资、更短的工时和更早的退休年龄等诸多利益的一种方式。沃尔特·鲁瑟（Walter Reuther）在他的大部分职业生涯中都在领导全美汽车工人联合会，他显然并不反对机械化。他的主张非常简单：人们的购买力必须和美国工业的生产率一起提高。鲁瑟也是年收入保障的坚定支持者。在一次采访中，他说自己期待"有一天工人们能花更少的时间工作，花更多的时间在协奏曲、绘画或科学研究上"。他满怀信心地做出了预言："技术进步会让这种情况成真……将来，一名汽车工人可能只需在工厂工作10个小时。文化将成为他的主要关注点，工作将会是一种爱好。"[6]他相信，技术会把美国工人房子的后院变成伊甸园。

绝大部分工会职员可能不会认同鲁瑟的乌托邦式愿景。但只要工会成员能从进步中获利，机械化就同样符合他们的利益。劳动统计局开展了一系列独立研究，通过揭示工会常常在机械化进程中起到的积极作用阐明了这一点。一家面包店通过集体协商来解决关于半自动生产技术的引进问题，经理和工会职员们由此可以一起协商解决失业、降级和补偿的问题："正如当地工会主席所说的，工人们达成了共识，变革的整体结果对他们是有利的……当地工会主席认为，过去几年随着工人工资的上涨和额外福利的增加，工人们已经分享了生产率提高带来的好处。"[7]自动化程度不断加深，自然意味着一些人需要从工作机会减少的领域转到机会增加的领域。在有些情况下，转岗意味着技能水平的降低，还有一些情况下技能水平会上升。当管理层向工会业务代理人报告公司的计划（包括预计裁员）时，他们保证任何降级到低薪工作岗位的工人将继续按目前的工资水平获得报酬。这一声明被看作一条试图减少自动化焦虑的途径，并在后来被正式确立为工会契约。劳动统计局表示，在每种有工会参与的情况下，工会契约都会确保工会成员获得机械化带来的好处，不会去阻挠机械化发展。[8] 虽然一些工人在技术进步的过程中被淘汰，但从整体来看技术给劳动者带来的好处太大了。公司通常会补偿那些因机器而失去工作的人，任何过渡都得到了这一事实的帮助。和19世纪不同，20世纪的劳动者关注的重点是管理过渡期而不是阻碍技术进步。代表其成员利益的工会在很大程度上扮演着热心调解员的角色。1984年，国会技术评估办公室指出："劳资关系在引进新技术时发挥了重要作用。美国的工会试图通过集体协商、组织安排和政治运作，将新技术给劳动者带来的有害社会影响降到最低。这些努力通常意在缓和过渡的过程，而非延缓变革的进程。"[9]

劳动者们有充分的理由称赞技术进步。随着技术变革的风潮席卷所有的工作场所，工作的舒适度变得越来越高，危险性越来越低，报酬也越来越高。机械化让人们有可能远离汗水和苦差事，转而从事对体力要求更低的高薪工作。劳动者们放弃农业，去从事蓝领和白领工作，这为日渐壮大并日益繁荣的中产阶级的出现奠定了基础。因此，20世纪80年代之前美国的历程和典型工业革命时期英国的历程形成了强烈的对比——英国工业革命时期的工人们几乎没有选择，他们只能从事薪酬更低的工作，因此失业的人力成本很高昂。随着工厂制取代家庭体系，很少有人有能力获得高昂的人力资本，成为经理、会计、职员和机械工程师。相反，他们只能去竞争低技能的生产工作，而那些工作简单到儿童都能完成。不过，如果工人们能找到危险性更低、舒适度和薪酬更高的工作，那么任何痛苦都将是短暂的。20世纪时，第二次工业革命给美国的办公室和工厂带来了大量的半技术性工作，这为那些担心失业的人提供了最好的保证。有些美国人的确没能在经济上更上一层楼。如前所述，那些生活在偏远地区、有着较强专业技能的大龄工人往往难以适应，可能不得不转而从事工资更低的低技能工作。这至少会在短期内降低他们的生活水平。但是，尽管机械化在短期内会让少数工人的情况变糟，但从中期来看，大多数普通人会从中受益的预期似乎是合理的。

枯燥工作的终结

让工作场所更安全，对体力的要求更少，这些也许是机械化的伟大贡献了。[10]想想看，如今大部分美国人工作的配备空调的办公室环境和一个世纪前大部分人的工作环境对比有多强烈吧。1870年，近一半的美国劳动者仍在从事农业。农业不仅辛苦，还有经济风险。由于大部分人依赖自然界谋生，他们就必须与暴雨、干旱、森林火灾、虫害等做斗争。因此，农民必须设法应付许多不受他们控制的可变因素，它们可能给经济带来毁灭性的后果。比如，20世纪30年代的沙尘暴吹走了大量农田表层土壤。在1935年的"黑色星期天"，"东海岸的城市笼罩在这样一场沙尘暴的薄雾中"。[11]到了20世纪40年代，大平原上许多农场的表层土壤减少了75%以上，农民们的土地价值（每英亩）因之损失了大约30%。[12] 从本质上来说，如果户外工作面临的情况无法预测，持续不断的受伤风险则会给稳定收入的维持带来更大的不确定性。在每天的漫长工作中，畜力是唯一的帮手，这意味着肌肉会持续保持紧张状态。危险和辛苦是日常工作生活的组成部分。

矿工们的处境也好不到哪儿去。工人们要在没有日光的地下生活多天。在实现电气化前，煤油灯是矿工们唯一的光源。此外，矿工们经常遇到塌方。爆炸也一直是一大风险。肺部疾病经常是他们的工作附属品。在19世纪晚期，矿顶坍塌、淹水和意外爆炸意味着矿难致死的事件每天都会发生。[13] 虽然工厂引进机器意味着极其艰苦的任务被机器取代了，但机器基本没有让工作场所更安全。与机器相关的工业事故的专项统计仍寥寥无几，但这类事故显然经常发生，以至于《纽约时报》都找不到足够多合适的短语来形容这些事故："被机器杀死""因机器死亡""被机器压死""惨遭机器压死""被机器撞死""被机器削皮"。它们经常出现在19世纪七八十年代许多工业事故致死的新闻报道的标题中。在众多伤亡中，新泽西州兰伯特维尔的一家大型造纸厂厂主的衣服被卷进旋转轴，"整个人被狠狠地砸向地板，头皮都被扯掉了"。[14] 新泽西州纽瓦克的一位工程师卡在了发动机的轴上，被"压成了糨糊"。除了机器事故，爆炸和火灾也是常见的威胁。1911年，纽约市的三角衬衫厂发生了火灾，媒体称之为"自'斯洛克姆将军'号烧毁以来降临在我们身上的最大的灾难"。这次事故夺去了148名工人的生命，其中大部分是年轻女性。[15] 火在工厂中蔓延，许多人试图跳窗逃生，却被压扁或受了重伤，只能被抬走。那些侥幸生还的人许多受了重伤或留下残疾，很少有人获得了实质性的补偿来养活自己和家人。

对绝大部分工人来说，电气化是一种恩赐，尽管它也给工厂带来了电击或触电等以前不为人知的新风险。许多工厂因电气化而变得更明亮、更令人愉悦，也更安全了。那些第一次接触电的威力的移民成了主要受害者，"一位刚从克罗地亚移民过来的17岁小伙子触电身亡，他戴着湿手套摆弄开关，弄得现场火花四溅"。[16] 但总的来说，电气化和安全是同步发展的。皮带、齿轮和传动轴是工厂事故的主要来源，给工人的手指、手臂甚至生命不断带来危险。改用单独传动使皮带和轴承构成的密林不见了，进而消除了与之相关的事故。电动机激起的灰尘更少，这使得空气更清洁、工作环境更健康了。在工厂里用电灯取代煤气灯则进一步降低了空气湿度，改进了氧气含量，使酸性烟雾成为过去式。此外，日益增加的自动机器最终减轻了劳作。基于以上情况，工厂电气化在大多数情况下受到了工人们的欢迎（见第六章）也就不奇怪了。实际上在1926—1956年，有人首次对工伤频率进行了全面统计，结果发现制造业领域的平均伤残人数减半了，在采矿业也是如此。[17] 1955年，一名在亨利·福特的鲁日河工厂工作的工人惊叹道："自动化救了我……如果我非得像以前一样把那些沉重的部件拖运到指定位置，我可能活不到65岁。但现在我也许能工作到80岁。"[18] 他唯一的抱怨是有了机器的帮忙，他的体重增加了33磅。

随着工作对体力的要求降低，20世纪五六十年代的工业卫生学家们分析，抬、运和装货造成的许多伤害都将成为历史。在纺织行业，人们在织机上安装了安全装置，一旦发生事故机器就会自动断开。据报道，一家福特工厂在安装了自动化机器后，疝气病例减少了85%。[19] 按照劳动统计局的说法，自动化意味着人们不再"需要跟随机器的节奏，这种节奏可能是不自然的，会造成精神紧张，也可能造成事故"。[20]

使用机器意味着人不用做最无聊、最肮脏和最劳累的工作了。数千年来，农业一直是大部分人的头等大事。如今，在不到一个世纪里，技术已将大部分美国劳动者从农场转移到了工厂和办公室。表1介绍了美国劳动力显著的职业演变：1870—2015年，在所有劳动者中，农业人口比例从45.9%下降到了1%。尽管这一比例甚至在1900年前就在下降，但大规模的下降主要是因为蓝领和白领工作相对快速的扩张。1910年，农业的总就业达到顶峰。此后，农业人口在每10年里都在减少。正如

表1 1870—2015年美国劳动力构成的变化（%）

		1870	1900	1940	1980	2015
农民和农场劳动者		45.9	33.7	17.3	2.2	1.0
蓝领劳动者	小计	33.5	38.0	38.7	31.1	21.5
	手工匠	11.4	11.4	11.5	12.0	8.4
	操作员	12.7	13.9	18.0	14.7	8.9
	工人	9.4	12.7	9.2	4.3	4.3
白领劳动者	小计	12.6	18.3	28.1	38.9	37.3
	文员	1.1	3.8	10.4	19.2	15.5
	销售员	2.3	3.6	6.2	6.7	6.2
	家政服务人员	7.8	7.6	4.4	0.6	0.0
	其他服务人员	1.4	3.2	7.1	12.3	15.6
经理人和专业人员	小计	8.0	10.0	15.1	27.8	40.1
	经理人和企业主	5.0	5.9	7.9	10.4	14.7
	专业人员	3.0	4.1	7.1	17.5	25.4

来源：1870–1980 from Historical Statistics of the United States (HSUS), Table Ba1033-1046; 2015 from Ruggles et al. (2018). See also Gordon (2016), Table 8-1.

注：四舍五入后，数字之和可能不等于总数。

我们将看到的，人们离开农场的主要原因是城市里出现了更多高薪工作机会。这反过来成了机械化的动力。第一次世界大战后，拖拉机缓慢扩张，但它的主要爆发期是20世纪30年代后。到了1960年，美国80%的农场有拖拉机，而在1930年这一比例是16.8%。

拖拉机本身就是农业劳动需求减少的一大原因。据农业部估计，1960年用于野外作业和饲养家畜的拖拉机节约了34亿个工时，相当于174万农场工人一年的工作量。[21] 那时的农业与巅峰时期相比，已经净减少了570万个工作岗位。虽然目前还无法得知1960年汽车和卡车节省的劳动力估值，但在1944年，汽车和卡车在交通运输方面节约了超过15亿个工时，在照管马匹和骡子方面也节约了11亿个工时。[22] 与此同时，农村的电气化也让劳动者们从手工挤奶这类无聊的工作中解脱了出来。随着电动水泵的到来，灌溉也不那么费力了。与机动车一样，电气化也在某些领域几乎完全消除了对工人的要求："到了20世纪20年代中期，当地的坎贝尔冰激凌和牛奶公司采用了管道连接的电动处理设备。人们再也不需要直接处理牛奶或将牛奶暴露在空气中，而是用水泵将牛奶通过管道从一个阶段送到下一个阶段。机器将牛奶和奶油分离，加热原奶以进行巴氏杀菌，将其混合均匀，冷却至接近结冰的状态，然后装瓶。"[23]

与此同时在采矿行业，装煤这种繁重的体力劳动从20世纪20年代开始由电动车完成，当时这项劳动被人们称为"如今在我们这一行业最普遍的苦差事"。[24] 仅仅10年后，煤矿中的机械装载量就扩大了20倍。金属矿也开始使用机械装卸设备。据报道，20世纪30年代早期密歇根州的铜矿开始"用机械装载机和铲运机大规模取代铁锹"。[25] 正如矿井和工厂中的重体力劳动逐渐由电动机器完成，田地里繁重的劳动也由发动机来完成，工人们慢慢都到有空调的办公室中去工作了。如表1所示，1940年后，农业领域流失的劳动者主要转向了办公室工作。[26] 这在很大程度上得益于办公机器的普及。打字机、加法机和计算器的大量使用所节省的时间当然很可观，离开了这些机器，许多任务就会耗时又费力，大规模执行这些任务从经济角度来看是不可行的。如果办公机器没有出现，许多由机器完成的任务也许就不可能完成。正如哈里·杰罗姆所写的那样，"如果信件全部需要手写，计算任务全部需要由耗时费力又昂贵的人力来完成，那么被认为必要和经济的通信和计算的数量就会显著减少"。[27]

换句话说，机器将劳动者从最危险和最费力的任务中解脱出来，又在电气化工厂和有空调的办公室中创造出令人愉悦的新工作。经济学家罗伯特·戈登（Robert Gordon）曾计算过，从事具有体力上的挑战性和危险性的劳动者比例从1870年的63.1%下降到了1970年的9.0%。[28] 当然，这种估算无可避免地低估了令人不愉快的工作的消亡，因为许多这类工作的内容变得更好了。正如戈登所说的那样："你只需比较一下〔就能体会〕，1870年的农民跟在马匹或骡子后面推着犁，忍受着炎热、雨水和昆虫。2009年的农民则坐在巨大的约翰·迪尔牌拖拉机装有空调的驾驶室中，使用固定屏幕或便携式平板电脑阅读农业报告、了解作物价格，用全球定位系统导航，用计算机来优化种子的投放和间距。"[29]

更多的工作，更高的报酬

技术不仅降低了工作的危险程度和体力要求，也带来了报酬更高的工作。在 1870—1980 年，时薪和劳动生产率保持同步增长（图 9）。当然在技术之外，也有其他因素影响着工资。尽管本书主要关注生活水平的长期趋势而非短期波动，但一些可称得上很重要的变量仍值得讨论。20 世纪初人们的实际工资迅速增长，部分原因在于 20 世纪一二十年代福利资本主义的兴起：由于企业希望留住员工，因此福利资本主义提高了他们的工资。随着越来越多资本被投入到机器上，操作机器的技能自然越来越有价值。在福特汽车公司，许多员工跳槽去找更好的工作，公司频繁训练新工人，这一项成本促使公司采取行动。为了留住员工，福特公司开始实施一天 5 美元的工资制度，有效

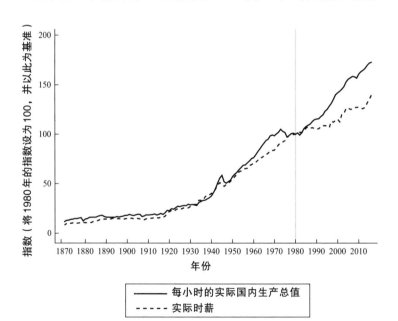

图 9　1870—2015 年，每小时的实际国内生产总值和生产工人的实际时薪

来源：见本书附录。

地使员工工资翻了一倍。由于福特公司生产的汽车占美国产量的近一半，因此将工资增加至每天5美元被视为"薪资史上最重大的事件"。[30] 除了涨工资，福特也为员工制订了一项新的福利计划，宝洁、通用电气和固特异轮胎公司等企业很快效仿，制订了类似的计划，通过更好的工资、医疗服务和抚恤金计划等，将生产率增长的收益回馈给员工。1917年，劳动统计局在调查了431家公司后发现，几乎所有的公司都有某种形式的福利资本主义计划。[31]

但是，那种所谓的企业利他主义更准确地说应该是企业家长作风。那些福利计划很少是无条件的。比如福特汽车公司成立了一个社会学部门，为员工提供改善生活方式的建议。这个部门的职员会去员工家里视察清洁状况，确保工人们已婚，这些都是公司的要求。公司来访的时候，员工们请年轻的业余女演员来扮演有爱的妻子的情况并不少见。[32] 然而，福利资本主义让工人们对雇主必须提供点什么多少产生了一些期待。正如路易斯·哈茨（Louis Hertz）在《美国的自由主义传统》（*The Liberal Tradition in America*）中所指出的那样，杰斐逊式的个人主义、小政府和强大的财产权等观念深深植根于美国文化中。[33]

福利资本主义很可能为历史学家杰斐逊·考伊（Jefferson Cowie）提出的美国政治史的"伟大的例外"铺平了道路，后者就是由罗斯福新政创造的"集体经济权利"的时代。新政的法律显然极大地改变了劳资双方的权力平衡。[34] 1935年的《全国劳动关系法》（National Labor Relations Act，"瓦格纳法"）保障了员工们组织和加入工会以及集体商讨以保障更好的工作环境的权利。它同时也提供了一些解决争端的机制，例如成立了国家劳动关系委员会，在雇员和雇主之间展开调停工作。另一些法律则直接以补偿为目标。1933 年和 1935 年的《全国工业复兴法》（The National Industrial Recovery Act）授权总统制定有限的公平竞争准则，包括设定最低工资标准。1938 年的《公平劳动标准法》（Fair Labor Standards Act）为许多美国人带来了每周 40 小时工作制，强制雇主向工人支付加班工资。

　　福利资本主义和新政的法律的确影响了补偿。但不用说，这些变量无法解释一个世纪以来实际工资的发展轨迹。从长远来看，工会力量的加强当然影响了工资。[35] 事实上大多数研究表明，直到 21 世纪头十年，加入工会的工人的工资才比没加入工会的工人工资更高，虽然那时工会已经在衰落。工会在提高其成员的工资和加强他们的政治话语权方面明显发挥了作用。但说到底，工会的议价能力还是取决于它们所代表的工人的技能和知识的价值。电话接线员的例子就生动地阐明了这一点。1968 年的接线员罢工实际上没有产生什么影响，因为自动化系统照常运行着。除了"自动化使得罢工后的电话系统照常运行"的新闻标题，几乎没有人注意到罢工。民众们试着给分布在美国各地的亲朋好友打电话，多数时候自己也能打通。正如当时的一个观察家所说，"如果罢工发生在十多年前的美国，我们很难甚至通常不可能打通长途电话"。[36] 相比之下，有了自动化，少数管理人员就能取代 160,440 名罢工者。自动化系统操作简单，这意味着其他员工在接手接线员的工作时几乎没有技术困难。当工会成员的技能变得多余，工会就会因缺乏议价能力而没法发挥明显的作用。这时候它最多只能为它的成员协商退出协议。比如，在实施集装箱运输之后，码头工人们眼看着自己的技能变得多余，码头工人工会最多也只能为那些因机器而失业的工人争取到经济补偿和再培训的机会。随着码头工人这种职业的消亡，工会的影响力自然更弱了。

总的来说，我们似乎可以得出肯定结论的是，《全国劳动关系法》实施后工会力量有所加强，这可以在一定程度上解释为何工人的实际工资比1930年前相对更高。但即使在19世纪末纺织联合会势力很弱的时候，纺织工人的工资也在稳步增长。[37]正如我们已经知道的那样，不管人们是否加入工会，从长期来看只有在工人的生产率继续提高的情况下，工资才会上涨。图9展示了在20世纪70年代前，时薪和工人的产出是如何一起增长的。与英国的情况相似，美国的这种模式也是在缺乏有组织的劳动力、缺乏明显的政府干预的情况下出现的。人们的工资上升趋势使得如下观点变得更有分量：在20世纪前四分之三的时间里，变革大多发生在使能技术领域。正如戈登所说的：

在1940年以前，尤其是在1920—1940年，实际工资迅速增长，这也许在一定程度上得益于大规模移民的结束和新政中出台的法律对工会的鼓励。不过归根到底，实际工资的增长还是要归功于技术变革。这其中有一部分是结构上的：通过拉、推、搬、抬，新机器将普通劳动者变成了虽然工作内容单调反复却有着专业技能的操作员，也把普通劳动者变成了规划机器的布局、培训新员工、维护机器的监管者、工程师、修理工。企业开始提高工资以减少离职，因为如果一个熟练工人辞职，接管他的工作的人不能跟上原先的进度，流水线就可能会变慢。工作本质的大部分转变是由汽车行业和流水线生产方式的兴起所造成的。19世纪70年代地狱般的钢铁厂和20世纪20年代福特和通用汽车公司流畅的流水线的对比完美阐释了这一转变。[38]

如上所述，第二次工业革命为工人创造了大量新工作。这个世纪的通用技术促进了生产率和就业的增长，也减少了失业。[39] 技术给农业这类生产率较低的行业注入了动力，因此更多人能够从事生产率更高且收入更高的工作，这种情况提高了人们的挣钱能力。电气工业的发展完美展现了发明家们的智慧、企业的创业精神和美国劳动力的流动性。就像汽车业在1940年取代铁路成为美国最大的行业一样，电气行业也成了一个巨大的产业。它和它的配套行业一起为数百万美国人提供了支持。电器大量涌入美国家庭，减轻了主妇们的许多负担。由于批量生产，美国出现了很多以前无法想象的工作和行业。1905年一份对新产业的调查指出，所有电气企业的工资都很高，这也就解释了为什么一次严重的罢工事故都没有发生。那时电气行业的规模相对来说仍然很小，只为大约4.6万人提供了工作。[40] 但在后来的几十年中，随着电话、收音机、洗衣机、冰箱、电熨斗等产品的批量生产，美国消费者的需求日渐增长，满足需求所需的操作工人自然越来越多。

传统行业让位给了新兴行业。比如，纺织业的就业达到顶峰约一个世纪后，汽车行业就业达到了顶峰。然而，由于批量生产让越来越多人有机会接触到许多消费品，因此传统行业也在继续扩张。[41] 最重要的是，这些行业的工人们也可以从那些能提高他们收入的生产技术中获益。劳动统计局通过几个独立的案例研究发现，新机器的引进创造了新任务和薪酬更高的新工作。[42] 这些行业的增长是人们能够获得的最好的失业保险。当有了大量的半技术性工作时，失业的蓝领工人就有了更多选择。技术的确导致了一些职业的消亡，比如灯夫、电梯操作员、洗衣工等，但相对于新出现的由机器辅助的职业，这些消失的职业需要的劳动力要少得多。

如上所述，当然有数百万农场工作消失了。这些农场劳动者怎么样了呢？1967年经济学家理查德·戴（Richard Day）发表了一篇有影响力的论文，文章指出农业生产中省力技术的爆炸式发展迫使劳动者们离开农村。[43] 人们长期以来都信奉这一观点。1971年，艾奥瓦州的农业专栏作家奥塔姆·D. 韦尔林（Otha D. Wearin）写道："动力机械的产能极大减少了农场的人口。随着拥有机械动力的生产者们把手伸向越来越多的土地——这证明了他们投资的正确性——有人的生产单元逐渐减少，距离也越来越远。乡村的教堂、学校、社会机构和小村镇都变得处境艰难。实际上，其中的许多已经完全消失了。"[44]

汽车增强了人们的流动性，部分抵消了乡村机构和居民区数量减少带来的影响。但毫无疑问，一些乡村居民区正面临着困难。不过，农业机械化基本不是这一现象的成因。我们现在知道，戴在很大程度上夸大了机械化在棉花收割中发挥的作用，他宣称1957年密西西比河三角洲的棉花收割完全是由机器完成的，但实际上机器收割只占了17%。最近的一项关于棉花收割机的研究表明，手工摘棉的下降有79%的原因是别处的工资上涨更快。[45] 劳动者们不是被赶出了农场，而是被城市中薪酬更高的工作拉走的。实际上，农业机械化在很大程度上是廉价劳动力离开乡村的结果（而非原因）。经济学家理查德·霍恩贝克（Richard Hornbeck）和苏雷什·奈杜（Suresh Naidu）证明了，乡村地区的劳动力外流促进了农民在机械化方面的投资。[46]

乡村电气化、拖拉机、卡车和汽车都降低了农场的劳动力需求。正如历史学家韦恩·D. 拉斯穆森（Wayne D. Rasmussen）所写的那样："有了电，农民能使用各种有用的设备，不仅包括电灯，还包括挤奶器、饲料研磨机和泵。然而，战争以及随之而来的劳动力短缺、农产品价格高昂和对这些产品的巨大需求才使得几乎所有美国农民转而使用拖拉机和其他相关机器。"[47] 同时他也认为，大部分美国人有了薪酬更高的工作后就不想从事农场工作了，而是把它们留给了移民或机器："加利福尼亚州大部分番茄采摘任务是由墨西哥劳动者完成的，他们是通过美墨季节工人计划来到美国的。当1964年这一计划终结的时候，种植者们报告说他们不可能雇佣美国人来做这份工作。一些劳工领袖反对这一观点，但在成功实施机械化收割后，这类争论便结束了。"[48]

就算工人们被迫离开农场，也很少是因为技术。像1927年密西西比河大洪水这样的自然灾害促使人们去城市寻找更稳定的工作，这种情况促使农民选择机械化。20世纪30年代的沙尘暴是另一种环境灾难，危害了大平原地区许多农民的生计，他们除了离开别无选择。[49] 毫无疑问，随着乡村工作机会的流失，尤其是在大萧条时期，一些农场劳动者处境艰难。不过总的来说，农场劳动者们是被批量生产提供的工作机会吸引到城市的。从南部乡村到芝加哥和底特律这样的工业城市的大迁徙（The Great Migration）是美国经济史上的一个标志性事件。在第一次世界大战的刺激下，制造业的人员需求增加了，来自欧洲的移民潮也中断了，这促使许多人离开农场去工厂工作。[50] 这反过来又促进了农场机械化。正如1919年在艾奥瓦州的农业部门工作的艾芬豪·惠特（Ivanhoe Whitted）向《纽约时报》解释的那样："艾奥瓦州的农民转而使用拖拉机，因为拖拉机有助于解决恼人的农业劳动力问题。"他指出，在40年前几乎没有大城市，乡村的劳动力充足又便宜。由于制造业的缘故，大城市的兴起牺牲了农村地区的利益，没有为农村留下多余的劳动力。他还补充道，拖拉机"节约了时间"。[51]然而，只有在廉价劳动力枯竭后，人们才有动力去使用拖拉机。

第二次工业革命期间的烟囱城市在近一个世纪里为美国的经济增长提供动力，源源不断地给半技术性的工人提供更稳定、工资更高的工作。也许最能证明人们被城市所吸引的证据就是1879年后人们并未抵抗农业机械化。如上所述，在第二次工业革命前，对农业机械化可能造成失业的担忧引发了一些动乱，但在后来，反对农业机器的声音基本消失了。

在批量生产的时代，劳动力市场不断变化，但绝大部分工人都有望成功。随着生产率的提高，人们的工资也提高了。事实上，当1957年尼古拉斯·卡尔多提出著名的关于增长的6个"典型化"事实（"stylized" facts）时，他从根本上总结了经济学家们从20世纪经济的稳定增长中学到的东西，并认为从长期来看，劳动和资本在国民收入中所占的份额大致保持不变。[52]

平等的受益

美国在变得更富有的同时，也变得更平等了。20世纪初的增长之所以特别，不仅因为它的速度之快，更因为它的惠及范围之广。1900—1970年被正确地认为是有史以来"最伟大的平衡时期"。[53]几乎每个人的收入都在上涨，低收入群体收入增长更快。随着美国中下层成了经济进步的主要受益者，收入分配中的不平等现象发生了逆转。与其他所有工业化国家一样，人们眼见着美国上层阶级积累的财富占比下降了。工业革命期间的经济学家们（比如托马斯·马尔萨斯、大卫·李嘉图和卡尔·马克思）爱好末日般的经济预言，与他们不同的是，生活在第二次工业革命后的经济学家大体都很乐观，甚至有些乐观过头。无论如何，工业家依靠工人的苦难攫取财富的想法显然已经过时。20世纪50年代，罗伯特·索洛提出了平衡增长路径的模型，在这个模型中，每一个社会群体都能从进步中获得相等的收益。尼古拉斯·卡尔多提出了关于经济增长的典型化事实，它们表明尽管机械化发展迅速，但劳动者的收入占国民收入的份额基本保持在三分之二不变。西蒙·库兹涅茨提出了非常乐观的经济进步理论，认为不管在经济政策上如何选择，不平等都会自动减少。[54] 他们的乐观态度在当时看来似乎很有道理。熊彼特型增长确实让美国更富有也更平等了。

　　然而遗憾的是，20世纪的经济学家和工业革命时的末日经济学家们一样，也喜欢提出一些适用于任何时间和地点的资本主义发展路径的经济学铁律，尽管这种想法的吸引力也不难理解。库兹涅茨的理论直观明了，在半个世纪里影响了经济学家们对不平等的看法。这一理论预计在工业化早期，从农业向收入更高、不平等更严重的制造业转移会加剧早期的不平等。但随着制造业从业者所占份额的增加，更大比例的人口能够从增长中受益，不平等最终会降低。换句话说，技术进步不可避免地会有一个加剧不平等的阶段，但所有经济体为了共享进步带来的繁荣，必须等待这个循环完成。在1954年的底特律，库兹涅茨在自己担任主席的美国经济学会的年会上带来了令人振奋的消息，在会议上他首次概述了自己的经济理论的主要观点，这些观点很快形成了著名的库兹涅茨曲线理论（Kuznets curve）。

　　美国的增长真的如库兹涅茨曲线所展示的那样加剧了不平等吗？幸运的是我们可以对他的假设进行实证探讨。和工业革命时代的经济学家不同，库兹涅茨的理论是建立在强大的统计学分析之上的，这在该领域尚属首次。库兹涅茨使用新收集的数据得出，在1913—1948年间，收入最高的前十分之一的人口每年的收入在国民收入中所占的份额下降了近十个百分点。[55] 因此他证明了，在工业化后期收入不平等的情况已经减少了。经济史学家们的后续分析也追踪了整个19世纪的不平等模式，因此我们能够检验工业化初期的不平等情况是否如库兹涅茨假说所认为的那样增长了。彼得·林德特和杰弗里·威廉森关于美国经验的描述是最详细的。[56] 他们发现1775—1861年间，即美国独立战争前夕到南北战争开始时，财产和劳动力收入的不平等在加剧。这一发现清楚明了。事实上，托克维尔在19世纪30年代游历美国时发现"巨额财富相当少见"。[57] 至少和旧世界相比，美国似乎仍代表着一种由独立且平等的农民构成的杰斐逊式的理想国度。但托克维尔也认为这一理想情况正逐渐消失："制造业贵族正在我们眼皮底下逐渐壮大……民主的同盟们应该紧盯着这个方向：因为有一个可以使美国永远不平等的状况……可以预料，他们马上将使它变为现实。"[58]

内战结束时，工业"贵族"的崛起变得更加明显了。马克·吐温和查尔斯·杜德利·华纳（Charles Dudley Warner）在1873年的小说《镀金时代》（*The Gilded Age*）中讽刺新的工业化美国进入了镀金时代。[59] 此时，第二次工业革命的那些产业还没有出现，但钢铁、蒸汽、铁路等已经创造了前所未有的财富。美国似乎正在转变为一个旧世界国家，与杰斐逊的理想背道而驰，因新兴工业精英的兴起而变得堕落。富有的工业家和金融家们，比如约翰·D. 洛克菲勒（John D. Rockefeller）、安德鲁·卡内基（Andrew Carnegie）、J. P. 摩根（J. P. Morgan）和科尼利尔斯·范德比尔特（Cornelius Vanderbilt）经常被贴上强盗贵族的标签。1859年，记者亨利·J. 雷蒙德（Henry J. Raymond）把范德比尔特比作中世纪的贵族，说他"就像德国的那些旧贵族，从他们位于莱茵河沿岸的巢穴扑向这条河上的商业贸易，从每个经过的乘客口袋里榨取收益"。[60] 可以肯定的是，人们很难理解那些商业巨头的规模。举例来说，1893年联邦政府的收入为3.86亿美元，宾夕法尼亚铁路公司一家就挣了1.35亿美元。合并后的铁路运行规模大大超过了美国政府的运行规模——当然，按现代标准来看，美国政府的运行规模很小。美国所有铁路公司的总收入超过了10亿美元，他们的合并债务达到近50亿美元，这几乎是国债的5倍。[61]

长期以来，商业史学家都在争论"强盗贵族"这类描述在多大程度上是恰当的。但当时的人们很少把美国实业家们的财富本身作为首要关注点，他们主要关注这些财富的获取方式。不用说，积累财富的方式很重要。人们认为，那些通过创造就业机会、带来舒适和繁荣，从而成功获取财富的人同时也被视为造福公众的人。相较而言，一个人如果通过扼杀竞争、欺骗同胞以及从腐败政府中获利，人们将把他视作公共恶人。但不管以何种方式获得财富，强盗贵族们肯定在国民收入的迅速增长中占很大一部分，成为收入前1%的一员。但是，认为收入不平等的加剧完全是资本的结果的观点是有误导性的。

经济学家们倾向于使用基尼系数来衡量跨越时间和空间的不平等水平，其优点之一在于解释起来简单明了。如果一个国家的每个公民收入相等，那么基尼系数为0。如果某一个人获得了所有的收入，那么基尼系数为1。正如林德特和威廉森所指出的那样，因为财产所有权通常更集中，所以财产所得的基尼系数自然更高，但劳动收入的不平等加剧得更快：1774—1870年，美国的财产基尼系数从0.703上涨到了0.808，收入基尼系数在1774—1860年则从0.370上升到0.454。[62] 这种情况的很大一部分原因在于蓝领工人们被取代，这造成中等收入工作岗位流失，从而加剧了收入的不平等。[63] 此外，正如库兹涅茨推测的那样，美国劳动者们从低收入的农业工作转到城市中的高收入制造业工作，这也加剧了不平等。1800—1860年，对美国北方和南方的男性劳动者而言，城乡的工资差距都在扩大。由于从1870年到第一次世界大战之间，美国的城镇化进程加快了，第二次工业革命又催生出新的行业，提高了技能要求，因此在其他条件相同的情况下，整体的不平等无疑也加快了。因此让人有些惊讶的是，尽管在1870—1929年，前1%人口的财富份额从9.8%急剧上升到了17.8%，但不平等程度（以整体基尼系数衡量）始终保持在0.5左右，甚至有所下降。[64]

　　不平等程度的下降是工业化达到中间阶段的结果吗？从内战到一战期间的美国不平等情况的发展轨迹虽然并没有推翻库兹涅茨的假设，但确实表明有其他因素在起作用。1870—1913年，私有财富相对于总体个人收入来说是迅速上升的，这一现象佐证了认为资本在影响美国收入分配的过程中发挥了更大作用并使得最高收入群体继续增长的观点。1918年美国有31.8万家公司，其中体量最大的5%获得了净收入总额的79.6%。因此，库兹涅茨在美国经济学会上发表讲话35年前，时任学会主席的欧文·费雪（Irving Fisher）在年会上描绘了一幅完全不同的景象。费雪在1919年发表主席讲话，认为当时的美国遇到了最严峻的挑战——不平等。他认为不平等给美国的资本主义和民主的基础带来了威胁："无论我们如何评价各种类型的理论社会主义，以及在我看来，无论我们多么赞成且应当发展某种形式的社会化工业，事实就是社会主义集团的真正力量来自阶级对立……从表面来看，如果我们在工业上有更多的民主，也就是说如果工人们和公众认为他们对整个巨大产业拥有部分所有权和管理权，前面提及的所有弊端便都能减少。"[65]

鉴于费雪等人的担忧，我们不难理解为什么库兹涅茨曲线如此受欢迎。它似乎表明，如果任由资本主义自由地发展，就没有必要进行人工再分配，曲线的趋势会自然发生。会是这样吗？正如卡尔多关于增长的典型化事实理论最近受到了质疑一样，库兹涅茨的观点似乎也难以解释美国在1980年以后的经历。不仅劳动力占收入的份额持续下降，收入差距也随即上升（第四部分将对此进行详述）。不平等日益加剧的情况再次出现，这似乎很难与库兹涅茨曲线保持一致。经济学家托马斯·皮凯蒂（Thomas Piketty）有力地总结了这一点。[66]

根据皮凯蒂的看法，库兹涅茨观察到的是历史上的一个统计异常的时期。他认为在资本主义的正常状态下，如果财富分配高度不平等，财富带来收益的速度会超过整体经济增长的速度，进而导致财富与收入之比升高，收入不平等现象加剧。在皮凯蒂的世界里，资本主义内部没有缓解不平等的力量。然而，宏观经济或政治冲击时不时会打乱正常的平衡状态。两次世界大战和大萧条摧毁了富人们的财富。大平衡则是暴力、经济崩溃和极端的政治变革的结果，并不是库兹涅茨描绘的平和的结构调整过程的结果。历史学家沃尔特·沙伊德尔（Walter Scheidel）甚至认为，从石器时代至今，通过大规模暴力和毁灭性的灾难（如战争、革命、政权瓦解或瘟疫）来毁灭富人的财富，是人类仅有的平衡经济的手段。[67]

　　毫无疑问，20世纪的暴力冲突对美国的冲击比对欧洲的冲击小得多。然而美国人的财富也受到了冲击。美国的私人财富与国民收入之比从1930年的近5倍下降到了1970年的不到3.5倍，当然，这主要归咎于大萧条。随着华尔街遭受大萧条的冲击，人们的最高收入自然也下降了：大萧条之后，金融行业从业者的收入锐减，这几乎正好对应了收入最高的1%的份额的下降。[68] 不过，这并不意味着政府制定的政策就不重要了。事实上，赫伯特·胡佛当局将最高所得税率降低到了25%，1933年罗斯福当政时期又将它上调至最高63%，随后它继续攀升，最终在1944年达到了骇人的94%。[69] 然而，在对税收和财富转移进行调整之前和之后，不平等程度都有所下降。尽管暴力、经济衰退以及旨在遏制资本影响力的政策都能解释最高收入的下降，但这种平衡并不集中在顶层。由于大多数美国人的收入来自劳动而非资本，因此在剩余99%的人群尤其是在收入分配中下层群体中，宏观经济或政治冲击对收入不平等本该产生的减缓作用更不明显。

　　显然，一些短期事件有可能影响了美国人的工资平衡，但它们并不是全部原因。1933年，政府首次实行国家最低工资制，使得在分配中收入较低的阶层缩小了。然而，正如林德特和威廉森所展示的那样，大平衡并不限于低收入群体：几乎在所有职业薪酬标准中，普遍存在着压缩的情况。此外，譬如收紧移民政策这一类政府干预措施提供了另一种可能的解释。因为移民通常是非技术型工人，他们的涌入会影响更广泛的劳动力增长。限制移民数额导致美国非技术型工人的工资上涨，这似乎说得通。实际上，人口增长的放缓也可能已经使得工资结构变得扁平化。然而，在大西洋对岸的欧洲国家同样出现了工资差距缩小的情况，这说明除了国家干预还有其他因素在起作用。欧洲同样出现了工资结构扁平化现象，这一事实否定了"这一现象为美国特有"的解释。例如，1942年国家战时劳工委员会承担了批准美国人一切工资变化的责任。1945年委员会被解散，但之后收入差距保持稳定，这表明工资设定政策的影响力是有限的。[70]

正如库兹涅茨曲线完美匹配了当时的情况，皮凯蒂对不平等的解释似乎也触及了时代精神。库兹涅茨曲线成了一种强有力的政治武器，它表明美国在资本主义制度下可以忠于杰斐逊式理想。实际情况似乎确实如此。随着机械化提高了生产率，普通人的工资也在上涨，同时美国也正在成为更平等的国家。相比之下，皮凯蒂理论的流行也反映了1980年后的情况。大部分美国人都同意，不平等程度已经令人无法容忍，许多人理所当然地感到他们已脱离了资本主义事业：时薪的发展轨迹已经与生产率的增长脱节了（见图9）。

关于资本主义发展的宏大理论不太可能在任何时间和地点都适用，其中一个原因和工人的议价能力相关。如上所述，新经济政策实施后工会获得了更多政治力量。正如经济学家亨利·法伯（Henry Farber）及其同事表明的那样，工会密度越高，工资不平等程度就越低。[71]另一个原因是技术起作用的方式很神秘。有时候，技术进步意味着工人被取代，这会对工资施加下行压力，进而提高国民收入流向资本的份额。另一些时候，技术则对工人有利。技术进步和收入分配之间的关系不是单一不变的：一些技术可能加剧不平等，另一些则会降低不平等。这取决于技术变革属于哪个层次——取代型还是使能型。它也取决于拥有特定技能的工人的供给能否跟上需求。

　　归根到底，大多数人收入的主要来源不是物质资本或金融资本，而是人力资本。工人的技能就是他们的财富，他们依靠人力资本为生。我们不难看出人力资本是如何影响收入分配的：实证研究表明，工人收入差异的77%源于个体特征。[72]我们将在第十章看到，教育和培训的缺乏甚至会将社会的某个群体整个排除在增长引擎之外。

　　现有的证据大都表明，在1870—1970年间技术变革主要以技能为导向。在它的推动下，熟练技术工人的工资相对于非技术工人的工资有所提高。然而，如果技术使得对熟练技术工人的需求提高了，那为什么工资不平等程度没有跟着加深呢？扬·丁伯根提出了一种概念化模型，把不平等比作技术和教育之间的竞赛，这项工作开创性地解释了大平衡现象。[73]来自哈佛大学的两位经济学家克劳迪娅·戈尔丁（Claudia Goldin）和劳伦斯·卡茨的实证研究表明，丁伯根的观点直到20世纪70年代都很好地揭示了美国人工资不平等的模式。[74]事实上，就算技术进步对熟练的技术工人有利，其结果也不一定是工资不平等的日益加剧。人力资本的回报既取决于需求也取决于供给。只要技术工人的供给能够满足需求，他们和非技术性工人的工资差距就不会拉大。尽管达到大平衡的部分条件是一些短期事件和政府干预，但在美国长期的平等主义观念背后有一种力量，这种最普遍的（也是有着最完整的记载的）力量其实是美国劳动力的高技能化，它压低了技能溢价。[75]使能技术的变革和教育范围的扩大是导致工资水平互相接近的主要力量。从1915—1960年，相对技能供给的年增长比需求的年增长快了约1%，这导致工资差异被进一步压缩。这一模式与20世纪80年代后期形成鲜明对比，那时候技能的需求增长超过了供给。[76]

虽然市场力量部分地满足了技能需求，但技能供应在很大程度上也取决于教育政策和新制度的建立，这些制度增加了人们受教育和培训的机会。有一项制度发明对广泛分享技术发明带来的福利尤为重要，它就是公立学校教育。1910—1940年通常被认为是美国教育史上的高中运动时期。1910年，只有9%的美国年轻人拿到高中文凭，1935年这一比例升至40%。1900—1970年，美国人受教育年限的增长70%以上要归功于中学入学率的提高。一些地方比其他地方更快推行公立教育。这些先行者通常有着更稳定的社区、同质程度更高的种族和宗教、更平等的收入以及更高的财富水平。因此简而言之，社会资本和金融资本帮助促进了人力资本的积累。[77]

需求是高中运动发生的一个明显的原因。在第二次工业革命时期，教育是父母能为他们的孩子做的最好的投资。在1890—1920年，白领工作通常要求高中文凭，其工资是那些没有高中文凭的工作的两倍。很快，高中不仅成了就业训练营，更是人生训练营。直到1870年，大部分美国人仍从事农业工作，那些制造业从业者则在工业革命的典型行业（比如棉花、丝绸以及羊毛纺织业）工作，这些工作基本都不需要正规培训：只有10%的美国劳动者受雇于那些需要小学教育水平以上的工作。从长期来看，受教育仍是童工的一项机会成本。到了世纪之交时，男孩和成年女性的工资通常只有成年男性的一半。尽管大多数州推行强制义务教育，但由于工业依赖廉价劳动力，因此仍有一些州抵触义务教育。尤其是在童工存在时间更长的南方各州，不平等代代相传，只有相对富裕的家庭负担得起孩子的入学费用。

第二次工业革命的一个优点在于，它提高了对人们工作技能的要求，进而降低了受教育的机会成本。1900年，整个国家受雇于汽车行业的女性只有4人，男孩只有6人。对那些希望孩子摆脱辛苦的农业劳动的美国人来说，高中文凭是高薪工作的敲门砖，并已逐渐成为大部分工作的必备条件。簿记员、办事员和经理等办公室员工发现自己的收入能够补偿受教育的费用。在蓝领工人中，受过高中教育的相对少见，但那些继续上学的人绝大部分都找到了与第二次工业革命有关的工作。他们成了电工、汽车机械师、电力工程师、机床工人等。1902年约翰·迪尔拖拉机公司的一位经理明确表示他不会"让男孩们进办公室，除非他们至少从高中毕业……如果可能的话，我们希望工厂里的男孩们都能接受高中教育"。[78] 1920年以前，整整四分之一的劳动者从事的职业至少要求高中学历。通用电气公司等一批领先的科技公司甚至要求它们的学徒上几年高中。此后对技能的需求只会不断增加。比如，石油行业在战后对生产和管理类工人受教育程度的要求不断提高。1948年，一家精炼厂的管理层将高中教育作为一项全面的工作要求。1953年，生产岗位的应聘者们发现自己要接受就业前测试。这项测试旨在测定"个人的记忆、集中精力、观察和遵循指令的能力"。它也会测试高中二年级水平以上的数学知识，包括代数和几何。[79]

　　另一项对航空业自动预订系统的调查同样表明，随着技术的进步，对更复杂技能的需求也在提高。1957年，美国航空交通量上升至5000万人次，意味着它在10年间增长了超过300%。人工方式成了航空公司提高航班预订能力的关键瓶颈。新系统极大改变了工作内容和培训需求：

　　　　安装设备时，培训教员的课程也就开始了……航空公司延长了这种灌输式培训，将培训期从5—7天延长到8—10天。在经过一星期的在岗培训后，在上司的监督下，员工随即还要接受额外的26—33个小时的高级课堂指导……为了维护新系统，他们设立了7个新的技术岗位。这些技术员此前是航空公司无线电车间的维修工，需要持续地与设备直接接触。相比之下，如今一名技术员独自在有空调、无噪声的控制室工作。他穿着便装，仅在预防性维护测试期间或设备出故障的时候才需要直接接触自动设备。技术员会接受系统开发者提供的专门培训，每周上一天的课，大约上6个月……随着新预订系统的出现，一个与电子数据处理研究相关的专业工作团队也建立了起来。这个团队由5名系统工程师组成。这些受过专业训练的人负责完成规划系统开发和将电子方法扩展到公司所有文书工作的任务。他们的起薪为每年7000美元。系统工程师的任职资格包括受过大学教育和拥有多种航空工作经验。有趣的是，这5名工程师中有4名拥有工商管理和社会科学的大学学位。他们在公司都有丰富多样的工作经验。[80]

与资本主义的宏大理论相比，教育和技术之间的竞赛是一项简单有力的经验观察。这绝不排除存在其他改变美国不平等轨迹的因素的可能性。随便举几个例子，宏观经济的冲击、工会、税收政策、金融部门监管都对美国的不平等程度产生了影响。即使是库兹涅茨和皮凯蒂，在他们的早期理论中都指出了一些超出他们后来理论的因素。在提出那极度乐观的理论（这一理论认为从长期来看资本主义的发展会使不平等的情况自动减少）之前，库兹涅茨明确指出经济冲击可能会发挥作用。皮凯蒂在与伊曼纽尔·塞斯（Emmanuel Saez）合作的一项早期研究中提出："有人确实可以争辩道，20世纪70年代以来的情况仅仅是以前的倒U曲线的翻版：一场新的工业革命已经发生，加剧了不平等。随着越来越多的工人受益于创新，这种不平等将在某一时刻再次下降……有种解释认为，像19世纪末（工业革命）和20世纪末（计算机革命）这样的技术革命时期比其他时期更有利于财富创造，这种解释和不平等的变化也有关系。"[81]

这一观点也得到了经济学家布兰科·米兰诺维奇（Branko Milanovic）的支持，他最近的观点指出，"库兹涅茨波浪"机制始终伴随着每一次新的技术革命。他的理论的的确确证明了，英国工业革命期间的不平等轨迹和美国在计算机革命时期的不平等轨迹有着惊人的相似。[82] 但这种理解立马导向了一个问题：为什么美国在第二次工业革命期间的不平等轨迹似乎遵循着不同的模式。原因就在于不同的经济模型适用于不同的技术革命。如前所述，技术和教育之间的竞赛很好地解释了20世纪前四分之三的时间里劳动力市场的变化趋势。然而，这些模型都只适用于使能技术主导的进步时期。这与英国工业革命时期的前70年形成了强烈的对比，因为当时技术进步主要是取代型的，许多人都无法适应技术带来的变化（第四章和第五章）。正如我们将在第九章看到的那样，在这一点上计算机革命和工业革命的经验有着更多的相似性。

结　语

工业革命没有创造中产阶级，但肯定促进了中产阶级的增长。工厂制的扩张推动了工业资本主义的崛起，工业和商业资产阶级也随之扩大。然而，工业革命的历史并不仅仅等于资本的胜利。"白领"一词在19世纪上半叶首次被公众普遍使用，这一事实表明随着工业化的加快，劳动力市场也在快速变化。19世纪中期，白领工作支撑着一个相对富裕的家庭群体，也就是中产阶级家庭。随着机械化工厂的发展，白领工人与生产工人的收入差距扩大，工资的两极化出现了。如上所述，在典型的工业化时期，机械化使得技术含量高的工匠被由工人操作的机器所取代。机械化工厂参与生产后，中等收入工匠们眼看着自己的工作消失了。随着工厂生产的商品种类越来越多，细木工匠、钟表匠、鞋匠等各行各业的工匠都关掉了他们的店铺。然而企业规模越来越大，也就需要越来越多的专业管理人员，所以1850年以后白领工作岗位增加了。有一项更为细微的图景反映了劳动力市场的中空化，这对手工匠们不利，但对中产阶级白领有利。最近收集的数据表明南北战争前美国白领工人的收入已经在稳步上升了。[83]

于是在19世纪，经理人和其他专业人员的增加壮大了中产阶级队伍，他们在不断发展的工厂中承担了一系列日益复杂的行政和管理任务。考古学的证据或许最能说明他们的社会地位和相对富裕。从马萨诸塞州的剑桥到康涅狄格州的哈特福德，当走在美国东部这些古老的制造业城镇的街道上时，你会发现19世纪晚期中产阶级生活的痕迹最为明显。中产阶级的成员"是纽约市标志性的19世纪褐砂石建筑中的第一批住户，他们也住在遍布北部各州城镇的大量意式建筑和安妮女王风格住宅中"。[84]但作为美国人口的一部分，中产阶级仍是一个小群体。职业统计数据为我们了解中产阶级家庭的占比提供了帮助。在第二次工业革命前夕的1870年，只有8%的美国劳动者被列为经理、专业人员或业主（见表1）。

虽然生产工人的工资落后了，但取代手工匠的机器无法自己运转。机器必须由人操作，他们就是聚集在新兴工业城镇的工人阶级。随着19世纪初美国经济开始工业化，城市工人阶级首次出现了。而由于制造业工作吸引了来自欧洲和美国内陆的数百万移民，这一阶级在接下来的一个世纪中有了巨大增长。工厂需要操作员，"工匠可以从头到尾制作一件产品，取代他们的工人技能水平较低，只能在机器的帮助下完成一组更小的任务"。[85] 但这并不表明操作员没有任何技能。工人必须在工作中学会操作机器。尽管早期的纺织机器主要是为童工设计的，但蒸汽动力的推广最终增加了对技术型工人的需求。我们在第五章了解到，只要技术变革是用童工取代熟练工匠，恩格斯式停顿就会持续下去。当时英国工人频繁用暴力反抗机械化工厂。但随着蒸汽动力的推广，情况发生了变化：在生产方面，成年人重新获得相对优势，他们发现日益复杂的机器增强了他们的技能。机器变得更大、更复杂，意味着它们需要越来越多的熟练工程师和机械师来设计、安装和维护。因此虽然和工资相对较低的蓝领工人相比，白领工人的工资大幅提高了，但是在19世纪下半叶，机械师、炉工和纺织工等生产工人的工资也提高了。当然，体力劳动者的后代很少能步入中产阶级行列。在19世纪末，白领中产阶级和生产工人仍生活在两个不同的世界。[86] 工人阶级的男男女女充其量只能憧憬一下中产阶级的生活方式，他们的孩子也是如此。但第二次工业革命意味着他们最终有可能过上这种生活了。

20世纪的标志性技术使生产工人过上了比19世纪初的上层阶级更好的生活。在19世纪80年代，富裕家庭开始在家中安装热水和中央供暖系统，这些在当时还是奢侈品，但很快在20世纪初普及到了工人阶级家庭中。[87]与此同时，一系列家电进入美国家庭，部分地减轻了工人阶级家庭主妇们的负担。批量生产自然而然开始以大众市场为目标，大多数人很快也能享受汽车等重要发明了。正如戈登在描述汽车革命时所说的那样，每个人都有一辆汽车：

> 凯迪拉克、林肯和克莱斯勒帝国是为那些继承了旧体制财富的人和住行政套房的人设计的。别克路霸是副总裁的象征，别克世纪则代表着新晋的中层管理人员、本地零售业主或餐馆老板。地位链条再往下游一些的是奥兹莫比尔、庞蒂亚克和无处不在的雪佛兰。多年来，雪佛兰一直是美国最畅销的汽车，新加入工会的工人阶级迫切想要购买它。在向稳定中产阶级过渡的过程中，他们有能力为位于郊区的房子配套一两辆车。[88]

美国的工人阶级不仅以消费者的身份从技术变革中获益。或许更重要的一点在于，20世纪的机械化主要是技能增强型的。少数工人因机器而失业，但他们中的大部分人也可以有其他体面的工作可选。这一点在美国蓝领工人史无前例的高工资中有所反映："随着第二次世界大战后的30年里产业工人工资的提高，越来越多的丈夫可以支撑起一个简朴的家、一辆汽车、足够的食物和衣服甚至露营度假旅行。越来越多的工人阶级家庭有足够的收入和消费能力，达到了美国广大中产阶级的较低水平。"[89]婴儿潮的出现在一定程度上反映了年轻家庭的乐观态度，它创造了对产品和服务的新需求，推动了制造业的持续扩张，催生了新的劳动密集型服务。在这一时期，一名高中毕业的年轻男性有望找到一份薪水体面的稳定工作。美国经济能够为蓝领工人提供足够的机会，让他们仅凭工资就能享受中产阶级生活。巅峰时期的中产阶级是白领工人和蓝领工人的多元混合。其结果反映在了收入分配的压缩上，也就是肯尼迪总统所说的"上涨的潮水推起了所有的船"。[90] 马克思所说的无产阶级的成员们开始步入中产阶级行列。这也解释了为何工人反抗机械化成了遥远的记忆。

　　第二次工业革命到来时，美国人对机器的反抗就结束了，这确实能说明问题。19世纪的工人偶尔会反抗机械化。但在20世纪，这种情况没有发生。技术外的因素也发挥了重要作用，虽然其重要性次于技术本身。随着19世纪20年代白人男性获得了选举权，美国民主的早期到来意味着如果人们要表达自己的意见，就不再需要诉诸暴力反抗。但即便如此，美国的劳动史仍充满了暴力。直到1879年，仍有人反对机械化。福利国家的兴起无疑使得失去工作不再那么痛苦了，但直到大萧条时期和第二次世界大战的时候，福利支出才开始上升。教育范围的扩大和在校年限的增加让年轻人能够更好地适应不断变化的劳动力市场，但那些发现自己的技能被淘汰了的人没有再回到学校。也许更重要的一点在于，工人们开始组织工会，争取更好的薪酬和工作条件。但和手工业行会不同，工会基本不抵制新技术。即使发生骚乱，人们也没有冲着机器发泄不满。虽然工人们组织了起来，成了一股日益强大的政治力量，但对机器的反抗基本不存在，就算有也很微弱。对劳动者来说，进步带来的好处似乎太大了，工会和工会成员无法抗拒。

第四部分

大逆转

自工业革命以来，人们在机械化问题上一直有分歧。机器提高了生产率和人均收入，但它们也带来了失业的威胁，使得人们的工资下降，增长的一切收益都由企业主获得……现在是机器人在威胁工作、工资和平等……在很长一段时间里，经济史的情况进展并不顺利。我们一定想知道如今我们是否处在另一段同样的时期……人们常常把卢德主义者和其他的机械化反对者描述为阻碍进步的不讲道理的人。但他们不是新机械的受益者，所以这种反对是有道理的。

——《历史教训对未来工作的启示》，罗伯特·C. 艾伦

　　毫无疑问，20世纪最伟大的成就之一就是创造了一个多样而繁荣的中产阶级。因此，美国社会有一个巨大的隐忧，即所谓的中产阶级的财富正大幅减少。前文已经说过，技术在中产阶级壮大的过程中起到了关键作用。本书第四部分将阐述技术对中产阶级的衰落的影响。如上所述，有多种因素影响了人们的工资发展轨迹，但在历史的大范围内，技术一直是主导因素。1980年以后，金融部门管制的放松和巨星补偿（superstar compensation）等重要变量无疑在不平等现象令人吃惊的加剧过程中起到了作用。但这些因素主要可以拿来解释收入前1%的人群的兴起。然而，中产阶级的衰落是更大的事件。如果中产阶级持续繁荣，那么收入顶层的人群和其他阶层拉开差距就不会那么麻烦了。尽管人们都在谈论不平等本身的加剧，但最大的悲剧在于大部分劳动者都发现由于通货膨胀，他们的收入实际上下降了。在计算机时代，富裕阶层有所扩大，但这是以中产阶级的衰落为代价的。

　　从扬·丁伯根的开创性工作开始，经济学家们一直倾向于把不平等看作技术和教育之间的竞赛。以技能为导向的技术变革意味着，与那些没有复杂技能的工人相比，新技术提高了对拥有复杂技能的工人的需求。因此，除非教育系统大量产出技术型工人的速度超过技术对这些工人的需求增长的速度，否则技术型工人和非技术型工人的不平等将进一步加剧。我们已从第八章了解到，在大平衡时期，技术工人们的供给速度超过了需求，这导致技术工人和其他工人之间的工资差距缩小了。1980年后，收入不平等突然加剧。这可能只反映了市场正在逐渐奖励具备更多技能的人，而且教育系统无法满足高技术经济中的技能要求。然而，如果经济进步只是技术和教育之间的一场竞赛，我们会预期技术工人的工资会超过其他人，但没有料到非技术工人的工资会下降。虽然不平等可能会加剧，但每个人的工资都会以不同的速度上涨。达龙·阿西默格鲁和戴维·奥托尔（David Autor）首次注意到了图10描述的那种大逆转。[1]它表明在20世纪70年代前，各种教育水平的人工资都在上涨；但在1973年的第一次石油危机后，所有美国人的工资开始下降，在之后的10年里，工资都停滞不前。在20世纪80年代，大逆转开始出现，那些最高只有高中文凭的人们工资再次下降，并在接下来30年中一直下降。如图10所示，这次下降主要发生在那些在自动化出现前就已在工厂工作的非技术男性工人群体中。

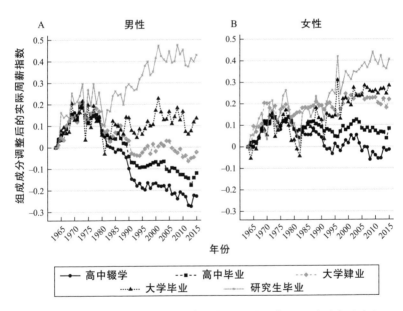

图10 1963—2015年，按受教育程度划分的全年全职劳动者的实际周薪情况

来源：D. Acemoglu and D. H. Autor, 2011, "Skills, Tasks and Technologies: Implications for Employment and Earnings", in *Handbook of Labor Economics*, ed. David Card and Orley Ashenfelter, 4:1043–171 (Amsterdam: Elsevier)。

注释：他们的分析已经扩展到了2009—2015年，使用了当前的人口调查数据和戴维·奥托尔提供的DO文件。

第九章

中产阶级的衰落

计算机时代不仅仅标志着劳动力市场的转变，也标志着经济学家们对技术进步的思考方式的转变。最近，达龙·阿西默格鲁和帕斯夸尔·雷斯特雷波认为，图10描述的工资发展趋势最好解释为使能技术和取代技术之间的竞赛。在使能技术主导的世界，"进步是技术和教育之间的竞赛"这一观点仍然成立。新技术增强了一些工人的技能，让他们能完成新任务，既提高了他们的生产率，又使他们的工资上涨了。相比之下，取代技术的作用正好相反。它们使得一些工人的技能在完成任务的过程中变得多余，给他们带来了工资下行的压力。

在20世纪60年代，管理学专家彼得·F.德鲁克（Peter F. Drucker）认为，自动化只是早已为人们所熟知的机械化的一个更时髦的说法而已，他认为这两个词都意味着机器取代手工劳动。[1] 上文讨论过，在20世纪前75年，取代技术确实让一些工人的技能变得多余了。灯夫、码头工人和电梯操作员等许多人眼看着自己的工作消失了。然而，我们必须把自动化时代与机械化时代区分开来。在德鲁克写作的时候，所有工人都看到自己的工资上涨了（图10）。事实上，在计算机普及前，机器无法自动运作，需要操作人员来维持生产线的运转。半技术性的文员和蓝领工作的爆炸式增长意味着即使对于那些发觉自己被取代了的人来说，仍然有更多样的工作选择。工厂机器和办公机器之类的使能技术提高了工人们的生产率，让他们能够挣更高的工资。在这一点上，计算机革命不是20世纪机械化革命的延续，而是对它的颠覆。计算机控制的机器恰恰淘汰了第二次工业革命创造的机器操作员这一岗位。曾经被拉进批量生产行业中从事有着体面薪水的工作的工人现在被推出去了。

计算机会做什么

亚当·斯密在《国富论》中描述过英国大头针工厂的劳动分工。他发现，第一批把一项活动细分成许多小任务的工厂能够极大地提高效率。虽然他的观察涉及工人们的劳动分工，但在自动化时代，一种新的劳动分工出现了——任务进行分工后，可以分别由人工和计算机来完成。在1946年第一台电子计算机出现前，区分人类和计算机没有意义。人类就是计算机。"计算者"（"Computer"）是一种职务，通常由专攻基础算术的女性来担任。[2]

如何在人类和机器之间进行劳动分工，关键取决于哪些任务能由计算机更高效地完成。我们将在第十二章谈到，人工智能时代来临前，计算机化在很大程度上只限于常规工作。原因很简单，在完成由程序员使用规则逻辑描述的活动时，由计算机控制的机器比人类更有优势。直到最近，只有当一项活动可以被拆解成一系列步骤，而且每一个偶然事件都有对应的特定操作，自动化在技术上才算可行。比如，一个抵押保险商可以根据明确的标准来决定是否批准抵押贷款申请。由于我们知道获得抵押贷款的"规则"，所以我们可以用计算机来取代保险商完成这个任务。[3] 但在其他情况下，我们只知道一项工作涉及的部分任务的规则。自动取款机的存在证明了一点：为了让计算机在接收存款和支付提款的过程中取代银行出纳员，我们可以轻易编写一套规则。然而，我们很难替计算机定义一套与不满的顾客进行交涉的规则。银行利用了这一点重新组织工作。柜员不再是收银员，而是关系经理，他们为客户提供关于贷款和其他理财产品的建议。因此随着资金处理的自动化，出纳员转而承担了非常规的职能。

在计算机革命前夕，像抵押保险商之类的许多工作基本上都是以规则为基础的。大多数美国人仍从事经济学家们所说的常规职业。1974年，美国的一位马克思主义者哈里·布雷弗曼（Harry Braverman）注意到了常规工作的去人性化本质，他认为自工厂制出现以来这种去人性化就开始了。他提出"资本主义生产模式最早的创新原则是制造业的劳动分工，而这种分工一直以来都以这样或那样的形式充当着产业组织的基本原则"。[4] 在这一点上，布雷弗曼只是唤起了一种旧的担忧。上文已讨论过，在19世纪30年代，彼得·盖斯凯尔和詹姆斯·凯-沙特尔沃斯爵士等非马克思主义的作者认为，重复的机器动作在很大程度上吸引了工人的注意力，对他们的道德和智力产生不利影响。布雷弗曼经历过批量生产时代，他发现美国的福特式生产加速了工作岗位的常规化。机器操作被进一步细分。工人的工作被机械运动代替了，传送带把任务交给工人。这种专门化极大地提高了美国工厂的生产率，但也使得工人们的工作变得更单调了。从这个角度来看，由于工厂自动化意味着由计算机控制的工业机器人能够消除在操作机器的过程中进行人工干预的必要性，因此它被认为是一种福祉。突然之间，许多常规工作不再需要专人照管了，它们被机器人以更高的精准度来完成。随着自动化的进步，更复杂和具有创造性的功能变得更丰富了。正如诺伯特·威纳（Norbert Wiener）宣称的那样，计算机让"人类更多地使用人力"成为可能。[5]

计算机的负面影响在于，那些被认为无须动脑的、有辱人格的、照看机器的、常规的工作雇用了大量美国中产阶级。大量研究表明，绝大多数常规工作都分布于技能和收入分配的中间层级。[6]美国中产阶级发现，由于计算机控制的机器减少了常规化事务的需求，他们的工作消失了。就在1970年，还有超过一半的美国劳动者从事蓝领或文员工作。虽然他们当中很少人能变得富有，但这些工作支撑了庞大而相对繁荣的中产阶级。也许更重要的一点在于，这些工作中的大部分都对只有高中或高中以下学历的人开放。[7]然而布雷弗曼挑战了机械化增加了对技术工人的需求这一观点。虽然基本没有数据支撑他的观点，但"工作变得越来越常规化"和"工作需要更多的技能"两者在措辞上确实矛盾。在整个20世纪出现的很多常规工作对智力要求确实不太高。然而，我们从第八章了解到，重工业机器的复杂性日益提高，办公室机器的种类不断扩大，这些的确使得对技术型操作员的需求上升了。

计算机让照管机器的工人们的技能过时了，图10描述的大逆转在很大程度上就是这种情况造成的。从一项常规任务到另一项常规任务，随着自动化的范围不断扩大，工人们在劳动力市场中面临的选择也越来越糟糕。但正如电气化和蒸汽动力的采用一样，计算机化也不是一夜之间发生的。电子计算机诞生几十年后，它对劳动力市场的影响才开始显现。威廉·诺德豪斯对计算机的性能进行了跨世纪的宏大研究，它表明第一次主要的间断大约发生在二战期间。[8] 在整个20世纪，计算的实际成本下降了1.7万亿倍，最大的进步发生在20世纪下半叶。有个时间点并不神秘：第一台可编程的全电子计算机——电子数字积分计算机（ENIAC，中文名"埃尼阿克"）于1946年问世。一年后，晶体管问世了。尽管埃尼阿克有很多优点，但它基本不适用于办公室——它包含1.8万根真空管、7万个电阻器，重达30吨。虽然它是一台通用计算机，但人们一开始制造它的目的是计算火炮发射表。如上所述，计算机是20世纪五六十年代人们自动化忧虑的主要来源。但正如今天围绕着无人驾驶汽车和人工智能的夸张描述一样，对计算机会夺走工作的担忧仅能反映它的应用初期的一些情况（第七章）。比如在1958年全国零售商协会的年会上，人们面对新的计算机和商品处理系统很激动，但几乎没有参会者愿意掏钱。计算机仍然太笨重也太昂贵，无法推广使用。[9]

尽管埃尼阿克可以被认为是计算机革命的标志性开端，但个人电脑才预示着自动化时代的到来。[10] 1982年，当《时代》杂志封面用个人电脑替代了人，宣称它是"年度机器"，此时的美国刚刚开始计算机化。《时代》认为："如今多亏了晶体管和硅片，计算机的体积和价格都大幅下降，数百万人有机会接触到它了……与价值48.7万美元的埃尼阿克相比，如今一台顶级IBM个人电脑只需约4000美元。在一些折扣店，一台基本款天美时-辛克莱1000只需77.95美元。一位计算机专家用汽车行业的发展类比道，若汽车行业像计算机行业那样发展，劳斯莱斯的价格可能是2.75美元，加1加仑汽油能跑300万英里。这一类比直观地说明了这一趋势。"[11]

　　在美国最大的500家产业公司中，只有10%的打字员被文字处理器取代。由计算机充当机械大脑的机器人在美国已经接手了一些无聊而肮脏的工作，但很少有行业实现了机器人化。1982年，在美国的工厂中运转着6300个机器人，其中57%集中在四家公司：通用汽车、福特、克莱斯勒和国际商业机器公司（IBM）。[12]然而从20世纪80年代以来，越来越多的常规任务转而由计算机控制的机器完成。随着计算机变得更小、更便宜、功能更为强大，常规工作岗位开始收缩（图11）。然而，如今

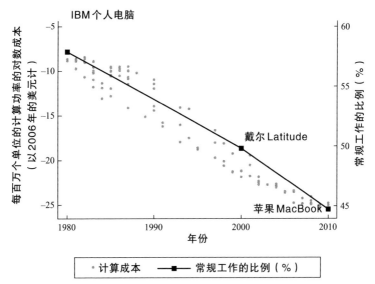

图11　1980—2010年，计算机技术成本的下降和常规工作岗位的消失
来源：C. B. Frey, T. Berger, and C. Chen, 2018, "Political Machinery: Did Robots Swing the 2016 U.S. Presidential Election?", *Oxford Review of Economic Policy* 34 (3): 418–42; W. D. Nordhaus, 2007, "Two Centuries of Productivity Growth in Computing", Journal of Economic History 67 (1): 128–59; N. Jaimovich and H. E. Siu, 2012, "Job Polarization and Jobless Recoveries" (Working Paper 18334, National Bureau of Economic Research, Cambridge, MA).
注释：本图展示了随着计算机化成本的收缩，常规工作岗位就业的收缩情况。这些点表示新的计算机技术出现的年份和成本。

我们了解到，它的后果并非是像20世纪五六十年代的人们预测的那样的普遍性技术失业。自动化取代了一些岗位的工人，但也创造了一些新工作。机器人在重复的组装工作中取代了工人，但机器也需要一些能够编写程序、重编程序和偶尔修复程序的技术人员。机器人工程师和计算机软件工程师等职业是自动化的直接结果。因此，旧的工作衰落了，新的工作被催生出来。比如，自动航班预订系统的出现"淘汰了将每笔销售都记录在销售控制图上的严格的常规任务，也将使用可视显示板表示可用飞行空间的烦琐方法淘汰掉了"。[13] 但它的另一个后果是销售功能的扩大。"'办事员'这一头衔被'销售代理'或'服务代理'所取代。专家（预订信息）和专家助理这两种岗位履行的职能升级了。"[14]

然而，若只关注个人工作的沉浮，就不可避免地会忽略掉许多工作的转变。其中的许多变化发生在一些职业的内部。比如秘书工作虽然并没有消失，但后来的秘书与20世纪70年代的秘书有很大的不同。在计算机革命之前，劳动统计局这样描述秘书工作："秘书减少雇主们的常规工作，让他们能够处理更重要的事情。虽然大部分秘书只是打字、速记、接打电话，但不同的机构在这些事务上需要花费的时间有很大差别。"[15] 当我们在21世纪头10年去看一看劳动统计局对同一份工作的描述时，就能明显体会到计算机时代的影响："随着技术在整个美国的办公室持续发展，秘书的角色有了极大的变化。办公室自动化和组织重构使秘书工作的职责范围变得更广了。此前这些职责是由管理人员和专业人员承担的。现在，许多秘书为新员工提供培训和职业规划，使用网络做研究，学习操作新的办公技术。然而，秘书的核心职责没有变——履行和协调办公室的行政活动，确保信息能被传达给员工和客户。"[16] 其他许多职位也发生了和秘书职位相似的改变。比如在20世纪70年代，美国的男男女女可以选择做银行柜员，只需要接受存款、支付提款就能挣得不错的工资。如上所述，这项工作并没有消失，但技能要求发生了很大的变化，需要不同种类的劳动者了。

对劳动者来说，计算机化显然不像埃尼阿克刚出现时一些人预测的那样令人沮丧。虽然计算机接管了越来越多的常规工作，但在其他领域，劳动者仍保持着相对优势。经济学家戴维·奥托尔提出的"波兰尼悖论"（Polanyi's paradox）可以提供一个解释。[17] 迈克尔·波兰尼（Michael Polanyi）的著名论断恰当地总结了工程师们很难解决的一个关键自动化瓶颈："我们知道的东西比我们能言说的更多。"[18]（我们将在第十二章更仔细地观察人工智能对波兰尼悖论的影响。）人类不断大量利用隐性知识，这些知识对我们来说很难表达和定义，用计算机代码也很难做出明确规定。我们可以将重复性的流水线任务与设计一辆新车、创作一首乐曲或发表一场激动人心的演讲进行对比，这种对比对理解波兰尼的观点很有帮助。我们很难定义一首好歌或一场好的演讲，因为不存在明确的规则。艺术家和其他专业创作者会不断打破规则，再重新定义。从自动化的角度来看，波兰尼的见解至关重要。因为这一见解意味着有许多任务能够依靠人类直觉来完成，但由于我们很难定义或描述它们的规则，所以它们很难自动化。对那些需要创造性思考、解决问题、进行判断和用常识来指导的活动来说，我们能做的只有默契地理解。但更重要的是，从经济的角度来看，波兰尼的观点也表明计算机是对一些人类技能的补充。计算机技术能完成诸如存储和处理信息等工作，让人类成为更高效的问题解决者、决策者和分析者。计算机化减少了在这些任务上的关键投入成本，人类使用计算机完成工作会更高效。[19] 1970年，一位来自艾奥瓦州格林内尔（一个没有法律图书馆的小镇）的律师需要开车去另一个城市做法律研究。但在计算机时代，她可以把车停在车库，将她的文字处理器连接到万律数据库（Westlaw）。这个数据库提供了判例法、各州和联邦法规以及行政法的数字化记录。事实上，多数行业的业内人士都发现计算机增强了他们的技能。我们可以看看波士顿的心脏病医生斯蒂芬·萨尔茨（Stephen Saltz）的办公室的演变：

> 2001年9月，萨尔茨医生给一位叫哈罗德的年迈男性病人做了超声心动图检查。哈罗德患有轻微心脏病，他的病情因为糖尿病而变得复杂。糖尿病会使心脏阻塞变得"沉默"，无法被标准测试检测到。20世纪70年代初，萨尔茨在波士顿的布列根医院受训，那时的超声心动机是一个像示波器一样的设备，只能提供很有限的心脏血流和瓣膜振动信息。随着时间的推移和计算机化的发展，超声心动机能够生成包括血液流动、阻塞和瓣膜渗漏等所有心脏运转方面的完整二维图像。萨尔茨通过观察图像发现，哈罗德的整个心脏前壁功能出现了问题。得知这一信息后，萨尔茨将哈罗德转介给一名外科医生，由外科医生进行搭桥手术或植入支架。这两个手术都有望增加哈罗德的生命长度，改善生活质量。计算机化的图像让萨尔茨做出了更好的诊断。[20]

随着工程师们不断扩展计算机的功能，技术进步向着越来越需要技能（比如需要解决复杂问题或创造性思考）的方向发展。这对高等教育提出了更高的要求。因为计算机已经接管了更单调乏味的任务。在1991年出版的经典书籍《国家的工作》（*The Work of Nations*）中，罗伯特·赖克（Robert Reich）调查了劳动力市场的转变，他发现可以把工作分成三大类。一个被他称为"符号分析师"（symbolic analyst）的新阶层出现了，他们正在从新经济中受益。[21] 我们发现，这些符号分析师中有经理、工程师、律师、科学家、记者、咨询师和其他知识工作者。在计算机时代，他们都成了更高效的分析师。赖克认为，除了符号分析服务工作，还存在常规工作和面对面服务的工作。上文提到，常规工作已逐渐由计算机接管，面对面服务的工作却越来越丰富了。事实上，绝大多数美国人并不在技术行业或专门的服务业工作。直接受雇于软件公司、法律事务所或生物科技初创企业的人很少。但这些岗位仍然维持着许多人的生计。虽然相比于第二次工业革命时期烟雾弥漫的工业，如今的科技公司提供的非技术性岗位更少，但许多人间接受雇于科技公司，因为这些公司的员工需要由非技术性工作者提供的许多服务。美国的符号分析师们在当地购物时，他们就在支撑造型师、酒吧招待、服务员、出租车司机和商店店员的收入。这些工作也许不会见证生物科技和软件生产的技术奇迹，"但这就是大多数美国人的工作，他们的命运与将自己的时间售卖给出售可出口商品与服务的工作者们的可持续性息息相关"。[22]

如果波兰尼悖论是实现自动化的唯一障碍，那么剩下的绝大部分工作岗位将是符号分析师了。以计算机科学家汉斯·莫拉维克（Hans Moravec）的名字命名的莫拉维克悖论（Moravec's paradox）为"为何仍有许多工作"的问题提供了第二种解释。这一悖论指出，计算机很难完成许多对人类来说很简单的任务，反过来，计算机能做很多人类认为极其困难的事情："计算机在完成智力测试或玩跳棋时，比较容易达到成人水平；但在感知和行动能力方面，计算机很难甚至不可能具备一岁孩子的技能。"[23] 一台计算机能轻松打败国际象棋世界冠军芒努斯·卡尔森（Magnus Carlsen），但它无法在比赛结束后清理棋子，将棋子归位。任何人类清洁工都能在感知能力、灵活度和移动性方面胜过由计算机控制的机器。如今的计算机在存储和处理信息等方面远超人类，但它们无法爬树、开门、清理桌上的咖啡杯或踢足球。对此有一个强有力的解释：数百万年间，我们无意识的感觉运动能力随着人类大脑不断进化，这就使得它们极难被模仿。从很小的时候起，人们就能走路、识别物体、操纵物体、理解复杂的语言。随便一个四岁小孩就能掌握这些基本能力，但让计算机掌握它们已被证明是最困难的工程问题之一。

相比于波兰尼悖论，关键差别在于很多技能由于莫拉维克悖论而难以自动化，它们并未因计算机而变得更有价值。总而言之，这些工程瓶颈的长期存在解释了为何劳动力市场会按照既有模式去发展。随着计算机让符号分析师更富有，他们将会把占自己收入更高比例的部分用在那些难以自动化的个人服务上。但常规工作的自动化意味着留给高中毕业生们的就业机会越来越少，因此一大批工人从高效的自动化行业转移到了低效的服务行业中，比如去做看门人、园丁、保姆、招待员等。[24] 遗憾的是，这就意味着数百万工人要转岗到生产率上限很低的工作中，因此他们的工资也要落后于符号分析师。即便如此，经济学家仍预计在技术发展已经停滞的领域工作的人工资会上涨，因为雇主们需支付更高的工资来避免工人们离职去寻找生产率和收入更高的工作。上文提到，在过去的30年中，没有大学文凭的人的工资一直在下降。换句话说，在他们的技能范围内可选的替代工作越来越少。2004年，麻省理工学院的两位经济学家弗兰克·利维（Frank Levy）和理查德·默南（Richard Murnane）与奥托尔一起，在其开创性著作《新劳动分工》（*The New Division of Labor*）中，最先阐述下面这种模式：

> 随着计算机引导了经济增长，两种完全不同类型的工作的数量都增加了，它们的薪资水平也完全不同。看门人、自助餐厅工人、保安等贫穷劳动者从事的工作相对重要性有所提高。然而，在经理、医生、律师、工程师、老师和技术工人等工资分配更占优势的岗位方面，就业的增长要更大。它们有三个突出的事实：工资高；需要大量技能；从事这些工作的大部分人依赖电脑提高生产率。这种职业结构的中空化（也就是清洁工和经理越来越多）深受计算机化的影响。[25]

虽然他们的研究集中在美国，但他们观察到的两极化不只是美国的现象。如图12所示，在整个工业世界，中层岗位的中空化是劳动力市场的普遍特征。在顶层和底层，技能和收入分配都是推动就业不断增长的变量，它们使得大学毕业生和高中毕业生之间的差距日益扩大。

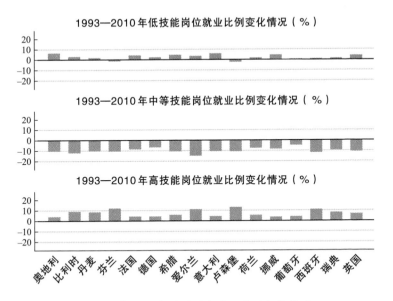

图12 1993—2010年，16个欧洲国家的工作两极化情况

来源：M. Goos, A. Manning, and A. Salomons, 2014, "Explaining Job Polarization: Routine-Biased Technological Change and Offshoring", *American Economic Review* 104 (8): 2509–26。

认知鸿沟

人们发明"中产阶级"和"工人阶级"这样的术语是为了描述工业革命带来的深远变化。但到最近，这些词越来越成问题了。奥巴马总统第一次发表国情咨文时十次提到了"中产阶级"。相比之下，他只提过一次"工人阶级"，他称呼副总统约瑟夫·拜登为"从斯克兰顿来的工人阶级小孩"。[26] 工业领域工作机会的消失意味着可被视作工人阶级的公民变得更少了。大部分受过高中教育的成年人不再去工厂工作了。没有了一个供年轻男女们进入的稳定的工人阶级群体。因此，这个词成了人们避免使用的贬义词。"中产阶级"现在则被用来指在非常富有和非常贫穷的人群之外的几乎每个人。[27]

当然，我们认为的"中产阶级"总是一个具有弹性的概念。在典型的工业化期间，它主要指工商业资产阶级。但在接下来的几个世纪里，中产阶级的范围扩大到了与工人阶级合并的程度。到了20世纪中期，焊接机操作员和其他蓝领工人的工作开始变得相对稳定且高薪。战后黄金年代工人阶级的处境与一个世纪前马克思和恩格斯所描述的大不相同，前者能够过上中产阶级生活。然而在机器人主导的世界，这些"蓝领贵族"的工作机会减少了。除了一些罕见的例外，只有受过大学教育的人才有资格成为中产阶级。赖克的符号分析师和其他人的区别在于，他们从事的所有工作几乎都需要大学学位。随着文员和蓝领工作从收入分配的中低层里消失，教育程度不超过高中的年轻人的就业前景与从高中辍学的人（而非上过大学的人）的就业前景更相似。因此，社会学家们主要用〔是否接受〕大学教育而非职业作为衡量80后的公民阶层的一个指标。[28]

有很多文献表明，教育强化了在新经济中发迹的那些人与受教育程度更低的同龄人之间的差距。当我们看工人们如何适应自动化时，这种模式变得更加明显了。那些具有分析型技能的人已经获得了不断增长的高薪工作，缺乏有价值技能的人则只能竞争那些非技术型的服务性工作，工资也越来越低。在战后的那些年，失业的流水线工人仍能找到需要类似技能的其他常规工作。但自从计算机革命以来，那些曾从事常规工作但后来失业的美国人找到新的常规工作的可能性大大降低了。[29]尤其是对于没有受过高等教育的生产工人来说，工作选择变得更少，这导致了他们在低技能工作上的连锁竞争。

　　毫无疑问，随着机器操作员工作的枯竭，新的高技能型工作被创造了出来，因为需要程序员来设计数控机床。1985年第一次自动化浪潮席卷美国的汽车工厂时，《华尔街日报》刊载了劳伦斯·麦克祖加（Lawrence Maczuga）的故事。他当时37岁，在福特汽车公司位于密歇根州利沃尼亚的变速器工厂操作机器，并一直在夜校学习且获得了计算机科学学位。被自动化取代后，他放弃了流水线上的半技术性工作，转而去做制造部技术员——这是工厂里的"超级工作"之一。有一段时间，他考虑过放弃福特公司的工作去做一名程序员，但当福特公司公布计算机化生产的新计划之后，他接受了他的新角色。[30]

　　问题在于，麦克祖加的情况是特例而非普遍情况。很少有手工工人能获得计算机科学学位或接受大学教育。因此，当自动化使得对常规工作技能和体力的需求降低时，蓝领工人们发现他们的处境越来越弱势了。事实上，经济学家马蒂亚斯·科尔特斯（Matias Cortes）、尼尔·杰莫维奇（Nir Jaimovich）和亨利·西乌（Henry Siu）发现，没有受过大学教育的壮年男性是常规工作机会减少的主要受害者。其中很多人通过从事低收入的服务工作进行调整，这些工作包括准备食物的员工、园丁和安保人员。随着常规工作的减少，没有技能的男性更可能遭受压力甚至退出劳动力市场，而非发展得更好。[31]

　　自动化带来的负面影响不仅包括工资的下降，还包括劳动力市场失业情况的增加。几十年来，25—54岁的壮年男性早上不出门上班的比例一直在稳步上升（图13）。尽管经济学家们仍在争辩供求两因素在解释男性劳动力和劳动力市场脱节当中的相对重要性，但近年来人们逐渐形成了共识，即需求因素应该得到更多的重视。在整个20世纪，福利计划、配偶就业和不

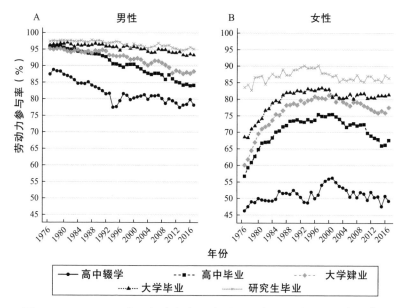

图13 1976—2016年，按受教育程度划分的劳动力（25—54岁）参与率

来源：1963–91: Current Population Survey data from D. Acemoglu and D. H. Autor, 2011, "Skills, Tasks and Technologies: Implications for Employment and Earnings", in *Handbook of Labor Economics*, ed. David Card and Orley Ashenfelter, 4:1043–171 (Amsterdam: Elsevier). 1992–2017: author's analysis using data from S. Ruggles et al., 2018, IPUMS USA, version 8.0 (dataset), https://usa.ipums.org/usa/。

断改变的社会规范都对某些男性做出不去工作的决定产生了影响（另见图7）。但自2000年以来，失业现象的增加大部分似乎是非自愿的。经济学家凯瑟琳·亚伯拉罕（Katharine Abraham）和梅利莎·卡尼（Melissa Kearney）最近开始回顾我们所知的男性失业的原因，她们发现贸易和机器人是千禧年以来25—54岁男性越来越少参加工作的主要原因。[32]

女性的情况则大不相同。众所周知，在21世纪头10年里更多文职工作被计算机取代，"粉领"劳动力的快速发展时期便结束了（图13）。就在几十年前，如果一个人打电话给美国铁路公司预订火车票，他会听到一位女士接听电话。但如今，他只会听到一个录音："你好，我是美国铁路公司的自动化代理人朱莉。"神经科学研究表明，女性在互动和社交情境中表现更好。我们了解到的情况与此一致，在互动性日益增强的工作世界，女性比男性适应得更好。[33] 她们中的许多人上升到专业和管理岗位上去了，而不是被推回到传统的由女性主导的低薪服务业工作中。女性获得大学学位的可能性也比男性更大，因此她们的技能也更适合计算机时代。事实上，当男性发现他们越来越有可能被计算机控制的机器取代时，女性却更有可能正在工作中使用电脑。[34] 职业女性比例的上升和男性主导的蓝领工作的减少，已经使许多女性在职业发展方面超过了男性。当然，女性要想在薪资上超过男性还有很长一段路要走，但情况已经开始变化了。美国30岁及以下的女性已经比男性具备更高的收入能力——三个最大的都市区除外，那里是技术型男性聚集的地方。

尽管这个过程已持续了数十年，但随着多用途机器人之类的新技术的登场，它在最近几年开始加速。这些机器人是自动化控制的，不需要人类操作员。它们可以被再编程以完成焊接、组装或打包等各种制造任务。因此，我们应该把它们和那些单用途机器人以及其他为特定目的而制作的、由计算机控制的机床加以区别。

遗憾的是，由于研究单用途机器人的系统数据仍然很少，因此对技术在男性失业率的上升中扮演角色的分析都局限于多用途机器人。不过即便这意味着我们低估了机器人在经济中的普及程度，这种数据仍能提供有益信息。达龙·阿西默格鲁和帕斯夸尔·雷斯特雷波预计，在美国经济中每个多用途机器人取代了大约3.3个工作岗位。汽车制造、电子器件、金属制造、化工等行业实现了高度机器人化，这些行业中的蓝领工人感受到的自动化力量自然最为强烈。但只要哪个行业采用了机器人，这个行业的几乎所有岗位职员的工资和就业机会就都遭受了损失。毫不意外，在那些没有大学学历的工人中，这种情况更为明显。男性发现自己的工作被机器人取代的可能性是女性的两倍。[35]

这些预计对应的时间集中在1993—2007年。然而，国际机器人联合会统计的多用途机器人使用数据表明，经济衰退后的美国工业仍继续更广泛地使用机器人：在2008—2016年，投入使用的机器人数量增长了近50%。但反过来，机器人取代工人所造成的影响当然可能已经被其他技术抵消了。如上所述，计算机同样为劳动者带来了新任务，增强了工人的技能。但即便如此，仍有强有力的证据表明，从整体来看最近这些年更多的是取代工人的技术变革。正如我们在图10所看到的，自20世纪80年代以来，未受大学教育的男性实际工资一直在下降。当然，这可能也反映了其他的某些持续性因素的影响，比如有些工作被转移到了海外。但更多直接证据表明，技术变革正不断地往取代劳动力的方面发展。2018年，在经合组织（OECD）18个成员国的一项重要研究中，经济学家戴维·奥托尔和安娜·萨洛蒙斯（Anna Salomons）发现，不论是以生产率收益、专利流量还是多用途机器人的应用来衡量自动化，结果都表明自动化使得劳动力在国民收入中的份额降低了。他们认为，20世纪80年代计算机越来越流行后，技术进步才变成取代型。在21世纪头10年，技术进步给劳动占收入的比例带来的负面影响越来越明显。[36]

恩格斯式停顿的回归

　　然而，自动化时代也不是没有与之平行的时期。我们在第五章了解到了工业革命是如何造成中等收入工作机会的中空化，给工人的工资带来下行压力，促进不平等现象的激增的。典型工业化时期的主要特征是出现了恩格斯式停顿，当时机械化工厂取代了家庭体系，虽然英国经济飞速发展，但许多人的经济前景变得更差了。工业革命期间，产量出现了前所未有的增长，但增长带来的收益并没有惠及大多数人。每个工人的产量增速比平均周薪增速快3倍多。随着中等收入工匠工作机会的减少，利润率翻番的工业家们将工业革命的好处收入囊中。在恩格斯观察的时代，他的"工业家靠工人的痛苦来致富"这一论断基本属实。恩格斯式停顿直到1840年左右才结束。

　　如果弗里德里希·恩格斯生活在今天，他会就计算机时代写些什么呢？西方工业国家的工作条件显然与"黑暗、地狱般的工厂"没什么共同点，但人均产量和人均工资的发展轨迹与工业革命时看起来非常相似。1979年以来，美国的劳动生产率增速比时薪的增速快8倍。[37]尽管美国经济的生产率更高了，但实际工资停滞不前，更多人失业，以致劳动在收入中占的份额有所下降。公司利润在国民收入中占比更高，工人们的收入占比则降至最低。官方统计的劳动补偿标准包括首席执行官们和音乐、运动、媒体行业的超级明星们的薪资，这就意味着普通工人的收入比例甚至会进一步下降。与典型工业革命时期的情况一样，增长带来的收益从收入分配的底层转移到了顶层，从劳动者那里转移到了资本所有者那里。在战后那些年里，劳动在收入中所占的份额在64%左右浮动；但20世纪80年代后，它开始稳步下降，并在近年降至大萧条后的战后最低水平——58%左右。[38] 这种情况和图9描述的趋势一致，我们从图9看到，从20世纪80年代开始，劳动生产率和工人工资之间的差距越来越大。而且这种现象不仅发生在美国。比如，经济学家劳卡斯·卡拉巴卜尼斯（Loukas Karabarbounis）和布伦特·奈曼（Brent Neiman）就认为，20世纪80年代后，由于计算机变得更便宜，劳动在收入中所占的份额在绝大多数国家都急剧下降了。[39]

我们有充足的理由相信，利润的增长和劳动份额的下降都与中等收入的常规工作（比如机器操作员、簿记员和抵押保险商）实现自动化以及劳动力转岗至低收入的服务岗位（比如看门人、服务员和接待员）有关。2017年，国际货币基金组织发布的一份报告表明，"在发达经济体中，通过投资品相对价格的长期变化来衡量的技术进步，与工作程式化的初步显露一起，一直是劳动收入所占份额下降的最大原因"。[40] 国际货币基金组织发现，与劳动力市场的中空化一致，随着计算机控制的机器取代中产阶级的工作，中等技能工人的劳动力份额的降幅尤其明显。

基尼系数的长期趋势也反映了技术变化的面貌（图14）。正如布兰科·米兰诺维奇所说，"这次革命（计算机革命）和19世纪初的工业革命一样，都加剧了收入的不平等"。[41] 在这两个时期，不仅利润占收入的份额达到了历史新高，普通人的工资也停滞不前。如上所述，这两个时期的技术都取代了中等收入的工人。在计算机时代，不平等的加剧在很大程度上是因为新技术极大奖励了那些具有更高技能的符号分析师，提高了资本在国民收入中所占的份额。与此同时，随着中等收入的常规工作被碾碎，非技术型的劳动者向低薪服务型岗位转移，使得工资

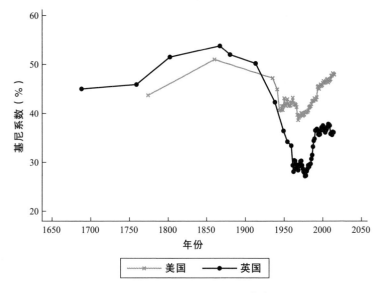

图 14 1688—2015 年英国和美国的收入不平等情况

来源：见本书附录。

差距进一步扩大。同样地，工业革命时期的技术变革将人们从中等收入的家庭工业中推了出来。它对许多工匠不利，但它在工厂创造了许多低收入的生产工作，同时也为白领们提供了高薪技术型生产管理工作。事实上，经济学家劳伦斯·卡茨和罗伯特·玛尔戈指出，如今计算机给劳动力市场带来的影响和 19世纪机械化工厂的普及带来的影响比较相似。[42]

　　到目前为止，新的计算机技术还没有像人们普遍担心的那样造成大范围失业。虽然自动化让许多行业和岗位的工作机会流失了，但新任务的创造抵消了失业带来的影响，消费者和供应商都受益于更便宜的商品，整体消费支出也上升了。[43] 但计算机技术造成中产阶级规模减小，给非技术工人的工资施加了下行的压力，降低了劳动在收入中所占的份额。此外，工业革命的经验表明，即使增加了新工作岗位，工人们也需要很长时间才能获得必要的技能，从而成功转到新岗位上去。在许多情况下，新工作或不断变化的工作都需要不同类型的员工。关于办公室自动化的案例研究表明，计算机减少了从事常规工作的职员的数量，同时"只提供相对少的高薪职位来完成新系统的编程和操作"。[44] 技能倾向测验为新的更高技术的工作提供了选择员工的方法："那些入选的主要是近三十岁的受过大学教育的男性，同时具有一些相关的公司工作经验。"[45] 年纪大的工人或受影响单位的员工很少有被选中担任新职位的。自动化给中老年员工带来的负面影响要大得多。

当取代技术使原来的工人技能变得多余时，它们就降低了很大一部分人口的挣钱能力。虽然在这个过程中可能出现新任务，但人们需要花时间学习新技能，而且这些新技能带来的收益通常要在几年后才会在工人的工资中体现出来。正如我们在关于工业革命的情况中讨论到的那样，手摇织布机织工们的工作减少之后很久，动力织机织工的工资才开始上涨。当代有一个对应的案例同样生动地阐释了这一点，那就是排字工人的情况。计算机的优势之一在于可以将文件保存在内存中，这就避免了为纠正错误而重新键入文本的烦琐操作。计算机极大影响了排字工人的工作和工资。詹姆斯·贝森对1979—1989年排字工人的情况进行了研究，预计他们的数量从17万人减至大约7.4万人。考虑到通货膨胀，他们的中位数工资下降了16%。"国际印刷工人工会的成员数量迅速下降。到了1986年，由于实力大大减弱，它和另一个工会合并了。"[46]

计算机出版消除了重复键入文本的烦琐操作，使文字排版成本更低，用途更广。桌面排版者和平面设计师承担了大部分排版工作，这些岗位的就业机会大幅增加。但若要完成这一转变，工人们就需要学习页面排版程序之类的图形设计软件。虽然我们缺少数据来确定印刷工人成功转型平面设计师的范围有多广，但平面设计需要的技能与印刷术大不相同，因此很少有排字工人能成功转型。此外，就算一些人成功成为平面设计师，他们也没有看到自己的工资有所上涨，因为设计师们的平均工资也停滞不前。贝森解释道：

> 在计入通货膨胀的因素之后，近年来平面设计师的平均时薪一直没有增长。而且20世纪70年代以来，各类设计师的平均工资实际上都下降了。虽然设计师的工资普遍比印刷工人略高，但2007年的普通设计师的时薪仅比1976年的普通印刷工人的时薪高出约1美元。设计师们似乎基本没能享受到这项技术带来的好处。既然普通设计师们已经有了大量新技能和新工作职责，为什么没有赚更多钱呢？那是因为设计师们的技术和工作安排似乎在不断变化。印刷设计师取代了印刷工人，但他们又部分地被网页设计师所取代；网页设计师中有一部分人又被移动设计师所取代。技术正在不断重新定义什么是出版以及该如何出版。每一次变化都带来了新的专门技能需求，这些技能大部分只能通过经验或知识共享获得，而不是在学校中习得。为了跟上变化的步伐，设计师们每年都必须学习新的软件和新的标准。他们几年前学习Flash，现在学习HTML5，明年要学的东西可能又变了。[47]

在工业方面，如果工人们的职业技能被机器取代，那么他们在与该职业相关的人力资本方面进行的投资就已经破产了。钢铁厂的失业工人无法在第二天早上成为理发师，他或她也几乎不具备转而从事专业、管理或工程方面的工作的条件。积累新的人力资本的成本越高，转型期就越长。即便是餐厅、酒店和加油站这些低技术性的服务工作也需要一些技能。在任何职业中，经验都很珍贵。但毫无疑问，在科技日益发达的经济体中，获得新的人力资本、换到高薪工作的成本也就更高，这就导致那些上过大学的人和没上过大学的人之间的差距越来越大。此外，正如我们将了解的，地理位置和教育一样重要。因为在日渐衰落的城镇中，非技术型工人们面临的适应问题最为严峻。

第十章

大步向前，渐行渐远

如上所述，在恩格斯式停顿期间，人们见证了工作场所和所在社区的快速变化。的确，在19世纪早期，像彼得·盖斯凯尔这样的社会批评家将机械工厂对社会的影响变成了公众辩论的中心。1833年，盖斯凯尔发表了《英格兰的制造业人口：道德、社会和身体状况》（*The Manufacturing Population of England: Its Moral, Social, and Physical Conditions*），它是此类研究的开创性作品，也是后来恩格斯写作关于英国工人阶级状况著作的灵感来源。盖斯凯尔认为，人力和蒸汽驱动的机器的斗争正在形成一场危机。他认为机械化正在改变"社会联盟的基本框架"。[1] 他断言，工厂制不仅剥夺了乡村产业中的工匠的工作，也在整个英国的新兴工业城市里创造了一个新的社会贫困阶层："蒸汽作为产生动力的媒介在机器上的普遍运用，严密地同化了所有行业的状况——不论是在道德上，还是在物质上。总而言之，蒸汽动力摧毁了家庭生产中的劳动，把受害者聚集到城镇或者人口密集的街区，造成家庭分离。"[2]

正如我们将看到的那样，计算机革命使得工业革命时期兴起的许多工业城市走向了消亡。正如工业革命一样，计算机革命也给个人、家庭和社区带来了深远的负面影响。自从它在

1979年达到顶峰之后，美国超过700万个制造业岗位消失了。聚集了蓝领工人的美国工业城镇和烟囱林立的大工业集团受到的影响最为严重。无论是由于自动化还是全球化，只要是在中产阶级工作消亡的地方，就都产生了一系列的社会问题。20世纪90年代，社会学家威廉·朱利叶斯·威尔逊（William Julius Wilson）因对工作机会消失后的城市贫民区展开研究而获得了广泛关注。在进行大规模调查和人种志访谈后，他总结道："社区的高失业率比高贫困率更具毁灭性。居民贫穷但有工作的社区不同于居民贫穷又失业的社区。如今城市贫民窟中存在的许多问题，包括犯罪、家庭离异、福利问题、社会组织水平低下，从根本上来说都是工作机会的消失带来的结果。"[3]虽然威尔逊的工作聚焦于内城的那些经历了经济结构重组和郊区化的黑人社区，但现在许多白人工人阶级社区也出现了很多麻烦。

当工作消失时

没有一个城镇能代表整个美国，但如果一定要想象一个代表，那么纽约伊利湖畔的克林顿港也许最接近它。社会学家、政治科学家罗伯特·帕特南（Robert Putnam）在《我们的孩子》（*Our Kids*）一书中回顾了1959年他在克林顿港读高中时班上的情况。那时的克林顿港是一个蓝领中产阶级的城镇，它几乎在每个方面明显都是美国的缩影。他回忆说同学的父母之中很少有受过教育的，其中整整三分之一甚至没有从高中毕业。然而正如镇上每个人一样，他们都在享受着战后的繁荣带来的好处："有些人的父亲在当地汽车零部件工厂的流水线上工作，有些则在附近的石膏矿上、当地的军事基地里或小型家庭农场中工作。"[4] 但在使能技术主导的时代，很少有家庭经历过失业或经济上的不安稳。虽然克林顿港的富裕家庭很少，但贫困潦倒的家庭也很少。他们的孩子也和其他人的孩子一样。不管社会背景如何，这些孩子会参加很多课外活动，包括体育、音乐和戏剧。"星期五晚上的橄榄球比赛吸引了镇上许多人。"[5] 经过半个世纪的快速发展，帕特南的同学们与父辈相比又前进了一大步。他们当中四分之三受过更好的教育，绝大多数人在经济阶梯上更上了一层。也许最值得一提的是，许多并不富裕的家庭的孩子比那些更有特权、教育水平更高的家庭的孩子要发展得更好。来自相对弱势背景家庭的孩子的向上流动性几乎和那些富裕家庭的孩子一样好。

但如今，克林顿港的美国梦已经成了一场"分屏噩梦"（split-screen nightmare）。下一代的孩子们正面临着完全不同的现实。那些父母是符号分析师或类似职业的家庭的孩子一直走在正确的轨道上，那些家庭财富依赖微薄的工厂工作收入的家庭的孩子却发现自己被困在了错误的轨道上。正如帕特南所指出的那样，造成美国人向上流动步履蹒跚的因素有很多，但克林顿港的繁荣所依赖的制造业基础已经在萎缩，这一点毫无疑问。高薪蓝领工作减少的同时，非婚出生率急剧上升，儿童贫困猛增，向上的流动性发生逆转。蓝领工人喜欢在离家近的地方购物，也就支撑了当地许多服务业工作。因此蓝领工作机会的消失也意味着对当地服务经济的打击，商店关门，人们离开城镇。工作减少以后，许多人离开克林顿港去其他地方寻找更好的未来，克林顿港陷入了绝境。"1970年前的30年中，克林顿港的人口猛增了53%。20世纪七八十年代，人口增长突然暂停。1990年之后的20年中，人口又下降了17%。绝望的当地工人们去其他地方找工作，因此通勤时间也越来越长。我年轻时逛的市区商店许多都空置或荒废了，部分原因是郊区的家庭美元店和沃尔玛抢走了它们的生意，另一部分原因是克林顿港的消费者们的工资在逐渐缩水。"[6]

遗憾的是，克林顿港的情况在美国非常典型。战后有很多地方都像克林顿港，制造业作为基础带来适度的繁荣，提供了稳定而欣欣向荣的社区，为来自底层的人提供了机会。但美国蓝领工人的就业预期已经不再和20世纪五六十年代一样了，他们居住的社区也发生了变化。政治科学家查尔斯·穆雷（Charles Murray）在《分崩离析》（*Coming Apart*）一书中描述了美国普通中产阶级本可以在战后的克林顿港获得繁荣，实际上却逐渐和美国社会脱离的情形。为了对此进行说明，他利用《当前人口调查》中的人口数据构建了一个名叫渔镇（Fishtown）的地方，以宾夕法尼亚州费城的某个主要由蓝领白人构成的社区的名字命名。被指派到渔镇的都是未受过大学教育的白人。如果有工作，他们从事的基本都是蓝领工作，提供面对面的服务或从事低收入的文职工作。这些人的共同之处在于技能不足，无法在新经济中竞争成功。穆雷的观点无疑是正确的："经济中的科技因素越重要，它就越依赖于那些能提高和利用技术的人。对于那些主要资产是卓越的认知能力的人来说，这提供了许多机会。"[7]因此，为准确描述美国认知精英们的幸运和白人工人阶级的不幸之间日益扩大的差距，他构造了另一个叫贝尔蒙特（Belmont）的地方，以马萨诸塞州波士顿的一个中上层郊区的名字命名。被指派到贝尔蒙特的居民和罗伯特·赖克提出的"符号分析师"有很多共同点：受益于计算机化；至少获得了学士学位；从事高科技工作或技能型职业；过着安全而富足的生活。

　　之后，穆雷更详细地研究了自战后经济迅速增长的年代以来，渔镇居民们的生活发生了什么。其中一个趋势是工作的人更少了，这令人担忧，却不令人惊讶。在1960年，贝尔蒙特和渔镇的工作习惯没什么差别：在90%的贝尔蒙特家庭中，至少有一名成年人每周工作40小时甚至更长时间，有81%的渔镇家庭的情况同样如此。但到了2010年，二者拉开了很大差距。有87%的贝尔蒙特家庭至少有一名成年人每周最少工作40小时。相比之下，渔镇成年人的工作机会发生了戏剧性的变化，只有53%的家庭至少有一个人在工作。

　　随着渔镇失业情况的加剧，犯罪也增加了。联邦政府在1974—2004年间开展的囚犯调查表明，联邦和各州监狱中80%的白人罪犯来自渔镇，不到2%来自贝尔蒙特。[8] 由此可见，犯罪和监禁的激增集中在一部分白人中，即白人工人阶级。就像威尔逊发现失业是造成黑人单亲家庭比例上升的原因一样，蓝领阶层白人的结婚率也下降了。[9] 直到1970年，在未受过大学教育的白人女性中，只有6%是非婚生育的。40年后，这一比例上升至44%。如今，生活在渔镇的孩子只有三分之一成长在有双亲的家庭里。这一点很关键，因为单亲家庭的孩子以后的生活机遇会差得多。事实上，经济学家拉杰·切蒂（Raj Chetty）与同事们发现，家庭结构衡量是预测向上流动性的最强有力的指标。一个地区的单亲比例越大，他们的孩子向上流动的机会就越渺茫。[10]

　　穆雷并不认为计算机革命是渔镇遭逢不幸的根源。相反，他认为失业是工作伦理恶化和福利依赖的结果。学者们仍在争论，在对失业率、犯罪率、结婚率模式等产生影响的因素方面，到底是经济因素还是文化因素相对更重要，但似乎同时强调两者才最合理。然而毫无疑问，经济失调能为这些模式的大部分情况提供解释。随着贸易和技术的变革，一些人的机会将越来越少。那些被分派到渔镇的人显然属于此类。渔镇的许多社会问题都与劳动力市场的结果直接相关。比如，犯罪率就和犯罪活动的预期成本与收益有关。[11]如果劳动力市场中工人的预期收入下降了，那么坐牢的机会成本也就下降了。因此，在历史上如果犯罪活动的相对收益提高了，那么人们参与违法行为的可能性也会增加，这就不奇怪了。比如在19世纪的英国，随着工业化的发展，机械化工厂淘汰掉了工人们的技能，年长的工人（尤其是手工匠人）就开始为获得经济利益而从事更多的犯罪活动。[12]

　　虽然失业通常是周期性的和短暂的，但贸易和技术变革使得非技术工人的工资几十年来一直在下降，这种情况对犯罪活动的影响可能比短期失业更持久。其实，经济学家埃里克·古尔德（Eric Gould）、布鲁斯·温伯格（Bruce Weinberg）和戴维·穆斯塔德（David Mustard）在研究劳动力市场工作机会的消失与犯罪之间的联系时发现，前者是后者的原因。失业和工资下降都影响了非技术型工人的犯罪率。在他们分析的时间里（1979—1997年），男性非技术型工人的工资减少了20%，财产犯罪增加了21%。[13]

　　另一些苦难也让渔镇的人们备受折磨。这些苦难虽与劳动力市场的关系不太明显，但也直接相关。在社会各个阶层，婚姻都变得不那么常见了。这一点在渔镇尤为严重，这种情况的原因就是人们工作机会的消失。自19世纪80年代以来，在美国白人当中技术型劳动者一直在已婚男性中占据着最高比例。[14]技术型劳动者和美国蓝领工人之间结婚率的差别一直在缩小，直到制造业繁荣年代走向终结才开始逆转。随着蓝领工人在劳动力市场中的地位提高，差别变小了。但如今在高技术经济中，蓝领工人在劳动力市场中愈发弱势，结婚的可能性也变得越来越低。经济学家戴维·奥托尔、戴维·多恩（David Dorn）和戈登·汉森（Gordon Hanson）确实发现，蓝领工作的消失扰乱了婚姻市场，降低了结婚率。劳动力市场前景的恶化使得男性越来越不适婚，其原因之一和失业及蓝领男性经济地位的下降有关。然而更令人担忧的是，工厂工作机会的消失加大了年轻男性和女性之间的死亡率差距。工作消失后，年轻男性更有可能早逝。[15]

这几位学者的发现与其他研究的结果一致。20世纪80年代初经济衰退时，宾夕法尼亚州的工厂裁员造成了工人失业，即使在失业6年后，他们的平均年收入仍会损失25%，直接损失超过40%。[16] 但裁员不仅影响了工人的收入，也明显带来了更高的死亡风险。经济学家丹尼尔·沙利文（Daniel Sullivan）和蒂尔·冯·瓦赫特（Till von Wachter）追溯了那些因工厂裁员而失业的工人们的命运，他们发现那些眼睁睁看着自己的工作消失的工人，在失业后的短期内，死亡率上升了50%—100%。[17] 即使这种影响会随着时间推移而逐渐减弱，中年男人的预期寿命也会减少1.5年，其影响与在40岁的时候超重40磅的效果相当。因此在2015年，普林斯顿的两位经济学家，安妮·凯斯（Anne Case）和诺贝尔经济学奖获得者安格斯·迪顿（Angus Deaton）惊讶地发现，在数十年的发展之后，自世纪之交以来，中年白人的年死亡率上升了。他们也就理所当然地认为，这次逆转也许反映了劳动力市场中工人阶级白人工作机会减少的长期过程，这些人在脱离社会中等阶级时遭受了许多痛苦。[18] 他们发现死亡率上升不是心脏病和糖尿病等常见原因造成的，而是因为自杀和药物滥用。[19]

的确，关于主观幸福感的报告一直都表明，即使很多因素（包括收入和教育）得到了控制，经历过失业的人仍会表现出明显的不快乐。[20]男性（尤其是盛年失业的男性）的情况最为糟糕。[21]一项被广泛引用的研究甚至认为"失业比其他任何单一因素（包括离婚和分居等重要的消极因素）都更能降低幸福感"。[22]然而，尽管有强有力的证据表明，健康状况与幸福感和劳动力市场的表现紧密相关，但技术和贸易造成的失业能在多大程度上解释凯斯和迪顿描述的最近激增的"绝望的死亡"，仍是一个悬而未决的问题。阿片类药物的滥用和上瘾成了一场严重的国家危机，影响着公共卫生和社会福利。美国的阿片类危机显然只是整个事件的一部分，但它在一定程度上可能是失业的增加带来的结果。毋庸置疑，中等收入工作的消失带来了物质和精神上的双重折磨，给一大批中产阶级造成了毁灭性的影响。

新工作的地理位置

美国社会的分层带来的不只是利益分配的不平等。比收入不平等的加剧更令人担忧的是劳动力市场中很多人的经济情况变得更差，主观幸福感也在降低。他们的实际处境也变得越来越难以被理解，因为他们变得越来越与世隔绝。虽然渔镇和贝尔蒙特只是用数据构建的地点，但它们关系到地理上的两极分化的加剧。著名的社会学家道格拉斯·马西（Douglas Massey）、乔纳森·罗思韦尔（Jonathan Rothwell）和瑟斯顿·多米纳（Thurston Domina）最近在研究美国的分化模式时发现，在20世纪最后25年里，一种初级的认知阶级隔离开始在全国范围蔓延开来。受过大学教育的父母和他们的孩子与那些经历工作低潮的家庭所面对的现实正日益分离。受过大学教育的人与其他人之间的分裂日益加剧，这种分裂还不只是一种社区地理上的隔离。[23] 城市之间正发生着更大的转变，这种转变与新工作机会的地理位置有关。

20世纪八九十年代的人们所预期的情况与事实正好相反。当时的专家们认为，随着万维网、电子邮件和手机的出现，地理位置很快将变得无关紧要，地理的诅咒会成为遥远的记忆。[24] 阿尔文·托夫勒（Alvin Toffler）这样的未来学家甚至预计，在距离消失后，城市终将被淘汰。[25] 2005年，托马斯·弗里德曼（Thomas Friedman）的畅销书《世界是平的》（*The World Is Flat*）第一版的封面描绘了一个地理分区已成历史的世界。[26] 上述作者们认为，信息技术使得面对面的交互不再有必要了，公司和工人们必须聚集在昂贵的地方（比如曼哈顿或硅谷）的时代很快就会结束。然而事实却是，即使有了现代计算机，许多复杂的交互仍太微妙了，无法通过技术实现。正如哈佛大学杰出的经济学家爱德华·格莱泽（Edward Glaeser）认为的那样，数字交流和面对面交流最好是互相补充而不是互相取代。[27] 更高效的信息技术使得维系多种关系成为可能。多种关系的维持则会增加面对面接触的次数。计算机革命虽然使纽约失去了作为制造业城市的优势，却增强了纽约在创新方面的竞争优势。专门从事知识工作（亦即开发和输出想法）的城市的生产率变得更高。

"邻近"产生的价值衍生出了"集聚经济"（agglomeration economy），所以地理位置仍很重要。工人们想要离工作更近。公司想要招揽人才，接近顾客。父母们想要住得离好学校近一点。老年人则可能更喜欢能提供优质医疗服务、气候怡人的地方。总而言之，集聚取决于人们降低商品、人员和想法的运输成本的愿望。[28] 随着运输成本的大幅下降，在公司选择地点时运输成本的重要性也就降低了。在自动化时代来临前，制造业的就业机会仍在增长的时候，像底特律这样的工业城市就开始衰落了。这种情况的原因之一在于，生产已经开始从五大湖地区转移到禁止工会垄断雇用工人的南部阳光地带各州了，这些州禁止公司和工会之间签订联合安全协议。[29] 然而，这种地点自由可能会降低对在高技术经济中非常有价值的聪明人才和想法进行输送的意愿。实际上这就是已发生的事实。

经济学家恩里科·莫雷蒂（Enrico Moretti）在《就业机会的新布局》（*The New Geography of Jobs*）中讲述了一个有趣的故事，它发生在加利福尼亚州的两个地方——门洛帕克和维塞利亚。故事开始于1969年，一位年轻的工程师拒绝了位于门洛帕克（硅谷的中心）的惠普公司提供的工作，转而去三小时车程开外的中型城镇维塞利亚上班了。当时，很多专业人员正离开城市去更小的社区，后者被认为更适合家庭生活。当时，加州的这两个地方都有着繁荣的中产阶级，有着相似的犯罪率和学校质量。虽然门洛帕克的平均工资更高，但美国正走在一条整体平等的道路上。

但如今，门洛帕克和维塞利亚就像处于两个世界。硅谷成了全球的创新中心，维塞利亚则成了一潭死水。在维塞利亚，受过大学教育的劳动者所占份额排在美国的倒数第二，犯罪率很高，而且还在不断上升，相对收入则在下降。[30] 而且这些并不是孤例：

〔它们反映了〕一个更广泛的国家趋势。美国的新经济分布图表明，人员和社区间的差异正不断扩大。少数城市拥有"正确的"产业、坚实的人力资本基础，不断吸引着优质的雇主，提供高薪工作机会。但处在另一个极端的城市只有"错误的"产业、有限的人力资本，受困于没有出路的工作和很低的平均工资。这种区别（我称之为"大分流"）始于20世纪80年代，当时美国的城市越来越多地通过居民教育水平来找到自身的定位……美国社会取消种族隔离的同时，教育和收入方面的隔离却在加剧。[31]

　　这一趋势随着计算机时代的到来就已开始了。现在的一些专业服务（比如会计）的确能以电子方式来远程操作。然而，生产活动不断向着技能密集型发展，由计算机技术催生的新工作也是高度集中的。这表明地理位置变得更加重要。自20世纪80年代以来，创造新工作机会的地理位置的巨大变迁也说明了这一点。我们通过每十年更新一次的职业分类来识别十年前不存在的工作岗位。我和经济史学家索尔·伯杰（Thor Berger）的研究表明，在计算机革命前新出现的一些工作仍属常规工作，也不只出现在技术型城市。但在20世纪80年代，随着多种多样与计算机相关的职业（像程序员、软件工程师以及数据库管理员）的大量涌现，最初以知识工作见长的城市逐渐有了创造新工作的比较优势（图15）。[32]我们在一项后续研究中发现，关于新产业所在地的数据（而不是新工作的数据）也揭示了类似的模式。21世纪头10年在官方统计分类中首次出现的新行业主要与数字技术有关，比如线上拍卖、网页设计以及视频、音频流的传输。讽刺的是，正是曾使未来学家们相信会将世界变平的这些技术实际上使世界更不平坦了：数字行业绝大部分集中在技术人

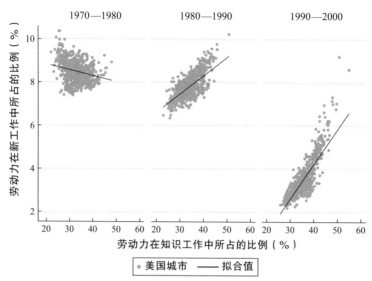

图15 1970—2000年美国城市的知识工作及新工作创造情况

来源：T. Berger and C. B. Frey, 2016, "Did the Computer Revolution Shift the Fortunes of U.S. Cities? Technology Shocks and the Geography of New Jobs", *Regional Science and Urban Economics* 57 (March): 38–45; J. Lin, 2011, "Technological Adaptation, Cities, and New Work", Review of Economics and Statistics 93 (2): 554–74。

注释：这些数据展示了那些以前并不存在的工作岗位在每个十年之初在每个城市的工人中所占比例与321个美国城市中从事抽象任务的"知识工作者"的最初比例。

口聚集的城市。[33]

处于数字技术前沿的那些科技公司选址的决定是"面对面交流有价值"这一观点的最佳印证："如今的硅谷就是产业聚集的典型例子，它的存在表明最尖端的技术需要〔而非消除了〕地理位置上的邻近。"[34] 过去20年的经验支撑了这一观点。虽然远程电子通信工具非常多，但是像硅谷这样的地理集聚中心仍非常强大。实际上，随着新工作向着技能密集型发展，地理位置变得越来越重要了。在20世纪的大部分时间，平均收入较低的地方都在追赶那些更富有的城市和地区。罗伯特·巴罗（Robert Barro）和沙维尔·萨拉-伊-马丁（Xavier Sala-i-Martin）的一篇论文是在经济学上被最广泛引用的研究之一，该论文认为在计算机革命前的一个世纪中，美国各地区的收入就在持续而快速地趋同。[35] 这种现象不只发生在美国。在战后的几十年里，大西洋另一边的那些国家内部也出现了普遍而持久的大趋同。但随着认知隔离变得更加普遍，这种趋同在20世纪80年代戛然而止。哈佛大学经济学家彼得·加农（Peter Ganong）和丹尼尔·舒格（Daniel Shoag）在《美国的区域收入趋同状况为什么减少了》一文中主张，从历史角度看，收入的趋同是由人们从贫穷地区向富裕地区的迁徙所带动的。工人的不断涌入抑制了富裕地区工资的增长，也使得贫穷地区的收入随着人们的离开而增长了。然而，技术型城市里新工作的聚集和严格的土地使用法规相结合，打乱了这一趋势：新兴城市生活成本的增加意味着迁移不再是非技术型工人的选择了。高技能型工人则在继续迁移。[36]

那么，真实情况为什么不是公司迁往劳动力和住房都便宜的内陆地区呢？答案就在于创新型公司想要与其他同类型公司和技术人才保持紧密联系。经济学家贾尔斯·迪朗东（Giles Duranton）和迭戈·普加（Diego Puga）恰如其分地将城市喻为创新的摇篮，初创企业需要在这里试验才能成长。[37] 企业在其初创阶段会受益于想法的交流。这种交流得益于城市的密度和与相关企业的邻近程度，这又提高了对有关技术人员的需求。这些摇篮城市是创造新工作的孵化器。当原型被开发出来、操作实现了标准化，向房产更便宜、生产成本更低的地方迁移才有经济意义。换句话说，新工作最终会扩散到其他地方。只要摇篮城市创造新工作的速度不超过它们的地理位置扩散速度，就业趋同就会随之到来。然而，新工作只有在实现标准化之后才会扩散。而且自计算机时代开始以来至今，实现了标准化的工作还没有扩散到整个国家：它们要么走向了自动化，要么被送往了海外。美国的繁荣城市已成为创新的摇篮，然而，创新之外的工作都在国外或通过机器来完成了。

那些工作被机器取代而非由机器辅助的地方正在衰落。图16所描述的多用途机器人的不均衡分布图说明了一个关于技术进步的简单观点。正如其他大部分经济趋势一样，自动化不会在所有地方以同样的方式、同样的速度发生。美国超过一半的机器人集中在10个州。这些州大多分布在东部内陆，正是男性失业情况最严重、生活不满意度最高的地方。[38] 实际上，仅密歇根州的机器人数量就和整个美国西部几乎一样多。和机器人的出现相似，美国的失业率上升的情况也不统一。在密歇根州的弗林特，51%的中年男性没有工作；但在弗吉尼亚州的亚历山大，这一比例只有5%。最近，经济学家本杰明·奥斯汀（Benjamin Austin）、爱德华·格莱泽和劳伦斯·萨默斯（Lawrence Summers）开展了一项详细的研究，调查了盛年男性失业情况的地理分布。他们的一些发现并不令人惊讶：其中之一是，平均而言男性更有可能去教育程度高的地方工作；[39] 另一个是，如果耐久制造业历来是某个地方的主要就业来源，那么男性去工作的可能性就低。如上所述，其实自计算机革命开始以来，绝大部分新工作都出现在技能型劳动者集中的城市。与此同时，在以常规制造业工作见长的地方，自动化带来的影响正好相反：它取代了工人，而不是为他们创造了新工作。

在整个美国，由于工作的出现与消失分布得非常不均衡，

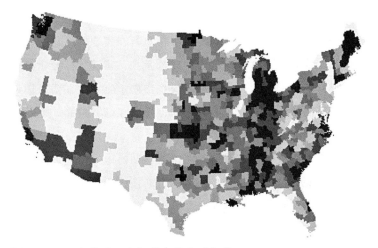

图16 2016年美国工业机器人的地理分布

来源: International Federation of Robotics (database), 2016, World Robotics:
Industrial Robots, Frankfurt am Main, https://ifr.org/worldrobotics/;S. Ruggles et al.,
2018, IPUMS USA, version 8.0 (dataset). https://usa.ipums.org/usa/。
注释: 本图展示了2016年美国各地每千名工人对应的工业机器人数量。颜色越
深表示那里的每千名工人对应的机器人数量越多。县边界基于IPUMS NHGIS
（www.nhgis.org）提供的地图绘制而成。

计算机革命使得整个国家变得更加不扁平了。在新的技术岗位
出现的地方，服务经济迅速增长。莫雷蒂估计在特定的城市，
每一个新的技术岗位都能创造足够的需求来支持另外五个岗位。
相比之下，蓝领工作岗位消失的那些地方的经济遭受了重创。
莫雷蒂发现，每失去一个制造业工作岗位就会引起当地1.6个服
务业工作岗位的消失。[40] 这一过程表明技能型城市繁荣了，烟
囱城市却过时了。直到1970年，俄亥俄州的克利夫兰和密歇根
州的底特律的平均收入仍比马萨诸塞州的波士顿及明尼苏达州
的明尼阿波利斯更高。但最近几十年来，技能型城市迅速发展，
制造业与工业市镇却衰落了。用格莱泽的话来说，"如果这些模

式继续下去，我们将可能看到一个发展更不均衡的美国。富有、成功且技能程度高的地区将在世界范围的竞争中取得胜利，贫穷、技能程度低的地区则将成为绝望的温床"。[41]

第十一章

政治两极化

当社会结构崩溃，中产阶级走向衰落，自由民主将会发生什么？从历史上看，贫富差距巨大的那些社会更容易出现寡头政治和民粹主义革命。正如许多政治科学家所指出的那样，广泛的中产阶级是民主社会保持稳定的重要支柱。事实上，极端不平等现象的长期存在有助于解释为何自由民主未能早点到来。前工业社会的地主精英们对扩大公民权没什么兴趣，穷人们关心的主要问题则是避免挨饿。如果不存在一个提出不同期望的中产阶级，也就不存在对民主的诉求了。巴林顿·摩尔（Barrington Moore）的经典著作《专制与民主的社会起源》（*Social Origins of Dictatorship and Democracy*）或许正因其直白的观点"没有资产阶级就没有民主"而广为人知。[1]虽然这一观点受到了很多批评，但摩尔的意思并不是说资产阶级总是会带来民主。他坚持认为，地主精英阶层被取代是民主的前提条件。这就和英国的情况一样——英国的工业化为民主变革奠定了基础。

尽管社会科学家们一直在关注经济发展和民主之间的紧密关联，但这种关联背后的驱动力并不清晰。然而存在着一个很有说服力的解释：工业化催生了新的社会群体，他们在变得更富有的同时也开始要求获得更多的政治权力。在《政治秩序与政治衰败》（*Political Order and Political Decay*）中，弗朗西斯·福山生动地阐述了工业革命是如何以挑战传统专制秩序的方式改变潜在社会本质的。[2] 民主的兴起当然与那些支持平等的价值观的不断传播有很大关系，但这些价值观不是凭空产生的。工业革命带来了深刻的变化，不仅带来了稳定的经济增长，也创造和动员起了包括资产阶级和工人阶级在内的新群体，极大改变了社会组成。因此，福山的自由民主之路始于卡尔·马克思的社会阶级理论。马克思认为，资产阶级是从传统封建秩序中涌现出的第一个新的社会阶级。这个阶级包括一些城镇商人，他们通过在工厂制以及之后的工业革命中大量投资和进行贸易来致富。工业化又反过来动员了无产阶级，即马克思的第二个新阶级。无产阶级成员离开农村，前往新崛起的工厂城镇工作。在封建秩序下，这些群体被排除在政治参与之外。但随着他们越来越富有，越来越有组织，他们开始要求获得更多的政治权力。这反过来给民主制造了压力。[3] 福山写道：

> 日益扩大的工业化致使农民离开农村，成为工人阶级的成员。到了 20 世纪初，他们已经成了最大的社会群体。在不断扩大的贸易的影响下，中产阶级不断扩大。这一过程首先发生在英国和美国，然后在法国和比利时，再之后是 19 世纪末的德国、日本和其他"后发者"。这为 20 世纪初的重大社会和政治对抗奠定了基础……由此得出的主要结论是，有一个特定的社会群体最渴望民主，那就是中产阶级。[4]

民主与中产阶级：一段极简史

马克思曾预言道，无产阶级反抗资产阶级将带来社会主义革命。但实际上，工业化的结果是劳动人民融入到更大的中产阶级中去了。然而，正如卢德主义运动和其他机器骚乱所表明的，资产阶级和普通工人的目标从一开始就很难一致。一个显而易见的理由就是恩格斯式停顿，在此期间劳动者没有看到自己受益于工业化。事实上，马克思认为资本主义注定会陷入生产过剩的危机。机械化工业榨取劳动人民的剩余劳动，导致少数人拥有更多财富，无产阶级陷入贫困。这种观点在当时似乎很有道理。马克思预言道，持续的不平等最终会使总体需求短缺，导致资本主义系统崩溃。他认为只有通过无产阶级革命获得生产资料的所有权，将机械化的收益重新分配才能避免这种危机。如果恩格斯式停顿持续更长的时间，这种结果的某种版本很可能已经发生。幸运的是这种情况并没有发生。

我们在第五章讨论过，大约在19世纪中期情况发生了改变。正当马克思写作的时候，现代增长模式出现了。在英国工业革命最后的几十年里，蒸汽的使用加快了生产率的增长，工人的实际工资也开始同步上涨，由于技术进步的本质发生了变化，人们也掌握了新技能。如上所述，使能技术变革与劳动者的议价能力有共生关系，取代工人的技术变革则恰恰相反。恩格斯式停顿期间，早期的纺织机器在生产中取代了熟练的手工匠。随着家庭生产体系的逐渐消失，工厂里出现了新工作岗位，纺织机器却被设计成了可以由童工照管的形式。

然而，蒸汽动力的普及带来了更加复杂的机器，打破了熟练工匠被童工取代的去技能化模式（deskilling pattern）。工厂中的重型机械要求更多体力更强、技能更熟练的工人，技术变革从劳动取代型转变为技能增强型。这有助于提高劳动者的议价能力，使工人们的技能变得更有价值。最终，工人们开始感受到机械化给他们带来的福利。虽然很难建立起因果联系，但若脱离了现代增长模式，那么人们普遍不再抵制机器的现象就更难解释了。正如我们了解到的，后来的工人和代表工人的工会极少质疑机械化的必要性。

现代增长模式形成时，并不存在有组织的劳动力或任何重大的政府干预，但这并不意味着劳工运动的重要性就该被低估。马克思的社会主义革命并未发生的另一个原因在于，在实现了工业化的整个西方社会，工人们加入工会，开始要求民主、更高的工资、更安全的工作条件以及更多财富和对收入进行再分配。在政治层面，劳工运动实际上接受了尊重机械化的自由放任管理制度，但他们坚持要求建立税收资助的福利制度。19世纪中期以来，工业化将工人放到了一种良性循环中。在这种循环中，机械化提高了工人的赚钱能力，工会则提高了他们的议价能力。这两个过程相辅相成。技术变革的增强型特征使工人的技能更有价值，从而提高了议价能力。劳工运动通过鼓励工人们争取形成正式组织和投票的权利的方式，成功利用了这一点。

毫无疑问，自由民主的两个部分，法治和普选，是不同的政治目标。自然而然地，它们也得到了来自不同群体的支持。[5]在英国，工商业资产阶级在19世纪为英国自由党提供了基本的支持，他们对私有财产的法律保护和自由贸易政策更感兴趣。工人阶级则对民主更感兴趣。1832年的改革法案是英国一系列漫长的普选改革的第一步。它被公正地视作"英国历史上的一个重大转折点"，因为它促进了民主化和重要的经济改革，比如1842年个人所得税的实施和四年后谷物法的废除。[6] 由于议会改革成了一个党派政治问题，它得到了辉格党和激进派（两者日后将组成自由党）的支持，却遭到了大部分托利党（保守党）人的反对。辉格党必须在下议院获得多数席位才能让议会通过1832年改革法案。自由党的主要动机是通过一边增强议会权力一边削弱王权来巩固自身的地位。尽管随着时间的推移，一些辉格党人也为了自身利益而支持扩大选举权。自由党联盟的共同点在于他们都支持扩大个人自由，限制国王和教会的权力，最重要的是支持自由贸易。然而他们在大选中的成功依赖于工人阶级的骚动。经济学家托克·艾特（Toke Aidt）和拉斐尔·弗兰克（Raphael Franck）认为，"如果没有斯温暴动，支持改革的辉格党人就不会在1831年下议院选举中赢得多数席位"。[7] 暴徒们担心脱粒机会抢走他们的工作，但他们带来的社会动乱恰恰推动了民主化进程。正如政治科学家们认为的那样，社会动荡带来的威胁促使统治阶级扩大选举权。[8] 他们认为，在早期的选举中不支持辉格党和激进派的选民和支持者们在反对机器的暴乱发生后，转而支持那些推动议会改革的候选人，因此改革者获得了议会的多数席位。

1832年的改革法案很难算得上是工人阶级的胜利：那些没有任何财产的人在法案通过后仍处于被剥夺了政治权利的状态。但工人们确实推动了民主化进程。此后，自由党和托利党之间的大选竞争产生了继续扩大选举权的压力，其结果就是工人在选民中所占比例越来越大。这种情况是由工会扩张的斗争造成的。工会扩张的斗争促进了工党的崛起，它最终取代自由党，成为托利党的主要对手。然而早在工党崛起前的19世纪中期，托利党的立场已经从代表富裕地主转为寻求新兴中产阶级的支持。正如历史学家格特鲁德·希梅尔法布（Gertrude Himmelfarb）所说的那样，本杰明·迪斯雷利决定推行《1867年改革法案》，将选举权扩大到约40%的男性，这反映了托利党是一个全国性政党，能够吸引更多的民众。[9]

随着越来越多人获得选举权，西方工业世界的工人们使用他们新获得的政治权力投票支持福利国家政策和社会立法。彼得·林德特在《成长中的公众》（*Growing Public*）中指出，1880—1930年，投票率高的民主国家征税更多，在救助穷人、老年人、病人和失业者等的社会转移支付方面的花费也更多。[10]林德特为20世纪前福利支出之所以受到很大的限制提供了有力的解释，即工人缺乏政治话语权。在典型工业革命时期，当恩格斯式停顿正在持续，英国政府甚至缩减了福利开支。《1832年改革法案》实施前，英国是唯一一个更慷慨地救济穷人的地方。鉴于工人缺乏政治影响力，这种现象似乎令人费解。为什么地主要缴纳相当于国内生产总值2%的税来帮助穷人？当时没有别的政府这么做过。

林德特在继承了乔治·博伊尔（George Boyer）的观点的基础上提出，依赖季节性雇用的乡下地主们在留住该地区的农民以获得廉价劳动力方面是有利可图的。贫困救助政策为阻止工人迁移到英国新兴工业中心提供了一种方法。但在新兴的工商业资产阶级获得政治影响力后，情况发生了改变。《1832年改革法案》将选举权扩大到了中心城镇的制造业商人群体。工业家们认为，支持一项将工人留在停滞不前的乡村的政策没什么好处。换句话说，那些救济穷人的法案的兴衰是由控制政治权力杠杆的群体自身的利益决定的。

虽然总有人担心富人们会使用他们的经济力量来利用民主为自身谋利，但也有人担心大多数选民会利用民主权力向富人的财富过度征税。托克维尔在1835年的《论美国的民主》中提出，普选权"将社会的政府交给穷人"会让穷人重新分配富人的财富，因为几乎在每个国家绝大部分民众都没有任何财产。[11] 用雅各布·哈克（Jacob Hacker）和保罗·皮尔逊（Paul Pierson）的话来说，"托克维尔的观察在政治科学家提出的那些最重要的收入再分配理论中得到了现代表达，并带有乐观的转折"。[12] 中间选民理论在政治科学家和经济学家群体中非常受欢迎。在建立于多数人规则的选举系统基础之上的中间选民理论中，起决定作用的摇摆选民（或者中间选民）将最终推动政治和再分配政策的制定。由于中间选民的收入几乎总是低于全国平均水平，因此他们会寻求通过政府进行更多收入再分配。这一理论会导致一个简单的预测，即更大的不平等将带来更多的再分配。[13]

众所周知，不同地方的政治发展方式有很大不同。政治话语权和福利支出之间存在着关联，但更多人拥有投票权并不一定意味着更多的再分配。选举权的扩大和社会支出之间的关系很复杂。即使在自由民主社会，公民也没有权利就每一个问题进行单独投票。他们必须依赖选民代表在不同的问题上交换意见。美国诞生于一次反对英国君主集权的革命，它建立在普通人的平等与自治的基础上。在这一精神的指引下，美国的选举权一开始就比欧洲国家大得多。白人男性在20世纪20年代获得了普选权，但这种情况并没有带来托克维尔所担心的通过税收和支出进行再分配的问题。比如在大萧条之前，美国政府的贫困救济从未超过国民收入的0.6%，而且直接资助穷人的私人基金也很少。1896年，纽约慈善组织协会的创始人约瑟芬·肖·洛厄尔（Josephine Shaw Lowell）明确指出她不相信贫困救济：
"他们的不幸在于身体、精神或道德方面的固有缺陷……救济是
一种罪恶，而且一直都是。即使它有时候是必要的，但我仍觉
得它是一种罪恶。之所以说它是罪恶，原因之一就在于它破坏
了活力、独立、勤奋和自力更生。"[14]

　　为什么贫困的劳动者没有要求更多的再分配？美国早期的
民主化存在一系列问题是原因之一。在接下来几十年里政党制
度出现了，这些政党不得不努力获得贫穷且未受过教育的新选
民群体的支持。承诺一份工作或提供其他私人利益被证明是动
员起他们的最有效的方式。庇护主义迅速在几乎每一级政府中
传播开来。如果给穷人提供丰厚的短期利益，意味着他们的长
期收益就会受损。因为普通美国公民以政治参与换取个人利益，
而在欧洲人们要求更多的再分配、全民医疗保健等，因此将美
国民众吸纳到出现在欧洲的那种工人阶级或社会主义政党就要
困难得多。[15]共和党和民主党都通过提供短期收益而不是制定长
期的政策来获得美国工人阶级的支持。正如历史学家理查德·厄
斯特赖歇尔（Richard Oestreicher）认为的那样，庇护主义的兴
起是美国从未出现社会主义的原因之一。[16]

　　进步时代（Progressive Era）的改革计划终结了庇护主义，
但它不是我们关注的焦点。相反，19世纪的庇护主义证明了一
个更广泛的观点，它与中产阶级在稳定的民主政体中发挥的作
用有关：贫穷和未受过教育的选民无法靠自己在政治上取得多
大成就。再分配征税和支出取决于中等收入选民和低收入人口
在多大程度上类同。因此，中等收入选民和低收入选民的长期
分化可能会破坏对共同政治目标的追求。如果不平等现象像19
世纪时一样严重，那么中产阶级和贫穷劳动者之间基本不会有

信任。换句话说，当存在着广泛的中产阶级时，为了对技术进步（或其他导致混乱的原因）中的那些输家进行补偿而组建政治联盟是最容易的，当然此时也是最不需要补偿的时候。正如林德特所写的那样："中等收入选民越是关注可能接受公共援助的人并将自己和家人代入其中，他们就越愿意投票支持征税，来为这种援助提供资金。"[17] 只有当扩大了的中产阶级有了不同的期待，他们才可能开启一种新的中产阶级政治。

　　大萧条使得普通人工资异常增长的时代结束了。1900—1928 年，制造业全职工人的年薪增长了 50% 以上。运输业和建筑业工人的工资增长情况也与之类似。他们正和比他们更高阶层的白领劳动者一样从增长中获益。众所周知，大萧条促进了新经济政策的制定和福利国家的兴起。但这两者都依赖于白领中产阶级和工人阶级之间的互相信任。随着工人阶级在接下来的几十年里逐渐成为中产阶级，这种信任只会越来越牢固。罗伯特·帕特南对 20 世纪 50 年代克林顿港的生活做了精彩的描述："体力劳动者和专业人员的孩子们来自相似的家庭，在学校、社区、童子军和教会团体中不知不觉地混在了一起……每个人都知道其他人是哪家的。"[18] 克林顿港在这方面并非例外。当时的体力劳动者与家人可以和白领家庭住在同一条街上。这种中产阶级生活为中产阶级政治奠定了基础。罗伯特·戈登解释道：

　　　　这种粗略的经济平等是最重要的政治事实，它表明战后的美国有了不同的发展模式，美国不再有工人阶级，也没有了工人阶级政治。取而代之的是中产阶级政治，它服务于不断扩大的中产阶级抱负和自我认同感，在这两个方面中产阶级都比实际上更强大——想要被视为中产阶级的人远比已经达到幸福状态的人更多。德国政治经济学家维尔纳·桑巴特（Werner Sombart）在1906年写道，美国的社会主义建立在"烤牛肉和苹果派"的基础上，这是对美国式富足的一个隐喻。战后，拥有财产、资产阶级的世界观和中间派的政治观点的中产阶级不断扩大，这些都证明桑巴特是对的。20世纪40年代至70年代，蓝领劳动者和白领劳动者的抱负和成功之间有明显的重叠，这表明中产阶级的平等主义是多样而稳定的。[19]

因此，从两次动荡的世界大战和大萧条中走出来的美国人发现，政治不再急剧两极分化了。机械化使得工人的技能更有价值，工人们眼看着自己的收入稳步上升，他们为自己赢得了更多的权利。蛋糕做大后被劳工和资本方平分了。战后那些年是一个工人工资迅速上升、利润稳定增长、人们的工作安全而稳定、劳动者骚乱减少的时代。普通人的生活水平不断上升，许多工人和他们的孩子能享受中产阶级生活了。按照福山的解释，马克思的共产主义乌托邦没有在工业世界实现是因为无产阶级成了日益壮大的中产阶级。中产阶级的崛起使美国处于一个良性循环中，经济和政治趋同携手并进。越来越多工人从事中等收入工作，在政治观点上也更加中产阶级化。

1961年，罗伯特·达尔（Robert Dahl）以下面这个问题开始了他在现代政治科学方面的里程碑式工作："在一个几乎每个成年人都能表决的政治系统中，人们的知识、财富、社会地位、参与公共事务的程度以及其他资源分配都不平等，那么实际上是谁在管理？"[20] 他在20世纪50年代末考察了康涅狄格州的纽黑文市，得到的答案是政治权力高度分散。纽黑文市甚至整个美国都是由中产阶级的中间选民在管理。同样重要的是，在经济上关系变得更紧密的美国人在政治上也更加紧密了。1900—1975年，众议院和参议院中温和派的民主党人和共和党人比例都上升了，两党的极端主义成员的数量都下降了："20世纪中期是政治中间派的蜜月期，民主党人和共和党人的关系非常密切。"[21]

政治科学家拉里·巴特尔斯（Larry Bartels）最近在回顾达尔的问题时发现，"这个问题的意义……被放大了，他给出的回答在相关性上存疑，因为在过去半个世纪美国的经济和政治发生了戏剧性的变化"。[22] 最近几十年经济不平等程度迅速加剧，但为什么用税收和支出进行再分配的情况没有如中间选民理论预测的那样大幅增加呢？如果政治话语权和再分配之间存在关联，我们不该设想后者会增加吗？但实际上，1980年以来美国的失业、住房、家庭津贴和现金福利支出以及在劳动力市场方案上的社会支出在国内生产总值中所占的百分比一直停滞不前。[23]

一个可能的原因是低收入工人可能希望保持低税收，因为他们期待今后赚更多的钱。然而这一解释站不住脚：正如我们所见，与前一代人相比，现在的美国人对自己和孩子的前景明显更加悲观了。因此，政治科学家自然而然地开始怀疑达尔观察到的多元民主是否被小部分越来越富有的精英阶层破坏，他们利用经济权力服务于自身的政治利益。一个主要的忧虑在于，日益加剧的经济不平等会使得政治体系越来越少对普通公民的需求做出回应，这反过来又固化了经济不平等。随着中产阶级的萎缩，国会的温和派成员数量急剧下降，政治走向了两极化："保守和自由几乎完全成了共和党与民主党的代名词。"[24] 经济和政治的两极化关系被恰如其分地描述为前后摇摆的"舞蹈"。经济不平等助长了政治两极化，反之亦然。这使得致力于通过非政治的变革来减少技术、贸易、薪酬等方面的不平等变得更困难了。[25]

人们的另一个相关的担忧是，财富的日益集中正在破坏民主的合法性。比如，高昂的竞选费用加深了当选官员对拥有较强经济实力的群体的依赖。然而，美国普通工薪阶层政治话语权的日益减弱是由比少数富人更大的利益驱动的。更令人担忧的是，企业游说的支出大幅增加，工会成员的数量则在不断减少，这种情况"损害了有组织的劳动人民代表参与政府进程的主要机制"。[26] 我们用最低工资制度的衰落为例来进行解释。我们从大量调查数据中了解到，长期以来无论是民主党还是共和党都有许多人支持提高最低工资。在2006年和2008年的选举活动期间，合作国会选举研究（CCES）调查了近7万名美国人对提高最低工资的意见。95%的民主党人（不论自身贫富）都表示支持。在共和党方面，低收入群体中大约75%的人支持提高最低工资，而在年收入超过15万美元的群体中则只有45%的人表示支持。这只是许多此类调查中的一个，"大量公众一致支持提高最低工资，使得自20世纪60年代以来最低工资的实际价值大幅下降这一事实更令人惊讶了"。[27] 然而，正如记者玛丽莲·吉瓦克斯（Marilyn Geewax）所指出的那样，虽然民意调查显示很多人支持提高最低工资，但几乎没有选民就这一问题联系他们的选民代表。"顶级说客不断向餐厅老板和小企业主们进行组织、动员和宣传，他们一直在告诉国会更高的工资会减少利润，限制创造新工作的能力。"[28] 此外，有组织劳工的数量的减少也很难让劳工问题变得更简单。巴特尔斯分析了1949—2013年每年的实际最低工资同比波动的关联，结果显示民主党总统在任时的最低工资实际数值比共和党总统在任时高出40—55美分。然而，他还发现最低工资支持者的境遇甚至更依赖于有组织的劳工。[29]

问题不在于提高最低工资就是缓解工人忧虑的最佳方式。更高的最低工资同样刺激了自动化的发展，这表明劳动者从最低工资得到的收益可能是短期的。[30] 然而，巴特尔斯的分析指向了一个更一般的观点，即提高最低工资的想法就算得到了广泛的支持也没能实现，这种情况表明工人正在失去政治影响力。众所周知，工会组织化（unionization）在20世纪50年代中期达到了顶峰。当时没有受过大学教育的工人也能因工厂和办公机器提高了自身技能的价值而获得更强的挣钱能力。这也让工会变得更强大，尽管某些时候新技术淘汰了工人们（比如灯夫和码头工人）的技能，也由此使得代表工人的工会过时了，但工会成员只占劳动人口的一小部分。20世纪中期最大的单一产业是汽车业，全美汽车工人联合会（UAW）为其成员带来了巨大利益，包括更高的工资、丰厚的养老金以及健康保险，同时它也在有关机械化和其他重要资本投资的管理决策上做了让步。1950年联合会主席沃尔特·鲁瑟与通用汽车公司达成协议（这一协议被《财富》杂志称为"底特律条约"），也和福特、克莱斯勒达成了类似的协议。这些协议为工会成员争取了更高的报酬和更多的假期，作为回报，工会将保护汽车公司免受罢工的困扰。这些协议还对第二次工业革命期间其他许多批量生产行业的集体协商产生了影响。但正如社会学家安德鲁·切尔林（Andrew Cherlin）所写的那样：

> 20世纪50年代的工人有强大的工会支持，也信任管理

层。他们承诺在流水线上不间断劳动，以换取高工资和退休金的承诺。如今的工人和雇主却不信任彼此能做出任何承诺……工会力量衰落了：大部分教育程度低的年轻人都不在工会已经成功组织起来的那些地方工作。劳动者和管理层之间缺少协议。年轻人既没有权利获得体面的薪水和福利，也没有义务成为忠诚的工人……虽然20世纪50年代的底特律条约得到了沃尔特·鲁瑟和当时其他劳工领袖的赞扬，但它已经被普遍的不信任所取代。[31]

20世纪中期的工会组织帮工人获得了清晰的政治话语权，为非技能型工人建立了社会关系。例如，帕特南令人信服地辩称，工会成员减少以后工人的社会资本（social capital）也下降了。[32]此外，工会所代表的工人类型也发生了改变。20世纪五六十年代工会密度达到顶峰时，工会成员的平均技能水平相对较低。而如今工会成员和非工会成员一样拥有技能。[33]

在政党政治中也可以观察到类似的代表非技术型工人的转变。20世纪五六十年代中产阶级中没有受过大学教育的成员构成了左翼政党的支持基础。事实上，托马斯·皮凯蒂通过选举后调查发现，在这几十年中，主张扩大再分配的法国、英国和美国的左翼政党都得到了教育水平有限的选民的支持。但在后来，传统的得到劳动者支持的社会民主党派开始与教育水平更高的选民紧密联系起来。皮凯蒂认为在21世纪头10年里，从这一转变中产生了多精英政党体系，其中的富人支持右翼政党，教育水平高的精英则支持新左翼政党。[34]

因此，非技术型工人与主流政治党派日益脱离开来。工会曾经带给工人额外的议价能力和政治话语权，促进了非技术型工人的社会关系，但现在工会正在衰落。与此同时，认知隔离造成了影响：符号分析师更难获悉关于工人阶级生活的一手信息了，因为他们在各自生活的社区中看不到彼此。经济隔离日益严重，意味着非技术型工人与那些成功人士的隔阂不断加深，这也解释了为何从地理位置的角度来看政治偏好正变得更加两极化。[35]

全球化、自动化、民粹主义

当选的官员们对数百万非技术型劳动者的忧虑无动于衷，对他们的政治利益不管不顾或完全忽视。2008 年，也就是通用汽车公司关闭其位于威斯康星州简斯维尔的工厂一年前，奥巴马总统在这座工厂发表了一场鼓舞人心的演讲，他说"这座工厂将在这里继续存在一百年"。[36] 工厂关停之后，奥巴马的白宫汽车社区和工人委员会主席参观了简斯维尔，但没有提供任何实质性的帮助或救济。2012 年，奥巴马在麦迪逊的竞选集会上对欢呼的人群说"汽车产业将重回巅峰"，此时在新闻上看到他的简斯维尔居民一定会想起他以前说过什么。按照埃米·戈德斯坦（Amy Goldstein）的说法，那些话很难在简斯维尔再说一遍了。[37]

非技术型工人的经济机会不断减少，他们的担忧也很少得到政治回应，这些情况助长了民粹主义和（身份）认同政治。在 2016 年的总统大选中，唐纳德·特朗普（Donald Trump）几乎惹怒了你能想象到的所有群体，但也许有一个例外——白人工人阶级。大选的结果被认为是对美国白人作为主导群体的未来地位（而非经济困难）感到焦虑的结果。正如政治科学家戴安娜·C. 穆茨（Diana C. Mutz）认为的那样，"在许多方面，群体威胁感是一个比经济衰退更难缠的对手，因为它是一种心态，而非实际发生的情况或不幸"。[38] 但这种解释忽略了一个事实，那就是美国白人认为自己和自己的身份认同因劳动力市场机会的减少而受到了威胁。工人阶级永远不只是一个经济范畴，它还是一种文化现象。在制造业时代，男性工人必须说服自己以工厂流水线上单调的劳动为荣。社会学家米歇尔·拉蒙（Michèle Lamont）的观点很有说服力：他们的解决办法是构建一个"自律的自我"的身份。[39] 这一身份需要纪律，每天早起去上班，日复一日地、连续地完成同样的常规工作。他们需要自律才能成为养家糊口的人，每年、每周把工资带回家。20世纪90年代，拉蒙采访了一些男性蓝领工人，她发现这些工人将自己的自律类型与美国其他群体的自律做了鲜明的对比。他们认为受过大学教育的精英们或符号分析师不值得信任，因为后者不够正直，愿意为了晋升做任何事情。蓝领工人中的白人也疏远黑人，因为他们认为黑人缺乏自律，经常依靠福利来生活。

工人阶级的"白人化"有其历史根源。用切尔林的话来说就是：

> 许多工会不吸纳黑人成员。即使是那些吸纳了黑人成员的工会，当地分支通常也是分开的。19世纪90年代，美国劳工联合会（AFL）成了最有影响力的工会组织，其领袖塞缪尔·冈珀斯（Samuel Gompers）敦促其旗下的工会组织接纳黑人，这样雇主就不能使用低薪黑人来削弱白人的地位。但联合会对他的言论无动于衷，像全国机械师协会这样一些重要的工会尽管拒绝接纳黑人成员，却仍被允许加入劳工联合会。这是一个决定命运的选择。这样一来，"工人阶级"

就成了一个隐含着"白人"意味的术语。在整个19世纪和20世纪的大部分时间里,这一术语都保留着这一隐含意义。[40]

在锈带(Rust Belt,美国东北部衰落的制造业市镇),失业现象如今非常普遍,"自律的自我"更难得到认同,潜伏的不满苏醒了。我们通过大量研究得知,相对收入影响着人们的抱负和主观幸福感。[41] 以前蓝领白人认为他们在往上爬,但现在他们觉得自己落在了后头。正如综合社会调查所表明的那样,人们对过去的看法和对未来的态度(乐观或悲观)存在相当大的种族差异。自1994年以来,该调查向美国人问了一些问题,比如:"你认为自己跟在你这个年纪的父母相比,生活水平大幅提高了,或略微提高,或基本保持一致,略微下降,还是大幅下降了?"在没有受过大学教育的民众中,黑人群体中给出否定答复的比例自1994年以来下降了,白人群体中给出否定答复的比例则大幅上升了。[42] 这种态度的转变在很大程度上解释了特朗普在白人工人阶级中的吸引力:

> 在受教育程度较低的工人群体中,仍存在着种族矛盾。白人们没有意识到他们长期以来沉浸在对黑人的敌意中。可以肯定的是,在19世纪末20世纪初的工业化中,大部分白人工会拒绝吸纳非洲裔美国人,这种公开的种族歧视后来大幅下降了。民权立法、态度转变和受教育水平的上升都是非洲裔美国人相对地位上升的原因。1900年,工会领袖公开指斥黑人为"Negro race"的情况很普遍,但你无法想象如今的工会领袖会这么做。尽管如此,在"白人"和"工人阶级"之间仍存在着一种关联……接受调查的白人男性认为,

与上一代相比他们的劳动力市场预期恶化了，他们的看法是对的。在蓝领工作机会整体都在缩减的环境中，白人认为黑人向上发展是不公平地侵占了他们的机会，而非削弱了他们拥有的种族特权地位。[43]

众所周知，特朗普的竞选活动涉及许多种族挑衅和对美国精英阶层的攻击。他的骇人言辞的确吸引了一些人，毫无疑问，他吸引的那群人就是拉蒙的研究所描述的工人阶级。当然，特朗普的很多竞选活动都聚焦于移民等问题。但是，如果非技术工人仍有大量高薪职位且工资在不断上涨，那么特朗普的策略还会如此成功吗？无论如何，技术和全球化给非技术型工人的工资带来的下行压力明显超过了移民带来的压力；相反，有证据表明，移民不仅没有给非技术型工人的工资带来明显的负面影响，还促进了就业、创新和生产率的发展。[44]"让美国再次伟大"这一口号瞄准的显然是在第二次工业革命中发展起来的烟囱城镇中的人。这些城镇曾经非常繁荣，但现在处在绝望之中。就社会流动性而言，实际上每个公民都非常关心实现美国梦的机会，但收入预期的提高在很大程度上取决于他们碰巧在哪里成长。对于那些最大的美国城市来说，假如一个孩子出生在收入分配最底层的五分之一的家庭中，若想加入收入分配最顶层那五分之一的人群，其概率在北卡罗来纳州的夏洛特是4.4%，在加利福尼亚的圣何塞则是12.9%。[45]（虽然12.9%看起来有点低，但以五分之一来划分的代际流动率不可能超过20%：如果最底层五分之一家庭的孩子收入攀升到最顶层五分之一的概率为20%，这就意味着他们的机会和其他任何孩子一样了。）美国南部的城市存在着长期的种族隔离史，如今仍是全美社会流动性最低的地方。但在像俄亥俄州的克利夫兰和密歇根州的底特律、大急流城这样的制造业城市，工人们提高收入的前景几乎同样黯淡。是什么造成了这种机会的不平等？美国梦成为噩梦的那些地区有一些共同点：许多孩子成长于单亲家庭、社区里犯罪很普遍、收入差距大、中产阶级已经萎缩。简而言之，查尔斯·穆雷描绘的渔镇中存在的那些社会弊病在折磨着他们。

蓝领美国人经历了很多不愉快的事情。如上所述，他们感到自己遭受了家庭财务方面的冲击，一些人离了婚，有些人的健康状况在恶化。特朗普的选民的确混合着多个群体，其中不乏高收入人群，但许多经济学家相信，美国的工人阶级白人（他们眼睁睁看着自己的工作被机器或中国人取代了）的经济困境影响了特朗普的选举结果。这种解释之所以吸引人，不仅因为它够直观，还因为它是经验之谈。在特朗普主义的时代来临前，全球化早已使美国的政治更加两极化。在非技术工人的劳动力市场前景继续恶化的情况下，国会里的意识形态极端分子赢得了更多选票。2001年中国加入世贸组织后，在那些受全球化力量影响的选区，两党中的意识形态极端分子取代温和的现任议员的可能性都增加了。[46] 当然，全球化是特朗普的选举核心议题之一。毫不奇怪，在受中国进口影响最大的领域，特朗普的收获最大——相比于乔治·W.布什2000年的选举来说。[47] 然而，尽管全球化常被引为反面角色，但自动化也毁灭了所谓的蓝领贵族社区。生产即使重回美国，也无法弥补中产阶级群体中未受大学教育的人在去工业化进程中工作岗位的大量流失。计算机革命同样一直是全球化的潜在推动者，它意味着非技术型工人工作机会的全面减少：部分发展中国家的常规工作岗位也正在消失。[48]

在美国，这一过程已持续数十年，但它被其他一些因素掩盖了。虽然许多蓝领男性确实发现他们的收入下降了，但由于越来越多女性进入职场，因此有些家庭的收入仍在上升。2000年女性劳动力参与率的增长出现逆转，但在此之前，女性一直都在帮助抵消男性的工作亏损。然而，还存在着另一个补偿来源：技术变革对中产阶级的日常影响被低收入家庭的抵押贷款补贴抵消了，这意味着即使收入下降了，消费大体上也不会受影响。这是由来自中国的流动资金造成的，它使得连美国的非技术型工人都产生了幻觉，以为自己的生活水平仍在提高，直到2007年的房地产泡沫破裂。[49] 此外，房地产的繁荣带动了建筑业工作岗位的增长，掩盖了非技术型工人工作岗位消失的事实。换句话说，大衰退（Great Recession）揭示出了常规蓝领工作岗位的长期减少，但这种情况被过度廉价的信贷和随之而来的房地产泡沫掩盖了。[50]

经济衰退的确直接减少了整个国家的工作机会。但在工厂关停的地区，失业率自那以来却下降了。问题在于虽然许多工作岗位回归了，高薪工作却没有。2008年通用汽车公司关停了简斯维尔的工厂，埃米·戈德斯坦描述了经济衰退后居民们的经历，她对城镇的状态做了如下的精彩描述：

> 因此，从技术层面讲，大衰退结束7年半后，简斯维尔怎么样了呢？或许让人意外的好，或许不好，这完全取决于个人的衡量方式。根据最新的统计，罗克县的失业率大幅降至4%以下，这是21世纪初以来的最低水平。人们像大衰退之前一样重新开始工作，配送中心再次繁忙起来。贝洛伊特的工厂，比如菲多利和荷美尔食品公司一直在招人，有

些人去了更远的地方工作。这都是好消息。但并非每个现在拥有工作的人都像以前宽裕时挣得那么多。装配厂关门后，县里的真实收入在总体上下滑了……近来最大的就业消息是，达乐公司决定在城市南部建一个配送中心。市政府会提供1150万美元的经济刺激计划——这创下了简斯维尔的新纪录。达乐公司称会首先开放300个职位，也许最终会增加到500个，这是多年来最大规模的招聘。大多数岗位的时薪为15或16美元，远低于通用汽车公司工厂关门时的28美元，但如今这在城里已算不错的收入。人们迫切需要工作或更高的收入，因此，最近达乐公司举行就业招聘会时，超过3000人前往现场参加招聘。[51]

简斯维尔并非孤例。在锈带地区，中等收入工作岗位并未回归，再加上自动化技术最近取得进展，这些工作岗位似乎更不可能回来了。2017年，《华盛顿邮报》报道了俄亥俄州威明顿的一个故事。威明顿是一个以白人为主的小镇，1995年诺曼·克兰普顿（Norman Crampton）的《美国的100个最佳小镇》（*The 100 Best Small Towns in America*）曾提到过它。[52] 特朗普在竞选期间两次到访威明顿并得到了回报。威明顿使得"让美国再次伟大"不再只是一句口号，而是成了一种期待。2008年德国敦豪航空货运公司（DHL）离开威明顿，使得这个人口仅为12,500人的小镇失去了7000个工作岗位。迈克尔·奥马切理（Michael O'Machearley）如今在他的后院制作定制刀具，他现在的收入只有2008年被解雇前在DHL从事运输工作时的一半。但考虑到大环境，他认为自己的处境还不错。正如他所解释的那样："镇上有人因为DHL的歇业而离婚，因此失去了家庭。在这个镇上出售房子你赚不到任何钱……我们的镇中心以前是个非常棒的地方，现在却走向了衰亡。"[53] 成为亚马逊的运输配送中心这一可能成了这个镇的最大希望。奥马切理告诉我们，问题在于亚马逊"不会使用同样数量的员工，因为他们使用很多机器人"。[54]

奥马切理并没有因自动化而丢掉工作。但他认为机器人意味着运气不好的非技术型工人的工作机会越来越少，这一想法是对的。在战后经济发展的高峰期，提供给非技术型工人的高薪岗位非常多，一个人在当时失业了，情况不会这么艰难。自动化时代到来前，工人们怀着最终能够成功的期待接受了劳动力市场的变动。但如今他们这样做的可能性更低了。在特朗普以压倒性优势获胜的俄亥俄州，自2000年以来，35万个工厂工作岗位消失了，这里的中产阶级衰落的幅度可能比其他任何州都大。卫生保健部门成了最大的雇主，但该部门的岗位薪资通常比消失了的生产岗位要低。将通货膨胀考虑在内进行调整之后，人们的年收入中位数已经从2000年的57,748美元下降到2015年的49,308美元。这种情况的原因之一是俄亥俄州的工厂中使用的机器人数量仅次于密歇根州。

如上所述，大衰退以来美国工厂使用的机器人数量增加了50%。机器人革命多数发生在北部锈带地区，这些地方也是特朗普为共和党取得了最大收益的地方。为特朗普赢得了选举的锈带曾是专家和政治分析家所说的蓝州的一部分——蓝州就是安全的民主党州。在这些地方并不是所有的制造业城镇都支持特朗普，但大量投资自动化的工业选区大多支持特朗普。无论是发现自己的工作被机器人接管的选民，还是面临着外部机会减少的选民，都更可能支持特朗普。我和索尔·伯杰以及陈钦智

（Chinchih Chen）的研究表明，如果自2012年大选以来美国工厂中的机器人没有增加的话，密歇根州、宾夕法尼亚州和威斯康星州会由民主党获得多数席位，选民会支持希拉里·克林顿（Hillary Clinton）。我们提出了包括全球化和移民在内的多种解释。虽然我们必须时刻对反事实思维保持怀疑，但自动化水平和投票模式之间显然有关系，这也为特朗普在这三个州获得胜利提供了有力的解释（自1992年以来这三个州在每次总统大选中都支持民主党）。[55]

因此，技术进步在引发抗议的过程中的作用在今天和在19世纪初时一样重要。和当时一样，最近的抗议主要原因是人们担心劳动力市场中的工作机会越来越少。最近托克·艾特、加布里埃尔·利昂（Gabriel Leon）和马克斯·萨切尔（Max Satchell）通过研究发现，"英国北部的前矿工们和美国中西部的工厂工人们当下的境况和19世纪30年代初被脱粒机取代的农场工人们的境况没有差别"。[56]但作者们也认为，虽然斯温暴动的发生是因为人们担心脱粒机会接替人们的工作，但与此同时，当一个地区的潜在暴徒得知邻近地区发生暴乱后，暴乱就会明显蔓延开来。这种现象表明信息流加剧了工人们的担心。[57]如今信息流的传染性要大得多。斯温暴动发生在铁路和电报网络的建造之前（意味着信息只能通过步行、骑马或乘马车传播），因此恐慌情绪主要通过市场和交易会上的会面来传播。相比之下，社交媒体时代的信息传播过程大大加快。众所周知，脸书（Facebook）和其他公司使用的人工智能会了解用户的偏好，从而强化用户的政治信仰和偏见。正如剑桥分析公司丑闻表明的那样，社交媒体无疑成了特朗普团队利用人们的不满的重要渠道，但它本身并不是造成人们担忧的原因。

新卢德主义者

全球化已经站到了政治辩论的舞台中心。2016年美国总统选举期间，伯尼·桑德斯（Bernie Sanders）和唐纳德·特朗普都把对贸易协定的猛烈攻击作为竞选主题。特朗普的胜选在一定程度上要归因于贸易给部分劳动力市场带来的负面影响，他在竞选时承诺将对贸易协定进行重新谈判，他声称那些协议牺牲了美国工人，造福了其他国家，这种说辞对那些在全球化过程中失败的人来说无疑是有吸引力的。他对贸易的攻击无疑过度了，但毫无疑问，许多体力劳动者及其家人强烈感受到了低成本竞争的结果，特别是自中国加入世贸组织以来。全球化并没有造福所有人，自动化也是如此。正如经济学家达尼·罗德里克（Dani Rodrik）写的那样，"很难说全球化是对现有社会契约的唯一冲击。所有人都认为，自动化和新数字技术对去工业化、地域间的不平等以及收入不平等在量上产生了更大的影响"。[58]

关于全球化成了政治矛头对准的目标而自动化却没有的问题，罗德里克也给出了有力的解释。他认为"贸易在政治上之所以显得特别重要，主要在于它经常以技术（造成不平等的另一个因素）所不能引起的方式引起人们对公平的担忧"。[59] 不公平竞争引发的不平等现象会带来更多的问题。当一项更好的技术将旧技术淘汰时，没人有理由抱怨："为了避免造成蜡烛制造者失去工作而禁止使用电灯，几乎所有人都会认为这是愚蠢的想法。"[60] 但当一家公司通过将生产外包给按照不同的基本规则竞争的国家展开竞争时，人们更有可能反对。因为在这些国家，劳动者的议价权受到限制，童工盛行，这种情况损害了西方国家的社会契约和制度安排。虽然全球化和自动化打击的是同一拨人，但他们对贸易不持乐观态度，因为某些国家的公司违背贸易规则，它们的竞争条款根据美国的法律来讲是非法的。换句话说，贸易是有问题的并不仅仅因为它带来了收入的重新分配。几乎每一项政策干预或市场交易在某些方面都是如此。两个多世纪以来，技术进步一直都是劳动力市场发生剧烈变动的原因。但正如罗德里克所写的，"如果我们期待重新分配的长远影响趋于均匀，即每个人最终都会成功，我们就更可能忽视收入的重新洗牌。这也就是我们相信技术进步虽然会在短期内给一些人带来毁灭性的影响，但长期来看会按照自身阶段不断发展的关键原因"。[61]

但我们必须区分不同的技术类型。那些相信技术进步最终会让他们过得更好的人更有可能接受劳动力市场的变化。但如果人们的工资在几十年内都没有提高，可替代的工作选择又在逐渐减少，他们就更有可能抵制技术力量。如上所述，在工业化初期，并不是每个人都成功了，那些受到负面影响的人强烈反对引进新技术倒也合理。虽然恩格斯式停顿最终结束，从长远来看普通人的生活也变得更好，但许多由于机器而丢了工作的人从来没有看到增长的益处。我们现在生活在另一段劳动取代型技术变革的时期。罗德里克指出，"从机器人技术、生物技术、电子技术和其他领域不断发展出来的发现和应用带来的潜在优点就在我们周围，很容易看到……许多人相信世界经济可能正处在另一个新技术爆发的转折点。麻烦在于这些技术大多是劳动力取代型的"。[62]

归根到底，不管结果是由自动化、全球化还是其他因素决定的，没有什么能确保公民们会接受市场的裁决。许多公民对最近的技术进步也不感到乐观，这很好理解。2018 年 5 月 23

日，拉斯维加斯烹饪工会的2.5万名成员几乎都表决赞成罢工。除了要求更高的报酬，他们也要求在应对机器人时有更好的工作保障。拉斯维加斯一家酒店的厨师查德·尼阿诺沃（Chad Neanover）说："我赞成罢工，以确保我的工作不会被外包给机器人……我们知道技术正在到来，但劳动者们不应该被技术淘汰或甩在身后。"烹饪工会的财务主管秘书补充道："我们支持对工作有帮助的创新，但反对只会破坏就业的自动化。我们的行业在创新的同时不能丧失人情味。"[63]

从更广泛的层面来看，皮尤研究中心2017年调查了4135名美国成年人后发现，受访者中有85%支持用政策将劳动力自动化限制在危险岗位，47%"强烈"支持。另外，有58%回应道："即使机器更好也更便宜，也应该对使用机器取代工人的岗位的数量加以限制。"在"谁该为失去工作的工人负责"这个问题上，受访者的分歧更大："即使这意味着税收将大幅提高"，仍有约一半的人认为责任归于政府。受访的民主党人通常认为政府应该扮演更重要的角色，共和党人则更倾向于认为责任是个人的。然而，有85%的民主党人和86%的共和党人都认为，应该将自动化限制在危险或有害健康的岗位范围内。还有一点也许并不令人惊讶，即劳动力市场中经历过工作机会减少的群体更有可能支持限制自动化的政策：在那些只有高中及以下文凭的受访者中，70%的人认为应该限制企业能用机器完成的工作的数量；这一比例在那些有大学学位的人群中只有40%。[64]

历史告诉我们，那些担心技术进步可能造成政治动荡的政治精英们可能会阻挠技术发展。[65]上文讨论过，掌握了大部分政治权力的前工业时代君主们担心他们将不得不与日益壮大的富裕商人阶级分享这些权力。下层人民给他们带来的威胁也使他们震惊，他们担心机器夺走工人的工作会造成社会和政治动荡。然而，尽管这些担心持续到了19世纪，但民族国家之间日益激烈的竞争改变了统治阶级的考量。正如第三章曾提到的，行会的衰落和国际竞争的增强意味着取代技术带来的外部威胁比来自下层的内部威胁更大。连续的竞争削弱了阻挠进步的动力，这在很大程度上是因为"技术落后使得国家在遭受入侵时更脆弱"。[66]

即使进步要牺牲掉中等收入的工人，英国政府仍然开始支持创新者，主要原因在于它对英国在贸易领域的竞争地位的担忧。它开始意识到强大的战争机器依赖于强大的经济。换句话说，外部威胁被认为比反对机器的暴徒带来的内部威胁更严重。随着卢德主义者暴乱席卷了英国，另一个议会委员会听到了棉纺工人们的请愿，他们深受机械化的折磨。尽管政府承认劳动者们会承受痛苦，但是1812年听证会的报告表明政府仍决定支持技术发展。上文提到过，于1812年成为首相的利物浦伯爵深信，任何减轻工人苦难的措施都只会阻碍他们的再就业，不利于英国保持竞争力。[67]

19世纪的政府并不认为技术是一股不可阻挡的力量。相反，他们必须投入相当大的力量来确保卢德主义者和其他群体无法阻碍机械化。工人阶级也不认为机械化必将发生。人们一次又一次试图中止机器的推广。如果卢德主义者成功了，机械化工厂将无法取代家庭产业，工业革命就很可能不会首先在英国出现。

过去几十年间竞争并没有减弱。正如工业革命部分地归因于贸易领域的竞争，计算机化的一部分动力来自西方国家高昂的劳动力成本和日益加剧的全球竞争。日本、韩国以及最近中国的崛起迫使许多美国公司做出选择，要么将生产转移到海外，要么转向自动化。1984年，通用电器位于肯塔基州路易斯维尔的一座工厂的工会领袖唐纳德·本内特（Donald Bennett）告诉《纽约时报》："自动化势在必行，否则我们将连工厂也一并失去。现在我们已经失去一些工作，但是为了把工厂留在这里，我们必须接受一些改变。我们绝不希望这些工作跑到其他地方。"[68] 最近就连中国都在推动自动化以保持成本优势。现在中国是全世界最大的工业机器人市场。

近年来，全球技术领导者之间的竞赛正愈演愈烈。超级计算机是计算机王国里的大象，有些读者可能会惊讶地发现美国已不再拥有最快的超级计算机了。这是非常重要的，因为拥有最快的超级计算机的国家在其他一系列领域也将走在前列。这也是白宫科技政策办公室认为超级计算机"对经济竞争力、科学探索和国家安全至关重要"的原因。[69] 2015年，奥巴马政府发起了国家战略计算倡议（NSCI），以确保美国在超级计算领域保持领先。尽管做了这些努力，但现在世界上最快的超级计算机在中国。美国正感受着压力，因为每一届美国政府都知道，技术优势的转变往往伴随着政治权力的转移。

然而，在中产阶级不断衰落的那些自由民主国家，政治动荡的内部威胁越来越大。随着民粹主义的抬头，非技术型工人的担忧变得越来越不容忽视。即使政府担心国际竞争，民粹主义者也仍有可能推动限制自动化的政策，就像他们压制全球化的方式一样。人们不需要认为自动化是生活中不可阻挡的事实。相反，自动化给政府提供了寻求政治控制的机会和挑战。举例来说，限制技术创新和限制某些技术的使用不同。如果对保住工作有强烈的政治偏好，那么那些以牺牲生产率为代价来保住就业的政策可能仍会被施行。走在巴黎街头，你可能会经过几十家书店，一个原因就是法国最近通过了所谓的反亚马逊法，规定线上卖家不能为打折书籍提供免费送货服务。法国通过帮助独立书店竞争以促进"文化多样性"，上述法规就是这项行动的一部分。[70] 为了保住人们的工作，法国决定放弃生产率和消费者福利。

我列举这个例子并不表示我支持反对自动化的政策。正如历史所表明的那样，从长期来看省力技术和不断提高的生产率是改善生活水平的先决条件。工业革命前的经济增长非常缓慢，原因之一（准确来说）就是人们抵制那些有可能使劳动技能过时的技术。关键是我们无法保证技术能不受干扰地持续发展。自动化完全有可能成为政治目标。20世纪是人类历史上的一段非凡时代，因为我们基本看不到有人反对机器。尽管一个政党通常代表特殊群体的利益，但随着选民结构不断变化，新的经济和社会议题不断出现，新的政治议程也不断出现。政治家们不断转变选民关心的议程来动员选民，以此来自主寻求权力。而最近，人们显然最关心自动化。英国工党领袖杰里米·科尔宾（Jeremy Corbyn）认为自动化威胁到了工人的工作，因此他承诺将对机器人征税来减缓自动化的步伐。[71] 由于担心就业问题，韩国总统文在寅（Moon Jae-in）已经削减了对机器人和自动化投资的税收优惠。[72]

在美国，杨安泽把自动化作为他参与2020年总统竞选的核心主题，他认为我们很难直接向机器人征税。相反，他提议向那些使用自动化的公司征收特殊的增值税。[73] 虽然很少有候选人把自动化作为核心政治主题，但我们从最近的事件中了解到民粹主义思想在获得一些吸引力以后就会迅速传播。特朗普承诺提高钢和铝的进口关税，这一举动赢得了锈带地区各州民主党人的赞扬，后者正在寻找能够吸引选民的东西。比如，参议员谢罗德·布朗（Sherrod Brown）最近告诉路透社，"对于俄亥俄州各地已经关闭的钢铁厂和担心自己的工作被来自中国的竞争者取代的钢铁工人来说，这一备受欢迎的举动早该开始了"。[74]

展望未来，随着劳动力市场受贸易的影响越来越小，技术的取代性影响越来越大，民粹主义可能会转换目标。中国作为一个工业大国的崛起已经发生，那些能转移到海外的岗位已经离开了美国和欧洲。正如选民们最终会发现的那样，它们不会再大规模回归了。那些认为对钢铁征收关税会给美国带来就业的人最好去参观一下欧洲的钢铁厂。奥地利每年生产50万吨钢丝只需要14名员工。一个人在参观过奥地利工厂后表示，"那里几乎没有人，最多只有三个技术员在平板屏幕上监测着钢铁的产出"。[75]

因为绝大部分美国人在非贸易的经济行业工作，他们也就越来越不受贸易的直接影响。诺贝尔经济学奖得主迈克尔·斯宾塞（Michael Spence）和桑迪·赫拉特什韦约（Sandie Hlatshwayo）已经证明，1990—2008年非贸易服务可能占美国就业总增长的98%。[76]但正如我们将看到的那样，人工智能和自动驾驶的兴起意味着很大比例的非贸易工作岗位容易受自动化的影响。正如奥巴马离任时指出的那样，"下一波经济失调的浪潮不会来自海外，而是来自无休止的自动化，它会淘汰掉许多优秀的中产阶级工作"。[77]

结　语

中产阶级的崛起在很大程度上是两次工业革命的结果。从19世纪中期到计算机时代，技术变革帮助稳步增加的工人步入了中产阶级行列。从这方面来看，计算机革命不是机械化世纪的延续，而是彻底的颠覆。最近，自动化已经使由于20世纪办公机器和工厂机器的普及而诞生的就业机会有所减少。美国经济的重构并不利于中产阶级。20世纪80年代后的几十年在很多方面都跟19世纪初非常相似。19世纪初，机械化工厂造成了相似的劳动力市场中空化，给工人的工资带来了下行压力，使劳动在收入中的占比下降了，这对普通人来说是不利的。如果考虑到没有受过大学教育的中产阶级经历的命运逆转，那么最近民粹主义的回潮就没那么令人困惑了。蓝领家庭（尤其是那些认为他们的收入和地位原本应该提高的家庭）现在认为他们已经落伍了。我们很难相信如果中产阶级的下层成员工资上涨，同时出现了大量高薪工作机会，民粹主义还能保持这样的吸引力。

这里显然并不是说美国若在计算机革命刚开始时就停止技术发展，它现在就会更好。我们因工业革命未被卢德主义者中止而感到庆幸。和工业革命一样，自动化时代也给人们（尤其是消费者）带来了巨大的福利。但同样地，和工业革命一样，它从根本上重构了经济和社会基础，给劳动力市场中的许多群体带来了负面影响。与19世纪早期的相似之处肯定会被夸大。我们很难相信当代的美国人会去"黑暗如地狱般的工厂"工作。我们认为跟卢德主义者的物质条件相比，如今的穷人经历的苦难也没那么残酷了。2011年，美国传统基金会发布了一份煽动性的报告，题为"空调、有线电视和Xbox：在如今的美国，贫困是什么"。作者正确地指出，在过去的一个世纪里，美国穷人的物质生活标准得到了极大提高。曾是奢侈品的创新产品如今在所有家庭都很普遍："2005年，政府认定的典型贫困家庭都有了汽车和空调。在娱乐设施方面，家里有两台彩电、有线电视或卫星电视、一台DVD播放机和一台录像机。如果家里有孩子（尤其是男孩），一般就会有游戏系统，比如Xbox或PlayStation。厨房里有冰箱、烤箱、火炉和微波炉。其他家用设施还包括洗衣机、烘干机、吊扇、无绳电话和咖啡机。"[78]甚至连卢德主义者也能接触到他们的曾祖们无法接触到的各种消费品：

> 关于遗嘱认证记录和其他资料的定量研究促使历史学家得出了结论，像时钟、家具、玩具、书籍、地毯、马车、珠宝、餐具、咖啡和茶具、画作和其他家庭装饰品等耐用品的消费不断增长，并在1680—1720年达到顶峰。这些商品大部分仍限定在中产阶级范围内——事实上它们可能已成为中产阶级的标志。然而到了18世纪，它们不断下沉到工人阶级消费领域，下沉到收入分配最底层的20%而且不具有技能的穷人和农民的生活中。[79]

如今的低收入家庭能接触到许多连文艺复兴时期的君主都无法享有的东西，这一事实无疑是数个世纪以来物质极大进步的证据。正如熊彼特所指出的那样，资本主义的成就不是为君主提供更多的丝绸长筒袜，而是"对应于工作量的不断减少，工厂女工们也能够接触到这些商品了"。[80]但资本主义的成就并不会抵消人们对日渐衰落的中产阶级福祉的担忧。很多必需品没有变得更便宜，对这一问题它也没有给予关心。由于通货膨胀的速度比一些工人的工资增长更快，对许多美国人来说，不管拥有多少电视机、微波炉、手机和电脑，他们还是越来越难以负担医疗、教育和住房的费用。许多曾属于中产阶级的家庭现在虽然算不上贫穷，但是也受到了冲击。原因之一恰恰是许多消费品的降价、自动化和将生产转移到海外降低了这些产品的成本。多数美国人既是消费者也是生产者。在劳动取代型技术变革的时代，商品廉价化的反面是劳动力中有很大一部分在劳动力市场上受到影响。这正是在工业革命早期发生过的事情，它在自动化时代又一次发生了。即使我们假设自动化的再分配效应在长期内会达到平衡，就像19世纪末机械化工厂的情况一样，而且技术变革最终会造福所有人，但短期就是一些人的一辈子。

第五部分

未　来

未来会怎样？……迄今为止，计算的历史表明在整个经济中，基础计算进程和计算在应用方面的创新都没有放缓。也许除了人类，计算机和软件才是最终的通用技术。它们有潜力渗透并从根本上改变经济生活的每一个角落。照当前的发展速度，计算机在复杂度和计算能力方面正接近人脑。也许计算机将被证明是最终的外包商。

——《计算领域两个世纪的生产率增长》，威廉·诺德豪斯

19世纪初的卢德主义者的呼声与接下来几十年中有同样想法的模仿者的呼声一样，肯定都被人们听到了。然而，他们基本不能指望改变自己的命运：民主仍非常有限，绝大部分人的生活水平仍然很低，大部分人依然要为基本需求的满足而疲于奔命。此后情况发生了很大的改变。如今在发达的西方社会，每个人都有希望（至少在理论上）充分参与政治、经济、文化领域的社会生活。人们不仅能够期待在定期选举中投票，也能通过"参与民主制"产生影响。人们不仅能保住工作，也能分享经济增长带来的好处，这就构成了"期待的民主化"。

——《作为下一项通用技术的人工智能：基于政治经济学的视角》，曼努埃尔·特拉杰滕伯格

　　据说丹麦物理学家尼尔斯·玻尔（Niels Bohr）曾打趣道："上帝把简单的问题交给了物理学家。"自科学革命以来，科学知识的稳步积累极大改进了自然科学预测结果的方式。但在经济学上，真实情况却恰好相反。物理定律的适用范围跨越了时间和空间，但在经济学和其他社会科学中，边界条件（boundary condition）并不是永恒的。我们可以说，工业革命前经济增长缓慢或停滞的时候，经济结果的可预测性处于顶峰。

　　技术进步的确是一个不断进化的过程，这意味着从长远来看，我们对它的表述不会一成不变。正如我们在前面的章节提到过的，自动化的潜在范围已经随时间推移而稳步扩大了。但近期我们发现，一些工程瓶颈的存在为计算机可执行的任务类型划定了边界。正如我们在第九章中看到的，从20世纪80年代开始，常规工作大量被淘汰。但早在20世纪60年代，美国劳动统计局就观察到了一个现象："机械化可能的确创造了很多乏味的常规工作，然而自动化不是这一趋势的延伸，而是逆转：自动化承诺将削减常规工作，并创造出其他需要更高技能的工作。"[1] 通过观察计算机能做什么，他们在大逆转发生20年前就对它做出了预测。技术的采用与推广需要时间，我们可以从仍存在缺陷的原型技术中来推断目前的工作面临着的自动化情况。

　　由于经济在很大程度上取决于技术发展和人们的适应情况，因此没有什么经济定律能假定后30年的情况会完全对应于前30年。也许我们正处在一系列使能技术突破的前沿，这些突破会为中产阶级人群创造大量新工作。然而，过去几十年经历的事实却指向了相反的方向。我们有充分的理由相信，除非有政策的干预，否则目前的趋势将继续持续一段时间。对中产阶级的就业前景产生最关键影响的因素是计算机能做什么和不能做什么。人和机器之间的劳动分工也在不断演变。人工智能领域的最新突破表明机器能够学习，这在历史上尚属首次。为了更好地理解下一波自动化浪潮，让我们先看看在人工智能时代，计算机到底能做什么。

第十二章

人工智能

　　一场包括了更大的数据库、摩尔定律、灵巧的算法在内的完美的进步风暴，为人工智能最近的许多进展铺平了道路。最重要的是在过去的几十年里，人工智能使得自动化超出了常规工作的范围，延伸到了一些全新的、意想不到的领域。在过去基于规则的计算时代，自动化受限于必须由程序员做出明确规定的演绎指令。人工智能发现了将人类难以表达或解释的事情进行自动化处理的方式，比如怎样开车或翻译一篇新闻报道，这让我们解决了（或至少部分解决了）波兰尼悖论（见第九章）。[1] 最根本的区别在于，我们现在不是通过编写一组指令来实现任务的自动化，我们给计算机编写程序是让它从数据样本中"学习"或"体验"。若任务规则是未知的，我们就能应用统计数据和归纳推理让机器自己学习。

　　在技术领域之外，人工智能仍处于试验阶段。但人工智能研究的前端正在稳步前进，这反过来扩大了计算机能完成的潜在任务集。深度思考公司（Deep Mind）的阿尔法围棋（AlphaGo）在2016年成功打败了世界上最好的职业围棋选手李世石（Lee Sedol），这可能是最广为人知的例子了。随着李世石的失败，人类在经典棋盘游戏中失去了最后一点竞争优势。

二十多年前人类在国际象棋领域被超越。众所周知，在1996年的一场六局的比赛中，国际象棋大师加里·卡斯帕罗夫（Garry Kasparov）在对阵IBM的"深蓝"（Deep Blue）时胜了三局，但在一年后的历史性重赛中输掉了比赛。

与国际象棋相比，围棋的复杂性是惊人的。围棋比赛在一个19乘以19的正方形棋盘上展开，国际象棋的棋盘则是一个8乘以8的正方形。1950年，数学家克劳德·香农（Claude Shannon）在他的开创性论文中演示了如何编写程序让机器下国际象棋。国际象棋中可能的最大移动步数的最小估值大于可观察宇宙中的原子数。围棋中的移动步数的估值则是这一数值的两倍。[2] 事实上，就算宇宙中的每一个原子自己都独立成为一个宇宙，且里面包含的原子数和我们宇宙中的原子数相同，原子的数量仍比围棋中可能的合法移动步数要少。这种比赛的无限复杂性意味着即使是最厉害的棋手也无法将其分解为有意义的规则。取而代之的是，职业棋手通过识别"一些棋子包围空间"这一模式来下棋。[3] 如上所述，2004年，弗兰克·利维和理查德·默南出版《新劳动分工》时，人类在模式识别方面仍具有比较优势。[4] 当时在识别模式上计算机还无法挑战人脑，但现在它们做到了。

比阿尔法围棋获胜这一事实更重要的是，它是如何做到的。"深蓝"是基于规则的计算时代的产物，它的成功取决于程序员给棋盘上的各种位置编写清晰的if-then-do规则的能力。但阿尔法围棋的评估引擎并没有被明确编程，因此，它并不遵循程序员预先指定的规则，而是能够模仿人类潜藏的知识，从而避开了波兰尼悖论。"深蓝"基于自上而下的编程，阿尔法围棋则是自下而上的机器学习的产物，它使用巨大的数据集，通过一系列实验来推算自己的规则。阿尔法围棋的学习步骤是首先观看之前的专业围棋比赛，然后以自己为对手，下数百万场围棋，稳步改善自己的表现。阿尔法围棋的训练数据集（包括16万名专业棋手在棋盘上的300万个位置）远超任何一位职业棋手一生积累的经验。这一事件标志着埃里克·布林约尔松（Erik Brynjolfsson）和安德鲁·麦卡菲（Andrew McAfee）提出的"棋盘的后半部分"。[5]《科学美国人》惊叹道，"一个时代结束了，新时代开始了。阿尔法围棋背后的方法和它最近的胜利极大影响了机器智能的未来"。[6]

"深蓝"也许能在国际象棋领域打败卡斯帕罗夫。但出乎意料的是，卡斯帕罗夫能轻易地在其他任何任务中获胜。"深蓝"唯一能做的事就是每秒评估棋盘上的两亿个位置。它是为一个特定目的而设计的。但另一边，依赖于神经网络的阿尔法围棋几乎能完成无穷无尽的任务。通过使用神经网络，深度思考公司已经在大约50个雅达利（Atari）电子游戏中（包括《电子弹珠台》《太空侵略者》和《吃豆人》）有了超人的表现。[7]当然，程序员提供的指令能让机器取得最大得分，但算法能通过数千次尝试，独自学习最佳游戏策略。毫不意外的是，阿尔法围棋（或其通用版本 AlphaZero）在国际象棋比赛中的表现也胜过预编程的计算机。AlphaZero 只需学习四个小时就能在比赛中打败最好的计算机。

和阿尔法围棋的胜利一样，最近的许多进展都得益于呈指数级增长的数据集（它们被统称为大数据）。数字化以后，事物的存储和传输几乎免费了。几乎所有的东西都可以数字化，每天通过网络浏览器、传感器和其他联网设备产生的数据将近数十亿吉字节（gigabyte，缩写为GB，1GB等于2^{30}字节）。电子书、音乐、图片、地图、文本、传感器读数等构成了巨大的数据库，为我们的时代提供了原始材料。随着世界上通过数字连接的人口比例越来越高，越来越多人有机会大量接触这个世界积累的知识了。这也意味着越来越多的人能够参与到这个知识库中来，从而形成一种良性循环。数十亿人在线上互动，留下数字足迹，算法能够由此了解他们的经历。思科（Cisco）预计全世界的互联网流量在未来五年会增长近三倍，到2021年会达到3.3泽字节（zettabyte，缩写为ZB，1ZB等于2^{70}字节）。[8] 为了更清楚地理解这一数字，我们列举下面的例子来进行对比：加利福尼亚大学伯克利分校的研究人员估计，全世界所有书籍包含的信息大约是480太字节（terabyte，缩写为TB，1TB等于2^{40}字节）；人类曾说过的所有字词的文本记录约为5艾字节（exabyte，缩写为EB，1EB等于2^{60}字节）。[9]

　　数据完全可以被视作新的石油。随着大数据变得更大，算法也会变得更好。若想用更多实例说明这一点，可以列举数据在翻译、语音识别、图像分类和许多其他任务中不断改善的表现。例如，人类翻译的数字化文本语料库越来越大，意味着在再现人类翻译方面，我们能够更好地评价算法翻译器的精确性。联合国的每一份报告都会由译员翻译成6种语言，这为机器翻译提供了更多学习的实例。[10] 数据供应越多，计算机表现越好。

　　谷歌翻译利用了大量算法，但是如果没有摩尔定律支撑计算机硬件取得巨大进步，谷歌翻译会远远不如现在这么流行。包括处理速度、微芯片密度、存储能力等在内的计算构件在数十年中一直保持着指数级增长。比如，人工神经网络（模拟大脑神经元连接方式的计算单元层）的想法大概在20世纪80年代就出现了，但由于当时计算资源的诸多限制，神经网络表现很糟糕。因此直到最近，机器翻译仍然依赖于那种从数百万人工翻译中逐字分析短语的算法。然而，基于短语的机器翻译存在着严重的缺点。尤其是这种算法关注的面很狭窄，失去了更大的语境。解决这一问题的方法之一是所谓的深度学习，它使用更多层次的人工神经网络。这些进展使得机器翻译能更好地掌握复杂的句子结构。在过去的训练和翻译推理中，神经机器翻译（Neural Machine Translation）的计算成本都很高。但归功于符合摩尔定律的进步和更大的数据集的可用性，神经机器翻译如今已变得可行了。

机器翻译中的深度学习并非没有缺点，它面临的主要挑战之一就是生僻字词的翻译。比如，如果你在一个基于神经机器翻译的系统中用日文输入"一生仅有一次的邂逅"（"一期一会"），得到的结果可能是"阿甘正传"。一开始你可能会奇怪，但这句话碰巧是这部电影的日版副标题。同时，这个短语还很少见，没有在其他语境下出现过。然而，机器学习研究者把单词分成了更小的子单元，这种创新方法至少部分地避免了这个问题。2016年，谷歌的一个研究团队在《自然》（Nature）杂志上发表文章证明，与基于短语的旧系统相比，"单词单元"和神经网络一起使用，使错误率降低了60%。[11] 虽然谷歌的神经机器翻译系统仍落后于人类的表现，但它正在迎头赶上。

类似于蒸汽、电力和计算机，人工智能也是一项有着广泛用途的通用技术。正如经济学家伊恩·科伯恩（Iain Cockburn）、丽贝卡·亨德森（Rebecca Henderson）和斯科特·斯特恩（Scott Stern）所指出的那样，与人工智能相关的出版物发生了巨大的转变，从计算机科学杂志转为以应用为导向。他们估计在2015年，与人工智能相关的所有出版物中，近三分之二会不属于计算机科学领域。[12] 他们的发现与普遍的观察结果一致，人工智能被应用在一系列不同领域的任务中。在机器翻译中表现良好的技术同时也被用于完成诸如图像识别这类视觉任务。从一幅图像中的单个像素开始，这些算法的运算特征（比如几何图案）日趋复杂。

近年来，图像识别技术的发展是指数级的。图像标签识别的错误率从2010年的30%下降到了2017年的2%。[13] 这项技术虽然在许多方面仍处于试验阶段，但已取得了一些令人振奋的进展。比如，德国用自动人脸识别技术尝试识别经过柏林南十字车站的人，实验取得了成功，这对安保人员的工作起到了辅助作用。德国内政部长托马斯·德迈齐埃（Thomas de Maiziere）报告说，在实验中，70%的时间里的人物识别都是正确的。在图像质量很差的情况下，算法识别的标记错误率不到1%。[14] 用于识别人脸的同一类型的人工智能已被证实同样擅长诊断疾病。《自然医学》（Nature Medicine）杂志上发表的一项新研究表明，人工智能已经能够通过病理学图像识别不同类型的肺癌，而且准确率高达97%。[15] 另一项发表在2017年的《自然》杂志上的新研究通过神经网络和129,450张临床图像组成的数据集，将人工智能的表现和21位获得认证的皮肤科医生进行比较，发现人工智能的表现与人类持平："在两项测试任务中，这种算法的性能和所有受测试专家的表现不分上下。这说明人工智能对皮肤癌症进行分类的能力比得上皮肤科医生的水平。如果配备了深度神经网络，移动设备将有望把皮肤科医生的能力范围扩大到诊所之外。据估计，到2021年智能手机用户将达到63亿，因此人工智能有望为人们提供普遍的低成本诊断机会。"[16]

机器不仅成了更好的译员和诊断医师，它们也正在成为更好的倾听者。语音识别技术正以惊人的速度发展。2016年微软宣布取得了一项里程碑式的成就，他们的转录对话技术达到了人类的水平。2017年8月，微软人工智能团队发表的一份研究报告披露了他们取得的进一步进展，把错误率从6%降低到了5%。[17]正如图像识别技术有望在诊断任务中取代医生，语音识别技术和用户交互领域的发展则有望取代完成某些交互任务的工作者。众所周知，苹果的Siri、谷歌的语音助手和亚马逊的Alexa都依赖自然的用户界面来识别口语、理解含义和据此做出回复。一家名为Clinc的公司使用语音识别技术和自然语言处理技术，目前正在开发一种新的人工智能语音助手，它将被用在像麦当劳或塔可钟这样的快餐店免下车窗口上。[18]2018年，谷歌宣布正在开发用于取代客服中心工作人员的人工智能技术。客户拨打的电话将由虚拟客服接听。如果客户的要求涉及一些算法目前还不能处理的事情，电话就会被改派到人工客服那里。然后，另一种算法将通过分析这些对话来识别数据中的模式，这反过来又有助于提高虚拟客服的能力。[19]技术的不断发展可能给劳动力市场带来巨大的影响。虽然许多公司数十年来都在将工作移到海外，但仍有约220万美国人在遍布全国的6800个客服中心工作，还有几十万人在更小的地方从事类似的工作。[20]

最大的跳跃式发展之一发生在自动驾驶领域。1958年，为了应对苏联发射第一颗人造地球卫星"斯普特尼克1号"，美国总统德怀特·艾森豪威尔（Dwight Eisenhower）创立了国防部高级研究计划署（DARPA）。2004年，计划署首次举办无人驾驶汽车挑战赛。比赛目标是在没有人类的帮助下，让汽车在10小时内驾驶228.5km，穿越莫哈维沙漠。这些汽车最远行驶了

11.4km，有几辆甚至都没有开出起跑线。因此也就无人赢得100万美元的大奖。但在2016年，世界上第一批自动驾驶出租车已经开始在新加坡载客了。

自动驾驶领域的最新进展要归功于大数据和巧妙的算法。如今，在一辆汽车内存储完整的路网图像已经成为可能，这种情况简化了导航问题。季节变化带来了下雪这样的挑战，这一直都是算法导航的关键技术瓶颈。但如今通过存储上次下雪的记录，人工智能已经能够处理这个问题。[21] 人工智能研究者们已经表明，基于算法的自动驾驶系统现在已经能够识别环境中的道路施工等重大变化了。[22] 我在牛津大学的工程学同事博诺洛·马蒂贝拉（Bonolo Mathibela）、保罗·纽曼（Paul Newman）以及英格玛·波斯纳（Ingmar Posner）在一项重要的研究中总结道："因此，车辆如果在路上遭遇行人或其他可能导致车辆无法保持稳定的情境，能据此做好准备，从而像人类一样获得了情境意识的动态感知。"[23]

虽然自动驾驶汽车仍处在发展初期，但它已被广泛用于多种情境。一些农用车辆、叉车和货物装卸车辆已经实现自动驾驶。近年来，医院已经开始使用自动机器人运送食物、处方和样本。[24] 2017年，英国-澳大利亚的金属和矿业巨头力拓集团宣称，2019年之前将把皮尔巴拉矿区的自动运输卡车车队规模扩大50%，操作实现完全自动化。[25] 但截至目前，绝大部分自动驾驶车辆的使用都限于仓库、医院、工厂和矿山等相对结构化的环境。当计算机程序能对车辆可能遭遇的物体和场景范围进行更好的预测，自动化就相对简单了。通过显式的if-then-do的规则，程序能够在其他物体接近时告诉车辆停下或减速。然而，在非结构的环境（比如大城市的街道）中，可能的情况会非常多，以至于这种方法需要的类似规则接近于无穷。

最近，人工智能与廉价且强大的数字传感器相结合，优化了全自动驾驶车辆在非结构化环境中的应用前景。通过在车辆上配备大量传感器，如今的汽车公司收集了数百万英里的人类驾驶数据供算法学习。阿杰伊·阿格拉沃尔（Ajay Agrawal）、乔舒亚·甘斯（Joshua Gans）和阿维·戈德法布（Avi Goldfarb）写道："通过将车外的传感器感应到的环境数据与车内的人做出的驾驶决策（转向、刹车、加速）关联起来，人工智能学习了人类对每秒从环境中接收的数据做出的反应并学会了做出预测。"[26] 然而，所有人工智能模型都存在着一个明显的限制因素，也就是当它们的训练数据中未曾出现的新情况出现时，它们就很难做出预测。在城市交通中，车辆会不断遭遇新情况。解决问题的方法之一是降低环境的复杂性。在得克萨斯州的弗里斯科，Drive.ai公司使用自动驾驶的小型载客车载人，但它们只在特定的办公区和零售区域使用。工程师并没有尝试模仿人类司机，而是试图将事情简化。上车下车都被限定在了指定的站台："乘客通过一款应用程序呼叫客车，然后走到最近的站台，等车辆出现，然后上车。"[27]

众所周知，通往自动驾驶的道路是一条影响深远的进步之路，但也是一条挫折之路。2018年在亚利桑那州的坦佩，一名骑车过街的女性不幸被优步（Uber）的自动驾驶汽车撞死了。这一事件引起了人们对安全的担忧，更重要的是它引发了人们对自动驾驶的未来的担忧。然而，类似的悲剧性挫折在早期的交通技术中同样普遍。正如第四章已提到的，1830年第一条公共铁路运行时，由于刹车反应很慢，一名议员遭受了致命伤害。几乎每家英国媒体都报道了这个事故，但它并没有阻碍人们使用铁路技术。在拖拉机加快推广前的1931年，《纽约时报》报道过在新泽西州萨默维尔，一辆拖拉机轧死了一名4岁男童。在另一次事故中，一辆拖拉机爆炸导致多人死亡。[28] 同样值得注意的是，就在工程师不断推进自动驾驶技术发展的同时，人类司机造成的事故每一分钟都在发生。美国国家公路交通安全管理局（NHTSA）委托开展的一项车祸调查发现，人为错误占车祸原因的92.6%。[29] 死亡人数很多：仅在2013年，全球就有125万人死于车祸，美国的数字为3.2万。[30] 因此，自动驾驶汽车并不是要达到完美才可以正当使用。人类司机当然也不是。

仍有些情况是自动驾驶车辆无法处理的。尤其是在拥挤的城市，行人和骑自行车的人带来了额外的复杂因素。在新加坡，自动驾驶出租车上有在紧急情况下接手操控的安全司机，可以将事故的可能性降至最小。自动驾驶汽车虽然尚处于试验阶段，但已经能够在城市中成功使用。在东京，一辆配备安全司机的自动驾驶出租车已经开始搭载付费乘客了，"这提高了人们对2020年夏季奥运会的期待，届时自动驾驶汽车可能搭载运动员和游客在运动场和城市中心之间穿行。"[31] 底层人工智能系统需要从车辆传感器收集数百万英里的真实数据，所以这些事件很重要。但是数据量并不是全部。在州际高速公路上开车、在一个安静的中西部小镇上开车和在曼哈顿开车，这三者大不相同。这对算法来说是如此，对人类司机来说也是如此。因此，允许在城市交通中使用算法是迈向无人驾驶交通时代的重要一步。

然而，由于城市之外的复杂因素更少，那里的进展可能会更快。2015年5月，戴姆勒-奔驰公司的第一辆自动驾驶卡车上路了。在得到内华达州的允许后，自动驾驶系统只能够在高速公路上运输货物（为了使事情暂时变得简单）。2016年10月，在科罗拉多州，一辆自动驾驶的半挂车成功地把5万罐百威啤酒从柯林斯堡运送到了科罗拉多斯普林斯。卡车在州际公路上自动行驶了161km，但到城市边界时，人类司机接手了。

这些成就得到的回应褒贬不一。如今美国有190万名重型卡车司机和牵引式挂车司机。虽然在未来几年不太可能，但人们普遍担心自动驾驶卡车会带来"海啸般的裁员"。[32] 对于这些担忧，我们必须记住一点，那就是技术发展可能遭遇的壁垒不仅仅是技术方面的。正如我们在前面的章节已了解到的，如果工人们面临糟糕的替代选择，就会抵抗取代技术。我们又要回到这个问题上来。

当然，并不是说自动驾驶汽车一开始崛起，所有执行运输和派送任务的人都立马会面临风险。正如罗伯特·戈登等对人工智能持怀疑态度的人指出的那样，"即使亚马逊的汽车能开到我家门口，包裹又怎么从车里下来，来到我的门厅呢？我不在家的时候谁签收包裹呢？"[33] 与此同时，我们能够通过精巧的任务重设，克服那些在过去看起来更加复杂的工程问题。正如汉斯·莫拉维克所指出的，计算机很难完成对人类来说非常简单的许多任务，而人类也很难完成对计算机而言十分简单的许多任务。然而，尽管这种情况仍然成立，但工程师也已经能简化任务，采取措施一步步解决莫拉维克悖论（见第九章）。

事实上，一个普遍的误解认为，如果一个任务需要实现自动化，机器必须精确复制它要取代的工人的操作步骤。自动化发生的主要方式就是简化。就算最先进的机器人技术也无法复制中世纪工匠们的操作步骤。只是因为此前在工厂情境中的非结构化任务被细分、简化，生产自动化才得以实现。工厂里的流水线把手工作坊中的非常规任务变成了能够用自动化机器人完成的重复性任务。与之类似，我们并没有发明能够砍树、提水、把木头和煤炭从室外搬到炉子旁，并执行用手洗衣所需的动作的多用途机器人来实现洗衣的自动化。我们也没有发明把灯夫的工作自动化的能够爬上灯柱的机器人。

简化任务的一个当代实例就是预制（prefabrication）：[34] "现场建造任务通常需要高度的适应性，从而适应那些布局经常并不规则的、会随天气情况而变化的施工环境。预制就是在把建筑组件运送到施工现场之前就在工厂完成部分组装，这在很大程度上消除了对适应性的要求。它通过在受控条件下使用机器人来完成许多建造任务，消除了任务的复杂变化性。这种方式逐渐普及开来，特别是在日本。"[35] 这种情况不仅出现在了建筑业中。零售业中巧妙的任务重设也带来了很有前景的效果。比如亚马逊采用了 Kiva 系统，在地板上放置条形码标签告知机器人物品摆放的精确位置，解决了仓储导航的问题。通过巧妙的任务重设，工程师们已经打破了"机器人能做什么"的规则限定。

20世纪90年代末，电脑为零售业注入了动力。但随着企业发展很快遇到瓶颈，生产率增长无法持续下去。商品仍然需要从工厂运到仓库，然后到零售店，最后到达终端消费者手中。卡车运输"根本就不是一项高效的活动，因为送货司机需要穿梭于拥挤又坑坑洼洼的街道，寻找停车位，按门铃，然后等回复"。[36] 为了解决这个问题，亚马逊正在试验使用无人机（能避开拥挤的街道）配送。我们在回顾戈登提出的"包裹怎样才能从亚马逊的货车来到我的门厅"这一问题时发现，许多包裹不通过汽车派送的可能性越来越大。比如在伦敦，一家叫 Skyports 的公司计划将屋顶的空间改造成供无人机起降的垂直升降场。

2018年3月，亚马逊获得了一项根据人类手势进行派送的无人机专利。这项技术应该有助于解决"飞行状态下的机器人如何与人类旁观者和等在门阶上的顾客进行互动的问题。据该专利描述，无人机可以根据人的姿势（大拇指向上的欢迎姿态、喊叫或疯狂挥手等）来调整自己的行为。它还宣称，无人机能放下运输的包裹，调整飞行路径以避免撞击，向人类提问题以及放弃派送"。[37]

在人工智能的辅助下，工程师想出了巧妙的方法来减少商店内的劳动力需求。而且这种方法不需要通过复杂的自助结账程序将本该由收银员完成的任务转嫁给消费者。亚马逊的无人零售店 Amazon Go 就是取代型技术的一个典型的例子。如今全美大约有350万收银员。但当你走进一家 Amazon Go 商店，你连一名收银员甚至一个自助结账台都看不到。顾客走进来，扫描手机，再拿着他们需要的东西走出去。为了做到这一点，亚马逊利用了计算机视觉、深度学习和传感器方面的最新进展，以此追踪顾客、他们接触到的物品和带出的物品。当顾客离开商店，经过旋转栅门，亚马逊就能发出信用卡账单并发送至 Amazon Go 的应用程序。虽然 Amazon Go 的原型店在华盛顿州西雅图首次展示时，因为在追踪多个用户和物体时出现了问题而造成了延迟。但现在亚马逊在西雅图开了3家 Amazon Go 商店，在伊利诺伊州的芝加哥开了另一家，还打算在2021年之前再开另外3000家。从全球范围来看，腾讯、阿里巴巴和京东这些公司也在通过投资人工智能来实现相同的目标。

像京东这样的中国公司也开始加大无人仓库方面的投资。在位于上海的京东仓库内，图片扫描仪被用来引导机器。这些机器能处理所有的商品，其中大部分是消费类电子产品："包裹在高速传送带上移动。遍布整个传送网络的机械臂会将物品放到正确的轨道上，用塑料袋或纸板包裹物品，并把它们放到电动圆盘上。电动圆盘运载着包裹穿行于一个像巨大棋盘一样的地板上，然后包裹被投入滑槽，进入袋子中。由计算机控制的带轮的架子将接收包裹并将其运到卡车上。在购物者下单后的24小时内，大部分商品就能通过卡车成功发出。"[38] 如今，虽然京东在整个亚洲雇用了约16万工人，但它已经明确表示在未来十年内会将工人数量削减至8000以下。它预计那些剩下的工作所需的技能将大不相同。[39]

仓库仍雇用了大量工人，主要原因在于订单的分拣工作仍主要由人类完成。在复杂的感知和操作任务中，人类仍具有比较优势。但也是在这些方面，人工智能让最近的许多突破成为可能。埃隆·马斯克（Elon Musk）在加利福尼亚州的旧金山设立了OpenAI实验室，其中名叫Dactyl的五指机械手见证了近年的一些令人印象深刻的变化："如果你让Dactyl向你展示一个字母积木，比如红色的O、橙色的P或蓝色的I，它就会向你展示，然后灵活地旋转、扭动和翻转它们。"[40] 虽然这对任何人来说都是简单的任务，但是这一成就的达成是建立在人工智能通过反复试错让Dactyl自主学习新任务的基础之上的。

然而，机器人要成为高效的操控者，就必须学会识别和区分不同种类的物体。几年前，这一领域最好的例证可能就是The Gripper了。它是一个配备了两根机械手指的抓手，比五指要容易操控得多。它能够对熟悉的对象（比如螺丝刀或番茄酱瓶）进行识别、操纵和分类，但面对未曾见过的物体，这些功能就统统失效了。[41] 在存储物种类有限的仓库，这可能不成问题；但当仓库存储着成千上万种物品且还在源源不断地接收新商品时，就需要那种几乎可以分捡所有物品的机器人了。在加州大学伯克利分校的机器人实验室 Autolab，研究者们正在使用人工智能构建这样的系统：

> 伯克利的研究者们对一万多件物品进行了实体建模，以此来探索分拣物品的最佳方式。然后，这一系统通过名为神经网络的算法分析所有的数据，学会识别分拣物品的最佳方式。在过去，研究者们必须针对每项任务分别给机器人编程，但现在它们能自己学会完成任务了。比如在面对塑料尤达玩具时，系统意识到应该用抓手把玩具捡起来；但在面对番茄酱瓶子时，系统会选择吸盘。抓手可以通过搭配一个随机装满物品的箱子来完成这一点。这一系统并不完美，但能够自己学习，而且正以比过去的机器快得多的速度不断改进。[42]

因此，尽管在面对认知和控制任务时，机器人还远远比不上人类。但它们正变得足够精巧，能够在结构化的仓库环境中处理抓取物品、把物品放在托盘上然后把它们放在纸箱或盒子中等任务。正如进入工厂一样，机器人也逐渐被应用在了非制造业领域。如今的仓库自动化放在20世纪80年代也许就相当于工厂自动化。

诚然，上面讨论的许多人工智能技术仍是不完美的原型。但我们应该记住，几乎每一项技术在发展初期都是不完美的。比如对大部分观察者来说，第一部电话近乎荒诞。去适应通过听筒听到那种找不到来源的声音，这是一种完全不同于以往任何交流形式的体验。发表在《科学美国人》上的一篇早期的文章认为，电话是一项愚蠢的发明，人们会发现它几乎没用："倾听者的存在是说话的尊严，对着一块铁说话简直荒唐。"[43] 回顾过往，我们发现这种想法很愚蠢。但早期的电话是单线系统制作的，会有明显的失真："在1878年，最近发明的电话只不过是一个科学玩具而已。为了使用电话，人们必须快速转动曲柄，对着话筒吼叫。只有在魔鬼般的尖啸和静电的闷声过后，人们才能隐约听到电话那头回复的声音。"[44] 但仅仅10年后，这一技术看起来已经更有前景了。1890年，《时代周刊》的一名记者受美国电话电报公司（AT&T）的邀请，察看了长途电话的情况。项目总负责人A. S.希巴德（A. S. Hibbard）拨了一个电话展示这项技术："300英里外的波士顿的电话响起，然后有了一场愉快的对话。电话另一端的接听者是一位年轻女士，她立即就神智佛教的最新发展开始了热烈的讨论。她的嗓音不像平常说话时那么高，但电话的表现非常完美。"[45]

下一次浪潮

越来越多的工作走向了自动化，但仅凭传闻我们无法知道未来的工作会在多大程度上被取代，哪些类型的工作会受影响。因此在2013年，我和我在牛津大学的同事迈克尔·奥斯本发表了题为"就业的未来：工作有多容易受计算机化影响"的文章，把寻找近期自动化的工程瓶颈问题作为评估当前的工作受人工智能领域最新工作进展的影响的手段。如前所述，计算机在基于规则的常规任务中具有相对优势，人类则更擅长其他事情。

常规工作在20世纪80年代开始大批消失，但一些经济学家仅仅通过观察计算机做的事情就准确预测了哪些领域的工作将更早被取代。1960年，劳动统计局开展的一项案例研究发现："在受变革影响的员工中，从事过账、检查和维护记录、文件存档、计算、制作表格、用打孔机打孔及其他机器相关操作在内的常规工作的比例略高于80%，剩余的主要是行政、监督和会计工作。"[46] 但若要给一个人颁发诺贝尔奖，因为他预测了工作的未来，那赫伯特·西蒙（Herbert Simon）应该获这个奖。他在1960年首次发表了题为"公司：它会由机器管理吗"的文章。[47] 当然，西蒙也因对经济组织内的决策过程的研究而获得了诺贝尔奖。尽管西蒙没有列出一个清晰的框架，但他在观察技术趋势后做出了准确的判断。他认为计算机会接替工厂与办公室里的许多常规工作，这一想法是正确的。他准确地预测了将来仍会有许多产品设计、流程和综合管理方面的工作。他还预见到越来越多人会从事个人服务工作。换句话说，他早在中产阶级中空化现象发生前几十年就预测到了这一现象。

现在的问题是：在人工智能时代，计算机能干什么，不能干什么？

确定自动化的工程瓶颈显然不是一个经济问题，所以我很幸运迈克尔已经研究这个主题有一段时间了。在研究技术变革时，经济学家们面临的问题是他们必然会后知后觉（西蒙不仅是经济学家，也是一位备受推崇的计算机科学家）。我很难跟上实验室的所有最新进展。在我写经济学论文的时候，迈克尔一直在开发算法，拓展计算机如今能够完成的任务集。

在西蒙的精神指引下，我们着手去推断人类在哪些领域仍具有比较优势。我们并没有提出与超智能的前景相关的无法回答的问题，也没有试图预测将来的伟大发明，而是着眼于近在眼前的技术。用托马斯·马尔萨斯在工业革命开始时的话来说，"世界上的许多发现，在根本不可预见和意想不到的情况下就出现了……但如果谁在没有从过往的事实中得到任何类比和指引的情况下，就预测到了这些发现，他更应该被称为先知或预言家，而不是哲学家"。[48] 本书讨论到的很多技术虽然仍是雏形，但我们仍可以预测它们可能会出现在市场上。虽然这些技术并不完美，但每一场技术革命在一开始都不完美。早期的蒸汽机只能用于矿井排水，但就算在排水领域它们的表现也不是很好。然而，托马斯·萨弗里、托马斯·纽科门和詹姆斯·瓦特都意识到蒸汽机是一项通用技术，并为蒸汽机设想了很多应用场景。如上所述，人工智能是另一项通用技术，现在已经在脑力和体力工作上都有应用。

由于潜在的应用范围如此广泛，迈克尔和我便从计算机仍表现不佳的领域和近年来技术发展受限的领域入手。比如，要想一窥机器社交智能的最新水平，可以考虑图灵测试，它可以衡量人工智能算法以一种与真人类似的方式进行交流的能力。每年的图灵测试竞赛都会为模仿人类真实对话场景最逼真的聊天机器人颁发勒布纳奖。比赛规则非常直接，人类评委使用计算机提供的文本，与算法和真人交流。然后评委必须尝试根据这些对话分辨两者。2013年我和迈克尔在一篇论文中说过："迄今为止，复杂算法还远远不能用它们与人类的相似性来说服评委。"[49] 然而一年后，一款叫作尤金·古斯特曼（Eugene Goostman）的计算机程序成功地让33%的评委相信了它是人类。随后有些人认为我们低估了变革加速的步伐，然而他们的观点夸大了尤金·古斯特曼的能力，它模仿了一个将英语作为第二语言的13岁小男孩。即使我们假设算法在某一时刻将在基础文本方面有效地复刻人类的社交智能，但许多工作以人际关系和复杂的人际交流为中心。计算机程序员会与经理人及客户展开交流，明确目标，确定问题，提出修改的建议。护士会与患者、家庭或社区合作，设计和实施改善整体健康的计划。募集资金的人会识别潜在的捐赠者，与他们建立联系。家庭医生会针对不满意的家庭关系为客户们提供咨询。天文学家们会建立合作研究并在会议上展示他们的发现。这些工作都远超计算机目前的能力范围。

还有许多工作需要创造力，比如能够提出新的、不同寻常的、灵巧的想法的能力。调查数据显示，物理学家、艺术指导、喜剧演员、首席执行官、视频游戏设计师和机器人工程师们的工作都涉及创造力。[50] 从自动化的角度来看，挑战不在于产生创意，而在于产生有意义的创意。对计算机来说，想要创造一首原创的曲子、写一本小说、提出一个新理论、开发一款新产品或者开一个微妙的玩笑，原则上只需要一个可以与人类的丰富经验相当的数据库和能让我们对算法进行基准测试的可靠方法就行了。算法也完全可能通过访问交响乐数据库，标记一些交响乐的好坏，然后进行原创重组。目前的算法已经能创作多种风格的音乐，让人联想到特定的人类作曲家。但人们不仅能够基于现有的相关作品产生新想法，还能够利用生活中各方面的经验。

如上所述，算法在非受控环境中与各种无规律的对象产生交互方面仍存在诸多挑战。在视场混乱的情况下去识别物体及其属性，这类感知任务对算法来说已被证明仍是很难克服的。机器人仍然无法达到人类感知的深度和广度，人类感知的这种特性意味着操作上的进一步困难。任何人都能轻易区分需要清洗的脏罐子和栽培植物的罐子，但在这类任务中，机器人仍很难模仿人类。因此，像看门和清洁等许多类型的工作极难实现自动化。虽然单用途机器人能够完成清扫地板这样的单一任务，却没有一个多用途机器人能找到垃圾并清理垃圾。在工厂和仓库这种受控环境中，人们可以通过巧妙的任务重设来避开一些工程瓶颈，但家庭环境完全是另一回事。除了识别垃圾这类高难度的感知任务外，"更进一步的问题在于设计出类似柔软的人类四肢的机械手，它需要遵从动力学原理，提供有用的触觉反馈"。[51] 最近很多完成简单任务的技术取得了进展，比如旋转字母块，用抓手抓起相似的物体，甚至是教机器人使用人工智能来辨别捡起东西的最佳方式。但先进的机器人控制多种物体的能力仍非常有限。大多数工业操作采用权宜之法来应对这些挑战。

考虑到这些工程瓶颈，迈克尔和我基于两万份独特的任务描述来开始探索工作自动化。[52] 这些详细的信息带来了一个问题：有非常多的数据亟待处理。因此我们并没有检查每项单个任务，而是从中选取了70份工作样本。一些人工智能专家通过分析这些工作所包含的任务，判断这些工作是否可自动化。这就为机器学习研究者提供了训练数据集。虽然每份工作的任务描述都是独一无二的，但我们的数据库也提供了一些共有特征。基于这些特征，算法能够了解到可实现自动化的工作的共有属性，从而预测可能实现自动化的另外632份工作。因此，最终的样本涵盖了702份工作，覆盖了美国97%的劳动力。

在分析中使用人工智能不仅节约了时间和劳动力。我们的分析同样强调了一个事实，那就是在模式化识别方面，如今的算法远超人类。我们曾经很肯定服务员的工作不会走向自动化，但算法告诉我们这种想法是错误的。通过使用一种比我们所能做到的要更全面的方式分析服务员的工作和其他工作间的相似性，算法得出预测，服务员的工作容易受自动化的影响。实际上，在我们进行最初分析后的几个月里，我们就了解到麦当劳计划安装自助点餐亭。红辣椒餐厅（Chili's Grill & Bar）计划推出他们的平板电脑预订系统。苹果蜂餐厅（Applebee）将在1800家店里使用平板电脑。2016年，新出现了一家名叫Eatsa的几乎全自动的连锁餐厅，顾客在平板电脑点餐台点餐，然后在巨大的售货机前等几分钟，新鲜的藜麦饭就出来了。厨房工作人员在售货机的另一端准备食物，但Eatsa没有雇佣任何服务员。

当然，这并不意味着所有的服务工作都会被取代。在许多情况下，消费者可能更喜欢人工服务的体验。我们可以确定的是，从原则上来说服务员的工作是可自动化的。我们很快会再次讨论影响技术采用的决定性因素。

图17是根据主要职业类别的就业份额绘制的职业受自动化

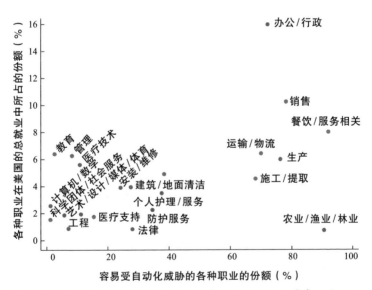

图17 按照主要职业类别划分的面临自动化风险的工作岗位份额

来源：C. B. Frey and M. A. Osborne, 2017, "The Future of Employment: How Susceptible Are Jobs to Computerisation?", *Technological Forecasting and Social Change* 114 (January): 254–80。

影响情况示意图。从事办公室工作、行政、生产、交通运输和物流、准备食物以及零售等工作的美国劳动者占比很高，同时也更容易受自动化的影响。总的来说，我们的算法预测，美国47%的工作岗位都容易受自动化的影响。这意味着如果算法能够使用最新的受计算机控制的设备，拥有足够的数据，从技术的角度来看这些工作都可以实现自动化。在这些工作之中，大部分的共同点是收入低、教育水平要求不高（图18）。

自从我们第一次发表文章以来，一些新出现的研究得出了不同的结论。比如经合组织的研究估计，14%的工作有被取代

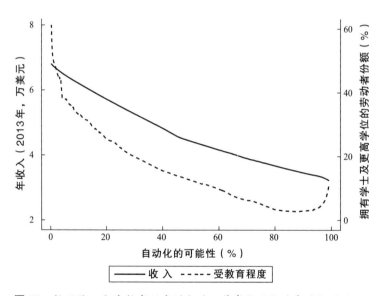

图18 按照收入和受教育程度划分的工作岗位面临的自动化风险

来源：C. B. Frey and M. A. Osborne, 2017, "The Future of Employment: How Susceptible Are Jobs to Computerisation?", *Technological Forecasting and Social Change* 114 (January): 254–80。

注释：本图描述了按照中位年收入和受教育程度划分的工作岗位面临自动化的可能性。平均而言，工资较高的岗位和要求受教育水平较高的岗位较少受到自动化的影响。

的风险，另有32%的工作面临着重大变化的风险。[53] 经合组织误以为我们重点关注的是工作岗位而不是任务，因而高估了自动化的范围。但他们忽略了一个事实：我们的研究是基于工作岗位所承担的任务来推断自动化程度的。据我们估计，即使算法在医疗诊断等任务中应用得越来越普遍，医生也不会面临被自动化取代的风险。记者不会因为人工智能算法现在能大量生产粗糙的短新闻而受自动化的影响。据我们估计，就算记者和医生处理的工作包含某些可以实现自动化的任务，他们也不会被自动化取代。那么，为什么经合组织的预测和我们的结论存在如此大的差异呢？一种解释是他们使用的职业数据精细度不够，另一种解释是他们的模型与我们的训练数据集相比表现不太好。[54]

然而，我们的研究尽管在结论上存在差异，但一致认为非技术型工作最容易受到自动化的影响。[55] 奥巴马总统的经济顾问委员会采纳了我们的预测，按照工资水平把最有可能被自动化所取代的职业进行了分类。他们发现在从事时薪低于20美元的工作的人群中，83%的人被取代的风险很高；但在时薪高于40美元的工作中，只有4%的人面临被取代的高风险。[56] 这说明除非有其他力量抵消这一趋势，否则非技术工人在劳动力市场中的前景将继续恶化。我们在第九章中提到，许多常规工作在第一次自动化浪潮中被取代，迫使很多美国人失去了体面的中产阶级工作，只能去从事低收入的服务业工作。如今这些低技能工作很多也面临着自动化的威胁。可以想象，下一波浪潮可能会继续压低中产阶级的工资，许多中产阶级成员已经在竞争低收入工作岗位了。曾担任奥巴马政府经济顾问委员会主席的哈佛大学教授贾森·弗曼（Jason Furman）说："我们已经了解了一些趋势，比如，我们购物时拿着商品去自助结账台付款而不是去找收银员结账；当我们拨打客服电话时，接听电话并与我们沟通的是自动化客服代表"。[57]

因此，存在着一个普遍的误解：自动化将取代技术工人的工作。马丁·福特（Martin Ford）在畅销书《机器人时代》（*Rise of the Robots*）中断言："许多专业技术人员（包括律师、记者、科学家和药剂师等）已经受到了不断前进的信息技术的极大侵蚀。因此，接受更多教育、掌握更多技能在未来不一定能有效地抵御工作岗位的自动化。"[58] 虽然在他强调的工作岗位中，许多工作包含了一些能实现自动化的任务，但它们同样包括许多不能实现自动化的任务。比如，最近达纳·雷穆斯（Dana Remus）和弗兰克·利维通过分析律师的开票记录发现，如果马上在律师工作中采用人工智能和与其相关的应用程序（虽然可能性很低），律师们能够节省约13%的时间。律师的大部分工作时间都用在了法律文书写作、事实调查、谈判、出庭和为客户提供咨询等工作内容上。正如雷穆斯和利维解释的那样，律师不仅需要预测，"还需要了解客户的情况、目的和利益，创造性地思考如何依法为客户的利益提供最好的服务。有时候律师需要拒绝客户提议的行动方案并建议其合规。这些事务都需要频繁的人类互动和高智商，至少目前还无法实现自动化"。[59] 令人欣慰的是，我们的算法同样得出了律师工作的自动化风险很低的结论。

阿玛拉定律

虽然自动化涉及的范围很广，但它的发展速度又是另一回事了。和西蒙的预测一样，我们的预测仅仅基于对计算机能完成的任务进行观察；我们也没有预测变革的节奏，因为它还取决于技术本身之外的很多不可预测的因素。[60] 我们当然也不指望那47%的工作很快实现自动化，我们强调了可能影响自动化步伐的很多因素。我们的底线是，本书讨论的所有原型技术不会同时到来，这些技术的推广也不会一帆风顺。监管、消费者的偏好、工人的抵制以及许多其他变量都会影响技术得到采用的速度。因此过高的期待往往伴随着幻灭。正如罗伊·阿玛拉（Roy Amara）的著名论断，"人们总是高估一项技术所带来的短期效果，却又低估它的长期影响"。实际上，要了解过去的技术进步轨迹，阿玛拉定律（Amara's Law）是很好的指南。

从历史角度来看，这一次自动化的范围也许不像我们有时认为的那样惊人。1870年，美国有大约46%的劳动力仍从事农业；但如今农业领域的劳动力大约只占1%（表1）。[61] 拖拉机对农场劳动力需求的下降产生了关键作用（见第六章和第八章）。当柴油拖拉机出现后，尽管有人推断很多农场工作面临被取代的危险，但推广速度仍难以预测。

有很多因素阻碍了拖拉机的推广。第一，日益复杂的机器需要更熟练的操作员。早先时候，农民们通常等着采购拖拉机，想看看其他农场的劳动者多久才能掌握操作拖拉机所需的机械技能。正如1918年《纽约时报》上的一篇文章评论的那样，"拖拉机这么好的机器不能交给技术差的操作员来操作……对买家来说，找到一流的操作员比买到一辆拖拉机更成问题"。[62] 同一年，纽约州立农业学院宣布开设为期三周的拖拉机与卡车操作员培训课，目的在于弥补技能差距，加快机器推广。第二，和其他通用技术一样，在不同的应用场景中，拖拉机的推广速度不同。"最初的拖拉机只适合耕种和收割小的谷物。直到20世纪

20年代末，这一技术才成为通用技术，被用在了玉米、棉花和蔬菜等分行列种植的庄稼上。"[63] 有些应用场景直到机械发展后期才出现。

第三，即使拖拉机变得更加普遍，然而农村仍存在着大量的廉价劳动力，这意味着很长一段时间内农业机械化都没有经济意义。然而，第二次工业革命不断创造新的高薪工业工作岗位，许多美国人离开农村去城市工作，这为机械化的发展提供了更多动力。但即便如此，拖拉机在许多情况下仍不经济。它们主要被用在了依赖雇佣劳动的大型农场。许多低收入农民非常抗拒风险，相比于投资昂贵的拖拉机，他们更愿意用马匹——尽管这意味着他们不得不留出大量土地种植饲料。如果不能一次性购买，偿还贷款就又成了阻碍拖拉机推广的一个重要因素。1921年《纽约时报》的一篇文章指出，美国农场中仍有1700万匹马，但只有246,139辆拖拉机。这篇文章十分关心拖拉机推广的滞后问题，它认为需要外力的助推来提高农业生产率。[64] 10年之后，推动力出现了。20世纪30年代，经历了10年的大萧条，拖拉机的推广进程终于加快了，因为新经济政策（如商业信贷公司和农业信贷管理局的出现）降低了价格风险，同时降低了利率，让农民有了现金。[65]

阿玛拉定律也适用于计算机革命。虽然自动化焦虑在20世纪五六十年代普遍存在（第七章），但在20世纪80年代以前，计算机太笨重又太昂贵，没有得到推广（第九章）。虽然许多企业家惊叹于计算机的能力，但几乎没人愿意掏钱购买。正如规避风险的农民不愿意使用昂贵的拖拉机一样，企业也正确地认识到计算机的成本高到无法承受。在计算机化终于成功时，出现了一些意想不到的小插曲。1987年，当罗伯特·索洛还在为"计算机时代体现在了生产率统计数据之外的任何地方"而感到困惑时，《华尔街日报》上的一篇文章就提到，"公司正在进行小规模自动化，这样就能在进行巨额投资之前解决掉已经出现的问题"。[66] 正如美国电话电报公司的工程主管解释的那样："如果你想一年生产3000万箱惠特斯麦片，那么你可以使用自动化，不会有任何问题。但如果你处在产品不断迭代、生命周期很短、竞争激烈的市场，那你最好谨慎一点。"[67]

技术的性能并不是全部。计算机若想提高生产率，需要和组织、流程及战略变革互相补充。在自动化初期，员工培训和再培训所需的时间通常比预期的要长，许多公司并没有充分意识到将机器、计算机和复杂的软件整合到一起高效协同工作会面临怎样的障碍。经济学家埃里克·布林约尔松、蒂莫西·布雷斯纳汉（Timothy Bresnahan）和洛林·希特（Lorin Hitt）在一些研究中一致发现，如果公司在开展互补性组织变革时投资于计算机技术，就有助于提高生产率。[68] 在20世纪80年代，计算机革命专注于单个任务生产率的提高，比如文字处理和加工操作控制，但预先存在的业务流程在很大程度上保持不变。1990年，管理学学者、前计算机科学教授迈克尔·哈默（Michael Hammer）在《哈佛商业评论》（Harvard Business Review）上发表了一篇题为"再造工作：不是自动化，而是重新开始"（"Reengineering Work: Don't Automate, Obliterate"）的著名文章。文章指出，使用自动化来提高现有工作流程的效率并不会提高生产率。[69] 试图这样做的经理们从一开始就错了。哈默认为，要充分释放自动化的潜力，需要分析并重设工作流程和业务流程，从而改善客户服务，减少运营成本。到20世纪90年代中期，《财富》杂志的500强公司大多宣称有流程重设计划。[70] 计算机也就是大约从那时开始影响生产率的。

正如批量生产时代从组合传动向单独传动的转换一样，计算机化和组织结构重组也是渐进的过程，人们需要重新考虑企业的运转方式。因此20世纪80年代晚期，并不是每个人都对生产率未能增长感到困惑。经济史学家意识到他们之前已经了解过这种情况了。牛津大学的保罗·戴维通过研究工厂的电气化革命发现，直到托马斯·爱迪生建立第一个发电站（1882年）约四十年之后，电才体现在生产率统计数据中。第六章讨论过，使用电的神秘力量需要对工厂进行彻底重组。将单独传动作为组织原则需要大量实验，因此直到20世纪20年代，电气化带来的生产率提高才开始显现。[71] 戴维接着预测了计算机主导的生产率增长也会出现与电力相似的轨迹，在这一点上他说对了：20世纪20年代和90年代有着惊人的相似性，这两个十年都见证了生产率的提升和通用技术（20世纪20年代的电力和20世纪90年代的计算机）应用的爆炸式增长。[72] 经济学家们一致认为，生产率的提升是通用技术应用增长的后果。相比于1991—1995年的生产率增长，1996—1999年生产率增长的约70%都要归功于计算机技术。[73] 生产率的回升并不仅仅集中在少数几个行业，而是有着极其广泛的基础，批发、零售和服务业都有了可观的收益，这表明通用技术发挥了作用。[74]

人工智能直到最近才拓展了计算机的操作领域。因此，我们有充分的理由相信，自动化给生产率带来的最大收益还在后头。如上所述，多用途机器人已开始投入使用。虽然它们对生产率的增长贡献很大，但使用场合仍主要局限于重工业。[75] 更广泛地说，人工智能仍处于萌芽阶段。2017年，麦肯锡全球研究院通过对 3000 名高管进行调查发现，人工智能在科技行业外的推广才刚刚开始。很少有企业大规模部署人工智能技术，因为他们拿不准商业案例或投资回报。通过进一步查阅 160 多个使用案例后，我们发现人工智能只部署在了 12% 的商业案例中。[76]

众所周知，2005 年以来生产率增长放缓，但当技术处于实验阶段时这种情况本就可能发生。[77] 只有在长期的延迟后技术才能提高生产率，而且在技术研发初期，主要影响是成本的增加。通常在新发明出现很多年后，它的原型才开始在生产中变得经济可行。因此，新技术对总体经济的变化情况所做的贡献总会延迟：“之前我们讨论过自动驾驶汽车的问题，它为我们提供了生产率可能如何落后于技术的一个更具前瞻性的案例。想想自动驾驶汽车刚刚引进时，汽车生产和汽车操作工人群体的情况吧。为了解决研发、人工智能的开发和新的车辆工程方面的问题，生产端的就业一开始会增加。”[78] 比如，布鲁金斯学会估计 2014—2017 年间自动驾驶领域的投资约为 800 亿美元，只有少数首例得到了采用。[79] 据估计在那三年间，它使劳动生产率每年降低了 0.1%。[80] 这样说来，经济学家们发现并不能根据当下的生产率增长预测未来生产率的增长也就不奇怪了。[81]

智能手机和互联网的传播速度的确比曾经的电动机或拖拉机快得多，但把消费品和服务的广泛应用与生产中使用的技术做比较基本没有意义。后者需要重新配置生产过程，而前者不需要。更重要的是，企业在考虑是否发展自动化的时候，需要权衡的不仅仅是待克服的工程瓶颈。除了技术，他们还必须考虑管理费用的增加、是否有足够大的市场、报废现有机器的成本、投资新机器的成本以及〔像哈里·杰罗姆指出的那样〕“工人可能的反抗、公众有时的负面评论甚至严格的立法”。[82] 虽然有人可能认为在人工智能时代，实现自动化所需的资本支出更少，但若要部署机器学习系统，就需要大量的补充性投资。正如谷歌首席经济学家哈尔·瓦里安（Hal Varian）指出的那样：

> 第一个要求就是要拥有一个用来收集和组织相关数据的数据基础设施，也就是一个数据管道。比如，零售商需要建立一个数据系统，在销售点收集数据，然后将其上传到计算机，让计算机组织整理数据并存入数据库。然后，这些数据将与库存数据、物流数据甚至用户信息等其他数据相结合。一般来说，构建这个数据管道是建立数据基础结构的过程中劳动力最密集的部分，也是最昂贵的部分，因为不同的商业类型通常有各自特殊的遗留系统，很难互联。[83]

虽然数据可能相当于新的石油，但技术瓶颈通常不仅与数据有关，也与技能和培训有关：

> 以我的经验来看，问题不在于缺乏资源而在于技能。有的公司有数据但没有人分析数据，就会在利用数据方面处于不利地位。如果内部没有现存的专业知识，企业就很难确定需要哪些技能以及如何寻找并雇用具备那些技能的人。雇用优秀的人才一直是获得竞争优势的关键，但数据的广泛可获得性是近来的事，因此这个问题最近尤为突出。汽车公司可以雇用那些知道如何制造汽车的人，因为这是他们核心竞争力的一部分。他们可能有也可能没有足够的专业知识来雇用优秀的数据科学家，因此在新技能渗透到劳动力市场之后，我们可以预期会看到生产率方面存在差异。[84]

这些原因表明，阿玛拉定律可能同样适用于人工智能。若要实现自动化，就需要无数必要的辅助发明和调整。埃里克·布林约尔松是调查计算机技术在20世纪90年代末对生产率的提升产生影响的那些人之一，他发现人工智能的推广路径可能反映了这方面过去的事实。他在与经济学家丹尼尔·罗克（Daniel Rock）和乍得·西弗森（Chad Syverson）合著的一篇论文中提出，人工智能的推广与20世纪90年代时计算机的情况一样，不仅需要技术本身的发展，还需要巨大的补充性投资和大量实验，这样才能充分发挥其潜能。[85] 这一阶段的历史告诉我们，经济经历了一段调整期，生产率增长放缓。

英国的工业革命也与之极其相似。正如尼古拉斯·克拉夫茨所证明的那样，詹姆斯·瓦特的蒸汽机在发明约80年后才开始明显推动生产率的增长。[86] 约翰·斯米顿（John Smeaton）在观察了瓦特〔于1769年申请了专利〕的发明后说："任何工具或工人都无法如此精确地制造出这样复杂的机器。"[87] 若要使这项技术更完善，必须开发补充性的技能。10年后，马修·博尔顿和瓦特的天才组合使蒸汽机获得了商业上的成功。1815年，苏格兰商人及统计学家帕特里克·科洪（Patrick Colquhoun）写道："当你看到英国过去30年的制造业发展时，你很难不惊叹。其速度之快简直不可思议。蒸汽机在资本和技能的帮助下得到了改进。而且更重要的是，这些精巧的机器为羊毛厂和棉花厂带来的便利是无法估量的。"[88] 但有一段时间，水力仍是一种更便宜的能源，因此蒸汽机还没有给生产率增长带来多少贡献。

即使马尔萨斯在1800年就拥有现代统计设备，他也不可能发现很多关于即将出现的生产率提升的迹象。在技术革命早期阶段，我们无法通过现有的生产率增长情况来了解多少未来的生产率增长。相反，我们必须研究实验室里正发生的情况。马尔萨斯不认可这种观点，因此他无法预测即将发生的事情。他在1798年的那篇著名文章中宣称："当我们把过去的经验作为推测未来的基础时，如果我们的推测与过去的经验完全矛盾，我们就会陷入一个不确定的广阔领域，任何假设都和另一个一样好……如果人们几乎完全不了解机器的能力，我们就不能指望他们预测机器的影响。"[89]

当然，在马尔萨斯写下那篇文章的时候，全世界对熊彼特型增长几乎一无所知。如今的我们从过去的经验中了解到，在创新加速发展的时期，实验室中正在进行的事情能更好地指导未来生产率的发展。伟大的发明也许会带来巨大的经济利益，但通常会有长时间的滞后。与此同时，我们必须承认这个方法也存在缺点。我们无法凭新技术本身得知它是否会得到广泛应用。即使马尔萨斯把更多目光投向那场引发了工业革命的工具潮，也意识到了第一个机器时代的普遍性，他又怎么知道人们会如此急切地推广机器呢？如前所述，在历史上的大部分时期，愤怒的工人们都会强烈反抗取代工人的技术，政府由于担心社会动乱而只能通过政策限制机器的使用（第三章）。马尔萨斯写作的时候，英国政府才刚开始站到发明家们一边。

展望未来，工人的反抗和负面社会舆论会和过去一样减缓变革的步伐，有些经济学家已经开始指出爆发反抗的风险。哈佛大学的丽贝卡·亨德森在美国国家经济研究局最近的一次会议上发出了警告："公众抵制人工智能的确有大大降低人工智能普及率的风险……生产率似乎可能急剧增长，值得庆幸的是每年不会再有数万人在车祸中丧生了。然而，'司机'是目前从业人数最多的职业之一。如果数百万人失业，会有什么结果？……
就像担心组织层面的问题一样，我也很担心社会层面的过渡问
题。"[90] 人们已经体会到了社会层面的这些后果。如上所述，恩
格斯式停顿的回归助长了民粹主义的回潮，对待自动化本身的
态度似乎也发生了变化（第十一章）。人工智能的普遍性和人们
对人工智能造成失业的反应将共同决定未来的生产率发展。如
果忽视了贸易的政治经济学问题，任何分析全球化对未来劳动
力市场的影响的尝试都将具有误导性：比如，要想分析全球化
对未来劳动力市场的影响，我们就无法撇开特朗普当局与中国
的贸易争端。自动化问题可能也是如此。随着自动化的发展，
反抗可能会越来越多，这是一个隐忧。正如我们所看到的，在
历史上当机器威胁人们的工作，政府担心由此引发社会动乱，
机器的推广就会完全由于政治原因而受阻。

　　如果阿玛拉定律不再成立，很可能是因为卢德主义情绪的
回归。

工作和休闲

　　如果任由自动化不间断地发展，工作岗位还会充足吗？在
民众们心里普遍存在着一种反乌托邦的观点，认为聪明的机器
崛起会造成劳动者工资下降、失业人数增加，从而摧毁人们的
生活。相较而言，还存在着一种同样普遍的乌托邦式的理念，
那就是技术预示着一个休闲的新时代，人们将更愿意少工作、
多休闲。两种观念都不新鲜。从长远来看，这两种观点迄今为
止都已被证明是错误的，或至少被极大地夸大了。虽然技术进
步在某些方面确实让工人遭受了痛苦，但对工作终结这一前景

的担忧总是被夸大了。那种认为我们会放弃工作、过着充实而休闲的生活的观点也是如此。

1930年，约翰·梅纳德·凯恩斯（John Maynard Keynes）在著名论文《我们后代的经济前景》（"Economic Possibilities for Our Grandchildren"）中宣称，机械化正以史无前例的高速发展。他说，我们发现使用机器取代人类的方法的速度超过了发现劳动力新用途的速度，他认为这会造成普遍的技术性失业。凯恩斯的文章反映了20世纪20年代的生产率增长，它确实出现了一些调整问题，使以前的那种机器问题重现了（第七章）。但凯恩斯对长远发展仍保持乐观态度。他认为技术能解决人类的经济问题，将人们从为了生计而工作的境况中解放出来。相反，我们需要关心的主要是如何度过闲暇时间。凯恩斯预言道，一个世纪后人们每周的工作时长为15小时。[91]

凯恩斯正确地认识到机械化正以史无前例的速度发展，但真实情况的发展和他的预想有很大偏差。的确，富裕国家的人们每周工作时间更少，假期更多，随着寿命的延长，退休后的时间也更长。但随着人们变得更富有，人们决定分配给休闲的时间却并未像人们普遍预想的那样大幅增加，当然也没有像凯恩斯预测的那么多。这就是经济学家瓦莱丽·拉梅和内维尔·弗朗西斯（Neville Francis）追踪过去一个世纪美国人的工作和闲暇时间发展轨迹时的发现。[92] 1900年，制造业岗位典型的每周工作时间为59小时左右。但在1900年，制造业从业人数仍只占总就业人数的五分之一左右，工厂里的劳动者每周工作时间比整个经济其他部分的劳动者要长得多。[93] 如果把政府和农场工人也算在内，1900年美国人平均每周工作53小时。到了2005年，每周工时已降至大约38小时。然而，若只关注每个工人工时的变化就会忽略一个事实，那就是由于越来越多的女性进入职场，如今劳动人口占总人口的比例比一个世纪前要高（见第六章）。拉梅和弗朗西斯发现，考虑到劳动人口占比越来越大，可见每周工作时长的下降并不明显：1900—2005年，每人每周的平均工作时长下降了4.7小时。[94]

所有这些下降都发生在年轻和老年群体中。相比之下，在25—54岁的人群中，尽管男性每周的平均工时缩短了，但整体的平均工作时长实际上增加了。这种激增完全是由职业女性推动的。年轻人工作时长减少的原因很简单：第二次工业革命时期，由于农民们意识到他们的孩子需要接受教育才能成功，因此更多孩子去上学了，他们的受教育年限也变得更长。老年人每周工作时间下降的原因也并不神秘。1935年《社会保障法案》（Social Security Act）为国民提供了全国性的养老金制度。在此之前，大部分人一生都在工作，直到被淘汰。私人养老金计划则只适用于一小部分人。此后，随着养老金覆盖范围的逐渐扩大，那些达到退休年龄的人突然能够享受休闲生活了。这种情况也留出了更多的工作（如果说它有什么影响的话）。一批悠闲而活跃的人带来了需求的巨大增长，为了容纳从东北地区向南方阳光带迁移的大量人口，养老院、高尔夫球场、购物中心和像亚利桑那州太阳城这样的养老城市相继涌现。

拉梅和弗朗西斯的研究考虑到了每周的带薪工时、上学时间、做家务的时间等因素，他们在此基础上估算了一个世纪以来人一生中的平均闲暇时间。这就需要估计不同群体从14岁到预期死亡年龄之间每一年的每周平均闲暇时间。[95]据此他们发现，1890—2000年，人们每周的平均闲暇时间从39.3小时增加到了43.1小时。这主要是由于如今的人们寿命更长了，这一点让人非常欣喜。他们的发现使我们多少理解了凯恩斯的预测，后者认为下一个世纪的生产率会增长4至8倍。虽然凯恩斯没有预料到第二次世界大战，但他对生产率的预测相当准确：现在的劳动生产率大约是1900年的10倍。但截至2000年，人们决定分配给休闲的时间净增长只有10%（图19）。从凯恩斯写作的1930年往后，劳动生产率增长了5倍，闲暇时间却只增长了3%。[96]

可以肯定的是，凯恩斯并没有高估机械化的潜在适用范围。他提出的"也许我们能用通常所需精力的四分之一来完成农业、采矿业和制造业的所有工作"这一观点大体上是对的。[97] 36年

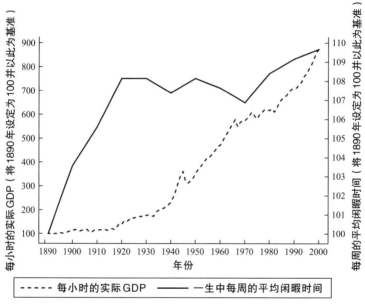

图19　1890—2000年，美国每小时国内生产总值（GDP）和每周平均闲暇时间的发展轨迹

来源：V. A. Ramey and N. Francis, 2009, "A Century of Work and Leisure", *American Economic Journal: Macroeconomics* 1 (2): 189–224. See figure 9 for data on GDP per hour.

后，经济学家罗伯特·海尔布罗纳（Robert Heilbroner）在20世纪60年代关于自动化的讨论中注意到：

> 人们可能坚持认为，在史上最重要的两个工作区域——农场和工厂中，劳动力取代效应要早于创造就业的效应……虽然采矿业产量增幅很大，但和农业一样，这里也出现了劳动力绝对值的收缩。进入地底或在矿区表面工作的工人数量在1900年为80万，到1965年只有60万……因此有一点似乎是毫无疑问的，投资带来的劳动力取代效应可以超过创造就业的效应。经济领域许多重要分支的实际情况就是如此。[98]

海尔布罗纳当然也意识到了，虽然农业和采矿业的工人们被取代了，但他们并没有完全脱离劳动力市场。相反，随着越来越多的女性进入职场，从事有偿工作的人口比例上升了。随着家庭生产变得日益机械化，女性原本可以选择好好利用留声机、收音机和电视机提供的新兴娱乐机会在家享受新发现的休闲时光，但她们决定进入劳动力市场从事有偿工作。更广泛地说，2015年一个普通美国工人如果希望保持在1915年的工资水平，有了现代技术的帮助，他每年只需要工作17周。[99]但大部分人并不认为这种权衡是可取的。相反，随着生产率的提高，他们对新商品和服务的要求也有所提高。虽然在省力技术的帮助下，我们能够用更少的资源做更多的事情，但大部分人更愿意从事其他生产性的任务而不是休闲。

海尔布罗纳认为，对未来的担忧由两部分组成。这一次将不只是农业和工业领域的工作岗位会受到影响了。他担心自动化也会使服务业工作变得多余。他还预测，劳动带来的对服务的需求最终会得到充分满足：

> 但这里的关键点在于，如今的技术似乎正在侵蚀服务业工作和其他类型的工作。如今一个秘书使用机器打字，能仿效一位作家的风格……我们没有理由认为技术不会渗透到白领阶层的工作中去。那么，新的劳动移民将何去何从呢？……我们可以假设其中大部分人受雇成为精神病医生、艺术家等。我担心由于人们对消费品和服务的总需求有上限，就业机会也会存在上限。[100]

就业是否存在饱和点是有争议的，但如果我们的"基本需求"都得到了满足，更高的收入并不会转化为更高的主观幸福感。为此，经济学家贝齐·史蒂文森（Betsey Stevenson）和贾斯汀·沃尔弗斯（Justin Wolfers）对是否存在一个临界收入水平展开了研究。超过这个水平，幸福感和收入的关系就会减弱。在分析了大量数据集，使用了关于基本需求的各种不同定义和衡量幸福的不同标准后，他们发现目前没有证据证明这种饱和点的存在。他们在比较各个国家的主观幸福水平和人均国内生产总值时发现，在贫穷国家和富裕国家，幸福感与收入的关系是一样的。在一个国家内部收入水平不同的群体中，这一关系也不变。比如在美国，即使年收入是50万美元，也没有证据表明幸福感和收入的关系有什么明显变化。[101] 因此，即使存在这么一个饱和点，人们也还没有达到。

1966年，赫伯特·西蒙写了一篇文章回应海尔布罗纳，他认为"在经济问题方面，这一代人和下一代人面临的世界性问题将主要是匮乏问题，而不是难以忍受的富足问题"。[102] 西蒙的结论是很容易让人接受的，此后的情况也没有发生太大的变化。反乌托邦的观点认为自动化必然造成失业，乌托邦式的观点则认为自动化会带来闲暇生活。到目前为止这两种观点似乎都是错误的。展望未来，一位观察家恰当地总结了这个问题：

> 自动化不可避免会带来更短的工时。在很多情况下，我们设想的那些技术进步反映了一种担忧，即如果没有那么多的工作，失业将会蔓延。然而同样普遍的是，它也反映了一种乌托邦主义的设想，即新的技术预示着一种新的生活方式：在一天之中只休闲不工作。工人们是选择更短的工时还是额外的收入，这取决于他们对休闲和收入的相对价值的衡量。生产率和生活水平的逐步提高带来的收益使人们更容易做出倾向于休闲的选择，但最终结果仍难以预料。随着把时间投入和工作的艰巨性降低，以使工作带来的身体压力和其他损害不影响健康、家庭和社会生活的充分参与，而与此同时，消费的物质标准在提高，它就变得越来越不稳定。我不知道未来的工业和其他行业的工人会选择一周工作多久。有趣的是，近年来在美国总体上实现了充分就业的情况下，非农业领域的平均工作时长却几乎没有减少……目前工人们似乎普遍更倾向于更高的收入而非更多的闲暇，但情况可能并不会一直这样。[103]

上面抄录的这段话来自劳动统计局 1956 年发表的一份报告，它在今天本来也同样适用。在机械化和生产率经历一个世纪的飞速发展后，令人惊讶的是，美国人用来休闲的时间仍相当少。

然而，有一个相对较新的趋势值得注意。在历史上，越是贫穷的劳动者，就越不得不花更多的时间才能养活自己和家人。正如汉斯-约阿希姆·福特（Hans-Joachim Voth）指出的那样，英国人的平均工作时长从1760年的每周50小时增加到了1800年的每周60小时。[104] 这一时期正经历着恩格斯式停顿，工人阶级的物质水平摇摆不定。同样在此期间，简·奥斯汀关于精英阶层的小说描写了一个悠闲的社会，人们的生活集中于精致的对话和文学。相比于新近的"认知精英"，一些人若在战后年代本来会大批涌入工厂，但在近些年来他们很少工作。经济学家马克·阿吉亚尔（Mark Aguiar）和埃里克·赫斯特（Erik Hurst）发现，那些受教育程度低的人越来越比符号分析师更多地"享受"休闲时间。由劳动统计局赞助、人口普查局执行的"美国人时间使用调查"的数据还显示，上过大学的美国人每天的工作时间比没有读大学的人大约要多出两个小时。[105] 对这种情况有一种简单而有说服力的解释，即它反映了准工人阶级在劳动力市场工作机会的减少。正如第九章曾提到的，随着自动化不断发展，非技术型工人的机会已经减少。面对不断下降的工资和不断减少的工作机会，一些人可能选择福利而不是工作，另一些人则只能努力找工作。

1983年，当各类工作场合开始大量使用计算机时，瓦西里·列昂惕夫（Wassily Leontief）评论道："想想看，如果所有失业的钢铁工人和汽车工人都接受操作电脑的再培训，又会怎样？……将没有足够多的计算机来分给每一个人……越来越多的工人会被机器取代。我看不出有哪个新行业能容纳所有想工作的人。"[106] 之所以现在仍有那么多工作岗位，原因之一是计算机确实为劳动者创造了许多新任务（见第九章）。但那些新任务大多是为高技能人员准备的。这种情况与第二次工业革命时期的情形相反，那时候的技术变革为半技术性工人创造了许多新任务，为中产阶级带来了越来越多的高薪工作（第八章）。计算机时代的产业没能像此前的烟囱工业一样给中产阶级提供同样的机会。

想要准确预测未来的人工智能技术会带来什么新工作和新任务，并非完全不可能，但肯定非常困难。我们应该对弗雷德里克·巴斯夏（Frederic Bastiat）的观察抱有一些信心。1850年，他在精彩的著作《看得见的与看不见的》（*That Which Is Seen, and That Which Is Not Seen*）中写道："在经济部门，一种行为、一种习惯、一种制度、一条法律不仅会产生一种效果，而且会产生一系列效果。在这些效果中，第一类是立竿见影的；它与它的原因同时显现——它是看得见的。其他的相继展开——它们是看不见的。如果它们能被预见到，那对我们来说是件好事。"[107] 对机器来说，取代工人是我们能观察到的一阶效应，而我们看不到的是新工作会被创造出来。如今美国劳动力市场中的工作机会很少是在1750年工业革命开始时就有的。今天的许多工作岗位（包括机器人工程师、数据库管理员和计算机支持专业人员）甚至都没有出现在20世纪70年代的官方职业分类中。从1980年到大衰退时期之间，就业的增长几乎有一半发生在新工作类型中。[108]

看不见的永远是未知的，但人工智能技术似乎不太可能彻底改变20世纪的那种技能要求不断提高的模式。除了一些个例，在下一次浪潮中最不可能被取代的工作确实是技术型工人的工作。如果我们关注一下2000年还不存在的那些新行业，就会发现其中大部分与数字技术有关，这些行业的大部分雇员拥有大学学历（许多人拥有科学、技术、工程或数学学位）。[109] 因此，下一次自动化浪潮可能会造成与早前的计算机技术相似的影响，但它所影响的人群可能更广。自从计算机革命以来，那些若身处战后年代会大量涌入工厂的群体发现自己的工作选择已经减少了。随着零售、建筑、运输和物流等行业越来越容易受自动化的影响，这些人的选择可能会进一步恶化。事实上，即使未来30年是过去30年的镜像，情况也并不令人感到宽慰，因为自动化最近已经加剧了劳动力市场各个群体的失业情况，给仅有高中及以下学位人群的工资施加了下行压力。埃里克·布林约尔松和安德鲁·麦卡菲在他们最畅销的《第二次机器革命》（*The Second Machine Age*）中做了类似的评述："技术进步在和人们的比赛中遥遥领先，它会把一些人甚至是很多人甩在身后……对于拥有特殊技能或受过良好教育的人来说，没有比现在更好的时代了，因为他们能够使用技术来创造和获得价值。然而，对那些只有'一般'技能和能力的人来说，没有比现在更坏的时代了，因为计算机、机器人和其他数字技术正以非同寻常的速度掌握这些技能。"[110]

如今在美国大多数州，最庞大的单一工种是卡车司机（图20）。诚然，正如经济学家奥斯坦·古尔斯比（Austan Goolsbee）所指出的那样，如果总数高达350万的卡车、公交车和出租车司机在15年内全部被自动驾驶车辆所取代，那就意味着每个月有超过1.9万人失业：2017年，每个月有510万美国人失去自己的工作，同时平均每个月会出现530万份新工作。在这种情况下，自动驾驶汽车将使离职率增加不到0.4个百分点。[111] 这种情况在15年内不太可能发生。技术推广从来不会一帆风顺，与长途卡车相比，出租车需要更长的时间才能完全实现自动化。令人担忧的是，

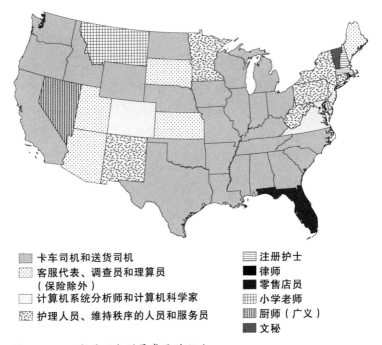

图例：
- 卡车司机和送货司机
- 客服代表、调查员和理算员（保险除外）
- 计算机系统分析师和计算机科学家
- 护理人员、维持秩序的人员和服务员
- 注册护士
- 律师
- 零售店员
- 小学老师
- 厨师（广义）
- 文秘

图20 2016年美国各州最常见的职业

来源：S. Ruggles et al., 2018, IPUMS USA, version 8.0 (dataset), https://usa.ipums.org/usa/。

劳动力市场中大量群体的替代选择不断恶化。即使我们假设在劳动力市场的不断变化中，被取代的卡车司机相对容易地被重新吸纳到劳动中去，我们也不得不扪心自问，他们从事什么工作，工资有多少。如果那些选项看起来没有吸引力，他们会去工作吗？

美国中西部的一名卡车司机不大可能成为硅谷的一名软件工程师。他可能找到一份看门的工作，也可能从事场地维护的工作，保持公园、房屋和公司的干净整洁。我们估计，这些工作在下一次自动化浪潮中都不会受影响。如果他成了看门人，等于是将一份年收入41,340美元（2016年的年收入中位数）的卡车司机的工作换成了一份年收入24,190美元的工作。如果他成了场地维护工人，他每年能挣26,830美元。再或者，他可能成为一名年收入46,890美元的社工，但那样的话他就需要获得一个大学学位。

　　列昂惕夫曾开玩笑说，如果马获得了投票权，它们就不太可能从农场消失了。虽然美国中产阶级几乎不可能遭遇农场马匹那样的命运，但我们也不指望美国人会轻易接受工资的下降。如果自动化只会暂时降低人们的收入，他们可能愿意接受自动化。但如果他们的收入在数年甚至数十年内似乎都不可能恢复，他们就更有可能抵制自动化。事实上，如果个人对市场的裁决感到不满，他们要么会试图抵制技术，要么会通过非市场的机制和政治激进主义来寻求更多的再分配。我们在第三章中就讨论过，卢德主义者和其他群体曾激烈反抗那些威胁他们生计的机器的推广。除了发动暴乱，他们也曾向议会请愿，呼吁政府限制劳动取代技术的引进。但由于缺少政治影响力，他们没有成功的希望。如今的劳动者不仅对政府必须提供的东西有更高的期望，他们也拥有了政治权利。

第十三章

致富之路

时不时总有人认为技术进步即将结束。19世纪末，作为工业革命核心驱动力的那些产业（主要包括纺织业、铁路运输和蒸汽工程）的发展开始放缓，一些观察者声称资本主义体系已经分崩离析。[1] 大萧条时期，马克思主义的批评者们本着类似的精神，宣称资本主义无法实现持续增长。像经济学家阿尔文·汉森这样的非马克思主义作者们则预计，美国经济将遭遇一段长期停滞，其部分原因在于创新疲软："如果铁路或汽车等革命性的新兴产业进入成熟期，并和所有行业最终会达到的状态一样，最终不再增长，那么整体经济会经历一场停滞……如果巨大的新兴产业耗尽了它们的力量，将可能需要过很长时间才会出现另一个同等规模的产业。"[2]

罗伯特·戈登最近在《美国增长的起落》（*The Rise and Fall of American Growth*）一书中同样表达了未来前景黯淡的观点。[3] 他认为当前人工智能、移动机器人技术、无人机等方面的技术突破和计算机革命的其他副产品无法与20世纪初的伟大发明相提并论。我们无法得知未来的生产率增长能否达到黄金时代的水平，但鉴于当前已经开始萌芽的技术（见第十二章），我认为如果技术创新能不被干扰，持续发展，生产率将再次回升。

问题在于这些技术中许多都是取代技术，因此它们会进一步给非技术型工人的工资带来下行压力（图18）。

在自动化时代来临前，参加工作的美国成年人有一半以上从事蓝领和文职工作，这些工作支撑着只有高中及以下学历的人群维持中产阶级生活。在过去的30年中，这些岗位的数量一直在稳步下降，以致很多没有上过大学的人只能寻求低收入的服务业工作（见第九章）。这些工作曾是非技术型工人的避风港，但如今它们中的许多面临着被人工智能取代的危险。非技术型工人的就业预期进一步恶化了。从这个角度来看，人们担心的并不是生产率增长将无法回升。我认为更严峻的挑战不在技术本身，而在政治经济学领域。正如杰出的戴维·兰德斯所说，"即使我们假设科学家和工程师们有无穷的创造力，总能提出新想法取代旧观念……我们也无法保证那些负责利用这些想法的人会采取明智的做法，更无法保证非经济的外部因素不会让整个宏伟体系化为灰烬，毕竟人们之间的合作无法做到尽善尽美"。[4]

如果我们不解决自动化过程中成功者和失败者之间的鸿沟日益扩大的问题，我们的社会将付出巨大代价。相对于工作受到自动化直接影响的人所付出的代价，前一种代价要大得多（见第十章）。日渐扩大的经济鸿沟已转化为更大的政治分歧，正挑战着自由民主的基础（第十一章）。20世纪收入的稳定增长被认为是理所当然的，人们仍然期待未来的物质生活水平继续改善。但在自动化时代，中产阶级工资的增长落后于生产率的增长，政府更难实现这一承诺。政府努力让更多人分享增长带来的好处，但民粹主义的反弹在很大程度上反映了这种努力的失败。事实上，未受大学教育的人群在过去三十多年间工资一直在下降，这一长期过程在大衰退中暴露无遗（见第十一章）。正如弗朗西斯·福山所言，"在发达国家，民主的未来将取决于政府处理中产阶级消失带来的问题的能力"。[5]

重大的社会失调就摆在眼前，如何做出最好的回应不是一个简单的问题。如果我们过分强调自动化的消极影响，就可能使人们对其有害影响产生过多的恐惧。但如果我们低估其重要性，那些力图将个人和社会成本降至最低的措施可能就会被忽视，结果就是人们可能相当有理由反抗取代技术。[6] 如果历史能为工人们在下一次自动化浪潮来临时的反应提供指导，那这一点很能说明问题：显然，工业革命时期许多人在转型的夹缝中挣扎求存，技术变革遭到了强烈抵制（见第五章）。英国政府屡次与愤怒地捣毁机器的工匠产生冲突，后者被迫接受技术进步。但并非每一个地方的抵制都很激烈。《济贫法》（The Old Poor Law）使人们向现代世界的过渡变得容易一些了。经济史学家阿夫纳·格赖夫（Avner Greif）和穆拉特·伊伊京（Murat Iyigun）认为，在英国的部分地区，福利机构为穷人提供了更慷慨的支持，在那些地方，人们对技术变革的抵制没那么普遍，社会混乱也更少。[7] 当时也有人（虽然很少）意识到了对技术变革的输家进行补偿以避免社会和政治动乱的重要性。1797年，弗雷德里克·伊登爵士在《穷人的状况》中正确地指出，机器"促进了整体繁荣"，但是他补充道，机器"让很多勤劳的人失业，造成了他们的不幸，这些不幸有时是毁灭性的"。他宣称必须救助穷人，这样一来，"在实际可行的情况下，对个人造成的不便将会减轻"。他分辩道，如果不能充分做到这一点，发展就会停滞，因为人们会像在前工业时代一样反抗机器。[8]

我们在第十一章讨论过，那些济贫法案的兴衰反映了政治权力从地主阶层向新的城镇精英阶层转移。城镇精英阶层不会让人们待在乡村，因为那对他们没有好处。相比之下，他们的工厂更需要工人。但济贫法案的衰落是人们普遍认为技术不能改善人类命运的结果。为了国家利益，也为了确保英国不会在贸易领域输给其他国家，工业化得到了提倡。虽然马尔萨斯的理论在英国早就没有影响力了，但其逻辑仍然流行。跟马尔萨斯同时代的人以及之后的政治经济学家们都认为，人口的增长总会抵消人均经济增长。这种信念暗含着一个观点，即为了更广泛地分享工业化带来的利益而做出的任何对收入进行重新分配的尝试都注定会失败（见第二章）。马尔萨斯和大卫·李嘉图都强烈反对贫困救济，他们认为这只会鼓励穷人多生孩子，而不会帮助到他们。[9] 如今我们对这一点有了更深刻的理解。

　　20世纪的政府承担了更多责任，减轻了强加给劳动者的适应成本。劳工运动（包括其在政治方面的分支）实际上接受了技术是经济增长的引擎这一事实。但他们坚持主张建立福利制度来为所有社会成员提供可靠的保证，使个人收入不低于某个标准，更严格地限制个人损失。工业化带来的新财富使得社会能够有更多支出以补偿那些不富裕的人。如上所述，卡尔·马克思所预言的社会主义革命并没有发生在英美，一个重要原因在于技术开始服务于工人的利益，因此劳动者正确地将技术看作带来大量财富的引擎。蒸汽机的使用及后来的电气化的推广为工人们创造了全新的高薪岗位，他们最终掌握了操作机器的技能。革命没有发生还有一个原因，即政府通过扩大选举权、建立福利国家、建立教育系统，分散了来自下层的革命威胁，从而简化了对不断加快的变革步伐的调整。在这种情况下，即将到来的人工智能革命自然引发了进行类似的资本主义改造的呼声。

什么是可以实现的

从历史来看，劳动者经历的最艰难的时期是取代工人的技术变革和生产率增长缓慢同时发生的时期。如果人工智能技术真像我们中的一些人认为的那么聪明，我们就应该对长期形势持更加乐观的态度。正如达龙·阿西莫格鲁和帕斯夸尔·雷斯特雷波指出的那样，杰出的技术比普通的技术更受劳动者青睐，因为这些技术让我们更加富有，为人们创造了更多商品和服务方面的需求。[10] 确实，1995—2000年的工资增长速度比此前几年和此后几年都要快，因为当时的计算机带来了短暂的生产率提升。然而，尽管生产率的高速增长比缓慢增长更好，但如果高速增长的起因是劳动取代型技术，那么工资增长就会滞后于生产率的增长。在此过程中，即使在整个经济的其他部分出现了新就业机会，还是会有一些劳动者发现他们的收入消失了。这就是近年来发生的事情，这种情况在典型的工业化时期也发生过。[11]

现在美国的全国失业率是4%。虽然机器人在崛起，但工作似乎不会终结。然而，自动化的影响表现为大量人口的工资有所下降，导致一些人退出了劳动力大军。已失业但没有列入失业率统计的工人比例正在上升，这尤其令人不安。尼古拉斯·埃伯施塔特（Nicholas Eberstadt）在《无业之人》（*Men without Work*）中估计，如果当前的趋势继续下去，到2050年，年龄在25—45岁之间的男性有24%会失业。在未受过大学教育的男性群体中，失业现象尤其普遍，在技术发展程度越来越高的经济中，他们缺乏竞争的技能。[12] 这一群体眼看着自己的收入潜力因自动化而下降，而且因为缺乏必要的技能，他们被排除在新兴的高薪工作机会之外（见第九章）。

如果当下的趋势在未来几年持续下去，自动化的赢家和输家之间的鸿沟将变得更大。我们有充分的理由相信这一点。我们只要观察一下现有工作岗位的自动化程度就会发现，大多数需要大学文凭的工作仍难以自动化，而像出纳员、食物准备人员、电话中心客服和卡车司机等许多非技术型工作似乎即将消失，尽管这些岗位会消失得多快还不确定。但是，仍有一些非技术型工作尚处在人工智能的影响范围之外。像健身教练、发型师、酒店接待员和按摩治疗师等许多工作以复杂的社交互动为中心，它们就不会被自动化完全取代。[13]

我们无法准确预测未来会出现什么工作。工业革命来临时，没有人预见到会有许多英国人成为电报员、机车工程师和铁路维修工。今天的未来学家同样无法预测人工智能会创造什么样的工作岗位。官方就业统计数据的记录进度总是落后于新工作岗位的变化曲线，这些新岗位的数量在达到临界点之前，不会被纳入统计数据。然而，我们至少能通过其他来源［比如领英（LinkedIn）］的数据来即时获悉一些新兴工作，包括机器学习工程师、大数据架构师、数据科学家、数字营销专家和安卓开发人员。[14] 但是我们也发现了像尊巴（Zumba）和沙滩健身（Beachbody）等健身课程的教练工作。[15]

在一个技术日趋复杂的世界，技术带来的回报增加的势头不太可能消失，反而可能增强。和计算机一样，人工智能似乎为劳动者们创造了更多技术类工作，在这个过程中，那些难以被自动化取代的面对面服务的工作需求会增加。上文提到，最近新出现的许多工作都集中在所谓的劳动增值上。计算机为软件工程师和程序员创造了工作机会，反过来又提高了他们在工作和生活场合中对面对面服务工作的需求（见第十章）。因此，在技术型工作丰富多样的地方，非技术型工作者的工资也更高。在加利福尼亚州的圣何塞，2017年健身教练和有氧运动教练的平均年收入达57,230美元。相比之下，密歇根州弗林特的健身教练的平均年收入是35,550美元。当然，直接比较会因各种因素而变得复杂。湾区的生活成本确实比弗林特更高，但湾区的便利设施更丰富、医疗卫生和公共服务更好、犯罪率更低也是事实。

所以，自动化意味着双重打击。机器在哪个地方取代了中产阶级工人，那里的服务需求也会受到影响。技术型劳动者和非技术型劳动者之间日益扩大的鸿沟被技术领域和非技术领域之间的巨大差异进一步放大了。湾区的繁荣得益于软件工程带来的奇迹，工业衰退地区的劳动者则因其他地方出现的新技术的扩大而陷入困境。许多地方的中产阶级工作走向了枯竭，收入减少引发了犯罪率上升、婚姻不稳定、健康状况恶化等一系列社会问题（见第十章）。众所周知，这些问题中的许多都与代际流动率呈负相关。这些问题会给下一代带来消极影响，也就可能给当地的社区带来长远的影响。在这种情况下，民粹主义拥有如此大的吸引力就不难理解了。因为民粹主义替那些被排除在增长之外、困在绝境中的人们表达了他们的愤怒。

本书传达的信息是，我们以前就经历过这些。我们在此回顾马克辛·伯格的话，他认为工业革命带来了"前所未有的地理流动性和职业流动性需求"。我们应该记住，机器"意味着失业，或至少会威胁到就业，这种失业充其量只是经济部门之间或部门内部的过渡现象"。但最重要的是我们应该牢记，"从政治经济学家对1826年兰开夏郡的反机器暴乱和1830年农业暴乱的重视程度可以〔明显〕看出，这一时期政治经济领域的观念变化也与阶级斗争密切相关"。[16]

随着使能技术的应运而生，工人们掌握了新技能，恩格斯式停顿终于结束了。但到那时，整整三代普通英国人的生活水平都已经下降。值得庆幸的是，如今技术变革带来的社会成本更多是由政府承担的。事实上，没有工作的壮年男性比例不断上升，而那些只有高中及以下教育水平的人的赚钱能力也在稳步下降，这些情况表明，我们必须仔细思考人工智能推动的自动化不断进步带来的短期影响。随着生产率的增长，"蛋糕"也越做越大，原则上每个人的生活都会更好。我们面临的挑战在政治领域而不在技术领域。鉴于人工智能的巨大潜力一方面让我们更加富有，另一方面给劳动者带来混乱，政府必须谨慎处理它的短期影响，因为典型工业化时期的短期影响会改变很多人的一生。

正如美国前财政部部长劳伦斯·萨默斯所说的："没有什么是确定无疑的。但前进比后退要好，我们应该欢迎技术进步，而非拒绝它……这会引发一场重要的辩论，我认为这场重要的辩论将决定未来十年工业世界的大部分政治事务。"[17] 为避免落入技术陷阱，各国政府必须出台政策刺激生产率增长，同时帮助工人们在不断高涨的自动化浪潮中进行调整。要想降低自动化的社会成本，我们需要在教育上推行重大改革，为流动人口提供安置优惠，降低更换工作的壁垒，取消那些会加剧社会和经济分化的分区限制，通过税收抵免来提高低收入家庭的收入，为那些被机器夺去工作的人提供工资保险，加大在幼儿教育上的投资以减轻对下一代的负面影响。接下来的内容将详述我们可以做些什么。

教 育

如果人们能和机器并驾齐驱，就不太可能会愤怒地反抗机器。在历史上，教育一直是人们适应加速技术变革的方式。经济学家克劳迪娅·戈尔丁和劳伦斯·卡茨在2008年写了一本开创性著作《教育和技术的竞赛》(*The Race between Education and Technology*)，这本书表明在20世纪前四分之三的时间里，美国经济的强劲发展与教育的不断扩张并非巧合——前者至少可以部分地归功于后者。二位作者写道，20世纪是人力资本的世纪，它是由美国主导的。这并不是历史的偶然："一个时期的现代化程度越高，经济发展就越需要受教育程度高的工人、经理人、企业家和公民，也需要现代技术的发明创新、落实与维护。必须由有技能的劳动者掌握这些技术。不管以哪种方式来衡量，技术的飞速发展都已成为20世纪的特征。因为美国人是世界上受教育程度最高的人群，他们处于发明的最佳位置，最具有企业家精神，使用先进的技术生产商品，提供服务。"[18]

我们从第八章了解到，技术和教育间的竞赛很好地揭示了1980年前美国劳动力市场所发生的种种情况，当时的技术变革逐渐向取代型发展。然而，取代技术的变革并没有使教育变得不重要，相反，教育变得更重要了。正如第九章曾讨论过的，人们对自动化的适应程度的差异在很大程度上取决于他们的教育背景。由于中等收入的半技能型工作开始减少，只能从事低收入的服务工作或者彻底退出劳动力市场的人绝大多数都是没有大学文凭的人。相比之下，那些受过大学教育的人则在向上一个阶层攀升。

非技术型岗位并没有终结。但如上所述，低技能型工作在未来更容易受自动化的影响，那些需要大学文凭的工作则相对安全。虽然将来会出现什么工作、这些工作具体需要哪些技能还有待观察，但我们确实已经知道获得新技能的一些壁垒是什么了。通过一次又一次研究，我们可以说最大的政策挑战在于背景处于弱势的孩子受教育程度始终更低。众所周知，像数学和阅读这些基本技能的不足在幼年就会显现出来，这意味着有这些问题的孩子在较高年级通常赶不上同龄人。这种不足出现的原因首先是低收入家庭的孩子通常缺乏家庭阅读和日常谈话带来的智力刺激。相比之下，在父母至少有一方受过大学教育的那些家庭中，这种刺激非常普遍。我们也了解到，位于收入分配顶端那五分之一的家庭和最末五分之一的家庭相比，关于父母为孩子在书籍、计算机和音乐课程等丰富课外活动与教育资料上所花的时间方面，前者是后者的7倍。[19] 在这种情况下，自动化不仅让许多父母没了收入，还自然而然地毁灭了他们的孩子未来的前景。经济学家杰弗里·萨克斯（Jeffrey Sachs）及其同事就认为，人工智能不仅可能对这一代人的工作岗位、工资和储蓄产生威胁，还可能使他们的子孙后代陷入贫困。[20]

为了创造公平的竞争环境，人们建议政府加大少年儿童基础教育的投资。背景处于弱势的孩子和具有相对优势的同龄人之间的知识和能力的差距在很早就出现了，这种差距可能持续终身。因此，通过积极行动，投资于高质量的幼年教育比以后再努力弥补差距更有效，在经济上也更可行。为贫困家庭的孩子提供学前教育会得到回报。诺贝尔奖得主詹姆斯·赫克曼（James Heckman）和他的同事们通过研究发现，早期的干预带来了极大的长期影响。通过提高教育水平、明显改善健康状况、大幅提高生产率水平、减少犯罪情况，每年的投资回报率可达

7%—10%。[21] 亚瑟·雷诺兹（Arthur Reynolds）及其同事在《科学》杂志上发表的研究也得出了类似的结论。他们的研究跨越了25年，追踪了芝加哥亲子中心教育项目1400多名参与者的命运。他们发现与对照组相比，项目参与者在受教育程度、收入、药物滥用和犯罪率方面的表现更好；该项目对男性和高中辍学儿童的长期影响最为明显。[22] 就目前的情况而言，机会差距带来的总体社会成本虽难以估计，但不论如何统计，这一数字都被认为非常惊人。经济学家们估计，儿童贫困每年给美国经济造成5000亿美元的损失，这相当于国内生产总值的近4%。这些损失要归因于低生产率增长、更高的犯罪率和大量医疗支出。[23]

诚然，这些研究都未考虑到机会差距几乎一定会在某些方面影响未来的创新率这一事实。经济学家亚历山大·贝尔（Alexander Bell）及其同事在一项开创性研究中分析了一些美国人比其他人更有可能成为发明家的原因。作者们研究了120万来自专利记录的发明者数据，通过测试分数他们发现，即使来自低收入家庭的孩子展现出和来自高收入家庭的孩子一样的才能，他们成为发明家的可能性也更低。[24] 这种差距会随着年级的升高而扩大。作者认为"这种情况的原因是来自低收入家庭的孩子逐渐落后于来自高收入家庭的同龄人，也许是因为学校和童年环境的差异"。[25]

更重要的是，机会差距不仅不利于经济，也同样不利于民主。年龄在20—25岁之间的受过大学教育的人更有可能参加政治讨论、公共事务、志愿工作等。在完全脱离各种形式的公民生活的人群中，高中及以下教育水平的人群数量是受过大学教育的人的两倍多。在民主参与方面，受过大学教育的人在国家选举中投票的可能性要高出两到三倍。[26] 正如政治科学家凯·施洛茨曼（Kay Schlozman）、西德尼·韦尔巴（Sidney Verba）和亨利·布雷迪（Henry Brady）所指出的那样，更令人担心的是政治参与的代际影响越来越严重，孩子很有可能直接承袭父母的政治参与程度。换句话说，受过良好教育的、富有的父母不仅会塑造孩子的工作前景，还会影响孩子的政治参与度。[27]这种现象导致了一个著名的两难困境。正如罗伯特·达尔所指出的那样："如果你被剥夺了在政府中平等发言的权利，那你的利益就很有可能不会跟那些在政府中有话语权的人的利益一样得到同等的关注。如果你没有话语权，谁会为你说话？"[28]事实上，非技术工人群体的政治权利被剥夺了，主流政治不再代表他们的利益，这使得自动化造成的不满更难解决了（见第十一章）。

再培训

我们如何才能帮助劳动力市场中那些工作已受到人工智能威胁的人呢？一个流行的想法是提供再培训，让人们摆脱失业。这也是应对技术快速变革的一种普遍回应。在20世纪60年代，自动化焦虑正高涨，再培训成为国家需要优先解决的事项。1962年，肯尼迪总统在国会发表国情咨文演讲时，敦促国会道："〔我们应该〕实行人力培训和发展法案（MDTA）。不能再浪费那些体格健全又想要工作的人们的精力了，他们仅有的技能已被机器所取代，或随着工厂而移动，或随着矿场的关停而失去了意义。"[29]人力培训和发展法案于1962年3月15日签署生效，它是第一个联邦人力资源计划，目的是为数千名因自动化而陷入困境的工人提供培训和再培训（尽管后来范围很快扩大，覆盖了更多人）。1963—1971年，大约200万美国人参与了这一计划。他们此后的处境怎么样了？1978年，经济学家奥利·阿申费尔特（Orley Ashenfelter）着手对这一计划进行评估，发现答案并不简单。这一计划最开始针对最容易接受再培训的人，后来面向更弱势的工人（其中很多人退出了劳动力市场）。虽然阿申费尔特发现有一些证据表明人们在参与这一项目之后收入有所提高，但他总结道，我们很难弄清楚这样的好处是否抵过了成本开销。[30]

从人力培训和发展法案开始，联邦政策制定者颁布了一系列就业与培训计划。由于在培训期间失去的收入很难统计，所以许多计划都很难加以评估。大多数培训计划的成本数据很少。此外，大部分研究只追踪几年内的结果，也就是说，我们无法知道对收益的影响会在多大程度上随着时间的推移而减弱。[31] 经济学家伯特·巴诺（Burt Barnow）和杰弗里·史密斯（Jeffrey Smith）最近在一部著作的综述中总结道："总的来说，最近的证据表明结果喜忧参半，但多少有点令人沮丧。"[32] 虽然研究结论并不表明我们应该放弃后续进行再培训的观念，但在没有概念论证的情况下，过分相信大规模培训是不明智的。我们必须采取反复试验和试错的策略，通过实践来了解什么措施在哪些地方是有效的。当然，在培训计划之外还出现了一些有趣的想法。比如，缅因州和华盛顿州设置了终身学习账户，给那些为自己投资培训的人和低收入人群提供税收激励。符合条件的公民每年最多可缴付2500美元，然后可以获得税收抵免，其额度相当于前500美元可以退税50%，后2000美元可以退税25%。然后，劳动者们可以在职业生涯的不同阶段使用这些基金进行培训，以此来应对失业，并更广泛地推进自己的事业。然而，在扩大这些努力之前，我们应首先对其进行仔细评估。

我们可能也需要从更广泛的层面变革教育和培训。正如哈佛大学的克莱顿·克里斯坦森（Clayton Christensen）极力主张的那样，对于有着不同学习需求的人，没有什么特殊原因表明他们必须遵循严格的计划，在特定的一段时间内学习僵化的课程。随着在校学习时间的增长、科目的增多和学制的延长，在工业革命后出现的那种以工厂为基础的教育模式逐渐扩展到了许多领域。这本是一件好事。但如果人们在后续的生活中必须不断更新技能，我们就需要更灵活的教育方式。学习过程可以被分解，如此一来学生们不需要完成标准化的学术课程，而是可以从一系列他们希望获得的技能中进行选择。例如，慕课（MOOC）可以为想要获得新技能的人提供模块化教育。人们还可以根据自己的进度完成课程。

工资保险

我们也必须承认，再培训并不适用于所有人。那些在晚年失业并发现他们的技能过时的人可能会发现，找到一份低技能工作相对更容易，即使这意味着薪资更低。如上所述，关于失业工人的研究始终表明许多人最终找到的工作的薪水比他们以前的工作薪水要低，对年纪大的人来说尤其如此。对那些找到新工作就意味着工资大幅削减的人来说，再培训和失业保险能提供的帮助微乎其微。然而，工资保险能确保因自动化而陷入困境的人数尽可能更少——工人们如果被迫从事更低薪资的工作，就将获得补偿。工资保险会提高非技术型工人的工资（与失业相比），还有可能降低这一群体的失业率（见第九章）。美国为了减少进口给某些行业的工人带来的负面影响，提出了贸易调整援助的联邦计划。工资保险如今正是作为这一计划的一部分而存在的。但这一计划仅针对年龄超过50岁且年收入低于5万美元的工人。它的范围应该扩大，至少应该覆盖进口相关领域之外的失业来源，比如会造成人们的收入永久性下降的自动化。正如经济学家罗伯特·拉隆德（Robert LaLonde）所言，"尽管私人市场为人们提供了风暴和火灾险，却没有针对中年失业、工资永久下降这种情况的保险。这是一种市场失灵，应该由政府来补救"。[33]

税收抵免

在大众媒体上得到广泛讨论的全民基本收入（UBI）已经成为一种限制自动化和去工业化造成的个人损失的方法。当然，支持全民基本收入的论点与技术变革无关，我们在此不讨论这个问题。这里的问题在于，全民基本收入能否为解决机器人崛起引发的不满提供方法。从本质上讲，全民基本收入与米尔顿·弗里德曼（Milton Friedman）提出的"负所得税"的旧概念紧密相关。它可以保证人们不管是否工作，都有最低收入。然后，如果他们决定工作，就能获得额外的收入。按照最初的构想，全民基本收入将取代其他现存的福利项目。这样做的缺点在于，除非人们愿意接受税率的大幅增加，否则不平等程度就会加剧。因为现有的福利计划旨在帮助那些需要帮助的、处在收入分配底层的人，而全民基本收入（顾名思义，就是每个人都有的收入）会将收入有效地再分配给高收入人群。但从更根本上说，福利国家之所以会出现，原因在于大部分公民都不愿意看到资源被转移给不需要的人。[34]换句话说，全民基本收入要求人们的态度和政治发生巨大转变，但鉴于过去几十年来经济和政治分歧日益加剧，发生这种转变的可能性极小。经济差距日益扩大，意味着人们很少能得到关于其他人面对的现实情况的一手资料，这导致了跨阶级忠诚度的下降（见第十一章）。

如果人工智能给人们带来了大规模失业的严重威胁，人们的态度有可能转变。但就目前的情况而言，几乎没有迹象表明会马上出现大规模失业。上文讨论过，人工智能还远不能取代所有领域的劳动者，已经萌芽的新技术也不会全部同时出场，更不会在一夜之间为人们所采用。更重要的是，大量历史记录表明，对工作将要消失的担忧总是虚惊一场。如果我们认为这次的情况有所不同，就至少应该能够做出解释。然而，如果我们回顾之前的自动化焦虑时期（比如19世纪30年代、20世纪30年代和60年代、21世纪第二个10年），就会惊讶地发现技术取得了巨大进步，与之相关的辩论却没什么进展。当我撰写本书时，我在那些关于自动化的辩论中很难找到一个单一论点来说明这次为何与此前都不同。

另一个错误的说法是，全民基本收入之所以比福利国家更受青睐是因为人们不喜欢工作。例如，早在1970年沃尔特·鲁瑟就坚定地支持全民基本收入，他热切期盼着有一天工人们更少把时间花在工作上，有更多时间投身音乐、绘画和科学研究。他认为随着人们变得更富有，花在工作上的时间会更少，人们会花更多的时间做更多实现自我的事情。然而，大部分人是在工作中寻找成就感和价值的。关于花费时间的研究表明，越是那些劳动力市场前景恶化的非技术型工人，看电视花费的时间就越多，尽管许多研究表明电视消费和个人幸福感呈负相关。[35]人类学家大卫·格雷伯（David Graeber）在一篇关于"狗屁工作"的幽默文章中声称，大部分人的整个职业生涯都在做他们认为毫无意义的工作，但大量调查证据得出的结论与此正好相反。[36] 针对不同国家、不同时期的大量研究一致表明，工作的人比不工作的人更幸福。[37] 正如伊恩·戈尔丁（Ian Goldin）所说，"个人在工作中获得的不仅有收入，还有价值、社会地位、技能、人脉和友情。收入和工作脱钩，待在家的人却受到奖励，这是社会衰退的原因"。[38]

因此，相比于全民基本收入那种做法（针对全部人口，不管人们是否有工作和收入，直接给每一个人提供补贴），专门针对劳动力市场中收入能力下降的低收入群体进行补贴更有意义。由于上述原因，全民基本收入一直存在争议，相比之下，资助特定群体的政策则得到了广泛支持。比如，最近在《华盛顿邮报》的一篇专栏文章中，曾担任小布什政府经济顾问委员会主席的经济学家格伦·哈伯德（Glenn Hubbard）提出，"主张'经济增长会提高所有人的生活水平'这一观点的阵营需要面对一个问题，即当增长本身没能产生包容性时会发生什么"。[39] 哈伯德主张一系列针对低收入个体的优惠措施，用于他们的培训和子女教育。他也主张扩大劳动所得税抵免（EITC）的范围。

劳动所得税抵免是一种负所得税，只针对低收入劳动者，记录显示，它已经带来了良好效果。学者们发现那些获得税收抵免的人实际收入有了大幅提高，扩大这项抵扣能够帮助单亲父母重回职场。享受税收抵免的人的孩子也受益匪浅，这些益处体现在孩子的幸福感和受教育程度上，更高的数学和阅读成绩以及更高的大学入学率可以反映这一点。[40] 因此，劳动所得税抵免越宽松的州，代际流动性也更高，这一点毫不令人惊讶。[41] 社会学家莱恩·肯沃西（Lane Kenworthy）在对这项研究进行总结时说："政府仅需要转移支付几千美元，就能给最需要的孩子带来巨大的终身帮助。"[42]

基于这些原因，我们应该扩大劳动所得税抵免。首先，对有孩子的低收入家庭提供更优惠的税收政策将有助于创造公平的环境，增加背景处于弱势的家庭的孩子在职场上的晋升机会。其次，有充分的理由将补贴范围扩大到那些其子女不符合要求的公民群体，目前对他们的补贴是最低的。如前所述，受过大学教育的人和其他人之间的差距有可能继续扩大。因此，政府必须提高低薪工作岗位的工资，提高工作积极性，减少不平等。劳动所得税抵免或类似的政策提供了一种可靠的方法来达到这一点。如果我们能从历史中得到启示，就会看到更多非技术劳动者加入劳动力大军可以部分地抵消税收抵免的成本。

管　制

我们需要制定一系列不同的政策使工作转换更容易。换工作面临的管制障碍不利于生产率、工资和平等。当然，医生和护士等一些岗位必须持证执业是有充分理由的。然而在美国政府的要求下，越来越多的职业只允许持有执照的从业者获得报酬，这种情况令人担忧。比如，一个人要想在田纳西州成为发型师，他必须受训70天，通过两门考试。在整个美国，需要许可证才能合法工作的劳动者比例从1970年的10%扩大到了2008年的30%左右。[43] 因为获得许可证需要在人力资本和许可上投入大量费用，因此由于机器而失业的美国人不太可能转而从事需要执照的工作，而从事这类工作的人也不太可能转行。各州对许可证的要求往往有很大的差别，国家之间的差别更是如此，这就意味着从事需要许可证的工作的人如果要搬家，就常常需要进行额外投资来获得许可证。因此经济学家发现，一个地方的持证职业越多，失业率也就越高，这一点毫不奇怪。[44]

此外，在美国许多州，使用竞业条款的情况越来越多，它的内容是：雇员同意离开公司后，在一段特定时期内不得在与原来的企业存在竞争行为的企业中工作。这给想要去更大公司工作的工程师、科学家和专业人员设置了另一个阻碍。能够轻易跳槽是硅谷成功的主要原因，这一点常常被人们提及。实际上，1968年戈登·摩尔（Gordon Moore）和罗伯特·诺伊斯（Robert Noyce）离开仙童半导体公司并创立英特尔公司是该地区历史上的一个关键事件。众所周知，加州（尤其是硅谷）的计算机行业员工流动性比美国其他地方高得多。[45]一种被普遍认可的解释认为，这种情况要归功于1872年的《加州民法典》（California Civil Code），该法典宣布雇佣合同中的所有契约都非法，从而确保了摩尔和诺伊斯在离开仙童半导体公司后能创立英特尔公司。[46]

经济学家史蒂文·克莱珀（Steven Klepper）发现，底特律的汽车业在全盛时期的成功也基于同样的活力。从这一方面来看，底特律的崛起与硅谷的崛起有很多共同之处。[47]密歇根州也长期禁止竞业条款。然而，1985年密歇根州通过了《反垄断改革法案》（Michigan Antitrust Reform Act），废除了密歇根州（自然包括底特律）关于禁止竞业条款的规定。我和索尔·伯杰的研究表明，密歇根州的技术活力随着法案的实施而下降了。因为相对于那些没有修改立法的州，密歇根州的劳动者转岗到与计算机相关的新工作的情况更少。[48]换句话说，废除那些禁止竞业条款的法律加速了底特律的创新中心地位的衰落。因此，虽然目前还不清楚撤销大量职业许可的做法和放弃竞业禁止条款会起多大作用，但这一话题肯定是值得研究的。

迁　移

计算机革命对美国的城市来说是一把双刃剑（见第十章）。拥有技术人口的城市能更好地利用技能密集型的计算机技术，并随之蓬勃发展。相比之下，美国社会的许多问题都集中在中产阶级的工作已被机器人取代的那些地区。展望未来，以后即使出现了经过改进的面对面交流的新型替代品，也无法取代自发的邻近物理接触。任何数字通信都必须始终至少由一端有计划地开始，这意味着发生在工作场所的那种随机互动不可能在远距离发生。相反，随着人工智能使得生产的技能密集程度更高，近距离的价值也可能会提高。因此，地理的重要性可能会增强。

从历史角度看，针对贸易和技术带来的冲击，迁移是城市的应对机制。工人们迁移到第二次工业革命催生的新产业所在地区，这些地区产生了大量高薪、半技术型的制造业工作。在大迁移过程中，数百万美国人离开南部，涌入芝加哥和布法罗这样的繁荣工业城市。农业劳动者离开农场，前往匹兹堡和底特律这样的繁荣城市。越来越多人搬到生产率更高的地区，平衡了区域间的收入。然而，如今迁移不再像以前那样能起到均衡器的作用了。符号分析师们仍是高度机动的，但随着计算机革命的到来，非技术型劳动者已经不太可能迁移了（见第十章）。原因之一是经济上的。即使技术型城市提供了更好的就业机会，但迁移也是一项投资，需要先准备好流动资金。因此就像恩里科·莫雷蒂提出的有力观点所说的那样，我们有理由为迁移提供补贴。[49] 流动性补贴券可以帮助失业者转移到其他地方从事有偿工作，同时有助于促进跨区域的收入平等。一些人可能会认为流动性补贴券会加速衰落地区的人口外流，使美国部分地区的境况变得更糟，但实际上，即使是那些留下来的人也可能因为有更高的概率找到工作而受益。

住房和分区

另一个困境在于，技术型城市越来越有吸引力，但人们越来越难以负担不断上涨的房价。因此在新工作机会出现的那些地方，住房供给必须扩大。这就要求废除一些分区限制（包括最小地块面积、高度限制、禁止多家庭住房、冗长的批准程序等），因为它们有效限制了可以居住在繁荣地区的人口数量。纽约和湾区这样充满活力的地区由于严格限制了新住房供给，也就有效限制了能够参与到科技行业带动的增长中的劳动者数量。其后果就是由于住房成本不断提高，科技公司发现越来越难招到员工。然而更重要的是，弗林特的一名失业的非技术工人就算在波士顿找到了一份工作，也负担不起那儿的生活花销。前文讨论过，下一次自动化浪潮会使许多低技能工作变得多余，但仍有许多面对面服务工作仍很难被自动化。那些工作当然会出现在技术型城市，因为那里的人负担得起这些服务。

分区限制的综合影响包括全国经济增长放缓、工作机会减少、工资下降和不平等加剧。经济学家们估计如果没有那些住房供应限制，美国的经济体量将比现在大9%，也就相当于每个普通美国劳动者年收入增加6775美元。[50] 废除土地使用的限制也会带来副作用。根据托马斯·皮凯蒂的记录，财富不平等的急速加剧几乎全部要归因于住房。[51] 土地使用限制导致的房价上涨肯定是部分原因，因此取消这些限制也必然能部分地解决问题。[52]

消除技术型城市的扩张与发展面临的障碍，也将有助于社会流动。正如拉杰·切蒂、纳撒尼尔·亨德伦（Nathaniel Hendren）和劳伦斯·卡茨所指出的那样，如果一个人在九岁的时候从奥克兰搬到旧金山，那么他成年后的收入将达到两地收入差额的一半以上。[53] 由于分区限制的分布并不随机，在高收入城市和社区更加普遍，因此经济条件更差的社区的人进一步处于更弱势的境地。换句话说，分区限制使得社会资本更多、学校更好的地方将低收入家庭排除在外，让他们付出了代价。

取消限制的另一个好处是将会出现更多的发明创造。在那些有更多创新者的地方长大的孩子在幼年时也容易接触到更多创新，自己也就更可能成为创新者。我们知道，这也会影响他们可能的创新发明类型。在硅谷长大的孩子更有可能推动计算机领域的创新，而那些幼年时期生活在长于医疗设备的城市（比如明尼阿波利斯）的孩子，则更有可能发明与医疗相关的技术。[54]

连　通

交通基础设施将高薪劳动力市场与住房便宜的地区连通了起来，也让更多人有机会利用强劲的地方经济。地铁或高铁将衰落中的地区（工作机会减少，住房便宜）与扩张中的地区（工作机会很多，住房昂贵）联系起来，将推动不同区域间的收入平衡。因为人们的大部分花销都用在了本地，因此这种连通会推动衰落中的本地服务业发展繁荣起来。有鉴于此，经济学家指出了目前通过高铁把加利福尼亚州的低收入城市（包括萨克拉门托、斯托克顿、莫德斯托和弗雷斯诺等）与湾区连接起来所拥有的潜在好处。[55] 许多加利福尼亚人在住房便宜的弗雷斯诺居住，到旧金山工作，在两地间通勤。

　　将来新的交通技术也会被用于连接距离更远的地方。使用密封管道系统的超回路列车技术（Hyperloop）可以在没有空气阻力或摩擦力的情况下运输乘客，有着能够以惊人的速度到达远方的潜力。比如，超回路列车运输科技公司（HyperloopTT）最近与伊利诺伊州交通运输部签订了协议，研究使用不同的走廊连接克利夫兰和芝加哥的可行性。[56] 目前，这段距离的单程交通时间为开车5.5个小时，公共交通7.1小时。如果超回路列车能获得成功，单程交通时间将有望降低至28分钟。突然之间，长途通勤似乎变得可行了。

产业复兴

　　令人遗憾的是，那些以地方为基础、意图振兴衰落城市的政策不大可能成功，因为它们针对的是当地的产业而非个人。其中一些政策的确成功吸引了新工作岗位，但代价很大。比如在20世纪90年代，被指定为授权区（empowerment zone）的贫困城市和农村地区通过拨款、商业税收抵免和其他福利增加了当地的就业，但据估计，每增加一份新工作的成本超过了10万美元。[57] 虽然大规模的社区复兴项目持续促进了当地经济增长，但这些项目在吸引资源的同时似乎牺牲了其他地方的利益。美国历史上最大的此类复兴项目是1933年的《田纳西河谷管理局法案》（Tennessee Valley Authority Act of 1933），这一法案在大萧条时期开始成为法律。田纳西河谷管理局致力于迅速推动田纳西河谷的经济现代化，利用电力等富有潜力的新技术吸引制造业。他们的努力包括水坝建设、扩大公路网和修建一条1046km的航道等大型公共基础设施项目。这些努力对河谷来说无疑是一件好事：它们对就业的正面影响一直持续到新千年之交，虽然影响力已经开始减弱，但直到彼时该地区的经济增速仍超过其他可比地区。然而，河谷地区制造业岗位的增加被其他方面的损失抵消了。这一发现令人不安，因为联邦政府和当地政府每年在地方改革项目上的投入估计达到了约950亿美元，这比失业保险的支出大得多。[58]

随着制造业自动化程度的加深，那些专注于投资实体资本的大型复兴项目如今给当地带来的效益可能要低得多。对落后地区来说，更有前景的发展道路是将资源转移到对人力资本的投资上。经济学家们已经证明了，大学的存在增大了技术型劳动者的供给。这不仅是因为大学提供了教育，还因为它们吸引了更多来自其他地方的受过大学教育的人。[59] 比如，1862年的《赠予学院土地法案》（Land-Grant College Act，也称《莫利尔法案》）通过后，成立了好几所由政府赠地的大学，据估计在80年里，它们的劳动生产率提高了57%。[60] 毋庸置疑，人们迁徙会带走人力资本，实体资本却会留在原地。

写在最后

19世纪中期，卡尔·马克思和弗里德里希·恩格斯曾预言，持续的机械化将意味着工人阶级的持续贫困化，此时正值英国终于摆脱了恩格斯式停顿的时期。他们对过去的看法是正确的：

工业革命让很多英国人的处境变得更糟了。然而，认为持续的进步会导致同样的结果的观点是错误的。正如其他许多人一样，他们都被技术的神秘力量迷惑了。

在很长一段时间内，劳动者的处境并不好，但即使是那种时期也总归结束了。本书的主题不是说当前的经济趋势一定会永远持续下去。相反，我们有充足的理由对人工智能将引起生产率复苏持乐观态度。这种复苏除了会让我们平均变得更富有，还会部分抵消取代技术给劳动力带来的负面影响。然而历史经验表明，这一过程可能需要几年甚至几十年。尽管我们有可能正处于使能技术的浪尖，这些技术可以更广泛地让劳动者重返岗位。即使我们假设人工智能会催生巨大的新行业（就像一个世纪前的汽车业那样，亨利·福特发明的流水线将复杂的操作分解成简单的任务，让一个只有小学五年级教育水平的人都能完成这些任务），但除非中产阶级拥有合适的技能，不然这些技术就无法明显减轻他们的痛苦。三十多年来，技术变革创造了工作，但很少创造不需要大学学历的新工作。对那些在自动化时代之前就涌入工厂的人来说，在一个技术日益复杂的世界找到新工作的可能性并不高。

催生了庞大的中产阶级的那种经济秩序已经与建基于其上的中产阶级政治一起衰退了。在大衰退发生前，信贷补贴掩盖了自动化施加给中等收入家庭的压力，也抵消了没有受过大学教育的工人们工资下降的影响，消费基本没有受到影响。房地产繁荣带来了大量建筑业工作机会，部分地抵消了制造业的失业。这种情况一直持续到房地产泡沫破裂。[61] 换句话说，经济衰退揭露了中产阶级工资逐渐下降的事实，而中产阶级工资的下降为最近民粹主义的兴起提供了解释。

展望未来，我们会发现自动化的赢家和输家之间的差距可能继续扩大。下一波浪潮不仅会影响制造业工作，还会影响运输、零售、物流和建筑行业的许多非技术型工作。因此，虽然我们有充分的理由对长期形势保持乐观，但这种乐观的前提是我们成功处理了短期动态。在自动化浪潮中失败的人会有充足的理由反对自动化，如果他们真这么干了，我们在看待短期影响的时候就不能脱离长期情况。鉴于长期以来人们一直抵制那些威胁人们技能的技术，加上最近人们对全球化的抵制，我们不能将自动化视作生活中不可阻挡的事实。的确，如今的人们与19世纪的卢德主义者不同，前者已经见证了20世纪的技术是如何让每个人变得更富有的。在20世纪前四分之三的时间里，随着机械化的发展，各阶层的人们工资都上涨了。然而，如果在未来几年里技术没能让所有人的生活都变得更好，我们就不能想当然地认为技术变革能被广泛接受。今天人们的期望比在恩格斯式停顿时期要更高。人们有投票的权利，也已经在要求改变。

没有哪项单一的政策能解决自动化带来的所有社会挑战。遗憾的是，为一系列复杂的问题提出看似简单的解决方案，可能会在短期内赢得选举，但是我们迟早要面对现实。温和的保守派和自由派面临着一种微妙的平衡，因为夸大了自动化的影响可能会引发对大规模失业的担忧，并导致错误的政策回应、民粹主义政党的兴起，还可能引发对技术的强烈反抗。但与此同时，政府如果掩盖自动化的社会代价，则又会降低自身的公信力。有很长一段时间，政府选择忽视全球化的代价，重点关注它的好处。那些好处确实十分可观，但主流政治没有处理好个人和社会的成本，最终因此失去了可信度。政府必须避免在自动化方面犯同样的错误，目前风险也已经高得不能再高了。

　　一些读者可能仍会认为我们正在进入一个机器取代所有工作的新时代。我们当然无法判断这是否会成真，但从目前来看，没有任何迹象表明这次的情况与此前的技术革命有什么不同：现在的发展轨迹看起来和典型工业化时期的情况极为相似，我们都知道后来发生了什么。然而，即使我们假设这一次有所不同，这仍然意味着未来的挑战发生在政治经济学领域而非技术领域。在一个技术创造了很少的就业机会却创造了巨大财富的世界，主要的挑战在于财富的分配。本书最后想说的是，无论技术在未来如何发展，都要靠我们来塑造它对社会和经济造成的影响。

致　谢

　　如果本书可以被视为一项发明的话，那它肯定是一项重组的发明。它汲取了无数学者奉献的大量研究成果。我想我的写作旅程开始于学生时代，有一天我的父亲克里斯托弗出差回来，给我带了两本新书。第一本是乔尔·莫基尔的《富裕的杠杆》(*The Lever of Riches*)。第二本是克莱顿·克里斯坦森的《创新者的窘境》(*The Innovator's Dilemma*)。他们的作品让我明白了，长期的繁荣源于技术创新。然而进步通常伴随着经济和社会的混乱，这一点也确定无疑。我对这一主题的终身兴趣要归功于我的父亲。

　　经过了过去四年的写作，我要对许多人表达感激之情。没有花旗银行慷慨的资金支持，这本书将无法问世。我特别感激花旗银行的安德鲁·皮特和罗伯特·加里克，他们真诚的求知欲使这一项目成为可能。我也特别感谢我在普林斯顿大学出版社的编辑莎拉·卡罗，感谢她对我的指导和细致的评论。陈钦智表现非常出色，提供了勤勉的研究协助。我的老朋友索尔·伯杰阅读了本书的多个版本，我在此表示感谢。我也非常感谢伊恩·戈尔丁、洛根·格拉汉姆、简·亨弗里斯、弗兰克·利维、乔纳斯·永贝里、乔尔·莫基尔、迈克尔·奥斯本和安尼·普拉夏，他们阅读了这部手稿的全部或部分内容，提供了宝贵的评论。

　　最重要的是，我的家人长期以来一直支持我的事业，包括本书的写作。有了他们，我才能时刻保持理智。

附　录

图5

根据 R. C. Allen, 2009b, "Engels' Pause: Technical Change, Capital Accumulation, and Inequality in the British Industrial Revolution", Explorations in Economic History 46(4): 418−35, appendix I 制作而成，使用了以下资料：

- 国内生产总值（GDP）的要素成本估算来自 C. H. Feinstein, 1998, "Pessimism Perpetuated: Real Wages and the Standard of Living in Britain during and after the Industrial Revolution", *Journal of Economic History* 58 (3): 625−58; B. Mitchell, 1988, *British Historical Statistics* (Cambridge: Cambridge University Press), 837, for 1830−1900。
- 人均实际产出数据来自 N. F. Crafts, 1987, "British Economic Growth, 1700−1850: Some Difficulties of Interpretation", *Explorations in Economic History* 20 (4): 245−68。
- 1770—1882 年英国全职工人平均周薪数据来自 Feinstein 1998, appendix table 1, 652−53; 1883—1900 年英国全职工人平均周薪数据来自 Feinstein, 1990, "New Estimates of Average Earnings in the United Kingdom", *Economic History Review* 43 (4): 592−633。
- 1770—1869 年的生活成本指数数据来自 R. C. Allen, 2007, "Pessimism Preserved : Real Wages in the British Industrial Revolution" (Working Paper 314, Department of Economics, Oxford University), appendix 1。
- 1870—1900 年大不列颠 / 英国的生活成本指数数据来自 C. H. Feinstein, 1991, "A New Look at the Cost of Living", in *New Perspectives on the Late Victorian Economy*, edited by J. Foreman-Peck (Cambridge: Cambridge University Press), 151−79。

- 我转换了1882年以后的工资指数，数据来自Feinstein 1990，based on 1880-81, the benchmark year in C. H. Feinstein, 1998, "Pessimism Perpetuated: Real Wages and the Standard of Living in Britain during and after the Industrial Revolution", *Journal of Economic History* 58(3): 625-58。The nominal wage for 1770-1881 is derived from Feinstein 1998 and for 1882-1900, it is derived from Feinstein 1990。
- 根据Allen 2009b，我通过N. F. Crafts 1987，table 1中的资料来得出人均实际工资增长率，此处一直倒推到了1770年以前。
- 所有GDP、工资和人口数据都来自R. Thomas and N. Dimsdale, 2016, "Three Centuries of Data-Version 3.0" (London: Bank of England), https://www.bankofengland.co.uk/statistics/research-datasets。

图9

图表根据R. J. Gordon, 2016, *The Rise and Fall of American Growth: The U.S. Standard of Living since the Civil War*（Princeton，NJ：Princeton University Press），figure8-7制作而成，使用了以下资料：

- 1929—2016年美国实际GDP数据、1870—2016年生产工人的时薪（名义工资，以美元计）和1870—1928年GDP平均指数均来自L. Johnston and S. H. Williamson, 2018, "What Was the U.S. GDP Then?", http://www.measuringworth.org/usgdp//。
- 1870—1929年的名义国民生产总值（GNP）数据来自N. S. Balke and R. J. Gordon, 1989, "The Estimation of Prewar Gross National Product: Methodology and New Evidence", *Journal of Political Economy* 97(1): 38-92，table 10。
- 1870—1947年的总工时数据来自J. W. Kendrick, 1961, *Productivity Trends in the United States* (Princeton, NJ: Princeton University Press), table A-X。
- 1948—1966年的总工时数据来自J. W. Kendrick, 1973, *Postwar Productivity Trends in the United States, 1948-1969* (Cambridge, MA: National Bureau of Economic Research [NBER] Books), table A-10。
- 1967—1975年间个人平均每周生产小时总数和非主管雇员的数据来自劳动统计局，2015. "Employment，Hours，and Earnings from the Current Employment Statistics Survey" (Washington, DC: U. S.

Department of Labor)。

- 1976—2016年所有行业和非农行业的平均每周工作时间数据来
  自劳动统计局，2015，"Labor Force Statistics from the Current
  Population Survey" (Washington, DC: U. S. Department of Labor)。

图14

根据 B. Milanovic，2016b，*Global In equality: A New Approach for the
Age of Globalization*（Cambridge, MA: Harvard University Press), figure 2-1
制作而成，使用了以下资料：

- 美国1774年和1860年的基尼系数数字来自 P. H. Lindert and J. G.
  Williamson, 2012, "American Incomes 1774-1860" (Working Paper
  18396, National Bureau of Economic Research，Cambridge, MA), 表6
  和表7；1935、1941和1944年的数据来自 S. Goldsmith, G. Jaszi, H.
  Kaitz 和 M. Liebenberg, 1954, "Size Distribution of Income Since
  the Mid-Thirties", *Review of Economics and Statistics* 36(1): 1-32；
  1947—1949年的数据来自 E. Smolensky and R. Plotnick, 1993,
  "Inequality and Poverty in the United States: 1900-1990"(Paper
  998-93, University of Wisconsin Institute for Research on Poverty,
  Madison); 1950—2015年的数据来自 B. Milanovic 2016a, "All the
  Ginis (ALG) Dataset", https://datacatalog.worldbank.org/dataset/
  all-ginis-dataset, Version October 2016"。
- 1688、1759以及1801—1803年联合王国/英格兰的基尼系数数据
  来自 B. Milanovic, P. H. Lindert, and J. G. Williamson, 2010, "Pre-
  Industrial Inequality", *Economic Journal* 121 (551)：255-72, 表
  2；1867、1880以及1913年的数据来自 P. H. Lindert and J. G.
  Williamson, 1983, "Reinterpreting Britain's Social Tables, 1688—
  1913", *Explorations in Economic History* 20 (1): 94-109, 表2；1938—
  1959年的数据来自 P. H. Lindert, 2000a, "Three Centuries of Inequality
  in Britain and America", in *Handbook of Income Distribution*, ed. A.B.
  Atkinson and F. Bourguignon, 表1；1961—2014年的数据来自 Milanovic
  2016a。

注 释

序 言

1. J. Gramlich, 2017, "Most Americans Would Favor Policies to Limit Job and Wage Losses Caused by Automation," Pew Research Center, http://www.pewresearch. org/fact-tank/2017/10/09/most-americans-would-favor-policies-to-limit-job-and-wage-losses-caused-by-automation/.
2. K. Roose, 2018, "His 2020 Campaign Message: The Robots Are Coming," *New York Times*, February 18.
3. C. B. Frey and M. A. Osborne, 2017, "The Future of Employment: How Susceptible Are Jobs to Computerisation?, " *Technological Forecasting and Social Change* 114 (January): 254−80.
4. B. DeLong, 1998, "Estimating World GDP: One Million BC-Present" (Working paper, University of California, Berkeley).
5. D. Acemoglu and P. Restrepo, 2018a, "Artificial Intelligence, Automation and Work" (Working Paper 24196, National Bureau of Economic Research, Cambridge, MA).
6. 引自 G. Allison, 2017, *Destined for War: Can America and China Escape Thucydides's Trap?*, Boston: Houghton Mifflin Harcourt, chapter 2, Kindle。
7. D. S. Landes, 1969, *The Unbound Prometheus: Technological Change and Development in Western Europe from 1750 to the Present* (Cambridge: Cambridge University Press), introduction.
8. 引自 Roose, 2018, "His 2020 Campaign Message"。
9. R. Foorohar, 2018, "Why Workers Need a 'Digital New Deal' to Protect against AI," *Financial Times*, February 18.

引 言

1. "Lamplighters Quit; City Dark in Spots," 1907, *New York Times*, April 25.

2. B. Reinitz, 1924, "The Descent of Lamp-Lighting: An Ancient and Honorable Profession Fallen into the Hands of Schoolboys," *New York Times*, May 4.

3. B. Reinitz, 1929, "New York Lights Now Robotized," *New York Times*, April 28.

4. W. D. Nordhaus, 1996, "Do Real-Output and Real-Wage Measures Capture Reality? The History of Lighting Suggests Not," in *The Economics of New Goods*, ed. T. F. Bresnahan and R. J. Gordon (Chicago: University of Chicago Press), 27–70. On the early uses of electric light, see D. E. Nye, 1990, *Electrifying America: Social Meanings of a New Technology, 1880–1940* (Cambridge, MA: MIT Press), chapter 1.

5. "Lamplighters and Electricity," 1906, *Washington Post*, July 1.

6. J. A. Schumpeter, [1942] 1976, *Capitalism, Socialism and Democracy*, 3d ed. (New York: Harper Torchbooks), 76.

7. 引自 R. J. Gordon, 2014, "The Demise of U.S. Economic Growth: Restatement, Rebuttal, and Reflections" (Working Paper 19895, National Bureau of Economic Research, Cambridge, MA), 23。

8. D. Comin and M. Mestieri, 2018, "If Technology Has Arrived Everywhere, Why Has Income Diverged?," *American Economic Journal: Macroeconomics* 10 (3): 137–78.

9. 引自 Nye, 1990, *Electrifying America*, 150。

10. 罗伯特·戈登认为 1870—1970 年是美国历史上的"特殊世纪"。(2016, *The Rise and Fall of American Growth: The U.S. Standard of Living Since the Civil War* [Princeton, NJ: Princeton University Press])

11. S. Landsberg, 2007, "A Brief History of Economic Time," *Wall Street Journal*, June 9.

12. E. Hobsbawm, 1968, *Industry and Empire: From 1750 to the Present Day* (New York: New Press), chap. 3, Kindle.

13. 霍布斯鲍姆认为 1789—1848 年是 "双元革命" 年代。(1962, *The Age of Revolution: Europe 1789–1848* [London: Weidenfeld and Nicolson], preface, Kindle.) 这个名词是由法国革命的政治变革与工业革命的技术变革结合而成的。

14. T. Hobbes, 1651, *Leviathan*, chapter13, https://ebooks.adelaide.edu.au/h/hobbes/thomas/h68l/chapter13.html.

15. A. Deaton, 2013, *The Great Escape: Health, Wealth, and the Origins of Inequality* (Princeton, NJ: Princeton University Press).

16. W. Blake, 1810, "Jerusalem," https://www.poetryfoundation.org/poems/54684/jerusalem-and-did-those-feet-in-ancient-time.

17. 关于工业革命期间生活水平的更多信息，参见第五章。

18. 造成生活水平危机的更多原因，参见第五章。

19. J. Brown, 1832, *A Memoir of Robert Blincoe: An Orphan Boy; Sent From the*

Workhouse of St. Pancras, London at Seven Years of Age, to Endure the Horrors of a Cotton-Mill (London: J. Doherty).

20. D. S. Landes, 1969, *The Unbound Prometheus: Technological Change and Development in Western Europe from 1750 to the Present* (Cambridge: Cambridge University Press), 7.

21. 前工业时代的反抗案例，参见第一章。关于英国政府开始支持创新者的原因的讨论，参见第三章。

22. 引自 E. Brynjolfsson, 2012, *Race Against the Machine* (MIT lecture), slide 2, http://ilp.mit.edu/images/conferences/2012/IT/Brynjolfsson.pdf。

23. Bruce Stokes, 2017, "Public Divided on Prospects for Next Generation," Pew Research Center Spring 2017 Global Attitudes Survey, June 5, http://www.pew-global.org/2017/06/05/2-public-divided-on-prospects-for-the-next-generation/.

24. R. Chetty et al., 2017, "The Fading American Dream: Trends in Absolute Income Mobility Since 1940," *Science* 356 (6336): 398−406.

25. 更多消失不见的中等收入工作岗位，参见第九章。

26. 更多工作岗位消失的社区，参见第十章。

27. C. B. Frey, T. Berger, and C. Chen, 2018, "Political Machinery: Did Robots Swing the 2016 U.S. Presidential Election?," *Oxford Review of Economic Policy* 34 (3): 418−42。关于自动化如何提高了欧洲民族主义政党和激进右翼政党的受支持程度的内容，参见 M. Anelli, I. Colantone, and P. Stanig, 2018, "We Were the Robots: Automation in Manufacturing and Voting Behavior in Western Europe" (working paper, Bocconi University, Milan, Italy)。

28. E. Hoffer, 1965, "Automation Is Here to Liberate Us," *New York Times*, October 24.

29. "Danzig Bars New Machinery Except on Official Permit," 1933, *New York Times*, March 14.

30. 引自 "Nazis to Curb Machines as Substitutes for Men," 1933, *New York Times*, August 6。

31. P. R. Krugman, 1995, *Peddling Prosperity: Economic Sense and Nonsense in the Age of Diminished Expectations* (New York: Norton), 56.

32. 关于使能技术和取代技术的变革，参见 H. Jerome, 1934, "Mechanization in Industry" (Working Paper 27, National Bureau of Economic Research, Cambridge, MA), 27−31。

33. 出处同上，65。

34. D. Acemoglu and P. Restrepo, 2018a, "Artificial Intelligence, Automation and Work" (Working Paper 24196, National Bureau of Economic Research, Cambridge, MA).

35. 出处同上。

36. J. Bessen, 2015, *Learning by Doing: The Real Connection between Innovation,*

Wages, and Wealth (New Haven, CT: Yale University Press), chapter 6.

37. Schumpeter, [1942] 1976, *Capitalism, Socialism and Democracy*, 85.

38. 引自 D. Akst, 2013, "What Can We Learn from Past Anxiety over Automation?," *Wilson Quarterly*, Summer, https://wilsonquarterly.com/quarterly/summer-2014-where-have-all-the-jobs-gone/theres-much-learn-from-past-anxiety-over-automation/。

39. 引自 J. Mokyr, 2001, "The Rise and Fall of the Factory System: Technology, firms, and households since the Industrial Revolution," in Carnegie-Rochester Conference Series on Public Policy 55 (1): 20。

40. Ibsen. H., 1919, *Pillars of Society* (Boston: Walter H. Baker & Co.), https://archive.org/details/pillarsofsocietyooibse/page/36.

41. 帝国直到 1727 年才开始采用印刷机。即使在 19 世纪晚期，奥斯曼帝国的书籍也主要是由抄写员抄写的。我们研究识字率的地区差异时发现，长期没有印刷机的后果非常明显。1800 年奥斯曼帝国的人口识字率为 2%—3%，相比之下，英国成年男性识字率为 60%，成年女性识字率为 40%。（D. Acemoglu and J. A. Robinson, 2012, *Why Nations Fail: The Origins of Power, Prosperity and Poverty* [New York: Crown Business], 207–8）

42. 出处同上，80。

43. 关于统治阶级阻挠取代技术的行为，参见第一章和第三章。

44. J. Mokyr, 2002, *The Gifts of Athena: Historical Origins of the Knowledge Economy* (Princeton, NJ: Princeton University Press), 232.

45. J. Mokyr, 1992b, "Technological Inertia in Economic History," *Journal of Economic History* 52 (2): 331–32.

46. D. S. Landes, 1969, *The Unbound Prometheus: Technological Change and Development in Western Europe from 1750 to the Present* (Cambridge: Cambridge University Press), 8.

47. 引自 C. Curtis, 1983, "Machines vs. Workers," *New York Times*, February 8。

48. P. H. Lindert and J. G. Williamson, 2016, *Unequal Gains: American Growth and Inequality Since 1700* (Princeton, NJ: Princeton University Press), 194.

第一部分

引言：第一条引言出自为解决 1523 年托伦镇冲突而发布的王家法令，引自 S. Ogilvie, 2019, *The European Guilds: An Economic Analysis* (Princeton, NJ: Princeton University Press), 390。

1. J. Diamond, 1993, "Ten Thousand Years of Solitude," *Discover*, March 1, 48–57.

2. D. Cardwell, 2001, *Wheels, Clocks, and Rockets: A History of Technology* (New York: Norton), 186.

第一章

1. B. Russell, 1946, *History of Western Philosophy and Its Connection with Political and Social Circumstances: From the Earliest Times to the Present Day* (New York: Simon & Schuster), 25.

2. P. Bairoch, 1991, *Cities and Economic Development: From the Dawn of History to the Present* (Chicago: University of Chicago Press) 17–18.

3. D. R. Headrick, 2009, *Technology: A World History* (New York: Oxford University Press), 32–33.

4. D. Cardwell, 2001, *Wheels, Clocks, and Rockets: A History of Technology* (New York: Norton), 16–17.

5. P. Mantoux, 1961, *The Industrial Revolution in the Eighteenth Century: An Outline of the Beginnings of the Modern Factory System in England*, trans. M. Vernon (London: Routledge), 189.

6. 引自 F. Klemm, 1964, *A History of Western Technology* (Cambridge, MA: MIT Press), 51。

7. 早期的记载表明古代文明没有很多重大的技术进步，参见 M. I. Finley, 1965, "Technical Innovation and Economic Progress in the Ancient World," *Economic History Review* 18 (1): 29–45；1973, *The Ancient Economy* (Berkeley: University of California Press)；H. Hodges, 1970, *Technology in the Ancient World* (New York: Barnes & Noble)；D. Lee, 1973, "Science, Philosophy, and Technology in the Greco-Roman World: I," *Greece and Rome* 20 (1): 65–78。但最近有学者指出，这些记载低估了古代文明的技术成就，参见 K. D. White, 1984, *Greek and Roman Technology* (Ithaca, NY: Cornell University Press)；J. Mokyr, 1992a, *The Lever of Riches: Technological Creativity and Economic Progress* (New York: Oxford University Press)；Cardwell, 2001, *Wheels, Clocks, and Rockets*；K. Harper, 2017, *The Fate of Rome: Climate, Disease, and the End of an Empire* (Princeton, NJ: Princeton University Press)。

8. Finley, 1973, *The Ancient Economy.*

9. Mokyr, 1992a, *The Lever of Riches*, 20.

10. Harper, 2017, *The Fate of Rome*, 1.

11. 然而，这些技术中很大一部分都是从巴比伦或古埃及等早期文明中借来的。

12. Mokyr, 1992a, *The Lever of Riches*, 20.

13. 萨莫斯高架渠是此类高架渠中的第一座，它是由希腊工程师梅加拉的尤帕林纳斯于公元前 600 年建造的。

14. Mokyr, 1992a. *The Lever of Riches*, 20.

15. R. J. Forbes, 1958, *Man: The Maker* (New York: Abelard-Schuman), 73.

16. H. Heaton, 1936, *Economic History of Europe* (New York: Harper and Brothers), 58.

17. K. D. White, 1984, *Greek and Roman Technology*.

18. Mokyr, 1992a, *The Lever of Riches*, 27.

19. A. C. Leighton, 1972, *Transport and Communication in Early Medieval Europe AD 500–1100* (Newton Abbot: David and Charles Publishers).

20. 关于阿基米德对伽利略的工作的重要性，参见 Cardwell, 2001, *Wheels, Clocks, and Rockets*, 83。

21. J. G. Landels, 2000, *Engineering in the Ancient World* (Berkeley: University of California Press), 201.

22. Price, D. de S., 1975, *Science Since Babylon* (New Haven, CT: Yale University Press), 48.

23. B. Gille, 1986, *History of Techniques*, vol. 2: *Techniques and Sciences* (New York: Gordon and Breach Science Publishers). See also Mokyr, 1992a, *The Lever of Riches*, 194.

24. J. D. Bernal, 1971, *Science in History*, vol. 1: *The Emergence of Science* (Cambridge, MA: MIT Press), 222.

25. 引自 D. Acemoglu and J. A. Robinson, 2012, *Why Nations Fail: The Origins of Power, Prosperity and Poverty* (New York: Crown Business), 165。

26. 关于罗马统治者阻止其他取代型技术的案例，出处同上，164–66。

27. A. P. Usher, 1954, *A History of Mechanical Innovations* (Cambridge, MA: Harvard University Press), 101.

28. P. Temin, 2006, "The Economy of the Early Roman Empire," *Journal of Economic Perspectives* 20 (1): 133–51, and 2012, *The Roman Market Economy* (Princeton, NJ: Princeton University Press).

29. Mokyr, 1992a, *The Lever of Riches*, 29.

30. 出处同上，31。

31. 关于罗马的道路，参见 Cardwell, 2001, *Wheels, Clocks, and Rockets*, 33。

32. Mokyr, 1992a, *The Lever of Riches*, 31.

33. Cardwell, 2001. *Wheels, Clocks, and Rockets*, 48.

34. 关于三圃制，参见 Mokyr, 1992a, *The Lever of Riches*, 31。

35. L. White, 1962, *Medieval Technology and Social Change* (New York: Oxford University Press), 43.

36. 虽然有些罗马犁有轮子，但完整的重型犁直到公元 6 世纪才出现。

37. L. White, 1962, *Medieval Technology and Social Change*.

38. 出处同上。

39. 把项圈放在马的脖子而不是肩膀上意味着沉重的压力几乎会让马窒息。关于列斐伏尔·德诺埃特与用马技术的进步，参见 Mokyr, 1992a, *The Lever of Riches*, 36–38。

40. 关于用马技术相对于用牛技术的经济性，参见 J. Langdon, 1982, "The Eco-

nomics of Horses and Oxen in Medieval England," *Agricultural History Review* 30 (1): 31–40。

41. 参见 Mokyr, 1992a, *The Lever of Riches*, 36–38。

42. 关于《土地调查清册》，参见 M. T. Hodgen, 1939, "Domesday Water Mills," *Antiquity* 13 (51): 261–79。

43. Cardwell, 2001, *Wheels, Clocks, and Rockets*, 49.

44. L. White, 1962, *Medieval Technology and Social Change*, 89.

45. 关于布尔查德和教宗西莱斯廷三世，参见 E. J. Kealey, 1987, *Harvesting the Air: Windmill Pioneers in Twelfth-Century England* (Berkeley: University of California Press), 180。

46. Usher, 1954, *A History of Mechanical Innovations*, 209.

47. L. Boerner and B. Severgnini, 2015, "Time for Growth" (Economic History Working Paper 222/2015, London School of Economics and Political Science).

48. L. Boerner and B. Severgnini, 2016, "The Impact of Public Mechanical Clocks on Economic Growth," *Vox,* October 10, https://voxeu.org/article/time-growth.

49. J. Le Goff, 1982, *Time, Work, and Culture in the Middle Ages* (Chicago: University of Chicago Press).

50. L. Mumford, 1934, *Technics and Civilization* (New York: Harcourt, Brace and World), 14.

51. 关于集市和时钟，参见 Boerner and Severgnini, 2015, "Time for Growth"。

52. 17 世纪后期以来钟表制造业的生产率有了显著的提高，但这个行业规模很小，参见 M. Kelly and C. Ó Gráda, 2016, "Adam Smith, Watch Prices, and the Industrial Revolution," *Quarterly Journal of Economics* 131 (4): 1727–52。

53. 关于书籍的价格，参见 J. Van Zanden, 2004, "Common Workmen, Philosophers and the Birth of the European Knowledge Economy" (paper for Global Economic History Network Conference, Leiden, September 16–18)。

54. Cardwell, 2001, *Wheels, Clocks, and Rockets*, 55.

55. 关于出版的书籍数量，出处同上，49。

56. G. Clark, 2001. "The Secret History of the Industrial Revolution" (Working paper, University of California, Davis), 60.

57. J. E. Dittmar, 2011, "Information Technology and Economic Change: The Impact of the Printing Press," *Quarterly Journal of Economics* 126 (3): 1133–72.

58. 引自 F. J. Swetz, 1987, *Capitalism and Arithmetic: The New Math of the 15th Century* (La Salle, IL: Open Court), 20。

59. Dittmar, 2011, "Information Technology and Economic Change," 1140.

60. 引自 W. Endrei and W. v. Stromer, 1974, "Textiltechnische und hydraulische Erfindungen und ihre Innovatoren in Mitteleuropa im 14./15. Jahrhundert," *Technikgeschichte* 41:90。也参见 S. Ogilvie, 2019, *The European Guilds: An*

Economic Analysis (Princeton, NJ: Princeton University Press), 390。

61. S. Füssel, 2005, *Gutenberg and the Impact of Printing* (Aldershot, UK: Ashgate).

62. U. Neddermeyer, 1997, "Why Were There No Riots of the Scribes?," *Gazette du Livre Médiéval* 31 (1): 1-8.

63. 出处同上，7。

64. 出处同上，8。

65. Mokyr, 1992a, *The Lever of Riches*, 57.

66. 引自 B. Gille, 1969, "The Fifteenth and Sixteenth Centuries in the Western World," in *A History of Technology and Invention: Progress through the Ages*, ed. M. Daumas and trans. E. B. Hennessy (New York: Crown), 2:135-36。

67. 关于阿格里科拉、宗卡和德雷贝尔，参见 Mokyr, 1992a, *The Lever of Riches*, chapter 4。

68. 出处同上，58。

69. 关于蒸汽引擎，参见 R. C. Allen, 2009a, *The British Industrial Revolution in Global Perspective* (Cambridge: Cambridge University Press), chapter 7。

70. F. Reuleaux, 1876, *Kinematics of Machinery: Outlines of a Theory of Machines*, trans. A.B.W. Kennedy (London: Macmillan), 9.

71. 关于伽利略的力学理论，参见 D. Cardwell, 1972, *Turning Points in Western Technology: A Study of Technology, Science and History* (New York: Science History Publications)。

72. 关于机器制造者，参见 Cardwell, 2001, *Wheels, Clocks, and Rockets*, 44。

73. 在地下运输方面，人们引进了由马牵引的踏车。

74. 关于采矿业、新畜牧业以及播种机的进展，参见 Mokyr, 1992a, *The Lever of Riches*, chapter 4。

75. 起毛机取代工人带来的影响，参见 A. Randall, 1991, *Before the Luddites: Custom, Community and Machinery in the English Woollen Industry, 1776-1809* (Cambridge: Cambridge University Press), 120。

76. 引自 Acemoglu and Robinson, 2012, *Why Nations Fail*, 176。

77. 更多关于反抗取代技术的案例，参见 L. A. White, 2016, *Modern Capitalist Culture* (New York: Routledge), 77。

78. 更多关于莱顿城暴乱的信息，参见 R. Patterson, 1957, "Spinning and Weaving," in *A History of Technology*, vol. 3, *From the Renaissance to the Industrial Revolution, c.1500-c.1750*, ed. C. Singer, E. J. Holmyard, A. R. Hall, and T. I. Williams (New York: Oxford University Press), 167。

79. Acemoglu and Robinson, 2012, *Why Nations Fail*, 197.

80. I. A. Gadd and P. Wallis, 2002, *Guilds, Society, and Economy in London 1450–1800* (London: Centre for Metropolitan History).

81. S. Ogilvie, 2019, *The European Guilds*, 5.

82. K. Desmet, A. Greif, and S. Parente, 2018, "Spatial Competition, Innovation and Institutions: The Industrial Revolution and the Great Divergence" (Working Paper. 24727, National Bureau of Economic Research, Cambridge, MA); J. Mokyr, 1998, "The Political Economy of Technological Change," in *Technological Revolutions in Europe: Historical Perspectives*, ed. K. Bruland and M. Berg (Cheltenham, UK: Edward Elgar), 39−64.

83. S. R. Epstein, 1998, "Craft Guilds, Apprenticeship and Technological Change in Preindustrial Europe," *Journal of Economic History* 58 (3): 684−713.

84. 出处同上，696。

85. Ogilvie, 2019, *The European Guilds*, 415.

86. 出处同上，410。

87. C. Dent, 2006, "Patent Policy in Early Modern England: Jobs, Trade and Regulation," *Legal History* 10 (1): 79−80.

88. 特别是三十年战争，它给政府带来了压力，要求政府不断发展军队现代化。

89. Q. Wright, 1942, *A Study of War* (Chicago: University of Chicago Press), 1:215.

90. C. Tilly, 1975, *The Formation of National States in Western Europe* (Princeton, NJ: Princeton University Press), 42.

91. N. Ferguson, 2012, *Civilization: The West and the Rest* (New York: Penguin), 37.

92. N. Rosenberg and L. E. Birdzell, 1986, *How the West Grew Rich: The Economic Transformation of the Western World* (London: Basic), 138.

93. 关于工具时代，参见 Mokyr, 1992, *The Lever of Riches*, chapter 4。

94. Cardwell, 2001, *Wheels, Clocks, and Rockets*, 107.

第二章

1. G. Clark, 2008. *A Farewell to Alms: A Brief Economic History of the World* (Princeton, NJ: Princeton University Press), 39.

2. 引文来源出处同上。

3. D. Cannadine, 1977, "The Landowner as Millionaire: The Finances of the Dukes of Devonshire, c.1800−c.1926," *Agricultural History Review* 25 (2): 77−97.

4. P. H. Lindert, 2000b, "When Did Inequality Rise in Britain and America?," *Journal of Income Distribution* 9 (1): 11−25.

5. H. A. Taine, 1958, *Notes on England, 1860−1870*, trans. E. Hyams (London: Strahan), 181. See also Cannadine, 1977, "The Landowner as Millionaire."

6. 参见 P. H. Lindert, 1986, "Unequal English Wealth since 1670," *Journal of Political Economy* 94 (6): 1127−62。

7. T. Piketty, 2014, *Capital in the Twenty-First Century* (Cambridge, MA: Harvard University Press), figure 3.1.

8. 参见 C. Boix, and F. Rosenbluth, 2014, "Bones of Contention: The Political Economy of Height Inequality," *American Political Science Review* 108 (1): 1–22。

9. J. Diamond, 1987, "The Worst Mistake in the History of the Human Race," *Discover*, May 1, 64–66.

10. 参见 J. J. Rousseau, [1755] 1999, *Discourse on the Origin of Inequality* (New York: Oxford University Press)。

11. 参见 P. Eveleth and J. M. Tanner, 1976, *Worldwide Variation in Human Growth*, Cambridge Studies in Biological & Evolutionary Anthropology (Cambridge: Cambridge University Press)。

12. G. J. Armelagos and M. N. Cohen, *Paleopathology at the Origins of Agriculture* (Orlando, FL: Academic Press).

13. C. S. Larsen, 1995, "Biological Changes in Human Populations with Agriculture," *Annual Review of Anthropology* 24 (1): 185–213.

14. A. Mummert, E. Esche, J. Robinson, and G. J. Armelagos, 2011. "Stature and Robusticity During the Agricultural Transition: Evidence from the Bioarchaeological Record," *Economics and Human Biology* 9 (3): 284–301.

15. Larsen, 1995, "Biological Changes in Human Populations with Agriculture."

16. K. Marx and F. Engels, [1848] 1967, *The Communist Manifesto*, trans. Samuel Moore (London: Penguin), 55.

17. 关于人口压力, 参见 E. Boserup, 1965. *The Condition of Agricultural Growth: The Economics of Agrarian Change under Population Pressure* (London: Allen and Unwin)。

18. J. Diamond, 1987, "The Worst Mistake in the History of the Human Race."

19. M. L. Bacci, 2017, *A Concise History of World Population* (London: John Wiley and Sons).

20. 1—1500 年, 越来越高的土地生产率似乎对人口密度产生了显著影响, 但对生活水平的影响并不明显, 参见 Q. Ashraf and O. Galor, 2011, "Dynamics and Stagnation in the Malthusian Epoch," *American Economic Review* 101 (5): 2003–41。

21. 概述参见 J. Mokyr and H. J. Voth, 2010, "Understanding Growth in Europe, 1700–1870: Theory and Evidence," in *The Cambridge Economic History of Modern Europe*, ed. S. Broadberry and K. O'Rourke (Cambridge: Cambridge University Press), 1:7–42。

22. O. Galor and D. N. Weil, 2000, "Population, Technology, and Growth: From Malthusian Stagnation to the Demographic Transition and Beyond," *American Economic Review* 90 (4): 806–28; G. Clark, 2008, *A Farewell to Alms*.

23. 比如, Ronald Lee 和 Michael Anderson 对 "1500 年后的世界仍是马尔萨斯型的" 这一观点表示怀疑, 他们认为生育率或死亡率的长期变化几乎无法用工资模型来解释。（2002, "Malthus in State Space: Macroeconomic-Demographic Relations in English History, 1540–1870," *Journal of Population Economics* 15 [2]: 195–220）Esteban Nicolini 还发现 1650 年后生育的影响力在很大程度上减弱了。（2007, "Was Malthus Right? A VAR Analysis of Economic and Demographic Interactions in Pre-Industrial England," *European Review of Economic History* 11 [1]: 99–121）

24. Alessandro Nuvolari 和 Mattia Ricci 估测了英国的人均国内生产总值，发现 1250—1580 年是马尔萨斯时期，这段时期没有出现正增长。但是在 1580—1780 年，当马尔萨斯陷阱的限制开始松懈，正增长就出现了。（Nuvolari and Ricci, 2013, "Economic Growth in England, 1250–1850: Some New Estimates Using a Demand Side Approach," *Rivista di Storia Economica* 29 [1]: 31–54.）

25. R. C. Allen, 2009, "How Prosperous Were the Romans? Evidence from Diocletian's Price Edict (AD 301)," in *Quantifying the Roman Economic: Methods and Problems*, ed. Alan Bowman and Andrew Wilson (Oxford: Oxford University Press), 327–45.

26. J. Bolt and J. L. Van Zanden, 2014, "The Maddison Project: Collaborative Research on Historical National Accounts," *Economic History Review* 67 (3): 627–51.

27. 意大利北部的人均国内生产总值预估是北海地区以外的一个显著例外：1—1300 年，意大利的人均国内生产总值几乎翻了一番。但一些学者认为，我们也有充分的理由相信这种估计被夸大了。[Bolt and Van Zanden, 2014, "The Maddison Project"; W. Scheidel, and S. J. Friesen, 2009, "The Size of the Economy and the Distribution of Income in the Roman Empire," *Journal of Roman Studies* 99 (March): 61–91] 据估计在 1300—1800 年间，意大利北部的人均国内生产总值有所下降。

28. A. Maddison, 2005, *Growth and Interaction in the World Economy: The Roots of Modernity* (Washington: AEI Press), 21.

29. 参见 J. De Vries, 2008, *The Industrious Revolution: Consumer Behavior and the Household Economy, 1650 to the Present* (Cambridge: Cambridge University Press)。

30. 参见 S. D. Chapman, 1967, *The Early Factory Masters: The Transition to the Factory System in the Midlands Textile Industry* (Exeter, UK: David and Charles)。

31. F. F. Mendels, 1972, "Proto-industrialization: The First Phase of the Industrialization Process," *Journal of Economic History* 32 (1): 241–61.

32. P. H. Lindert and J. G. Williamson, 1982, "Revising England's Social Tables 1688–1812," *Explorations in Economic History* 19 (4): 385–408.

33. A. Maddison, 2002, *The World Economy: A Millennial Perspective* (Paris: Organisation for Economic Cooperation and Development).

34. 根据 1086 年的《土地调查清册》和 1688 年格雷戈里·金公布的其他数据，

Graeme Snooks 估计，按人均算，英国的经济以 0.29% 的年增长率增长。
（1994, "New Perspectives on the Industrial Revolution," in *Was the Industrial Revolution Necessary?*, ed. G. D. Snooks [London: Routledge], 1–26）

35. D. Defoe, [1724] 1971, *A Tour through the Whole Island of Great Britain* (London: Penguin), 432.

36. A. Smith, [1776] 1976, *An Inquiry into the Nature and Causes of the Wealth of Nations* (Chicago: University of Chicago Press), 365–66.

37. 如上所述，少数人占有了大部分财富。然而，尽管并非每个人都从增长中平等获益，但大多数工人的生活水平远高于最低生活水平。根据 1688 年 King 发布的英国社会层级名录，艾伦估计包括农民、乞丐和流浪者在内的最贫穷的群体只能负担最基本的生活。这些群体的生活水平可能并没有比几千年前的狩猎采集者好多少，但他们的人口不到英国人口的五分之一。其他群体的收入则高得多：制造业工人、农业劳动者、建筑业工人、矿工、士兵、水手和家庭佣人（占总人口的 35%）的收入几乎是仅能维持生计的最低收入的三倍，比例最大的一类人（包括店主、制造商和农民）的收入是仅能维持生计的收入的五倍，而最富有的人（包括地主阶级和资产阶级）的收入是仅能维持生计的收入的二十倍。（R. C. Allen, 2009a, *The British Industrial Revolution in Global Perspective* [Cambridge: Cambridge University Press], table 2.5）

38. Defoe, [1724] 1971, *A Tour through the Whole Island of Great Britain*, 338.

39. 关于向下的社会流动性，参见 G. Clark and G. Hamilton, 2006, "Survival of the Richest: The Malthusian Mechanism in Pre-Industrial England," *Journal of Economic History* 66 (3): 707–36。

40. Smith, [1776] 1976, *An Inquiry into the Nature and Causes of the Wealth of Nations*, 432.

41. M. Doepke and F. Zilibotti, 2008, "Occupational Choice and the Spirit of Capitalism," *Quarterly Journal of Economics* 123 (2): 747–93.

42. D. N. McCloskey, 2010, *The Bourgeois Virtues: Ethics for an Age of Commerce* (Chicago: University of Chicago Press).

43. Marx and Engels, [1848] 1967, *The Communist Manifesto*, 35.

44. F. Crouzet, 1985, *The First Industrialists: The Problems of Origins* (Cambridge: Cambridge University Press).

45. Defoe, [1724] 1971, *A Tour through the Whole Island of Great Britain*.

46. Crouzet, 1985, *The First Industrialists*, 4.

第三章

1. 关于前工业世界熊彼特型增长和斯密型增长的对比，参见 J. Mokyr, 1992a,

The Lever of Riches: Technological Creativity and Economic Progress (New York: Oxford University Press)。

2.　J. A. Schumpeter, 1939, *Business Cycles* (New York: McGraw-Hill), 1:161-74.

3.　T. Malthus, [1798] 2013, *An Essay on the Principle of Population*, Digireads.com, 279, Kindle.

4.　H. J. Habakkuk, 1962, *American and British Technology in the Nineteenth Century: The Search for Labour Saving Inventions* (Cambridge: Cambridge University Press), 22.

5.　S. Lilley, 1966, *Men, Machines and History: The Story of Tools and Machines in Relation to Social Progress* (Paris: International Publishers).

6.　捷克语中的 robota 意味着农奴必须在主人的土地上从事强迫性劳动。这个词源自 rab，意思是奴隶。

7.　A. Young, 1772, *Political Essays Concerning the Present State of the British Empire* (London: printed for W. Strahan and T. Cadell).

8.　关于廉价劳动力和机械化，参见 R. Hornbeck and S. Naidu, 2014, "When the Levee Breaks: Black Migration and Economic Development in the American South," *American Economic Review* 104 (3): 963-90。

9.　R. C. Allen, 2009a, *The British Industrial Revolution in Global Perspective* (Cambridge: Cambridge University Press).

10.　罗伯特·艾伦同意经济学家约翰·哈巴卡克爵士（John Habakkuk）的观点，即战前美国劳动力的稀缺和土地资源的丰饶带来了高工资，这种现象反过来促进了用机器取代工人的风潮。（1962, *American and British Technology in the Nineteenth Century*）

11.　爱德华·安东尼·里格利（Edward Anthony Wrigley）也认为，工业革命期间的生产率迅速上升是由于英国工人拥有丰富的煤炭资源。他认为从有机经济（organic economy）向高能经济（energy-rich economy）的转变是工业革命的核心。（2010, *Energy and the English Industrial Revolution* [Cambridge: Cambridge University Press]）

12.　纺纱工人订正后的工资，参见 J. Humphries and B. Schneider, forthcoming, "Spinning the Industrial Revolution," *Economic History Review*。还有一些证据表明 1650—1800 间英国的实际工资比此前更低，参见 J. Z. Stephenson, 2018, "'Real' Wages? Contractors, Workers, and Pay in London Building Trades, 1650-1800," *Economic History Review* 71 (1): 106-32。

13.　Mokyr, 1992a, *The Lever of Riches*, 151.

14.　J. Diamond, 1998, *Guns, Germs and Steel: A Short History of Everybody for the Last 13,000 Years* (New York: Random House), chapter 13.

15.　关于阻碍供给端创新的详细总结，参见 Mokyr, 1992a, *The Lever of Riches*, chapter 7。

16. J. Mokyr, 2011, *The Enlightened Economy: Britain and the Industrial Revolution, 1700–1850* (London: Penguin), Kindle.

17. M. Weber, 1927, *General Economic History* (New Brunswick, NJ: Transaction Books).

18. B. Russell, 1946, *History of Western Philosophy and Its Connection with Political and Social Circumstances: From the Earliest Times to the Present Day* (New York: Simon & Schuster), 110.

19. Mokyr, 1992a, *The Lever of Riches*, 196.

20. L. White, 1967, "The Historical Roots of Our Ecologic Crisis," *Science* 155 (3767): 1205.

21. Mokyr, 1992a, *The Lever of Riches*, 203.

22. Mokyr, 2011, *The Enlightened Economy,* introduction.

23. 参见 D. C. North and B. R. Weingast, 1989, "Constitutions and Commitment: The Evolution of Institutions Governing Public Choice in Seventeenth-Century England," *Journal of Economic History* 49 (4): 803−32; D. C. North, 1991, "Institutions," *Journal of Economic Perspectives* 5 (1): 97−112。

24. D. Acemoglu, S. Johnson, and J. Robinson, 2005, "The Rise of Europe: Atlantic Trade, Institutional Change, and Economic Growth," *American Economic Review* 95 (3): 546−79.

25. 关于商业伙伴关系和防止王室垄断，参见 R. Davis, 1973, *English Overseas Trade 1500–1700* (London: Macmillan), 41; R. Cameron, 1993, *A Concise Economic History of the World from Paleolithic Times to the Present*, 2nd ed. (New York: Oxford University Press), 127; Acemoglu, Johnson, and Robinson, 2005, "The Rise of Europe," 568。

26. 参见 W. C. Scoville, 1960, *The Persecution of Huguenots and French Economic Development, 1680–1720* (Berkeley: University of California Press) 。

27. 当然不止英国和荷兰共和国有议会。从 12 世纪的西班牙开始，议会制度逐渐扩散到西欧。中世纪的议会是代表不同社会群体的独立机构，包括三个阶层的成员（贵族、神职人员，在某些情况下还有农民），并通过征税和在立法过程中发挥积极作用来监督王室。然而在中世纪晚期，在议会刚开始兴起并获得成功之后，君主们经常拒绝召开议会，并寻找各种方法来限制议会的权力。

28. J. L. Van Zanden, E. Buringh, and M. Bosker, 2012, "The Rise and Decline of European Parliaments, 1188−1789," *Economic History Review* 65 (3): 835−61.

29. Acemoglu, Johnson, and Robinson, 2005, "The Rise of Europe," 546−79.

30. 关于《权利法案》，参见 G. W. Cox, 2012, "Was the Glorious Revolution a Constitutional Watershed?," *Journal of Economic History* 72 (3): 567−600。

31. 关于辉格党联盟，参见 D. Stasavage, 2003, *Public Debt and the Birth of the*

Democratic State: France and Great Britain 1688–1789 (Cambridge: Cambridge University Press)。

32. Mokyr, 1992a, *The Lever of Riches*, 243.

33. 关于财富多样性，参见 D. Acemoglu and J. A. Robinson, 2006, "Economic Backwardness in Political Perspective," *American Political Science Review* 100 (1): 115-31。

34. 关于政治精英如何因害怕政治更替而阻碍技术进步的详细描述，出处同上。

35. 引自 Mokyr, 2011, *The Enlightened Economy*, chap. 3。

36. 出处同上。

37. 引自 P. Mantoux, 1961, *The Industrial Revolution in the Eighteenth Century: An Outline of the Beginnings of the Modern Factory System in England*, trans. M. Vernon (London: Routledge), 135。

38. 出处同上，134。

39. 出处同上，30—31。

40. 引自 D. Acemoglu and J. A. Robinson, 2012, *Why Nations Fail: The Origins of Power, Prosperity and Poverty* (New York: Crown Business), 219。

41. 出处同上，221。

42. "Machinery Causes a Riot," 1895, *New York Times*, November 25.

43. Acemoglu and Robinson, *Why Nations Fail*, 197.

44. A. Randall, 1991, *Before the Luddites: Custom, Community and Machinery in the English Woollen Industry, 1776-1809* (Cambridge: Cambridge University Press).

45. 按照 Francis Aiden Hibbert 的归类，新的行业不在《技工学徒期条例》（Apprenticeship Act of the Statute of Artificers）的规定范围内，这说明它们的存在削弱了行会的影响力。（1891, *The Influence and Development of English Guilds* [New York: Sentry], 129）

46. K. Desmet, A. Greif, and S. Parente, 2018, "Spatial Competition, Innovation and Institutions: The Industrial Revolution and the Great Divergence" (Working Paper 24727, National Bureau of Economic Research, Cambridge, MA).

47. C. MacLeod, 1998. *Inventing the Industrial Revolution: The English Patent System, 1660-1800* (Cambridge: Cambridge University Press), 160.

48. H. B. Morse, 1909, *The Guilds of China* (London: Longmans, Green and Co.), 1.

49. 引自 Desmet, Greif, and Parente, "Spatial Competition, Innovation and Institutions," 37-38。

50. 出处同上，38。

51. 出处同上，39。

52. Mokyr, 1992a, *The Lever of Riches*, 257.

53. 引自 Mantoux, 1961, *The Industrial Revolution in the Eighteenth Century*, 403。

54. J. Horn, 2008, *The Path Not Taken: French Industrialization in the Age of*

Revolution, 1750–1839 (Cambridge, MA: MIT Press) chapter 4, Kindle.

55. 参见 E. P. Thompson, 1963, *The Making Of The English Working Class* (London: Gollancz, Vintage Books) 。

56. 关于法国的机器暴乱，参见 J. Horn, 2008, *The Path Not Taken*, chap. 4。

57. 出处同上，8。

58. F. Machlup, 1962, *The Production and Distribution of Knowledge in the United States* (Princeton, NJ: Princeton University Press), 166.

59. Desmet, Greif, and Parente, 2018, "Spatial Competition, Innovation and Institutions," 15–16.

第二部分

1. 马克思在《资本论》的 "分工和工场手工业" 一章中恰当地描述了现有的极端劳动分工情况，此章节之后的内容是 "机器和大工业"。（[1867] 1999, *Das Kapital*, trans. S. Moore and E. Aveling [New York: Gateway], chapter 15, Kindle ）

2. W. W. Rostow, 1960, *The Stages of Growth: A Non-Communist Manifesto* (Cambridge: Cambridge University Press).

3. D. Phyllis and W. A. Cole, 1962, *British Economic Growth, 1688–1959: Trends and Structure* (Cambridge: Cambridge University Press); N. F. Crafts, 1985, *British Economic Growth during the Industrial Revolution* (New York: Oxford University Press); N. F. Crafts and C. K. Harley, 1992, "Output Growth and the British Industrial Revolution: A Restatement of the Crafts-Harley View," *Economic History Review* 45 (4): 703–30.

4. B. Mitchell, 1975, *European Historical Statistics, 1750–1970* (London: Macmillan), 438.

5. T. S. Ashton, 1948, *An Economic History of England: The Eighteenth Century* (London: Routledge), 58.

6. M. W. Flinn, 1966, *The Origins of the Industrial Revolution* (London: Longmans), 15.

第四章

1. D. Cardwell, 1972, *Turning Points in Western Technology: A Study of Technology, Science and History* (New York: Science History Publications).

2. A. Ure, 1835, *The Philosophy of Manufactures* (London: Charles Knight), 14.

3. 引自 P. Mantoux, 1961, *The Industrial Revolution in the Eighteenth Century: An Outline of the Beginnings of the Modern Factory System in England*, trans. M. Vernon (London: Routledge [first published in 1928]), 39。

4. 关于家庭生产体系，出处同上，54—61。

5. 关于工厂崛起是一次技术事件的详细说明，参见 J. Mokyr, 2001, "The Rise and Fall of the Factory System: Technology, Firms, and Households since the Industrial Revolution," *Carnegie-Rochester Conference Series on Public Policy*, 55(1): 1–45。

6. M. W. Flinn, 1962, *Men of Iron: The Crowleys in the Early Iron Industry* (Edinburgh: Edinburgh University Press), 252.

7. 关于棉纱制造，参见 R. C. Allen, 2009a, *The British Industrial Revolution in Global Perspective* (Cambridge: Cambridge University Press), chapter 8, Kindle。

8. Mantoux, 1961, *The Industrial Revolution in the Eighteenth Century*, 234.

9. 就在亚当·斯密的《国富论》出版的同一年，英国开始了它最终成为一个真正的富裕国家的工业历程。

10. 引自 Mantoux, 1961, *The Industrial Revolution in the Eighteenth Century*, 213。

11. 出处同上，14。

12. 关于阿克莱特的发明节省的劳动力，参见 Allen, 2009a, *The British Industrial Revolution*, chapter 8。

13. R. C. Allen, 2009d, "The Industrial Revolution in Miniature: The Spinning Jenny in Britain, France, and India," *Journal of Economic History* 69 (4): 901–27.

14. J. Humphries, 2013, "The Lure of Aggregates and the Pitfalls of the Patriarchal Perspective: A Critique of the High Wage Economy Interpretation of the British Industrial Revolution," *Economic History Review* 66 (3): 709.

15. Ure, 1835, *The Philosophy of Manufactures*, 23.

16. 关于贫民学徒，参见 J. Humphries, 2010, *Childhood and Child Labour in the British Industrial Revolution* (Cambridge: Cambridge University Press), 246。

17. Humphries, 2013, "The Lure of Aggregates and the Pitfalls of the Patriarchal Perspective," 710.

18. Mantoux, 1961, *The Industrial Revolution in the Eighteenth Century*, 241–44.

19. J. Bessen, 2015, *Learning by Doing: The Real Connection between Innovation, Wages, and Wealth* (New Haven, CT: Yale University Press), 75。虽然贝森的预测参照的是美国的工厂，但动力织机在英国也发挥了类似的省力作用。

20. K. Marx, [1867] 1999, *Das Kapital*, trans. S. Moore and E. Aveling (New York: Gateway), chapter 15, section 1, Kindle.

21. 和萨弗里一样，瓦特设想了蒸汽引擎的多种应用。他在 1784 年获得的专利表明蒸汽引擎并不是为特定目的而设计的，用马克思的话来说就是"普遍适用于机械工业的中介"（出处同上）。他在专利文件中列出来的一些应用也许必须等待一段时间才能最终得到实际运用，例如蒸汽锤在半个世纪后出现，其他应用甚至超出了他预想的用途。虽然有人怀疑蒸汽在航运中的应用，但博尔顿和瓦特公司在 1851 年的万国工业博览会上展示了安装在远洋轮船上的蒸汽机，此时瓦特离世已有三十年。

22. G. N. Von Tunzelmann, 1978, *Steam Power and British Industrialization to 1860* (Oxford: Oxford University Press).

23. J. Kanefsky and J. Robey, 1980, "Steam Engines in 18th-Century Britain: A Quantitative Assessment," *Technology and Culture* 21 (2): 161−86.

24. N. F. Crafts, 2004, "Steam as a General Purpose Technology: A Growth Accounting Perspective," *Economic Journal* 114 (495): 338−51.

25. J. Hoppit, 2008, "Political Power and British Economic Life, 1650−1870," in *The Cambridge Economic History of Modern Britain*, vol. 1, *Industrialisation, 1700−1870*, ed. R. Floud, J. Humphries, and P. Johnson (Cambridge: Cambridge University Press), 370−71.

26. J. Mokyr, 2011, *The Enlightened Economy: Britain and the Industrial Revolution, 1700−1850* (London: Penguin), chapter 10, Kindle.

27. T. Leunig, 2006, "Time Is Money: A Re-Assessment of the Passenger Social Savings from Victorian British Railways," *Journal of Economic History* 66 (3): 635−73.

28. 关于达比家族和科尔布鲁克戴尔钢铁公司，参见 Allen, 2009a,*The British Industrial Revolution*, chapter 9。

29. 出处同上。

30. 引自 J. Langton and R. J. Morris, 2002, *Atlas of Industrializing Britain, 1780−1914* (London: Routledge), 88。

31. G. R. Hawke, 1970, *Railways and Economic Growth in England and Wales, 1840–1870* (Oxford: Clarendon Press of Oxford University Press).

32. Leunig, 2006, "Time Is Money."

33. 关于收费公路带来的社会储蓄，参见 C. Bogart, 2005, "Turnpike Trusts and the Transportation Revolution in 18th Century England," *Explorations in Economic History* 42 (4): 479−508。

34. 当然，随着蒸汽同样变革了水运，这些预测都没有完全体现出蒸汽动力运输的好处。早在 1821 年，英国就有 188 艘汽船在运行。虽然对于较短的路途，运河通常比海运更加合适，但如果没有这些汽船，货物就不得不随船到处跑。第一条铁路开始运营后不久，蒸汽就开始彻底变革海运。1838 年伊桑巴德·金德姆·布鲁内尔（Isambard Kingdom Brunel）公司的"大西方"号汽船成了第一艘横渡大西洋的远洋轮船，这在当时是与火箭相当的里程碑式的成就。进行长途航行时，船只需要装载大量的煤炭作为货物，蒸汽船取代帆船用了将近半个世纪。直到 19 世纪末，蒸汽机对煤炭的需求下降到了某个临界点，足以支撑汽船从英国驶往中国。

35. E. Baines, 1835, *History of the Cotton Manufacture in Great Britain* (London: H. Fisher, R. Fisher, and P. Jackson), 5.

第五章

1. B. Disraeli, 1844, *Coningsby* (a Public Domain Book), 187, Kindle.
2. F. Engels, [1844] 1943, *The Condition of the Working-Class in England in 1844.* Reprint, London: Allen & Unwin, 100; 25–26.
3. 参见 D. Defoe, [1724] 1971, *A Tour through the Whole Island of Great Britain* (London: Penguin), 432。
4. D. S. Landes, 1969, *The Unbound Prometheus: Technological Change and Development in Western Europe from 1750 to the Present* (Cambridge: Cambridge University Press), 128.
5. "The Present Condition of British Workmen," 1834, accessed December 15, 2018, https://deriv.nls.uk/dcn9/7489/74895330.9.htm.
6. 关于城镇的工资溢价，参见 J. G. Williamson, 1987, "Did English Factor Markets Fail during the Industrial Revolution?", *Oxford Economic Papers* 39 (4): 641–78。
7. 关于产量趋势，参见 N. F. Crafts and C. K. Harley, 1992, "Output Growth and the British Industrial Revolution: A Restatement of the Crafts-Harley View," *Economic History Review* 45 (4): 703–30。
8. C. H. Feinstein, 1998, "Pessimism Perpetuated: Real Wages and the Standard of Living in Britain during and after the Industrial Revolution," *Journal of Economic History* 58 (3): 625–58; R. C. Allen, 2009b, "Engels' Pause: Technical Change, Capital Accumulation, and Inequality in the British Industrial Revolution," *Explorations in Economic History* 46 (4): 418–35. 按照古拉里·克拉克关于实际工资的预测，直到 19 世纪 20 年代，人们的实际工资才超过 18 世纪中期的水平。（2005, "The Condition of the Working Class in England, 1209–2004," *Journal of Political Economy*, 113 [6] 1307–40）克拉克认为，1820 年以后实际工资的上升速度比艾伦或范斯坦预测的要更快，但他的观点与我们从消费和身高数据以及当代的记载中了解到的情况不一致。
9. 关于工时，参见 H. Voth, 2000, *Time and Work in England 1750–1830* (Oxford: Clarendon Press of Oxford University Press)。
10. 关于利润率，参见 Allen, 2009b, "Engels' Pause"。
11. 关于前 5% 的人群的收入份额，参见 P. H. Lindert, 2000b, "When Did Inequality Rise in Britain and America?", *Journal of Income Distribution* 9 (1): 11–25。
12. G. Clark, M. Huberman, and P. H. Lindert, 1995, "A British Food Puzzle, 1770–1850," *Economic History Review* 48 (2): 215–37. 但如前所述，最近的研究表明这种情况并不令人困惑，因为实际工资停滞不前，低收入群体的工资甚至下降了。
13. S. Horrell, 1996, "Home Demand and British Industrialisation," *Journal of*

Economic History 56 (September): 561−604.

14. R. H. Steckel, 2008, "Biological Measures of the Standard of Living," *Journal of Economic Perspectives* 22 (1): 129−52。罗伯特·福格尔（Robert Fogel）首次提出可以使用身高数据来估算生活标准的观点。［1983, "Scientific History and Traditional History," in *Which Road to the Past?*, ed. R. W. Fogel and G. R. Elton (New Haven, CT: Yale University Press), 5−70.］

15. R. C. Floud, K. Wachter, and A. Gregory, 1990, *Height, Health, and History: Nutritional Status in the United Kingdom, 1750–1980* (Cambridge: Cambridge University Press), chapter 4; J. Komlos, 1998, "Shrinking in a Growing Economy? The Mystery of Physical Stature during the Industrial Revolution," *Journal of Economic History* 58 (3): 779−802.

16. 关于环境与贫穷的观点，参见 J. Mokyr, 2011, *The Enlightened Economy: Britain and the Industrial Revolution, 1700–1850* (London: Penguin), chapter 10, Kindle。

17. 参见 J. G. Williamson, 2002, *Coping with City Growth during the British Industrial Revolution* (Cambridge: Cambridge University Press)。

18. S. Szreter and G. Mooney, 1998, "Urbanization, Mortality, and the Standard of Living Debate: New Estimates of the Expectation of Life at Birth in Nineteenth-Century British Cities," *Economic History Review* 51 (1): 84−112.

19. J. Komlos and B. A' Hearn, 2017, "Hidden Negative Aspects of Industrialization at the Onset of Modern Economic Growth in the US," *Structural Change and Economic Dynamics* 41 (June): 43.

20. F. M. Eden, 1797, *The State of the Poor; or, An History of the Labouring Classes in England* (London: B. and J. White), 3:848.

21. D. Ricardo, [1817] 1911, *The Principles of Political Economy and Taxation* (Repr., London: Dent).

22. 例如，让·巴蒂斯特·赛（Jean-Baptiste Say）就认为省力技术减少了成本，进而降低了价格，让需求增加了。这意味着被取代的工人重回工作岗位只是时间问题。尽管后来李嘉图重新评估了他提出的模型，但他和马尔萨斯、恩格斯一样，仍不相信工业化在长期能提高实际工资。

23. E. C. Gaskell, 1884, *Mary Barton* (London: Chapman and Hall), 104.

24. 参见 K. Marx, [1867] 1999, *Das Kapital*, trans. S. Moore and E. Aveling (New York: Gateway), chapter 15, section 4, Kindle; C. Dickens, [1854] 2017, *Hard Times* (Amazon Classics), chapter 5, Kindle。

25. 凯-沙特尔沃斯认为，"引擎运转的时候，人们必须工作。男人、女人以及儿童被钢铁和蒸汽束缚着……操作员必须坚持不懈地劳动，要和机械动力那数学般精确的精度、不间断的运转以及不知疲倦做斗争"。（1832, *The Moral and Physical Condition of the Working Classes Employed in the Cotton*

Manufacture in Manchester, Manchester: Harrisons & Crosfield）

26. 关于工厂以及对工厂的不满，参见 P. Gaskell, 1833, *The Manufacturing Population of England, Its Moral, Social, and Physical Conditions* (London: Baldwin and Cradock), 16。

27. Landes, 1969, *The Unbound Prometheus*, 2.

28. P. Gaskell, 1833, *The Manufacturing Population of England*, 12 and 341.

29. Marx, [1867] 1999, *Das Kapital*, chapter 15, section 5.

30. C. Babbage, 1832, *On the Economy of Machinery and Manufactures* (London: Charles Knight), 266–67.

31. A. Ure, 1835, *The Philosophy of Manufactures* (London: Charles Knight), 220.

32. E. Baines, 1835, *History of the Cotton Manufacture in Great Britain* (London: H. Fisher, R. Fisher, and P. Jackson), 452.

33. 出处同上，460。

34. 出处同上，435。

35. J. Humphries and B. Schneider, forthcoming, "Spinning the Industrial Revolution," *Economic History Review*.

36. J. Humphries, 2010, *Childhood and Child Labour in the British Industrial Revolution* (Cambridge: Cambridge University Press), 342.

37. R. C. Allen, forthcoming, "The Hand-Loom Weaver and the Power Loom: A Schumpeterian Perspective," *European Review of Economic History*.

38. Humphries, 2010, *Childhood and Child Labour*.

39. Allen, forthcoming, "The Hand-Loom Weaver and the Power Loom".

40. D. Bythell, 1969, *The Handloom Weavers: A Study in the English Cotton Industry during the Industrial Revolution* (Cambridge: Cambridge University Press), 139.

41. C. Nardinelli, 1986, "Technology and Unemployment: The Case of the Handloom Weavers," *Southern Economic Journal* 53 (1): 87–94.

42. 关于技术与周期性失业，出处同上。

43. J. Fielden, 2013, *Curse of the Factory System* (London: Routledge).

44. 关于城镇移民，参见 J. Humphries and T. Leunig, 2009, "Was Dick Whittington Taller Than Those He Left Behind? Anthropometric Measures, Migration and the Quality of Life in Early Nineteenth-Century London," *Explorations in Economic History* 46 (1): 120–31; J. Long, 2005, "Rural-Urban Migration and Socio-economic Mobility in Victorian Britain," *Journal of Economic History* 65 (1): 1–35; M. Anderson, 1990, "The Social Implications of Demographic Change," in *The Cambridge Social History of Britain, 1750–1950*, vol. 2: *People and Their Environment*, ed. F.M.L. Thompson (Cambridge: Cambridge University Press), 1–70; H. R. Southall, 1991, "The Tramping Artisan Revisits: Labour Mobility and Economic Distress in Early Victorian England," *Economic History Review*

44 (2): 272–96。关于工业革命期间的城镇移民的概述，参见 P. Wallis, 2014, "Labour Markets and Training," in *The Cambridge Economic History of Modern Britain*, vol. 1, *Industrialisation, 1700–1870*, ed. R. Floud, J. Humphries, and P. Johnson (Cambridge: Cambridge University Press), 178–210。

45. A. Ure, 1835, *The Philosophy of Manufactures* (London: Charles Knight), 20.

46. 引自 P. Gaskell, 1833, *The Manufacturing Population of England*, 174。

47. 早期的珍妮纺纱机对成年人来说很"别扭"，9—12 岁的儿童使用起来却"很灵活"。(M. Berg, 2005, *The Age of Manufactures, 1700–1820: Industry, Innovation and Work in Britain* [London: Routledge], 146)

48. C. Tuttle, 1999, *Hard at Work in Factories and Mines: The Economics of Child Labor during the British Industrial Revolution* (Boulder, CO: Westview Press), 110.

49. Ure, 1835, *The Philosophy of Manufactures*, 144.

50. 关于童工数量的激增，参见 Tuttle, 1999, *Hard at Work in Factories and Mines*, 96 and 142。也可参见 Wallis, 2014, "Labour Markets and Training," 193。

51. P. Mantoux, 1961, *The Industrial Revolution in the Eighteenth Century: An Outline of the Beginnings of the Modern Factory System in England*, trans. M. Vernon (London: Routledge), 410.

52. 引自 S. Smiles, 1865, *Lives of Boulton and Watt* (Philadelphia: J. B. Lippincott), 227。也可参见 Mokyr, 2011, *The Enlightened Economy*, chapter 15。

53. Baines, 1835, *History of the Cotton Manufacture in Great Britain*, 452.

54. L. Shaw-Taylor and A. Jones, 2010, "The Male Occupational Structure of Northamptonshire 1777–1881: A Case of Partial De-Industrialization?" (working paper, Cambridge University).

55. M. Berg, 1976, "The Machinery Question," PhD diss., University of Oxford, 2.

56. Mantoux, 1961, *The Industrial Revolution in the Eighteenth Century*, 408.

57. Old Bailey Proceedings, 6th July 1768, Old Bailey Proceedings Online, version 8.0, 01 January 2019, www.oldbaileyonline.org.

58. 关于莱姆豪斯，参见 Mantoux, 1961, *The Industrial Revolution in the Eighteenth Century*, 401–8。

59. 出处同上。

60. T. C. Hansard, 1834, *General Index to the First and Second Series of Hansard's Parliamentary Debates: Forming a Digest of the Recorded Proceedings of Parliament, from 1803 to 1820* (New York: Kraus Reprint Co.).

61. R. Jackson, 1806, *The Speech of R. Jackson Addressed to the Committee of the House of Commons Appointed to Consider of the State of the Woollen Manufacture of England, on Behalf of the Cloth-Workers and Sheermen of Yorkshire, Lancashire, Wiltshire, Somersetshire and Gloucestershire* (London: C. Stower), 11.

62. 引自 Mantoux, 1961, *The Industrial Revolution in the Eighteenth Century*, 408。

63. J. Horn, 2008, *The Path Not Taken: French Industrialization in the Age of Revolution, 1750–1830* (Cambridge, MA: MIT Press), chapter 4, Kindle.

64. *Annual Registrar or a View of the History, Politics, and Literature for the Year 1811*, 1811 (London: printed for Baldwin, Cradock, and Joy), 292.

65. 关于利物浦伯爵和肯扬勋爵，参见 Berg, 1976, "The Machinery Question," 76。

66. Horn, 2008, *The Path Not Taken*, chapter 4.

67. 关于被捣毁的机器，参见 B. Caprettini and H. Voth, 2017, "Rage against the Machines: Labour-Saving Technology and Unrest in England, 1830–32" (working paper, University of Zurich)。

68. E. Hobsbawm and G. Rudé, 2014, *Captain Swing* (New York: Verso), 265–79.

69. Caprettini and Voth, 2017, "Rage against the Machines."

70. D. Acemoglu and P Restrepo, 2018a, "Artificial Intelligence, Automation and Work" (Working Paper 24196, National Bureau of Economic Research, Cambridge, MA).

71. Allen, 2009b, "Engels' Pause."

72. E. S. Phelps, 2015, *Mass Flourishing: How Grassroots Innovation Created Jobs, Challenge, and Change* (Princeton, NJ: Princeton University Press), 47.

73. 出处同上，46。

74. O. Galor, 2011, "Inequality, Human Capital Formation, and the Process of Development," in *Handbook of the Economics of Education*, ed. Hanushek, E.A., Machin, S.J. and Woessmann, L. Amsterdam: Elsevier), 4:441–93.

75. 关于人力资本的趋势的概述，参见 Wallis, 2014, "Labour Markets and Training," 203。

76. M. Sanderson, 1995, *Education, Economic Change and Society in England 1780–1870* (Cambridge; Cambridge University Press); D. F. Mitch, 1992, *The Rise of Popular Literacy in Victorian England: The Influence of Private Choice and Public Policy* (Philadelphia: University of Pennsylvania Press).

77. N. F. Crafts, 1985, *British Economic Growth during the Industrial Revolution* (Oxford: Oxford University Press), 73.

78. Landes, 1969, *The Unbound Prometheus*, 340。戴维·米奇（David Mitch）也认为工业革命早期的工作岗位不需要工人受过很多教育，甚至不需要他们识字。(1992, *The Rise of Popular Literacy in Victorian England*）但 19 世纪晚期的工作公告表明，"识字"变得越来越必要。(D. F. Mitch, 1993, "The Role of Human Capital in the First Industrial Revolution," in *The British Industrial Revolution: An Economic Perspective*, ed. J. Mokyr [Boulder, CO: Westview Press, 241–80.]）

79. Tuttle, 1999, *Hard at Work in Factories and Mines*, 96 and 142; Wallis, 2014,

"Labour Markets and Training," 193.

80. C. Goldin and K. Sokoloff, 1982, "Women, Children, and Industrialization in the Early Republic: Evidence from the Manufacturing Censuses," *Journal of Economic History* 42 (4): 741–74.

81. L. F. Katz and R. A. Margo, 2013, "Technical Change and the Relative Demand for Skilled Labor: The United States in Historical Perspective" (Working Paper 18752, National Bureau of Economic Research, Cambridge, MA), 3.

82. P. Gaskell, 1833, *The Manufacturing Population of England*, 182.

83. 参见 G. Clark, 2005, "The Condition of the Working Class in England"。

84. 但技能溢价本身并不一定意味着对技能的需求，因为它也取决于供给：只有当人力资本的需求增长速度超过供给时，技能溢价才会出现。而在整个世纪技能的供应都在增加。

85. G. Clark, 2005. "The Condition of the Working Class in England."

86. J. Bessen, 2015, *Learning by Doing: The Real Connection between Innovation, Wages, and Wealth* (New Haven, CT: Yale University Press), chapter 6.

87. Mokyr, 2011, *The Enlightened Economy*, chapter 15.

88. 参见 D. H. Aldcroft and M. J. Oliver, 2000, *Trade Unions and the Economy: 1870–2000*, (Aldershot, UK: Ashgate Publishing)。

第三部分

引言：第二段引言出自 P. Zachary, 1996, "Does Technology Create Jobs, Destroy Jobs, or Some of Both?," *Wall Street Journal*, June 17。

1. J. Horn, 2008, *The Path Not Taken: French Industrialization in the Age of Revolution, 1750–1830* (Cambridge, MA: MIT Press).

2. 关于普鲁士的行会限制，参见 T. Lenoir, 1998, "Revolution from Above: The Role of the State in Creating the German Research System, 1810–1910," *American Economic Review* 88 (2): 22–27。

3. 关于普鲁士的教育和工业化，参见 S. O. Becker, E. Hornung, and L. Woessmann, 2011, "Education and Catch-Up in the Industrial Revolution," *American Economic Journal: Macroeconomics* 3 (3): 92–126。

4. 关于追赶型增长，参见 A. Gerschenkron, 1962, *Economic Backwardness in Historical Perspective: A Book of Essays* (Cambridge, MA: Belknap Press of Harvard University Press)。

5. P. H. Lindert, 2004, *Growing Public*, vol. 1, *The Story: Social Spending and Economic Growth Since the Eighteenth Century* (Cambridge: Cambridge University Press), table 1.2.

6. M. Alexopoulos and J. Cohen, 2016, "The Medium Is the Measure: Technical

Change and Employment, 1909−1949," *Review of Economics and Statistics* 98 (4): 792−810.

7.　D. Acemoglu and P. Restrepo, 2018b, "The Race between Man and Machine: Implications of Technology for Growth, Factor Shares, and Employment," *American Economic Review* 108 (6): 1489.

第六章

1.　引自 G. Tucker, 1837, *The Life of Thomas Jefferson, Third President of the United States: With Parts of His Correspondence Never Before Published, and Notices of His Opinions on Questions of Civil Government, National Policy, and Constitutional Law* (Philadelphia: Carey, Lea and Blanchard), 2:226。

2.　A. de Tocqueville, 1840, *Democracy in America*, trans. H. Reeve (New York: Alfred A. Knopf), 2:191.

3.　E. W. Byrn, 1900, *The Progress of Invention in the Nineteenth Century* (New York: Munn and Company), 1.

4.　R. J. Gordon, 2016, *The Rise and Fall of American Growth: The U.S. Standard of Living Since the Civil War* (Princeton, NJ: Princeton University Press), 150.

5.　D. Hounshell, 1985, *From the American System to Mass Production, 1800–1932: The Development of Manufacturing Technology in the United States* (Baltimore, MD: Johns Hopkins University Press), 307.

6.　出处同上。

7.　引自 B. Bryson, 2010, *At Home: A Short History of Private Life* (Toronto: Doubleday Canada), 29。

8.　N. Rosenberg, 1963, "Technological Change in the Machine Tool Industry, 1840−1910," *Journal of Economic History* 23 (4): 414−43.

9.　引自 D. Hounshell, 1985, *From the American System to Mass Production*, 19。

10.　出处同上，17—19。

11.　出处同上，233。

12.　关于电力和工作条件，参见 D. E. Nye, 1990, *Electrifying America: Social Meanings of a New Technology, 1880−1940* (Cambridge, MA: MIT Press), 232。

13.　引自 T. C. Martin, 1905, "Electrical Machinery, Apparatus, and Supplies," in *Census of Manufactures, 1905* (Washington, DC: United States Bureau of the Census), 170。

14.　P. A. David and G. Wright, 1999, *Early Twentieth Century Productivity Growth Dynamics: An Inquiry into the Economic History of Our Ignorance* (Oxford: Oxford University Press).

15.　E. Clark, 1925, "Giant Power Transforming America's Life," *New York Times*,

February 22.

16. 出处同上。

17. V. Smil, 2005, *Creating the Twentieth Century: Technical Innovations of 1867–1914 and Their Lasting Impact* (New York: Oxford University Press), 53.

18. Nye, 1990, *Electrifying America*, 232.

19. P. A. David, 1990, "The Dynamo and the Computer: An Historical Perspective on the Modern Productivity Paradox," *American Economic Review* 80 (2): 355–61.

20. W. D. Devine Jr., 1983, "From Shafts to Wires: Historical Perspective on Electrification," *Journal of Economic History* 43 (2): 347–72.

21. H. Jerome, 1934, "Mechanization in Industry" (Working Paper 27, National Bureau of Economic Research, Cambridge, MA), 48.

22. D. E. Nye, 2013, *America's Assembly Line* (Cambridge, MA: MIT Press), 23.

23. F. C. Mills, 1934, introduction to "Mechanization in Industry," by H. Jerome (Cambridge, MA: National Bureau of Economic Research), xxi.

24. Jerome, 1934, "Mechanization in Industry," 104–5.

25. 引自 J. Greenwood, A. Seshadri, and M. Yorukoglu, 2005, "Engines of Liberation," *Review of Economic Studies* 72 (1): 109。

26. Strasser, S. (1982). *Never Done: A History of American Housework.* (New York: Pantheon), 57.

27. Gordon, 2016, *The Rise and Fall of American Growth*, 123.

28. 引自 "Farm Woman Works Eleven Hours a Day", 1920, *New York Times*, July 6。

29. 引自 Nye, 1990, *Electrifying America*, 270。

30. J. Greenwood, A. Seshadri, and M. Yorukoglu, 2005, "Engines of Liberation," *Review of Economic Studies* 72 (1): 109–33.

31. 这些预测是根据印第安纳州曼西市家庭收入中位数水平得出的。（参见 Gordon, 2016, *The Rise and Fall of American Growth*, 121。）

32. "The Electric Home: Marvel of Science," 1921, *New York Times*, April 10.

33. S. Lebergott, 1993, *Pursuing Happiness: American Consumers in the Twentieth Century* (Princeton, NJ: Princeton University Press).

34. V. A. Ramey, 2009, "Time Spent in Home Production in the Twentieth-Century United States: New Estimates from Old Data," *Journal of Economic History* 69 (1): 1–47.

35. R. S. Cowan, 1983, *More Work for Mother: The Ironies of Household Technology from the Open Hearth to the Microwave* (New York: Basic).

36. "French's Conical Washing Machine and Young Women at Service," 1860, *New York Times*, August 29.

37. "New Rules for Servants: Pittsburgh Housekeepers Insist on a Full Day's Work," 1921, *New York Times*, January 16.

38. J. Mokyr, 2000, "Why 'More Work for Mother?' Knowledge and Household Behavior, 1870–1945," *Journal of Economic History* 60 (1): 1–41.

39. Nye, 1990, *Electrifying America*, 18.

40. Gordon, 2016, *The Rise and Fall of American Growth*, 227.

41. Greenwood, Seshadri, and Yorukoglu, 2005, "Engines of Liberation".

42. V. E. Giuliano, 1982, "The Mechanization of Office Work," *Scientific American* 247 (3): 148–65.

43. 关于"粉领"的概念，参见 A. J. Cherlin, 2013, *Labor's Love Lost: The Rise and Fall of the Working-Class Family in America* (New York: Russell Sage Foundation), 119。

44. A. J. Field, 2007, "The Origins of US Total Factor Productivity Growth in the Golden Age," *Cliometrica* 1 (1): 89。也可参见 A. J. Field, 2011, *A Great Leap Forward: 1930s Depression and U.S. Economic Growth* (New Haven, CT: Yale University Press)。

45. G. P. Mom and D. A. Kirsch, 2001, "Technologies in Tension: Horses, Electric Trucks, and the Motorization of American Cities, 1900–1925," *Technology and Culture* 42 (3): 489–518.

46. Gordon, 2016, *The Rise and Fall of American Growth*, 227.

47. 在 1850—1880 年，80% 的费城居民仍靠步行上班。

48. Gordon, 2016, *The Rise and Fall of American Growth*, 56–57.

49. 这一期刊的第一期出版时，汽车行业的重要性还微不足道，甚至不足以在人口普查时的一个标题下单列出来。

50. G. Norcliffe, 2001, *The Ride to Modernity: The Bicycle in Canada, 1869–1900* (Toronto: University of Toronto Press).

51. M. Twain, 1835, "Taming the Bicycle," The University of Adelaide Library, last updated March 27, 2016, https://ebooks.adelaide.edu.au/t/twain/mark/what_is_man/chapter15.html.

52. R. H. Merriam, 1905, "Bicycles and Tricycles," in *Census of Manufactures, 1905* (Washington, DC: United States Bureau of the Census), 289.

53. 比如戴姆勒就曾把小型气冷马达安装在自行车上。

54. 引自 Hounshell, 1985, *From the American System to Mass Production*, 214。

55. Martin, 1905, "Electrical Machinery, Apparatus, and Supplies," 20.

56. 引自 Hounshell, 1985, *From the American System to Mass Production*, 214。

57. K. Kaitz, 1998, "American Roads, Roadside America," *Geographical Review* 88 (3): 372.

58. 关于美国的汽车和基础设施，参见 Gordon, 2016, *The Rise and Fall of American Growth*, 156–59。

59. 出处同上，167。

60. 用拉尔夫·爱泼斯坦的话来说，"人们有时说汽车造就了良好的道路，有时又说良好的道路建设促进了汽车业的巨大发展，这两种说法其实都是对的。和经济问题一样，因果关系不断交互产生作用"。（1928, *The Automobile Industry* [Chicago: Shaw], 17）

61. J. J. Flink, 1988, *The Automobile Age* (Cambridge, MA: MIT Press), 33.

62. 关于经济学和 T 型车的推广，参见 Gordon, 2016, *The Rise and Fall of American Growth*, 165。

63. Epstein, 1928, *The Automobile Industry*, 16.

64. 韦恩·拉斯穆森写道："总的来说蒸汽机最适合用于谷物脱粒，它的发动机太笨重了，不适合其他大多数农业工作。农用蒸汽机的生产高峰出现在 1913 年，当时生产了一万台。"（1982, "The Mechanization of Agriculture," *Scientific American* 247 [3]: 82）

65. 关于拖拉机的推广，参见 R. E. Manuelli and A. Seshadri, 2014, "Frictionless Technology Diffusion: The Case of Tractors," *American Economic Review* 104 (4): 1368–91。

66. W. J. White, 2001, "An Unsung Hero: The Farm Tractor's Contribution to Twentieth-Century United States Economic Growth" (PhD diss., Ohio State University).

67. 公路公共运输公司把大部分牛奶运输到 70 英里之外的城市，这对于农民来说是最重要的变化之一。（参见 International Chamber of Commerce, 1925, "Report of the American Committee on Highway Transport, June, 1925" [Washington, D.C.: American Section, International Chamber of Commerce], 5。）

68. 关于农场经营半径的扩大，参见 H. R. Tolley and L. M. Church, 1921, "Corn-Belt Farmers' Experience with Motor Trucks," United States Department of Agriculture, Bulletin No. 931, February 25。

69. Field, 2011, *A Great Leap Forward*, table 2.5 and table 2.6.

70. 有一种观点认为，第二次世界大战期间的军事研究和发展带来了巨大的积极影响，在随后的几十年里推动着美国的生产率发展。这一观点仍存在争议，与技术进步指标提供的证据不符。直到 20 世纪 50 年代末，介绍新技术的书籍数量才开始超过 1941 年的水平。（M. Alexopoulos and J. Cohen, 2011, "Volumes of Evidence: Examining Technical Change in the Last Century through a New Lens," *Canadian Journal of Economics/Revue Canadienne d'*économique 44 [2]: 413–50.）1941 年 12 月珍珠港遇袭，军事建设开始受到更多关注，更多生产资源被分配给美国的战争机器，创新也随之放缓了。

71. 对 20 世纪早期卡车和其他运输技术的进展的概述，参见 W. Owen, 1962, "Transportation and Technology," *American Economic Review* 52 (2): 405–13。

72. 引自 R. F. Weingroff, 2005, *Designating the Urban Interstates*, Federal Highway Administration Highway History, https://www.fhwa.dot.gov/infrastructure/fairbank.cfm.

73. M. I. Nadiri and T. P. Mamuneas, 1994, "Infrastructure and Public R&D Investments, and the Growth of Factor Productivity in U.S. Manufacturing Industries" (Working Paper 4845, National Bureau of Economic Research, Cambridge, MA).

74. D. M. Bernhofen, Z. El-Sahli, and R. Kneller, 2016, "Estimating the Effects of the Container Revolution on World Trade," *Journal of International Economics* 98: 36–50.

75. G. Horne, 1968, "Container Revolution Hailed by Many, Feared by Others," *New York Times*, September 22.

76. 出处同上。

77. "The Humble Hero: Containers Have Been More Important for Globalisation Than Freer Trade," 2013, *Economist*, May 18, https://www.economist.com/finance-and-economics/2013/05/18/the-humble-hero.

78. R. H. Richter, 1958, "Dockers Demand Container Curbs," *New York Times*, November 27.

79. 出处同上。

80. 关于联邦法院撤销法令，参见 D. F. White, 1976, "High Court Review Sought in Case Involving Jobs for Longshoremen," *New York Times*, October 17。

81. Jerome, 1934, "Changes in Mechanization," 152.

82. J. Lee, 2014, "Measuring Agglomeration: Products, People, and Ideas in U.S. Manufacturing, 1880–1990" (working paper, Harvard University).

83. 出处同上。

84. Alexopoulos and Cohen, 2016, "The Medium Is the Measure."

85. D. L. Lewis, 1986, "The Automobile in America: The Industry," *Wilson Quarterly* 10 (5): 50.

第七章

1. W. Green, 1930, "Labor Versus Machines: An Employment Puzzle," *New York Times*, June 1.

2. F. Engels, [1844] 1943, *The Condition of the Working-Class in England in 1844*. Reprint, London: Allen & Unwin, 100.

3. 在《纽约时报》的档案中输入关键词"技术失业"进行搜索，结果表示在 20 世纪 20 年代有 13 条信息，在 30 年代有 356 条信息，这一结果表明这个术语变得越来越流行。

4. G. R. Woirol, 2006, "New Data, New Issues: The Origins of the Technological Unemployment Debates," *History of Political Economy* 38 (3): 480.

5. J. J. Davis, 1927, "The Problem of the Worker Displaced by Machinery," *Monthly Labor Review* 25 (3): 32.

6. 出处同上。

7. 引自 Woirol, 2006, "New Data, New Issues," 481。

8. I. Lubin, 1929, *The Absorption of the Unemployed by American Industry* (Washington, DC: Brookings Institution), 6.

9. R. J. Myers, 1929, "Occupational Readjustment of Displaced Skilled Workmen," *Journal of Political Economy* 37 (4): 473–89.

10. 尤安·克莱格（Ewan Clague）和 W. J. 库珀（W. J. Couper）的另一项研究是关于康涅狄格州纽黑文和哈特福德两座橡胶厂的关停情况的（它们分别于 1929 和 1930 年关闭），这项研究进一步表明在新经济中，大部分工人的经济状况更差了。(1931, "The Readjustment of Workers Displaced by Plant Shutdowns," *Quarterly Journal of Economics* 45 [2]: 309–46)

11. 关于音乐领域的机械化情况，参见 H. Jerome, 1934, "Mechanization in Industry" (Working Paper 27, National Bureau of Economic Research, Cambridge, MA), chapter 4。

12. 参见 Woirol, 2006, "New Data, New Issues"。

13. L. Wolman, 1933, "Machinery and Unemployment," *Nation*, February 22, 202–4.

14. 引自 "Technological Unemployment," 1930, *New York Times*, August 12。

15. "Durable Goods Industries," 1934, *New York Times*, July 16.

16. M. Alexopoulos and J. Cohen, 2016, "The Medium Is the Measure: Technical Change and Employment, 1909–1949," *Review of Economics and Statistics* 98 (4): 793.

17. F. D. Roosevelt, 1940, "Annual Message to the Congress," January 3, by G. Peters and J. T. Woolley, The American Presidency Project, https://www.presidency.ucsb.edu/documents/annual-message-the-congress.

18. R. M. Solow, 1965, "Technology and Unemployment," *Public Interest* 1 (Fall): 17.

19. 在《纽约时报》的档案中以 "自动化" 这一新概念作为关键词进行搜索，发现在 20 世纪 40 年代没有搜索出任何结果，但在 20 世纪 50 年代，有1252 篇新闻报道中出现了 "自动化" 这个词。

20. 参见 U.S. Congress, 1955, "Automation and Technological Change," Hearings Before the Subcommittee on Economic Stabilization of the Congressional Joint Committee on the Economic Report (84th Cong., 1st sess.), pursuant to sec. 5(a) of Public Law 304, 79th Cong. (Washington, DC: Government Printing Office)。

21. 引自 E. Weinberg, 1956, "An Inquiry into the Effects of Automation," *Monthly Labor Review* 79 (1): 7。

22. 出处同上。

23. D. Morse, 1957, "Promise and Peril of Automation," *New York Times*, June 9.

24. 出处同上。

25. "Elevator Operator Killed," 1940, *New York Times*, February 10.

26. "Elevator Units Fight Automatic Lift Ban," 1952, *New York Times*, October 7.

27. "New Devices Gain on Elevator Men: Operators May Be Riding to Oblivion," 1956, *New York Times*, May 27.

28. G. Talese, 1963, "Elevator Men Dwindle in City," *New York Times*, November 30.

29. A. H. Raskin, 1961, "Fears about Automation Overshadowing Its Boons," *New York Times*, April 7.

30. 关于对政府工作岗位的担忧, 参见 C. P. Trussell, 1960, "Government Automation Posing Threat to the Patronage System," *New York Times*, September 14。

31. J. F. Kennedy, 1960, "Papers of John F. Kennedy. Pre-Presidential Papers. Presidential Campaign Files, 1960. Speeches and the Press. Speeches, Statements, and Sections, 1958–1960. Labor: Meeting the Problems of Automation," https://www.jfklibrary.org/asset-viewer/archives/JFKCAMP1960/1030/JFK-CAMP1960-1030-036.

32. President's Advisory Committee on Labor-Management Policy, 1962, *The Benefits and Problems Incident to Automation and Other Technological Advances* (Washington, DC: Government Printing Office), 2.

33. J. F. Kennedy, 1962, "News Conference 24," https://www.jfklibrary.org/archives/other-resources/john-f-kennedy-press-conferences/news-conference-24.

34. L. B. Johnson, 1964," Remarks Upon Signing Bill Creating the National Commission on Technology, Automation, and Economic Progress," August 19, http://archive.li/F9iX8.

35. H. R. Bowen, 1966, *Report of the National Commission on Technology, Automation, and Economic Progress* (Washington, DC: Government Printing Office), xii.

36. 出处同上, 9。

37. G. R. Woirol, 1980, "Economics as an Empirical Science: A Case Study" (working paper, University of California, Berkeley), 188.

38. G. R. Woirol, 2012, "Plans to End the Great Depression from the American Public," *Labor History* 53 (4): 571−77.

39. W. A. Faunce, E. Hardin, and E. H. Jacobson, 1962, "Automation and the Employee," *Annals of the American Academy of Political and Social Science* 340 (1): 62.

40. F. C. Mann, L. K. Williams, 1960, "Observations on the Dynamics of a Change to Electronic Data-Processing Equipment," *Administrative Science Quarterly* 5 (2): 255.

41. W. A. Faunce, 1958a, "Automation and the Automobile Worker," *Social Problems* 6 (1): 68−78, and 1958b, "Automation in the Automobile Industry: Some Consequences for In-Plant Social Structure," *American Sociological Review* 23 (4): 401−7.

42. C. R. Walker, 1957, *Toward the Automatic Factory: A Case Study of Men and Machines* (New Haven, CT: Yale University Press), 192.

43. Faunce, Hardin, and Jacobson, 1962, "Automation and the Employee," 60.

第八章

1. "Burning Farming Machinery," 1879, *New York Times*, August 12.

2. D. Nelson, 1995, *Farm and Factory: Workers in the Midwest, 1880–1990* (Bloomington: Indiana University Press), 18−19.

3. P. Taft and P. Ross, 1969, "American Labor Violence: Its Causes, Character, and Outcome," in *Violence in America: Historical and Comparative Perspectives*, ed. H. D. Graham and T. R. Gurr (London: Corgi), 1:221−301.

4. B. E. Kaufman, 1982, "The Determinants of Strikes in the United States, 1900−1977," *ILR Review* 35 (4): 473−90.

5. P. Wallis, 2014, "Labour Markets and Training," in *The Cambridge Economic History of Modern Britain*, vol. 1: *Industrialisation, 1700−1870*, ed. R. Floud, J. Humphries, and P. Johnson (Cambridge: Cambridge University Press), 186.

6. 引自 D. Stetson, 1970, "Walter Reuther: Union Pioneer with Broad Influence Far beyond the Field of Labor," *New York Times*, May 11。

7. H. J. Rothberg, 1960, "Adjustment to Automation in Two Firms," in *Impact of Automation: A Collection of 20 Articles about Technological Change, from the* Monthly Labor Review (Washington, DC: Bureau of Labor Statistics), 86.

8. G. B. Baldwin and G. P. Schultz, 1960, "The Effects of Automation on Industrial Relations," in *Impact of Automation: A Collection of 20 Articles about Technological Change, from the* Monthly Labor Review (Washington, DC: Bureau of Labor Statistics), 47−49; J. W. Childs and R. H. Bergman, 1960, "Wage-Rate Determination in an Automated Rubber Plant," in ibid, 56−58; H. J. Rothberg, 1960, "Adjustment to Automation in Two Firms," in ibid, 88−93.

9. U.S. Congress, 1984, "Computerized Manufacturing Automation: Employment, Education, and the Workplace," No. 235 (Washington, DC: Office of Technology Assessment).

10. 关于改善工作环境，参见 R. J. Gordon, 2016, *The Rise and Fall of American Growth: The U.S. Standard of Living Since the Civil War* (Princeton, NJ: Princeton University Press), chapter 8。

11. R. Hornbeck, 2012, "The Enduring Impact of the American Dust Bowl: Short- and Long- Run Adjustments to Environmental Catastrophe," *American Economic Review* 102 (4): 1477−507.

12. 出处同上。

13. Gordon, 2016, *The Rise and Fall of American Growth*, 270.

14. "Shocking Death in Machinery," 1895, *New York Times*, May 23.

15. "The Calamity," 1911, *New York Times*, March 26.

16. D. E. Nye, 1990, *Electrifying America: Social Meanings of a New Technology, 1880–1940* (Cambridge, MA: MIT Press), 210.

17. U.S. Bureau of the Census, 1960, D785, "Work-injury Frequency Rates in Manufacturing, 1926–1956," and D.786–790, "Work-injury Frequency Rates in Mining, 1924–1956," *Historical Statistics of the United States, Colonial Times to 1957* (Washington, DC: Government Printing Office), https://www.census.gov/library/publications/1960/compendia/hist_stats_colonial-1957.html.

18. 引自 A. H. Raskin, 1955, "Pattern for Tomorrow's Industry?," *New York Times*, December 18。

19. On automation and health, see O. R. Walmer, 1956, "Workers' Health in an Era of Automation," *Monthly Labor Review* 79 (7): 819–23.

20. 出处同上，821。

21. U.S. Department of Agriculture, 1963, *1962 Agricultural Statistics* (Washington, DC: Government Printing Office).

22. 关于机动车以及节省的时间，参见 A. L. Olmstead and P. W. Rhode, 2001, "Reshaping the Landscape: The Impact and Diffusion of the Tractor in American Agriculture, 1910–1960," *Journal of Economic History* 61 (3): 663–98. See also M. R. Cooper, G. T. Barton, and A. P. Brodell, 1947, "Progress of Farm Mechanization," USDA Miscellaneous Publication 630 (October)。

23. Nye, 1990, *Electrifying America*, 15.

24. Jerome, 1934, "Mechanization in Industry," 131.

25. 出处同上，134。

26. 在 1940—1980 年间，美国经济新增了 2450 万个白领工作岗位，白领就业率增长了 10.8 个百分点，其中文书工作几乎占了全部增长。此外新增了 1990 万个专业和管理岗位，截至 1980 年，它们占总就业人数的 27.8%。

27. Jerome, 1934, "Mechanization in Industry," 173.

28. Gordon, 2016, *The Rise and Fall of American Growth*, table 8–1.

29. 出处同上，257。

30. 引自 D. L. Lewis, 1986, "The Automobile in America: The Industry," *Wilson Quarterly* 10 (5): 53。

31. 关于公司福利项目，参见 Nye, 1990, *Electrifying America*, 215。

32. Gordon, 2016, *The Rise and Fall of American Growth*, 279.

33. L. Hartz, 1955, *The Liberal Tradition in America: An Interpretation of American Political Thought Since the Revolution* (Boston: Houghton Mifflin Harcourt).

34. J. Cowie, 2016, *The Great Exception: The New Deal and the Limits of American*

Politics (Princeton, NJ: Princeton University Press).

35. H. G. 刘易斯（H. G. Lewis）的开创性研究表明，在新政时期，工会工资溢价在 38% 左右波动，而在二战后的几年里，溢价基本为零。尽管 20 世纪 50 年代工会工资溢价重新出现，但只占当时工人薪酬的 15%。（参见 H. G. Lewis, 1963, *Unionism and Relative Wages in the U.S.: An Empirical Inquiry* [Chicago: Chicago University Press]）其他研究表明工会成员的工资优势随着时间、职位和行业的变化而发生了极大的变化。（参见 C. J. Parsley, 1980, "Labor Union Effects on Wage Gains: A Survey of Recent Literature," *Journal of Economic Literature* 18[1]: 1–31；G. E. Johnson, 1975, "Economic Analysis of Trade Unionism," *The American Economic Review* 65 [2]: 23–28.）

36. W. K. Stevens, 1968, "Automation Keeps Struck Phone System," *New York Times*, April 20.

37. 詹姆斯·贝森认为："实际上在 19 世纪后半叶，虽然纺织工人工会规模小、效率低，但纺织工人的工资已经上涨了。使用贝塞麦法生产的钢铁工人的工资比手工炼铁工人高得多，虽然贝塞麦法生产钢铁在最初几十年里不断失败，但工人们每天只工作 8 小时。"（2015, *Learning by Doing: The Real Connection between Innovation, Wages, and Wealth* [New Haven, CT: Yale University Press], 86）

38. Gordon, 2016, *The Rise and Fall of American Growth*, 282.

39. M. Alexopoulos and J. Cohen, 2016, "The Medium Is the Measure: Technical Change and Employment, 1909–1949," *Review of Economics and Statistics* 98(4): 793.

40. 关于电气行业，参见 T. C. Martin, 1905, "Electrical Machinery, Apparatus, and Supplies," in *Census of Manufactures, 1905* (Washington, DC: United States Bureau of the Census), 157–225。

41. 关于热门行业的就业，参见 J. Bessen, 2018, "Automation and Jobs: When Technology Boosts Employment" (Law and Economics Paper 17–09, Boston University School of Law)。

42. 一家主要的收音机和电视机制造商在生产电视接收机时采用了新机器，导致工资上涨。由于工作条件的不同和工作职责的增加，新岗位设定的工资比非熟练装配工人的工资高 5%—15%。一家使用节省劳动力技术的电气设备制造商同样创造了收入更高的新工作。参见 Rothberg, 1960, "Adjustment to Automation in Two Firms," 80。

43. R. H. Day, 1967, "The Economics of Technological Change and the Demise of the Sharecropper," *American Economic Review* 57 (3): 427–49.

44. 引自 W. D. Rasmussen, 1982, "The Mechanization of Agriculture," *Scientific American* 247 (3): 87。

45. 关于城市工资的上涨和农村人口的外流，参见 W. Peterson and Y. Kislev,

1986, "The Cotton Harvester in Retrospect: Labor Displacement or Replacement?," *Journal of Economic History* 46 (1): 199–216。

46. R. Hornbeck and S. Naidu, 2014, "When the Levee Breaks: Black Migration and Economic Development in the American South," *American Economic Review* 104 (3): 963–90.

47. Rasmussen, 1982, "The Mechanization of Agriculture," 83.

48. 出处同上，84。

49. 关于密西西比河洪灾，参见 Hornbeck and Naidu, 2014, "When the Levee Breaks"。

50. 关于大迁徙，参见 W. J. Collins and M. H. Wanamaker, 2015, "The Great Migration in Black and White: New Evidence on the Selection and Sorting of Southern Migrants," *Journal of Economic History* 75 (4): 947–92。

51. "Motors on the Farms Replace Hired Labor," 1919, *New York Times*, October 26.

52. N. Kaldor, 1957, "A Model of Economic Growth," *Economic Journal* 67 (268): 591–624.

53. P. H. Lindert and J. G. Williamson, 2016, *Unequal Gains: American Growth and Inequality Since 1700* (Princeton, NJ: Princeton University Press), 194.

54. R. M. Solow, 1956, "A Contribution to the Theory of Economic Growth," *Quarterly Journal of Economics* 70 (1): 65–94; S. Kuznets, 1955, "Economic Growth and Income Inequality," *American Economic Review* 45 (1): 1–28; Kaldor, 1957, "A Model of Economic Growth."

55. Kuznets, 1955, "Economic Growth and Income Inequality."

56. Lindert and Williamson, 2016, *Unequal Gains*.

57. A. de Tocqueville, 1840, *Democracy in America*, trans. H. Reeve (New York: Alfred A. Knopf), 2:646.

58. 引自 Lindert and Williamson, 2016, *Unequal Gains*, 117。

59. M. Twain and C. D. Warner, [1873] 2001, *The Gilded Age: A Tale of Today* (New York: Penguin).

60. H. J. Raymond, 1859, "Your Money or Your Line," *New York Times*, February 9.

61. M. Klein, 2007, *The Genesis of Industrial America, 1870–1920* (Cambridge: Cambridge University Press), 133–34.

62. Lindert and Williamson, 2016, *Unequal Gains*, tables 5–8 and 5–9.

63. L. F. Katz and R. A. Margo, 2013, "Technical Change and the Relative Demand for Skilled Labor: The United States in Historical Perspective" (Working Paper 18752, National Bureau of Economic Research, Cambridge, MA).

64. Lindert and Williamson, 2016, *Unequal Gains*, table 7–2.

65. I. Fisher, 1919, "Economists in Public Service: Annual Address of the President," *American Economic Review* 9 (1): 10 and 16.

66. T. Piketty, 2014, *Capital in the Twenty-First Century* (Cambridge, MA: Harvard University Press).

67. W. Scheidel, 2018, *The Great Leveler: Violence and the History of Inequality from the Stone Age to the Twenty-First Century* (Princeton, NJ: Princeton University Press).

68. 关于金融行业的工作岗位，参见 Lindert and Williamson, 2016, *Unequal Gains*, figure 8–3。

69. Piketty, 2014, *Capital in the Twenty-First Century*, 506–7.

70. C. Goldin and R. A. Margo, 1992, "The Great Compression: The Wage Structure in the United States at Mid-Century," *Quarterly Journal of Economics* 107 (1): 1–34.

71. H. S. Farber, D. Herbst, I. Kuziemko, and S. Naidu, 2018, "Unions and Inequality over the Twentieth Century: New Evidence from Survey Data" (Working Paper 24587, National Bureau of Economic Research, Cambridge, MA).

72. J. M. Abowd, P. Lengermann, and K. L. McKinney, 2003, "The Measurement of Human Capital in the US Economy" (LEHD Program technical paper TP-2002-09, Census Bureau, Washington).

73. J. Tinbergen, 1975, *Income Distribution: Analysis and Policies* (Amsterdam: North Holland).

74. C. Goldin and L. Katz, 2008, *The Race between Technology and Education* (Cambridge, MA: Harvard University Press).

75. C. Goldin and Margo, 1992, "The Great Compression."

76. Goldin and Katz, 2008. *The Race between Technology and Education*, 303.

77. 出处同上，208–17。

78. 出处同上，177。

79. Rothberg, 1960, "Adjustment to Automation in Two Firms," 89.

80. E. Weinberg, 1960, "A Review of Automation Technology," *Monthly Labor Review* 83 (4): 376–80.

81. T. Piketty and E. Saez, 2003, "Income Inequality in the United States, 1913–1998," *Quarterly Journal of Economics* 118 (1): 2 and 24.

82. B. Milanovic, 2016b, *Global Inequality: A New Approach for the Age of Globalization* (Cambridge, MA: Harvard University Press).

83. Katz and Margo, 2013, "Technical Change and the Relative Demand for Skilled Labor."

84. Gordon, 2016, *The Rise and Fall of American Growth*, 47.

85. Katz and Margo, 2013, "Technical Change and the Relative Demand for Skilled Labor," 4.

86. S. Thernstrom, 1964, *Poverty and Progress: Social Mobility in a Nineteenth*

Century City (Cambridge, MA: Harvard University Press).

87. Gordon, 2016, *The Rise and Fall of American Growth*, 126.

88. 出处同上，379。

89. A. J. Cherlin, 2013, *Labor's Love Lost: The Rise and Fall of the Working-Class Family in America* (New York: Russell Sage Foundation), 115.

90. 1960 年约翰·F. 肯尼迪在怀俄明州夏延的演讲，参见 https://www.jfklibrary. org/archives/other-resources/john-f-kennedy-speeches/cheyenne-wy-19600923。

第四部分

1. D. Acemoglu and D. H. Autor, 2011, "Skills, Tasks and Technologies: Implications for Employment and Earnings," in *Handbook of Labor Economics*, ed. David Card and Orley Ashenfelter (Amsterdam: Elsevier), 4:1043–171.

第九章

1. P. F. Drucker, 1965, "Automation Is Not the Villain," *New York Times*, January 10.

2. D. A. Grier, 2005, *When Humans Were Computers* (Princeton, NJ: Princeton University Press).

3. 关于抵押保险商，参见 F. Levy and R. J. Murnane, 2004, *The New Division of Labor: How Computers Are Creating the Next Job Market* (Princeton, NJ: Princeton University Press), 17–19。

4. H. Braverman, 1998, *Labor and Monopoly Capital: The Degradation of Work in the Twentieth Century*, 25th anniversary ed. (New York: New York University Press), 49.

5. N. Wiener, 1988, *The Human Use of Human Beings: Cybernetics and Society* (New York: Perseus Books Group).

6. D. H. Autor and D. Dorn, 2013, "The Growth of Low-Skill Service Jobs and the Polarization of the US Labor Market," *American Economic Review* 103 (5): 1553–97; M. Goos, A. Manning, and A. Salomons, 2014, "Explaining Job Polarization: Routine-Biased Technological Change and Offshoring," *American Economic Review* 104 (8): 2509–26, and 2009, "Job Polarization in Europe," *American Economic Review* 99 (2): 58–63; M. A. Goos and A. Manning, 2007, "Lousy and Lovely Jobs: The Rising Polarization of Work in Britain," *Review of Economics and Statistics* 89 (1): 118–33.

7. Levy and Murnane, 2004, *The New Division of Labor*, 3.

8. W. D. Nordhaus, 2007, "Two Centuries of Productivity Growth in Computing," *Journal of Economic History* 67 (1): 128–59.

9.　J. S. Tompkins, 1958, "Cost of Automation Discourages Stores," *New York Times*, January 26.

10.　1971 年第一个微处理器的发明为 1981 年 IBM 个人电脑的出现铺平了道路。诺德豪斯通过计算认为，计算机问世以后计算成本实现了最大幅度的下降。

11.　O. Friedrich, 1983, "The Computer Moves In (Machine of the Year)," *Time*, January 3, 15.

12.　K. Flamm, 1988, "The Changing Pattern of Industrial Robot Use," in *The Impact of Technological Change on Employment and Economic Growth*, ed. R. M. Cyert and D. C. Mowery (Cambridge, MA: Ballinger Publishing Company), tables 7–1 and 7–6.

13.　E. B. Jakubauskas, 1960, "Adjustment to an Automatic Airline Reservation System," in *Impact of Automation: A Collection of 20 Articles about Technological Change, from the* Monthly Labor Review (Washington: Bureau of Labor Statistics), 94.

14.　出处同上。

15.　引自 Levy and Murnane, 2004, *The New Division of Labor*, 4。

16.　出处同上。

17.　D. H. Autor, 2015, "Polanyi's Paradox and the Shape of Employment Growth," in *Reevaluating Labor Market Dynamics* (Kansas City: Federal Reserve Bank of Kansas City), 129–177.

18.　M. Polanyi, 1966, *The Tacit Dimension* (New York: Doubleday), 4.

19.　迈克尔·克雷默（Michael Kremer）的 O 环理论（O-ring production function）认为，在某个事物的生产过程中，一项任务的改进会导致其他任务价值的增长。（1993, "The O-Ring Theory of Economic Development," *Quarterly Journal of Economics* 108 [3]: 551–75）

20.　Levy and Murnane, 2004, *The New Division of Labor*, 13–14.

21.　R. Reich, 1991, *The Work of Nations: Preparing Ourselves for Twenty-First Century Capitalism* (New York: Knopf).

22.　E. L. Glaeser, 2013, review of *The New Geography of Jobs*, by Enrico Moretti, *Journal of Economic Literature* 51 (3): 827.

23.　H. Moravec, 1988, *Mind Children: The Future of Robot and Human Intelligence* (Cambridge, MA: Harvard University Press), 15.

24.　1980—2005 年，服务行业的工时占比增长了 30%。相比之下在 20 世纪 80 年代计算机革命前的 30 年里，这一比例保持不变或下降了。（D. H. Autor and Dorn, 2013, "The Growth of Low-Skill Service Jobs and the Polarization of the US Labor Market"）

25.　Levy and Murnane, 2004, *The New Division of Labor*, 3. See also D. H. Autor, F. Levy, and R. J. Murnane, 2003, "The Skill Content of Recent Technological

Change: An Empirical Exploration," *Quarterly Journal of Economics* 118 (4): 1279–333.

26. A. J. Cherlin, 2014, *Labor's Love Lost: The Rise and Fall of the Working-Class Family in America* (New York: Russell Sage Foundation), 128.

27. 出处同上。

28. 道格拉斯·马西用教育来定义社会阶层，他认为在日益以知识为基础的经济中，教育是最重要的资源。(2007, *Categorically Unequal: The American Stratification System* [New York: Russell Sage Foundation]) 安德鲁·切尔林也把教育作为评判80后社会阶层的最佳指标。(2014, *Labor's Love Lost*) 此外，罗伯特·普特南也有类似的评价。(2016, *Our Kids: The American Dream in Crisis* [New York: Simon & Schuster])

29. G. M. Cortes, N. Jaimovich, C. J. Nekarda, and H. E. Siu, 2014, "The Micro and Macro of Disappearing Routine Jobs: A Flows Approach" (Working Paper 20307, National Bureau of Economic Research, Cambridge, MA).

30. D. D. Buss, 1985, "On the Factory Floor, Technology Brings Challenge for Some, Drudgery for Others," *Wall Street Journal*, September 16.

31. G. M. Cortes, N. Jaimovich, and H. E. Siu, 2017, "Disappearing Routine Jobs: Who, How, and Why?," *Journal of Monetary Economics*, 91:69–87.

32. K. G. Abraham and M. S. Kearney, 2018, "Explaining the Decline in the US Employment- to- Population Ratio: A Review of the Evidence" (Working Paper 24333, National Bureau of Economic Research, Cambridge, MA).

33. G. M. Cortes, N. Jaimovich, and H. E. Siu, 2018, "The 'End of Men' and Rise of Women in the High-Skilled Labor Market" (Working Paper 24274, National Bureau of Economic Research., Cambridge, MA).

34. B. A. Weinberg, 2000, "Computer Use and the Demand for Female Workers," *ILR Review* 53 (2): 290–308.

35. D. Acemoglu and P. Restrepo, 2018c, "Robots and Jobs: Evidence from US Labor Markets" (Working paper, Massachusetts Institute of Technology, Cambridge, MA). 经济学家发现机器人在英国的劳动力市场发挥了类似的作用。(A. Prashar, 2018, "Evaluating the Impact of Automation on Labour Markets in England and Wales" [working paper, Oxford University]) 在德国，每增加一个机器人就会导致两份制造业工作的流失，但这些都被其他领域工作岗位的增长所抵消了。(W. Dauth, S. Findeisen, J. Südekum, and N. Woessner, 2017, "German Robots: The Impact of Industrial Robots on Workers" [Discussion Paper DP12306, Center for Economic and Policy Research, London]) 这种情况并不令人惊讶。正如作者们所言，技术变革不可避免地会对不同国家的劳动力市场造成不同的影响。德国工会的相对实力可能在一定程度上解释了这些差异。工业世界的普遍模式似乎是机器人并没有显著减少总就业人数，只

是降低了低技能工人的就业份额。换句话说，自动化出现以后未受过大学教育的工人们的就业机会枯竭了。(G. Graetz and G. Michaels, forthcoming, "Robots at Work," *Review of Economics and Statistics*)

36. D. H. Autor and A. Salomons, forthcoming, "Is Automation Labor-Displacing? Productivity Growth, Employment, and the Labor Share," *Brookings Papers on Economic Activity.*

37. J. Bivens, E. Gould, E. Mishel, and H. Shierholz, 2014, "Raising America's Pay" (Briefing Paper 378, Economic Policy Institute, New York), figure A.

38. 参见 M. W. Elsby, B. Hobijn, and A. Şahin, 2013, "The Decline of the US Labor Share," *Brookings Papers on Economic Activity* 2013 (2): 1–63。

39. L. Karabarbounis and B. Neiman, 2013, "The Global Decline of the Labor Share," *Quarterly Journal of Economics* 129 (1): 61–103.

40. M. C. Dao, M. M. Das, Z. Koczan, and W. Lian, 2017, "Why Is Labor Receiving a Smaller Share of Global Income? Theory and Empirical Evidence" (Working Paper No. 17/169, International Monetary Fund, Washington, DC), 11.

41. B. Milanovic, 2016b, *Global Inequality: A New Approach for the Age of Globalization* (Cambridge, MA: Harvard University Press), 54.

42. L. F. Katz and R. A. Margo, 2013, "Technical Change and the Relative Demand for Skilled Labor: The United States in Historical Perspective (Working Paper 18752, National Bureau of Economic Research, Cambridge, MA).

43. Autor and Salomons, forthcoming, "Is Automation Labor-Displacing?"

44. E. Weinberg, 1960, "Experiences with the Introduction of Office Automation," *Monthly Labor Review* 83 (4): 376–80.

45. 出处同上。

46. J. Bessen, 2015, *Learning by Doing: The Real Connection between Innovation, Wages, and Wealth* (New Haven, CT: Yale University Press), 111.

47. 出处同上。

第十章

1. P. Gaskell, 1833, *The Manufacturing Population of England, its Moral, Social, and Physical Conditions* (London: Baldwin and Cradock), 6.

2. 出处同上，9。

3. W. J. Wilson, 1996, "When Work Disappears," *Political Science Quarterly* 111 (4): 567.

4. R. D. Putnam, 2016, *Our Kids: The American Dream in Crisis* (New York: Simon & Schuster), 7.

5. 出处同上。

6. 出处同上，20。

7. C. Murray, 2013, *Coming Apart: The State of White America, 1960–2010* (New York: Random House Digital, Inc.), 47.

8. 出处同上，193。

9. W. J. Wilson, 2012, *The Truly Disadvantaged: The Inner City, the Underclass, and Public Policy* (Chicago: University of Chicago Press).

10. R. Chetty, N. Hendren, P. Kline, and E. Saez, 2014, "Where Is the Land of Opportunity? The Geography of Intergenerational Mobility in the United States," *Quarterly Journal of Economics* 129 (4): 1553–623; R. Chetty and N. Hendren, 2018, "The Impacts of Neighborhoods on Intergenerational Mobility II: County-Level Estimates," *Quarterly Journal of Economics* 133 (3): 1163–228.

11. 参见 G. Becker, 1968, "Crime and Punishment: An Economic Approach," *Journal of Political Economy* 76 (2): 169–217; I. Ehrlich, 1996, "Crime, Punishment, and the Market for Offenses," *Journal of Economic Perspectives* 10 (1): 43–67, and 1973, "Participation in Illegitimate Activities: A Theoretical and Empirical Investigation," *Journal of Political Economy* 81 (3): 521–65。

12. C. Vickers and N. L. Ziebarth, 2016, "Economic Development and the Demographics of Criminals in Victorian England," *Journal of Law and Economics* 59 (1): 191–223.

13. E. D. Gould, B. A. Weinberg, and D. B. Mustard, 2002, "Crime Rates and Local Labor Market Opportunities in the United States: 1979–1997," *Review of Economics and Statistics* 84 (1): 45–61.

14. A. J. Cherlin, 2013, *Labor's Love Lost: The Rise and Fall of the Working-Class Family in America* (New York: Russell Sage Foundation), figure 1.2.

15. D. H. Autor, D. Dorn, and G. Hanson, forthcoming, "When Work Disappears: Manufacturing Decline and the Falling Marriage-Market Value of Men" *American Economic Review: Insights*.

16. L. S. Jacobson, R. J. LaLonde, and D. G. Sullivan, 1993, "Earnings Losses of Displaced Workers," *American Economic Review* 83 (4): 685–709.

17. D. Sullivan and T. Von Wachter, 2009, "Job Displacement and Mortality: An Analysis Using Administrative Data," *Quarterly Journal of Economics* 124 (3): 1265–1306.

18. A. Case and A. Deaton, 2015, "Rising Morbidity and Mortality in Midlife among White Non-Hispanic Americans in the 21st Century," *Proceedings of the National Academy of Sciences* 112 (49): 15078–83.

19. 关于技术和贸易造成死亡率上升的可能，参见 A. Case and A. Deaton, 2017, "Mortality and Morbidity in the 21st Century," *Brookings Papers on Economic Activity* 1: 397。但是凯斯和迪顿记录的死亡率之谜仍只是美国的现象。正如

他们所指出的那样，贸易和技术也已经对其他地方的劳动力市场带来了负面影响，但在其他地区（比如欧洲），死亡率仍在全面下降。如果自动化和全球化是最近死亡率上升背后的原因，那么大西洋彼岸的组织机构在缓和自动化与全球化的负面影响方面肯定做得更好。

20. 关于失业和福利，参见 R. D. Tella, R. J. MacCulloch, and A. J. Oswald, 2003, "The Macroeconomics of Happiness," *Review of Economics and Statistics* 85 (4): 809–27。

21. A. E. Clark, E. Diener, Y. Georgellis, and R. E. Lucas, 2008, "Lags and Leads in Life Satisfaction: A Test of the Baseline Hypothesis," *Economic Journal* 118 (529): 222–43.

22. A. E. Clark and A. J. Oswald, 1994, "Unhappiness and Unemployment," *Economic Journal* 104 (424): 655.

23. D. S. Massey, J. Rothwell, and T. Domina, 2009, "The Changing Bases of Segregation in the United States," *Annals of the American Academy of Political and Social Science* 626 (1): 74–90.

24. 参见 F. Cairncross, 2001, *The Death of Distance: 2.0: How the Communications Revolution Will Change Our Lives* (New York: Texere Publishing)。

25. A. Toffler, 1980, *The Third Wave* (New York: Bantam Books).

26. T. L. Friedman, 2006, *The World is Flat: The Globalized World in the Twenty-first Century* (London: Penguin).

27. E. L. Glaeser, 1998, "Are Cities Dying?," *Journal of Economic Perspectives* 12 (2): 139–60.

28. 关于集聚经济效应来源的概述，参见 E. L. Glaeser and J. D. Gottlieb, 2009, "The Wealth of Cities: Agglomeration Economies and Spatial Equilibrium in the United States," *Journal of Economic Literature* 47 (4): 983–1028。

29. E. L. Glaeser, 2013, review of *The New Geography of Jobs*, by Enrico Moretti, *Journal of Economic Literature* 51 (3): 832.

30. E. Moretti, 2012, *The New Geography of Jobs* (Boston: Houghton Mifflin Harcourt), 1–2.

31. 出处同上，3—4。

32. T. Berger and C. B. Frey, 2016, "Did the Computer Revolution Shift the Fortunes of U.S. Cities? Technology Shocks and the Geography of New Jobs," *Regional Science and Urban Economics* 57:38–45.

33. T. Berger and C. B. Frey, 2017a, "Industrial Renewal in the 21st Century: Evidence from US Cities," *Regional Studies* 51 (3): 404–13.

34. E. L. Glaeser, 1998, "Are Cities Dying?," 149–50.

35. R. J. Barro and X. Sala-i-Martin, 1992, "Convergence," *Journal of Political Economy* 100 (2): 223–51.

36. P. Ganong and D. Shoag, 2017, "Why Has Regional Income Convergence in the U.S. Declined?," *Journal of Urban Economics* 102 (November): 76–90.

37. G. Duranton and D. Puga, 2001, "Nursery Cities: Urban Diversity, Process Innovation, and the Life Cycle of Products," *American Economic Review* 91 (5): 1454–77.

38. B. Austin, E. L. Glaeser, and L. Summers, forthcoming, "Saving the Heartland: Place-Based Policies in 21st Century America," *Brookings Papers on Economic Activity.*

39. 出处同上。

40. E. Moretti, 2010, "Local Multipliers," *American Economic Review* 100 (2): 373–77.

41. E. L. Glaeser, 2013, review of *The New Geography of Jobs*, 831.

第十一章

1. B. Moore Jr., 1993, *Social Origins of Dictatorship and Democracy: Lord and Peasant in the Making of the Modern World* (Boston: Beacon Press), 418.

2. F. Fukuyama, 2014, *Political Order and Political Decay: From the Industrial Revolution to the Globalization of Democracy* (New York: Farrar, Straus and Giroux).

3. 由于美国从未经历过封建制，所以在这方面它是一个特例。

4. Fukuyama, 2014, *Political Order and Political Decay*, 407–8.

5. 出处同上，405。

6. W. H. Maehl, 1967, *The Reform Bill of 1832: Why Not Revolution?* (New York: Holt, Rinehart and Winston), 1.

7. T. Aidt and R. Franck, 2015, "Democratization under the Threat of Revolution: Evidence from the Great Reform Act of 1832," *Econometrica* 83 (2): 505–47.

8. D. Acemoglu and J. A. Robinson, 2006, "Economic Backwardness in Political Perspective," *American Political Science Review* 100 (1): 115–31.

9. G. Himmelfarb, 1968, *Victorian Minds* (New York: Knopf).

10. 林德特认为这种联系在 1930 年后就不那么明显了。原因很简单，现在大多数发达经济体在民主程度上的差异很小。(P. H. Lindert, 2004, *Growing Public*, vol. 1, *The Story: Social Spending and Economic Growth Since the Eighteenth Century* [Cambridge: Cambridge University Press])

11. A. de Tocqueville, 1840, *Democracy in America*, trans. H. Reeve (New York: Alfred A. Knopf), 2:237.

12. J. S. Hacker and P. Pierson, 2010, *Winner-Take-All Politics: How Washington Made the Rich Richer and Turned Its Back on the Middle Class* (New York: Simon & Schuster), 77–78.

13. 出处同上。

14. 引自 Lindert, 2004, *Growing Public*, 64。

15. 关于庇护主义，参见 Fukuyama, 2014, *Political Order and Political Decay*, chapter 9。

16. R. Oestreicher, 1988, "Urban Working-Class Political Behavior and Theories of American Electoral Politics, 1870–1940," *Journal of American History* 74 (4): 1257–86.

17. Lindert, 2004, *Growing Public*, 187.

18. R. D. Putnam, 2016, *Our Kids: The American Dream in Crisis* (New York: Simon & Schuster), 7.

19. R. J. Gordon, 2016, *The Rise and Fall of American Growth: The U.S. Standard of Living Since the Civil War* (Princeton, NJ: Princeton University Press), 503.

20. R. A. Dahl, 1961, *Who Governs? Democracy and Power in an American City* (New Haven, CT: Yale University Press), 1.

21. N. McCarty, K. T. Poole, and H. Rosenthal, 2016, *Polarized America: The Dance of Ideology and Unequal Riches* (Cambridge, MA: MIT Press), 2.

22. L. M. Bartels, 2016, *Unequal Democracy: The Political Economy of the New Gilded Age* (Princeton, NJ: Princeton University Press), 1.

23. Organisation for Economic Cooperation and Development, "Social Expenditure—Aggregated Data," accessed December 22, 2018, https://stats.oecd.org/Index.aspx?DataSetCode=SOCX_AGG.

24. McCarty, Poole, and Rosenthal, 2016, *Polarized America*, 4.

25. 出处同上。

26. Bartels, 2016, *Unequal Democracy*, 2.

27. 出处同上，209。

28. M. Geewax, 2005, "Minimum Wage Odyssey: A Yearlong View from Capitol Hill and a Small Ohio Town," *Trenton Times*, November 27.

29. Bartels, 2016, *Unequal Democracy*, chapter 7.

30. G. Lordan and D. Neumark, 2018, "People versus Machines: The Impact of Minimum Wages on Automatable Jobs," *Labour Economics* 52 (June): 40–53.

31. A. J. Cherlin, 2013, *Labor's Love Lost: The Rise and Fall of the Working-Class Family in America* (New York: Russell Sage Foundation), 93 and 143.

32. R. D. Putnam, 2004, in *Democracies in Flux: The Evolution of Social Capital in Contemporary Society*, ed. R. D. Putnam (New York: Oxford University Press).

33. H. S. Farber, D. Herbst, I. Kuziemko, and S. Naidu, 2018, "Unions and Inequality over the Twentieth Century: New Evidence from Survey Data (Working Paper 24587, National Bureau of Economic Research, Cambridge, MA).

34. T. Piketty, 2018, "Brahmin Left vs. Merchant Right: Rising Inequality and the

Changing Structure of Political Conflict," (working paper, Paris School of Economics).

35. 关于跨地区的政治两极化，参见 D. S. Massey, J. Rothwell, and T. Domina, 2009, "The Changing Bases of Segregation in the United States," *Annals of the American Academy of Political and Social Science* 626 (1): 74–90。

36. A. Goldstein, 2018, *Janesville: An American Story* (New York: Simon & Schuster), 26–27.

37. 出处同上。

38. D. C. Mutz, 2018, "Status Threat, Not Economic Hardship, Explains the 2016 Presidential Vote," *Proceedings of the National Academy of Sciences* 115 (19): 4338.

39. M. Lamont, 2009, *The Dignity of Working Men: Morality and the Boundaries of Race, Class, and Immigration* (Cambridge, MA: Harvard University Press).

40. Cherlin, 2013, *Labor's Love Lost*, 53.

41. A. E. Clark and A. J. Oswald, 1996, "Satisfaction and Comparison Income," *Journal of Public Economics* 61 (3): 359–81; A. Ferrer-i-Carbonell, 2005, "Income and Well-Being: An Empirical Analysis of the Comparison Income Effect," *Journal of Public Economics* 89 (5–6): 997–1019; E. F. Luttmer, 2005, "Neighbors as Negatives: Relative Earnings and Well-Being," *Quarterly Journal of Economics* 120 (3): 963–1002.

42. Cherlin, 2013, *Labor's Love Lost*, 170.

43. 出处同上，169 和 172。

44. 过去四十年的数据表明，移民并不是非技术劳动者工资停滞或下降的罪魁祸首，不论在全国范围还是在具体地区都是如此。相反，有证据表明移民可能有助于避免未受大学教育的工人工资进一步下降，参见 G. Peri, 2018, "Did Immigration Contribute to Wage Stagnation of Unskilled Workers?," *Research in Economics* 72 (2): 356–65。研究表明移民不会排挤本地工人，反而增加了就业，还提高了生产率。移民对非技术型本地工人工资的影响几乎为零，参见 G. Peri, 2012, "The Effect of Immigration on Productivity: Evidence from US States," *Review of Economics and Statistics* 94 (1): 348–58。

45. R. Chetty, N. Hendren, P. Kline, and E. Saez, 2014, "Where Is the Land of Opportunity? The Geography of Intergenerational Mobility in the United States," *Quarterly Journal of Economics* 129 (4): 1553–623.

46. 温和的共和党和民主党立法者都被赶出了国会：2002—2010 年间两党温和派的总比例从 57% 下降至 37%。参见 D. H. Autor, D. Dorn, G. Hanson, and K. Majlesi, 2016a, "Importing Political Polarization? The Electoral Consequences of Rising Trade Exposure" (Working Paper 22637, National Bureau of Economic Research, Cambridge, MA)。

47. D. H. Autor, D. Dorn, G. Hanson, and K. Majlesi, 2016b, "A Note on the Effect of Rising Trade Exposure on the 2016 Presidential Election," appendix to "Importing Political Polarization? The Electoral Consequences of Rising Trade Exposure" (Working Paper 22637, National Bureau of Economic Research, Cambridge, MA).

48. D. Rodrik, 2016, "Premature Deindustrialization," *Journal of Economic Growth* 21 (1): 1–33; World Bank Group, 2016, *World Development Report* 2016: Digital Dividends (Washington, DC: World Bank Publications).

49. 关于抵押贷款补贴抵消技术变革的影响，参见 R. G. Rajan, 2011, *Fault Lines: How Hidden Fractures Still Threaten the World Economy* (Princeton, NJ: Princeton University Press) 。

50. K. K. Charles, E. Hurst, and M. J. Notowidigdo, 2016, "The Masking of the Decline in Manufacturing Employment by the Housing Bubble," *Journal of Economic Perspectives* 30 (2): 179–200.

51. Goldstein, 2018, *Janesville*, 290.

52. T. Gibbons-Nef, 2017, "Feeling Forgotten by Obama, People in This Ohio Town Look to Trump with Cautious Hope," *Washington Post*, January 22.

53. 引自 "Want to Understand Why Trump Has Rural America Feeling Hopeful? Listen to This Ohio Town," 2017, *Washington Post*, May 11。

54. 出处同上。

55. C. B. Frey, T. Berger, and C. Chen, 2018, "Political Machinery: Did Robots Swing the 2016 U.S. Presidential Election?," *Oxford Review of Economic Policy* 34 (3): 418–42.

56. T. Aidt, G. Leon, and M. Satchell, 2017, "The Social Dynamics of Riots: Evidence from the Captain Swing Riots, 1830–31" (Working paper, Cambridge University), 4.

57. 出处同上。

58. D. Rodrik, 2017a, "Populism and the Economics of Globalization" (Working Paper 23559, National Bureau of Economic Research, Cambridge, MA), 21.

59. D. Rodrik, 2017b, *Straight Talk on Trade: Ideas for a Sane World Economy* (Princeton, NJ: Princeton University Press), 116.

60. 出处同上，122。

61. 出处同上。

62. 出处同上，260。

63. 引自 A. Oppenheimer, 2018, "Las Vegas Hotel Workers vs. Robots Is a Sign of Looming Labor Challenges," *Miami Herald*, June 1。

64. J. Gramlich, 2017, "Most Americans Would Favor Policies to Limit Job and Wage Losses Caused by Automation," Pew Research Center, http://www.pewresearch.

org/fact-tank/2017/10/09/most-americans-would-favor-policies-to-limit-job-and-wage-losses-caused-by-automation/.

65. Acemoglu and Robinson2006, "Economic Backwardness in Political Perspective."

66. 出处同上，117。

67. M. Berg, 1976, "The Machinery Question," PhD diss., University of Oxford, 76.

68. 引自 W. Broad, 1984, "U.S. Factories Reach into the Future," *New York Times*, March 13。

69. 引自 G. Allison, 2017, *Destined for War: Can America and China Escape Thucydides's Trap?* (Boston: Houghton Mifflin Harcourt), chapter 1, Kindle。

70. P. Druckerman, 2014, "The French Do Buy Books. Real Books," *New York Times*, July 9.

71. G. Rayner, 2017, "Jeremy Corbyn Plans to 'Tax Robots' Because Automation Is a 'Threat' to Workers," *Daily Telegraph*, September 26.

72. Y. Sung-won, 2017, "Korea Takes First Step to Introduce 'Robot Tax,'" *Korea Times*, August 7.

73. B. Merchant, 2018, "The Presidential Candidate Bent on Beating the Robot Apocalypse Will Give Two Americans a $1,000-per-month Basic Income," *Motherboard*, April 19.

74. 引自 S. Cronwell, 2018, "Rust-Belt Democrats Praise Trump's Threatened Metals Tariffs," *Reuters*, March 2。

75. D. Grossman, 2017, "Highly-Automated Austrian Steel Mill Only Needs 14 People," *Popular Mechanics*, June 22, https://www.popularmechanics.com/technology/infrastructure/a27043/steel-mill-austria-automated/.

76. M. Spence and S. Hlatshwayo, 2012, "The Evolving Structure of the American Economy and the Employment Challenge," *Comparative Economic Studies* 54 (4): 703–38.

77. 引自 C. Cain Miller, 2017, "A Darker Theme in Obama's Farewell: Automation Can Divide Us," *New York Times*, January 12。

78. R. Rector and R. Sheffield, 2011, "Air Conditioning, Cable TV, and an Xbox: What Is Poverty in the United States Today?" (Washington, DC: Heritage Foundation), 2.

79. J. Mokyr, 2011, *The Enlightened Economy: Britain and the Industrial Revolution, 1700–1850* (London: Penguin), chapter 1, Kindle.

80. J. A. Schumpeter, [1942] 1976, *Capitalism, Socialism and Democracy*, 3d ed. (New York: Harper Torchbooks), 76.

第五部分

1. G. B. Baldwin, and G. P. Schultz, 1960, "The Effects of Automation on Industrial Relations," in *Impact of Automation: A Collection of 20 Articles about Technological Change, from the* Monthly Labor Review (Washington, DC: Bureau of Labor Statistics), 51.

第十二章

1. E. Brynjolfsson and A. McAfee, 2017, *Machine, Platform, Crowd: Harnessing Our Digital Future* (New York: Norton), 71–73.
2. C. E. Shannon, 1950, "Programming a Computer for Playing Chess," *Philosophical Magazine* 41 (314): 256–75.
3. C. Koch, 2016, "How the Computer Beat the Go Master," *Scientific American* 27 (4): 20.
4. F. Levy and R. J. Murnane, 2004, *The New Division of Labor: How Computers Are Creating the Next Job Market* (Princeton, NJ: Princeton University Press).
5. E. Brynjolfsson and A. McAfee, 2014, *The Second Machine Age: Work, Progress, and Prosperity in a Time of Brilliant Technologies* (New York: W. W. Norton), chapter 3, Kindle.
6. Koch, 2016, "How the Computer Beat the Go Master," 20.
7. M. Fortunato et al. 2017, "Noisy Networks for Exploration," preprint, submitted, https://arxiv.org/abs/1706.10295.
8. Cisco, 2018, "Cisco Visual Networking Index: Forecast and Trends, 2017–2022," (San Jose, CA: Cisco), https://www.cisco.com/c/en/us/solutions/collateral/service-provider/visual-networking-index-vni/complete-white-paper-c11-481360.html.
9. P. Lyman and H. R. Varian, 2003, "How Much Information?," berkeley.edu/research/projects/how-much-info-2003.
10. A. Tanner, 2007. "Google Seeks World of Instant Translations," *Reuters*, March 27.
11. Y. Wu et al., 2016, "Google's Neural Machine Translation System: Bridging the Gap between Human and Machine Translation," preprint, submitted October 8, https://arxiv.org/pdf/1609.08144.pdf.
12. I. M. Cockburn, R. Henderson, and S. Stern, 2018, "The Impact of Artificial Intelligence on Innovation (Working Paper 24449, National Bureau of Economic Research, Cambridge, MA).
13. E. Brynjolfsson, D. Rock, and C. Syverson, forthcoming, "Artificial Intelligence

and the Modern Productivity Paradox: A Clash of Expectations and Statistics," in *The Economics of Artificial Intelligence: An Agenda*, ed. Ajay K. Agrawal, Joshua Gans, and Avi Goldfarb (Chicago: University of Chicago Press), figure 1.

14. "Germany Starts Facial Recognition Tests at Rail Station," 2017, *New York Post*, December 17.

15. N. Coudray et al., 2018, "Classification and Mutation Prediction from Non–Small Cell Lung Cancer Histopathology Images Using Deep Learning," *Nature Medicine* 24 (10): 1559–1567.

16. A. Esteva et al., 2017, "Dermatologist-Level Classification of Skin Cancer with Deep Neural Networks," *Nature* 542 (7639): 115.

17. W. Xiong et al., 2017, "The Microsoft 2017 Conversational Speech Recognition System," Microsoft AI and Research Technical Report MSR-TR-2017-39, August, https://www.microsoft.com/en-us/research/wp-content/uploads/2017/08/ms_swbd17-2.pdf.

18. M. Burns, 2018, "Clinc Is Building a Voice AI System to Replace Humans in Drive-Through Restaurants," *TechCrunch*, https://techcrunch.com/video/clinc-is-building-a-voice-ai-system-to-replace-humans-in-drive-through-restaurants/.

19. D. Gershgorn, 2018, "Google Is Building 'Virtual Agents' to Handle Call Centers' Grunt Work," *Quartz*, July 24, https://qz.com/1335348/google-is-building-virtual-agents-to-handle-call-centers-grunt-work/.

20. Brynjolfsson, Rock, and Syverson, forthcoming, "Artificial Intelligence and the Modern Productivity Paradox."

21. 参见 C. B. Frey and M. A. Osborne, 2017, "The Future of Employment: How Susceptible Are Jobs to Computerisation?," *Technological Forecasting and Social Change* 114 (C): 254–80。

22. B. Mathibela, M. A. Osborne, I. Posner, and P. Newman, 2012, "Can Priors Be Trusted? Learning to Anticipate Roadworks," in IEEE Conference on Intelligent Transportation Systems, 927–32.

23. B. Mathibela, P. Newman, and I. Posner, 2015, "Reading the Road: Road Marking Classification and Interpretation," *IEEE Transactions on Intelligent Transportation Systems* 16 (4): 2080.

24. 参见 C. B. Frey and Osborne, 2017, "The Future of Employment"。

25. Rio Tinto, 2017, "Rio Tinto to Expand Autonomous Fleet as Part of $5 Billion Productivity Drive," December 18, http://www.riotinto.com/media/media-releases-237_23802.aspx.

26. A. Agrawal, J. Gans, and A. Goldfarb, 2016, "The Simple Economics of Machine Intelligence," *Harvard Business Review*, November 17, https://hbr.org/2016/11/the-simple-economics-of-machine-intelligence.

27. "A More Realistic Route to Autonomous Driving," 2018, *Economist*, August 2, https://www.economist.com/business/2018/08/02/a-more-realistic-route-to-autonomous-driving.

28. "Tractor Crushes Boy to Death," 1931, *New York Times*, October 12.

29. J. R. Treat et al., 1979, *Tri-Level Study of the Causes of Traffic Accidents: Final Report*, vol. 2: *Special Analyses* (Bloomington, IN: Institute for Research in Public Safety). See also V. Wadhwa, 2017, *The Driver in the Driverless Car: How Our Technology Choices Will Create the Future* (San Francisco: Berrett-Koehler).

30. World Health Organization, 2015, "Road Traffic Deaths," http://www.who.int/gho/road_safety/mortality/en.

31. J. McCurry, 2018, "Driverless Taxi Debuts in Tokyo in 'World First' Trial ahead of Olympics," *Guardian*, August 28.

32. 引自 F. Levy, 2018, "Computers and Populism: Artificial Intelligence, Jobs, and Politics in the Near Term," *Oxford Review of Economic Policy* 34 (3): 405。

33. 引自 T. B. Lee, 2016, "This Expert Thinks Robots Aren't Going to Destroy Many Jobs. And That's a Problem," Vox, https://www.vox.com/a/new-economy-future/robert-gordon-interview。

34. 要实现这些任务的自动化还有其他方法，其中一个集中体现就是 3D 打印。新加坡南洋理工大学的机器人专家认为 3D 打印机可用于工程建造。虽然这看起来很遥远，但工程师们实际上已经使用两个机器人同时工作成功创造了一个单件混凝土结构。参见 X. Zhang et al., 2018, "Large-Scale 3D Printing by a Team of Mobile Robots," *Automation in Construction* 95 (November): 98–106。

35. C. B. Frey and Osborne, 2017, "The Future of Employment," 261.

36. M. Mandel and B. Swanson, 2017, "The Coming Productivity Boom—Transforming the Physical Economy with Information" (Washington, DC: Technology CEO Council), 14.

37. H. Shaban, 2018, "Amazon Is Issued Patent for Delivery Drones That Can React to Screaming Voices, Flailing Arms," *Washington Post*, March 22.

38. D. Paquette, 2018, "He's One of the Only Humans at Work—and He Loves It," *Washington Post*, September 10.

39. 出处同上。

40. M. Ryan, C. Metz, and M. Taylor, 2018, "How Robot Hands Are Evolving to Do What Ours Can," *New York Times*, July 30.

41. 出处同上。

42. 出处同上。

43. 引自 M. Klein, 2007, *The Genesis of Industrial America, 1870–1920* (Cambridge: Cambridge University Press), 78。

44. 引自 D. J. Millet, 1972, "Town Development in Southwest Louisiana, 1865–1900," *Louisiana History* 13 (2): 144。

45. "Music over the Wires," 1890, *New York Times*, October 9.

46. E. Clague, 1960, "Adjustments to the Introduction of Office Automation," *Bureau of Labor Statistics Bulletin*, no. 1276, 2.

47. H. Simon, [1960] 1985, "The Corporation: Will It Be Managed by Machines?," in *Management and the Corporation*, ed. M. L. Anshen and G. L. Bach (New York: McGraw-Hill), 17–55.

48. T. Malthus, [1798] 2013, *An Essay on the Principle of Population*, Digireads.com, Kindle, 179.

49. C. B. Frey and Osborne, 2017, "The Future of Employment," 262.

50. O*NET 职业信息网络数据库包含覆盖整个美国经济的数百个标准化的、对特定职业的描述。关于"原创性"的一项职业清单，参见 O*NET OnLine, 2018, "Find Occupations: Abilities—Originality," https://www.onetonline.org/find/descriptor/result/1.A.1.b.2。

51. C. B. Frey and Osborne, 2017, "The Future of Employment," 262.

52. 这些描述是建立在对美国劳动力的大规模调查的基础之上的，劳动者们在这些调查中被问及他们参与各项任务的频率，他们的回答构成了 O*NET OnLine 职业信息网络数据库的一部分。

53. L. Nedelkoska and G. Quintini, 2018, "Automation, Skills Use and Training" (OECD Social, Employment and Migration Working Paper 202, Organisation of Economic Cooperation and Development, Paris).

54. 曼海姆大学的研究人员开展的一项研究表明，只有 9% 的工作岗位会被自动化所取代。参见 M. Arntz, T. Gregory, and U. Zierahn, 2016, "The Risk of Automation for Jobs in OECD Countries" (OECD Social, Employment and Migration Working Paper 189, Organisation of Economic Cooperation and Development, Paris)。经合组织最近的一项研究预计，14% 的工作岗位面临被取代的风险。参见 L. Nedelkoska and G. Quintini, 2018, "Automation, Skills Use and Training" (OECD Social, Employment and Migration Working Paper 202, Organisation of Economic Cooperation and Development, Paris)。在这些研究和我们的研究背后，一直存在着一种直觉，即我们可以通过分析任务来推断工作岗位的自动化程度。然而，曼海姆大学开展的研究并没有完全依赖任务，而是纳入了包括性别、受教育程度、年龄和收入等人口统计学变量。例如，女性和受过大学教育的人更愿意从事自动化程度较低的职业，按照他们的研究，拥有博士学位的女性出租车司机比开了几十年出租车的男性更不容易被自动驾驶车辆取代。实际上这种情况几乎不可能是事实。意识到这个问题后，经合组织的研究者采纳了我们的方法，使用任务而非劳动者的特点作为评估指标。但正如曼海姆大学的研究一样，经合组织也使用了国际成人能力评估方案（PIAAC）收集的个人数据，而没有使用职业平均水平数据。这种方法可以让作者区分不同职业中的劳动者，他们执行的任务可能稍有差异。这种方法的缺点是他们不得不依赖于更广泛的职业分类，经合组织的研究人员指出，将许多不同的职业混为一谈，意味着有价值的信息会丢失。此外，令人遗憾的是该研究没有提供任何职业内部变化的细节，这表明他们在解释其研究结果和我们的研究结果之间的差异时，还可能会出现关联更紧密的因素。事实上，我们难以相信不同的卡车司机（或其他职业的工人）完成的任务会有如此大的差异。最终若要检查他们的模型和我们的模型哪个更可取，唯一合理的评估方法是他们的研究在该培训集上表现如何（经合组织的研究也使用了我们的培训数据集）。评估这一点的常用指标是 ROC 曲线下的面积（AUC），通过使用这一指标，可以认为我们研究中的非线性模型比他们的线性模型更精确。有关这些估值如何以及为何不同的详细讨论，参见 C. B. Frey and M. Osborne, 2018, "Automation and the Future of Work—Understanding the Numbers," Oxford Martin School, https://www.oxfordmartin.ox.ac.uk/opinion/view/404。

55. 参见 Arntz, Gregory, and Zierahn, 2016, "The Risk of Automation for Jobs in OECD Countries," table 5。

56. Council of Economic Advisers, 2016, "2016 Economic Report of the President," chapter 5, https://obamawhitehouse.archives.gov/sites/default/files/docs/ERP_2016_Chapter_5.pdf.

57. J. Furman, forthcoming, "Should We Be Reassured If Automation in the Future Looks Like Automation in the Past?," in *Economics of Artificial Intelligence*, ed. Ajay K. Agrawal, Joshua Gans, and Avi Goldfarb (Chicago: University of Chicago Press), 8.

58. M. Ford, 2015. *Rise of the Robots: Technology and the Threat of a Jobless Future* (New York: Basic Books), introduction, Kindle.

59. D. Remus and F. Levy, 2017, "Can Robots Be Lawyers? Computers, Lawyers, and the Practice of Law," *Georgetown Journal Legal Ethics* 30 (3): 526.

60. 我们明确指出了，"我们侧重于从技术能力的角度预估在一些不具体的年限内可能被计算机资本替代的就业份额。我们不会去估计有多少岗位将在事实上实现自动化。计算机化的实际程度和速度将取决于另一些没有说明的额外因素"。（C. B. Frey and Osborne, 2017, "The Future of Employment," 268）

61. 参见 D. H. Autor, 2014, "Skills, Education, and the Rise of Earnings Inequality among the 'Other 99 Percent,'" *Science* 344 (6186): 843–51。

62. W. K. Blodgett, 1918, "Doing Farm Work by Motor Tractor," *New York Times*, January 6.

63. D. P. Gross, 2018, "Scale Versus Scope in the Diffusion of New Technology: Evidence from the Farm Tractor," *RAND Journal of Economics* 49 (2): 449.

64. "17,000,000 Horses on Farms," 1921, *New York Times*, December 30.

65. T. Sorensen, P. Fishback, S. Kantor, and P. Rhode, 2008, "The New Deal and the Diffusion of Tractors in the 1930s" (Working paper, University of Arizona, Tucson).

66. R. Solow, 1987, "We'd Better Watch Out," *New York Times* Book Review, July 12; H. Gilman, 1987, "The Age of Caution: Companies Slow the Move to Automation," *Wall Street Journal*, June 12.

67. 出处同上。

68. 参见 T. F. Bresnahan, E. Brynjolfsson, and L. M. Hitt, 2002, "Information Technology, Workplace Organization, and the Demand for Skilled Labor: Firm-Level Evidence," *Quarterly Journal of Economics* 117 (1): 339–76; E. Brynjolfsson, L. M. Hitt, and S. Yang, 2002, "Intangible Assets: Computers and Organizational Capital," *Brookings Papers on Economic Activity* 2002 (1): 137–81; E. Brynjolfsson and L. M. Hitt, 2000, "Beyond Computation: Information Technology, Organizational Transformation and Business Performance," *Journal of Economic Perspectives* 14 (4): 23–48。

69. M. Hammer, 1990, "Reengineering Work: Don't Automate, Obliterate," *Harvard Business Review* 68 (4): 104–12.

70. 关于许多公司的流程再造计划，参见 J. Rifkin, 1995, *The End of Work: The Decline of the Global Labor Force and the Dawn of the Post-market Era* (New York: G. P. Putnam's Sons)。

71. P. A. David, 1990, "The Dynamo and the Computer: An Historical Perspective on the Modern Productivity Paradox," *American Economic Review* 80 (2): 355–61.

72. 详细讨论参见 R. J. Gordon, 2005, "The 1920s and the 1990s in Mutual Reflection" (Working Paper 11778, National Bureau of Economic Research, Cambridge, MA)。

73. S. D. Oliner and D. E. Sichel, 2000, "The Resurgence of Growth in the Late 1990s: Is Information Technology the Story?," *Journal of Economic Perspectives* 14 (4): 3–22.

74. W. D. Nordhaus, 2005, "The Sources of the Productivity Rebound and the Manufacturing Employment Puzzle" (Working Paper 11354, National Bureau of Economic Research, Cambridge, MA).

75. 据估计在 1993—2007 年，在 17 个国家的国内生产总值（GDP）里，机器人在总增长中所占的比例超过了十分之一。参见 G. Graetz and G. Michaels, forthcoming, "Robots at Work," *Review of Economics and Statistics*。

76. J. Bughin et al., 2017, "How Artificial Intelligence Can Deliver Real Value to Companies," McKinsey Global Institute, https://www.mckinsey.com/business-functions/mckinsey-analytics/our-insights/how-artificial-intelligence-can-de-

liver-real-value-to-companies.

77. 实际上技术带来的许多好处无法估量，这在原则上可以为生产率的下降提供一些解释。在最近的一项研究中，经济学家奥斯坦·古尔斯比（Austan Goolsbee）和彼得·可莱诺（Peter Klenow）使用了一种新的方法来衡量那些基于互联网的技术的价值，他们的研究对象是人们上网的时间。基于"消费涉及收入和时间的支出"这一直觉，他们估计与互联网相关的消费者盈余可能高达 3%（人均中位数为每年 3000 美元）。参见 A. Goolsbee and P. Klenow, 2006, "Valuing Consumer Products by the Time Spent Using Them: An Application to the Internet," *American Economic Review* 96 (2): 108–13. 查德·斯弗森（Chad Syverson）最近使用美国人时间使用调查和个人可支配收入的数据，扩展了关于时间价值的分析。他根据古尔斯比和可莱诺得出的 3% 的估值，计算出 2105 年与互联网相关的人均消费者盈余约为 3900 美元。（2017, "Challenges to Mismeasurement Explanations for the US Productivity Slowdown," *Journal of Economic Perspectives* 31 [2]: 165–86）尽管如此，我们仍不清楚在计算机时代误测现象是否更加严重。事实上，美国参议院于 1995 年任命的博斯金委员会也发现了大量未被衡量的、质量有待改进的证据。因此，在近期的生产率放缓是否是误测这一点上，已经不是误测是否存在的问题，而是误测在近年来是否变得更严重的问题了。经济学家已经证明，这一问题的回答是否定的。虽然确实存在误测，但这种错误似乎在变小，而不是变大。与计算机硬件和相关服务以及无形资产（如专利、商标和广告支出）的价格相关联的误测只会让生产率增长放缓更严重。1995—2004 年，国内与计算机相关的产品和服务的产量下降了，这意味着在一些数字技术方面的误测变严重了，当时的误测问题比现在更严重。将这些调整汇总在一起，1995—2004 年公布的劳动生产率数据增加了 0.5 个百分点，但 2004—2014 年仅增加了 0.2 个百分点。（参见 D. M. Byrne, J. G. Fernald, and M. B. Reinsdorf, 2016, "Does the United States Have a Productivity Slowdown or a Measurement Problem?," *Brookings Papers on Economic Activity*, 2016 [1]: 109–82）即使我们将消费者从维基百科、谷歌、脸书等免费服务中获益的高端收益考虑在内，也只能解释经济放缓的三分之一左右的内容。斯弗森认为如果生产率增速没有下降，2015 年的 GDP 将增长 16%，美国经济将增加 2.9 万亿美元，这相当于每个公民的收入增加 9100 美元或每个家庭的收入增加 23,400 美元。（2017, "Challenges to Mismeasurement Explanations for the US Productivity Slowdown"）我们的基本观点是，误测范围可能很大，但不足以解释生产率的下降。生产率放缓似乎是结构性的，同时也是真实的。

78. Brynjolfsson, Rock, and Syverson, forthcoming, "Artificial Intelligence and the Modern Productivity Paradox," 25.

79. C. F. Kerry and J. Karsten, 2017, "Gauging Investment in Self-Driving Cars,"

Brookings Institution, October16. https://www.brookings.edu/research/gauging-investment-in-self-driving-cars/.

80. Brynjolfsson, Rock, and Syverson, forthcoming, "Artificial Intelligence and the Modern Productivity Paradox," 25.

81. N. F. Crafts and T. C. Mills, 2017, "Trend TFP Growth in the United States: Forecasts versus Outcomes" (Discussion Paper 12029, Centre for Economic Policy Research, London)。他们的发现与埃里克·巴特尔斯曼（Eric Bartelsman）的观察一致，即生产率预测表现得"非常糟糕，预测的标准误差超出了对政策有用的范围"。（2013, "ICT, Reallocation and Productivity" [Brussels: European Commission, Directorate-General for Economic and Financial Afairs] ）

82. H. Jerome, 1934, "Mechanization in Industry" (Working Paper 27, National Bureau of Economic Research, New York), 19.

83. H. R. Varian, forthcoming, "Artificial Intelligence, Economics, and Industrial Organization," in *The Economics of Artificial Intelligence: An Agenda*, ed. Ajay K. Agrawal, Joshua Gans, and Avi Goldfarb (Chicago: University of Chicago Press), 1.

84. 出处同上，15。

85. Brynjolfsson, Rock, and Syverson, forthcoming, "Artificial Intelligence and the Modern Productivity Paradox."

86. N. F. Crafts, 2004, "Steam as a General Purpose Technology: A Growth Accounting Perspective," *Economic Journal* 114 (495): 338–51.

87. 引自 J. L. Simon, 2000, *The Great Breakthrough and Its Cause* (Ann Arbor: University of Michigan Press), 108。

88. P. Colquhoun, 1815, *A Treatise on the Wealth, Power, and Resources of the British Empire*, Johnson Reprint Corporation), 68–69。也可参见 J. Mokyr, 2011, *The Enlightened Economy; Britain and the Industrial Revolution, 1700–1850* (London: Penguin), chapter 5, Kindle。感谢乔尔·莫基尔指出了这一点。

89. Malthus, [1798] 2013, *An Essay on the Principle of Population*, 179.

90. R. Henderson, 2017, comment on "Artificial Intelligence and the Modern Productivity Paradox: A Clash of Expectations and Statistics, by E. Brynjolfsson, D. Rock and C. Syverson," National Bureau of Economic Research, http://www.nber.org/chapters/c14020.pdf.

91. J. M. Keynes, [1930] 2010, "Economic Possibilities for Our Grandchildren," in *Essays in Persuasion* (London: Palgrave Macmillan), 321–32.

92. V. A. Ramey and N. Francis, 2009, "A Century of Work and Leisure," *American Economic Journal: Macroeconomics* 1 (2): 189–224.

93. W. A. Sundstrom, 2006, "Hours and Working Conditions," in *Historical Statistics of the United States, Earliest Times to the Present: Millennial Edition Online*, ed. S. B. Carter et al. (New York: Cambridge University Press).

94. Ramey and Francis, 2009, "A Century of Work and Leisure."

95. 这些是建立在特定年龄的休闲方式和生存概率之上的。出处同上。

96. 这些结果与马克·阿吉亚尔（Mark Aguiar）和埃里克·赫斯特（Erik Hurst）得出的估计有出入，他们发现在 1965 年以后，闲暇时间有了更大的增长。主要原因是他们把育儿归类为休闲而不是家庭生产了。参见 M. Aguiar and E. Hurst, 2007, "Measuring Trends in Leisure: The Allocation of Time Over Five Decades," *Quarterly Journal of Economics* 122 (3): 969–1006。拉梅和弗朗西斯也将与孩子交谈和玩耍等活动归类为闲暇，将其他育儿任务归类为家庭生产。考虑到人们报告说与这些活动相关的幸福感更低，这种情况似乎很合理。参见 J. Robinson and G. Godbey, 2010, *Time for Life: The Surprising Ways Americans Use Their Time* (Philadelphia: Penn State University Press.)。

97. Keynes, [1930] 2010, "Economic Possibilities for Our Grandchildren," 322.

98. R. L. Heilbroner, 1966, "Where Do We Go from Here?," *New York Review of Books*, March 17, https://www.nybooks.com/articles/1966/03/17/where-do-we-go-from-here/.

99. D. H. Autor, 2015, "Why Are There Still So Many Jobs? The History and Future of Workplace Automation," *Journal of Economic Perspectives* 29 (3): 8.

100. Heilbroner, 1966, "Where Do We Go from Here?"

101. B. Stevenson and J. Wolfers, 2013, "Subjective Well-Being and Income: Is There Any Evidence of Satiation?," *American Economic Review* 103 (3): 598–604.

102. H. Simon, 1966, "Automation," *New York Review of Books*, March 26, https://www.nybooks.com/articles/1966/05/26/automation-3/.

103. C. Stewart, 1960, "Social Implications of Technological Progress," in *Impact of Automation: A Collection of 20 Articles about Technological Change, from the Monthly Labor Review* (Washington, DC: Bureau of Labor Statistics), 12.

104. H. Voth, 2000, *Time and Work in England 1750–1830* (Oxford: Clarendon Press of Oxford University Press).

105. Aguiar and Hurst, 2007, "Measuring Trends in Leisure Measuring Trends in Leisure."

106. 引自 C. Curtis, 1983, "Machines vs. Workers." *New York Times*, February 8。

107. F. Bastiat, 1850, "That Which Is Seen, and That Which Is Not Seen," https://mises.org/library/which-seen-and-which-not-seen.

108. D. Acemoglu and P. Restrepo, 2018b, "The Race between Man and Machine: Implications of Technology for Growth, Factor Shares, and Employment," *American Economic Review* 108 (6): 1488–542.

109. T. Berger and C. B. Frey, 2017a, "Industrial Renewal in the 21st Century: Evidence from US Cities," *Regional Studies* 51 (3): 404–13.

110. Brynjolfsson and McAfee, 2014, *The Second Machine Age*, 11.

111. A. Goolsbee, 2018, "Public Policy in an AI Economy" (Working Paper 24653, National Bureau of Economic Research, Cambridge, MA).

第十三章

1. 参见 D. S. Landes, 1969, *The Unbound Prometheus: Technological Change and Development in Western Europe from 1750 to the Present* (Cambridge: Cambridge University Press), 4。

2. A. H. Hansen, 1939, "Economic Progress and Declining Population Growth," *American Economic Review* 29 (1): 10–11.

3. R. J. Gordon, 2016, *The Rise and Fall of American Growth: The U.S. Standard of Living Since the Civil War* (Princeton, NJ: Princeton University Press).

4. Landes, 1969, *The Unbound Prometheus*, 4.

5. F. Fukuyama, 2014, *Political Order and Political Decay: From the Industrial Revolution to the Globalization of Democracy* (New York: Farrar, Straus and Giroux), 450.

6. 关于工人理性地反抗取代技术，参见 A. Korinek and J. E. Stiglitz, 2017, "Artificial Intelligence and Its Implications for Income Distribution and Unemployment" (Working Paper 24174, National Bureau of Economic Research, Cambridge, MA)。

7. A. Greif and M. Iyigun, 2013, "Social Organizations, Violence, and Modern Growth," *American Economic Review* 103 (3): 534–38.

8. 引自 A. Greif and M.Iyigun, 2012, "Social Institutions, Violence and Innovations: Did the Old Poor Law Matter?" (Working paper, Stanford University, Stanford, CA), 4。

9. 马尔萨斯写道："为了减轻普通人经常遭受的痛苦，英国颁布了济贫法。然而，济贫法也许稍稍减轻了个人的不幸，却造成了更大范围的不幸……英国的济贫法往往通过这两种方式使穷人的境况变得更糟。它们的第一个明显的倾向是增加人口而不增加供养更多人口的食物……其次，济贫所收容的人一般不能说是最有价值的社会成员，但他们的食物消费却会减少更为勤劳、更有价值的社会成员本应享有的食物份额，因而同样也会迫使更多的人依赖救济为生。"（[1798] 2013, *An Essay on the Principle of Population*, 55 and 62–63, Digireads.com, Kindle.）同样，李嘉图认为："济贫法有着直接而明确的倾向，这种倾向与那些显而易见的原则是相悖的。与立法机关的善良意图相反，它不仅不能改善贫民的生活状况，还会让穷人和富人的状况都恶化……自从经过马尔萨斯先生精辟的充分说明以来，济贫法的上述有害趋势已不再成谜了。每一个同情贫民的人必然都殷切地希望将其废除。"（[1817] 1911, *The Principles of Political Economy and Taxation*. Reprint.

London: Dent, 33）

10. 关于杰出的技术和普通的技术，参见 D. Acemoglu and P. Restrepo, 2018a, "Artificial Intelligence, Automation and Work" (Working Paper 24196, National Bureau of Economic Research, Cambridge, MA)。

11. 达龙·阿西莫格鲁和帕斯夸尔·雷斯特雷波在分析劳动力需求的来源时发现，制造业工人的更替可以在很大程度上解释工资和生产率之间的脱钩。这一进程始于 20 世纪 80 年代，从世纪之交以来有所加强。更重要的是，我们需要记住以前也曾发生类似的情况。与今天类似，在 19 世纪中叶的美国，机器取代现有工作的速度比新技术在新活动中恢复劳动力的速度更快。参见 D. Acemoglu and P. Restrepo, forthcoming, "Automation and New Tasks: The Implications of the Task Content of Production for Labor Demand," *Journal of Economic Perspectives*。作者们的数据无法追溯到 1850 年以前，但是（正如第五章所指出的）英国在 19 世纪早期经历了类似的模式，当时纺织机械大规模取代手工艺人。

12. N. Eberstadt, 2016, *Men without Work: America's Invisible Crisis* (Conshohocken, PA: Templeton Press).

13. C. B. Frey and M. A. Osborne, 2017, "The Future of Employment: How Susceptible Are Jobs to Computerisation?," *Technological Forecasting and Social Change* 114:254–80.

14. R. Bowley, 2017, "The Fastest-Growing Jobs in the U.S. Based on LinkedIn Data," *LinkedIn Official Blog*, December 7, https://blog.linkedin.com/2017/december/7/the-fastest-growing-jobs-in-the-u-s-based-on-linkedin-data.

15. S. Murthy, 2014, "Top 10 Job Titles That Didn't Exist 5 Years Ago (Infographic)," *LinkedIn Talent Blog*, January 6, https://business.linkedin.com/talent-solutions/blog/2014/01/top-10-job-titles-that-didnt-exist-5-years-ago-infographic.

16. M. Berg, 1976, "The Machinery Question," PhD diss., University of Oxford, 2.

17. L. Summers, 2017, "Robots Are Wealth Creators and Taxing Them Is Illogical," *Financial Times*, March 5.

18. C. Goldin and L. Katz, 2008, *The Race between Technology and Education* (Cambridge, MA: Harvard University Press), 1–2.

19. G. J. Duncan and R. J. Murnane, eds., 2011. *Whither Opportunity? Rising Inequality, Schools, and Children's Life Chances* (New York: Russell Sage Foundation).

20. J. D. Sachs, S. G. Benzell, and G. LaGarda, 2015, "Robots: Curse or Blessing? A Basic Framework" (Working Paper 21091, National Bureau of Economic Research, Cambridge, MA).

21. J. J. Heckman et al., 2010, "The Rate of Return to the HighScope Perry Preschool Program," *Journal of Public Economics* 94 (1–2), 114–28.

22. A. J. Reynolds et al., 2011, "School-Based Early Childhood Education and Age-28 Well-Being: Effects by Timing, Dosage, and Subgroups," *Science* 333 (6040): 360–64.

23. H. J. Holzer, D. Whitmore Schanzenbach, G. J. Duncan, and J. Ludwig, 2008, "The Economic Costs of Childhood Poverty in the United States," *Journal of Children and Poverty* 14 (1): 41–61.

24. A. M. Bell et al., 2017, "Who Becomes an Inventor in America? The Importance of Exposure to Innovation (Working Paper 24062, National Bureau of Economic Research, Cambridge, MA).

25. A. M. Bell et al., 2018, "Lost Einsteins: Who Becomes an Inventor in America?," *CentrePiece*, Spring, http://cep.lse.ac.uk/pubs/download/cp522.pdf, 11.

26. R. D. Putnam, 2016, *Our Kids: The American Dream in Crisis* (New York: Simon & Schuster), chapter 6.

27. K. L. Schlozman, S. Verba, and H. E. Brady, 2012, *The Unheavenly Chorus: Unequal Political Voice and the Broken Promise of American Democracy* (Princeton, NJ: Princeton University Press).

28. R. A. Dahl, 1998, *On Democracy* (New Haven, CT: Yale University Press), 76.

29. 引自 G. R. Kremen, 1974, "MDTA: The Origins of the Manpower Development and Training Act of 1962," U.S. Department of Labor, https://www.dol.gov/general/aboutdol/history/mono-mdtatext。

30. O. Ashenfelter, 1978, "Estimating the Effect of Training Programs on Earnings," *Review of Economics and Statistics* 60 (1): 47–57.

31. 以劳动力市场中大不相同的群体为目标的项目无法进行比较，这种情况让问题变得更复杂。背景弱势、受教育程度较低的劳动者自然需要更多的培训和资源。此外，培训措施的有效性在很大程度上取决于培训的内容、当地劳动力市场的特征和整体的经济健康状况。

32. B. S. Barnow and J. Smith, 2015, "Employment and Training Programs" (Working Paper 21659, National Bureau of Economic Research, Cambridge, MA).

33. R. J. LaLonde, 2007, *The Case for Wage Insurance* (New York: Council on Foreign Relations Press), 19.

34. 关于全民基本收入和福利国家，参见 A. Goolsbee, 2018, "Public Policy in an AI Economy" (Working Paper 24653, National Bureau of Economic Research, Cambridge, MA)。

35. 关于电视和幸福感，参见 B. S. Frey, 2008, *Happiness: A Revolution in Economics* (Cambridge, MA: MIT Press), chapter 9。

36. D. Graeber, 2018, *Bullshit Jobs: A Theory* (New York: Simon & Schuster). For survey evidence showing that people find meaning in their jobs, see R. Dur and M. van Lent, 2018, "Socially Useless Jobs" (Discussion Paper 18-034/VII, Amster-

dam: Tinbergen Institute).

37. 关于幸福感和失业，参见 B. S. Frey, 2008, *Happiness*, chapter 4。

38. I. Goldin, 2018, "Five Reasons Why Universal Basic Income Is a Bad Idea," *Financial Times*, February 11.

39. G. Hubbard, 2014, "Tax Reform Is the Best Way to Tackle Income Inequality," *Washington Post*, January 10.

40. 关于劳动所得税收抵免的概述，参见 A. Nichols and J. Rothstein, 2015, "The Earned Income Tax Credit (EITC)" (Working Paper 21211, National Bureau of Economic Research, Cambridge, MA)。

41. R. Chetty, N. Hendren, P, Kline, and E. Saez, 2014, "Where Is the Land of Opportunity? The Geography of Intergenerational Mobility in the United States," *Quarterly Journal of Economics* 129 (4): 1553–623.

42. L. Kenworthy, 2012, "It's Hard to Make It in America: How the United States Stopped Being the Land of Opportunity," *Foreign Affairs* 91(November/December): 97.

43. M. M. Kleiner, 2011, "Occupational Licensing: Protecting the Public Interest or Protectionism?" (Policy Paper 2011–009, Upjohn Institute, Kalamazoo, MI).

44. 关于壮年男性的职业许可和失业情况，参见 B. Austin, E. L. Glaeser, and L. Summers, forthcoming, "Saving the Heartland: Place-Based Policies in 21st Century America," *Brookings Papers on Economic Activity*。

45. B. Fallick, C. A. Fleischman, and J. B. Rebitzer, 2006, "Job-Hopping in Silicon Valley: Some Evidence Concerning the Microfoundations of a High-Technology Cluster," *Review of Economics and Statistics* 88 (3): 472–81.

46. R. J. Gilson, 1999, "The Legal Infrastructure of High Technology Industrial Districts: Silicon Valley, Route 128, and Covenants Not to Compete," *New York University Law Review* 74 (August): 575.

47. S. Klepper, 2010, "The Origin and Growth of Industry Clusters: The Making of Silicon Valley and Detroit," *Journal of Urban Economics* 67 (1): 15–32.

48. T. Berger and C. B. Frey, 2017b, "Regional Technological Dynamism and Noncompete Clauses: Evidence from a Natural Experiment," *Journal of Regional Science* 57 (4): 655–68.

49. E. Moretti, 2012, *The New Geography of Jobs* (Boston: Houghton Mifflin Harcourt), 158–65.

50. C. T. Hsieh and E. Moretti, forthcoming, "Housing Constraints and Spatial Misallocation," *American Economic Journal: Macroeconomics*.

51. M. Rognlie, 2014, "A Note on Piketty and Diminishing Returns to Capital," unpublished manuscript, http://mattrognlie.com/piketty_diminishing_returns.pdf.

52. 参见 E. L. Glaeser and J. Gyourko, 2002, "The Impact of Zoning on Housing Affordability (Working Paper 8835, National Bureau of Economic Research, Cam-

bridge, MA）；E. L. Glaeser, 2017, "Reforming Land Use Regulations"（Report in the Series on Market and Government Failures, Brookings Center on Regulation and Markets, Washington）。

53. R. Chetty, N. Hendren, and L. F. Katz, 2016, "The Effects of Exposure to Better Neighborhoods on Children: New Evidence from the Moving to Opportunity Experiment," *American Economic Review* 106 (4): 855–902.

54. 关于地区和成为发明家的可能性，参见 Bell et al., 2017, "Who Becomes an Inventor in America?," and 2018, "Lost Einsteins"。

55. C. T. Hsieh and E. Moretti, 2017, "How Local Housing Regulations Smother the U.S. Economy, *New York Times*, September 6.

56. D. Etherington, 2018, "Hyperloop Transportation Technologies Signs First Cross-State Deal in the U.S.," TechCruch, https://techcrunch.com/2018/02/15/hyperloop-transportation-technologies-signs-first-cross-state-deal-in-the-u-s/?guccounter=1.

57. M. Busso, J. Gregory, and P. Kline, 2013, "Assessing the Incidence and Efficiency of a Prominent Place-Based Policy," *American Economic Review* 103 (2): 897–947.

58. 关于田纳西河谷管理局的更多信息，参见 P. Kline and E. Moretti, 2013, "Local Economic Development, Agglomeration Economies, and the Big Push: 100 Years of Evidence from the Tennessee Valley Authority," *Quarterly Journal of Economics* 129 (1): 275–331。

59. E. Moretti, 2004, "Estimating the Social Return to Higher Education: Evidence from Longitudinal and Repeated Cross-Sectional Data," *Journal of Econometrics* 121 (1–2): 175–212.

60. S. Liu, 2015, "Spillovers from Universities: Evidence from the Land-Grant Program," *Journal of Urban Economics* 87 (May): 25–41.

61. K. K. Charles, E. Hurst, and M. J. Notowidigdo, 2016, "The Masking of the Decline in Manufacturing Employment by the Housing Bubble," *Journal of Economic Perspectives* 30 (2): 179–200.

参考文献

Abowd, J. M., P. Lengermann, and K. L. McKinney. 2003. "The Measurement of Human Capital in the US Economy." LEHD Program technical paper TP-2002-09, Census Bureau, Washington.

Abraham, K. G., and M. S. Kearney. 2018. "Explaining the Decline in the US Employment-to-Population Ratio: A Review of the Evidence." Working Paper 24333, National Bureau of Economic Research, Cambridge, MA.

Acemoglu, D., and D. H. Autor. 2011. "Skills, Tasks and Technologies: Implications for Employment and Earnings." In *Handbook of Labor Economics*, edited by David Card and Orley Ashenfelter, 4:1043–171. Amsterdam: Elsevier.

Acemoglu, D., S. Johnson, and J. Robinson. 2005. "The Rise of Europe: Atlantic Trade, Institutional Change, and Economic Growth." *American Economic Review* 95 (3): 546–79.

Acemoglu, D., and P. Restrepo. 2018a. "Artificial Intelligence, Automation and Work." Working Paper 24196, National Bureau of Economic Research, Cambridge, MA.

Acemoglu, D., and P. Restrepo. 2018b. "The Race between Man and Machine: Implications of Technology for Growth, Factor Shares, and Employment." *American Economic Review* 108 (6): 1488–542.

Acemoglu, D., and P. Restrepo. 2018c. "Robots and Jobs: Evidence from US Labor Markets." Working paper, Massachusetts Institute of Technology, Cambridge, MA.

Acemoglu, D., and P. Restrepo. Forthcoming. "Automation and New Tasks: The Implications of the Task Content of Production for Labor Demand." *Journal of Economic Perspectives*.

Acemoglu, D., and J. A. Robinson. 2006. "Economic Backwardness in Political Perspective." *American Political Science Review* 100 (1): 115–31.

Acemoglu, D., and J. A. Robinson. 2012. *Why Nations Fail: The Origins of Power, Prosperity and Poverty*. New York: Crown Business.

Agrawal, A., J. Gans, and A. Goldfarb. 2016. "The Simple Economics of Machine Intelligence." *Harvard Business Review*, November 17. https://hbr.org/2016/11/the-simple-economics-of-machine-intelligence.

Aguiar, M., and E. Hurst. 2007. "Measuring Trends in Leisure: The Allocation of Time over Five Decades." *Quarterly Journal of Economics* 122 (3): 969–1006.

Aidt, T., G. Leon, and M. Satchell. 2017. "The Social Dynamics of Riots: Evidence from the Captain Swing Riots, 1830–31." Working paper, Cambridge University.

Aidt, T., and R. Franck. 2015. "Democratization under the Threat of Revolution: Evidence from the Great Reform Act of 1832." *Econometrica* 83 (2): 505–47.

Akst, D. 2013. "What Can We Learn from Past Anxiety over Automation?" *Wilson Quarterly*, Summer. https://wilsonquarterly.com/quarterly/summer-2014-where-have-all-the-jobs-gone/theres-much-learn-from-past-anxiety-over-automation/.

Aldcroft, D. H., and Oliver, M. J. 2000. *Trade Unions and the Economy: 1870–2000.* Aldershot, UK: Ashgate.

Alexopoulos, M., and J. Cohen. 2011. "Volumes of Evidence: Examining Technical Change in the Last Century through a New Lens." *Canadian Journal of Economics/Revue Canadienne d'économique* 44 (2): 413–50.

Alexopoulos, M., and J. Cohen. 2016. "The Medium Is the Measure: Technical Change and Employment, 1909–1949." *Review of Economics and Statistics* 98 (4): 792–810.

Allen, R. C. 2001. "The Great Divergence in European Wages and Prices from the Middle Ages to the First World War." *Explorations in Economic History* 38 (4): 411–47.

Allen, R. C. 2007. "Pessimism Preserved: Real Wages in the British Industrial Revolution." Working Paper 314, Department of Economics, Oxford University.

Allen, R. C. 2009a. *The British Industrial Revolution in Global Perspective.* Cambridge: Cambridge University Press. Kindle.

Allen, R. C. 2009b. "Engels' Pause: Technical Change, Capital Accumulation, and Inequality in the British Industrial Revolution." *Explorations in Economic History* 46 (4): 418–35.

Allen, R. C. 2009c. "How Prosperous Were the Romans? Evidence from Diocletian's Price Edict (AD 301)." In *Quantifying the Roman Economic: Methods and Problems*, edited by Alan Bowman and Andrew Wilson, 327–45. Oxford: Oxford University Press.

Allen, R. C. 2009d. "The Industrial Revolution in Miniature: The Spinning Jenny in Britain, France, and India." *Journal of Economic History* 69 (4): 901–27.

Allen, R. C. 2017. "Lessons from History for the Future of Work." *Nature News* 550 (7676): 321–24.

Allen, R. C. Forthcoming. "The Hand-Loom Weaver and the Power Loom: A Schumpeterian Perspective." *European Review of Economic History*.

Allen, R. C., J. P. Bassino, D. Ma, C. Moll-Murata, and J. L. Van Zanden. 2011. "Wages, Prices, and Living Standards in China, 1738–1925: In Comparison with Europe, Japan, and India." *Economic History Review* 64 (January): 8–38.

Allison, G. 2017. *Destined for War: Can America and China Escape Thucydides's Trap?* Boston: Houghton Mifflin Harcourt. Kindle.

Alston, L. J., and T. J. Hatton. 1991. "The Earnings Gap between Agricultural and Manufacturing Laborers, 1925–1941." *Journal of Economic History* 51 (1): 83–99.

Anderson, M. 1990. "The Social Implications of Demographic Change." In *The Cambridge Social History of Britain, 1750–1950*, vol. 2: *People and Their Environment*, edited by F.M.L. Thompson, 1–70. Cambridge: Cambridge University Press.

Anelli, M., I. Colantone, and P.Stanig. 2018. "We Were the Robots: Automation in Manufacturing and Voting Behavior in Western Europe." Working paper, Bocconi University, Milan.

Annual Registrar or a View of the History, Politics, and Literature for the Year 1811. 1811. London: printed for Baldwin, Cradock, and Joy.

Armelagos, G. J., and M. N. Cohen. 1984. *Paleopathology at the Origins of Agriculture,* edited by G. J. Armelagos and M. N. Cohen, 235–69. Orlando, FL: Academic Press.

Arntz, M., T. Gregory, and U. Zierahn. 2016. "The Risk of Automation for Jobs in OECD Countries." OECD Social, Employment and Migration Working Paper 189, Organisation of Economic Co-operation and Development, Paris.

Ashenfelter, O. 1978. "Estimating the Effect of Training Programs on Earnings." *Review of Economics and Statistics* 60 (1): 47–57.

Ashraf, Q., and O. Galor. 2011. "Dynamics and Stagnation in the Malthusian Epoch." *American Economic Review* 101 (5): 2003–41.

Ashton, T. S. 1948. *An Economic History of England: The Eighteenth Century.* London: Routledge.

Austin, B., E. L. Glaeser, and L. Summers. Forthcoming. "Saving the Heartland: Place-Based Policies in 21st Century America." *Brookings Papers on Economic Activity.*

Autor, D. H. 2014. "Skills, Education, and the Rise of Earnings Inequality among the 'Other 99 Percent.'" *Science* 344 (6186): 843–51.

Autor, D. H. 2015. "Polanyi's Paradox and the Shape of Employment Growth." In *Re-evaluating Labor Market Dynamics,* 129–77. Kansas City: Federal Reserve Bank of Kansas City.

Autor, D. H. 2015. "Why Are There Still So Many Jobs? The History and Future of Workplace Automation." *Journal of Economic Perspectives* 29 (3): 3–30.

Autor, D. H., and A. Salomons. Forthcoming. "Is Automation Labor-Displacing? Productivity Growth, Employment, and the Labor Share." *Brookings Papers on Economic Activity.*

Autor, D. H., and D. Dorn. 2013. "The Growth of Low-Skill Service Jobs and the Polarization of the US Labor Market." *American Economic Review* 103 (5): 1553–97.

Autor, D. H., D. Dorn, and G. Hanson. Forthcoming. "When Work Disappears: Manufacturing Decline and the Falling Marriage-Market Value of Men." *American Economic Review: Insights.*

Autor, D. H., D. Dorn, G., Hanson, and K. Majlesi. 2016a. "Importing Political Polarization? The Electoral Consequences of Rising Trade Exposure." Working Paper 22637, National Bureau of Economic Research, Cambridge, MA.

Autor, D. H., D. Dorn, G. Hanson, and K. Majlesi. 2016b. "A Note on the Effect of Rising Trade Exposure on the 2016 Presidential Election." Appendix to "Importing Political Polarization? The Electoral Consequences of Rising Trade Exposure." Working Paper 22637, National Bureau of Economic Research, Cambridge, MA.

Autor, D. H., F. Levy, and R. J. Murnane. 2003. "The Skill Content of Recent Technological Change: An Empirical Exploration." *Quarterly Journal of Economics* 118 (4): 1279–333.

Babbage, C. 1832. *On the Economy of Machinery and Manufactures.* London: Charles Knight.

Bacci, M. L. 2017. *A Concise History of World Population.* Oxford: John Wiley and Sons.

Baines, E. 1835. *History of the Cotton Manufacture in Great Britain.* London: H. Fisher, R. Fisher, and P. Jackson.

Bairoch, P. 1991. *Cities and Economic Development: From the Dawn of History to the Present.* Chicago: University of Chicago Press.

Baldwin, G. B., and G. P. Schultz. 1960. "The Effects of Automation on Industrial Relations." In *Impact of Automation: A Collection of 20 Articles about Technological Change, from the* Monthly Labor Review. Washington, DC: Bureau of Labor Statistics, 47–49.

Balke, N. S., and R. J. Gordon. 1989. "The Estimation of Prewar Gross National Product: Methodology and New Evidence." *Journal of Political Economy* 97 (1): 38–92.

Barnow, B. S., and J. Smith. 2015. "Employment and Training Programs." Working Paper 21659, National Bureau of Economic Research, Cambridge, MA.

Barro, R. J., and X. Sala-i-Martin. 1992. "Convergence." *Journal of Political Economy* 100 (2): 223–51.

Bartels, L. M. 2016. *Unequal Democracy: The Political Economy of the New Gilded Age.* Princeton, NJ: Princeton University Press.

Bartelsman, E. J. 2013. "ICT, Reallocation and Productivity." Brussels: European Commission, Directorate-General for Economic and Financial Affairs.

Bastiat, F. 1850. "That Which Is Seen, and That Which Is Not Seen." Mises Institute. https://mises.org/library/which-seen-and-which-not-seen.

Becker, G. 1968 "Crime and Punishment: An Economic Approach." *Journal of Political Economy* 76 (2): 169–217.

Becker, S. O., E. Hornung, and L. Woessmann. 2011. "Education and Catch-Up in the Industrial Revolution." *American Economic Journal: Macroeconomics* 3 (3): 92–126.

Bell, A. M., R. Chetty, X. Jaravel, N. Petkova, and J. Van Reenen. 2017. "Who Becomes an Inventor in America? The Importance of Exposure to Innovation." Working Paper 24062, National Bureau of Economic Research, Cambridge, MA.

Bell, A. M., R. Chetty, X. Jaravel, N. Petkova, and J. Van Reenen. 2018. "Lost Einsteins: Who Becomes an Inventor in America?" *CentrePiece*, Spring, http://cep.lse.ac.uk/pubs/download/cp522.pdf.

Berg, M. 1976. "The Machinery Question." PhD diss., University of Oxford.

Berg, M. 2005. *The Age of Manufactures, 1700–1820: Industry, Innovation and Work in Britain.* London: Routledge.

Berger, T., and C. B. Frey. 2016. "Did the Computer Revolution Shift the Fortunes of U.S. Cities? Technology Shocks and the Geography of New Jobs." *Regional Science and Urban Economics* 57 (March): 38–45.

Berger, T., and C. B. Frey. 2017a. "Industrial Renewal in the 21st Century: Evidence from US Cities." *Regional Studies* 51 (3): 404–13.

Berger, T., and C. B. Frey. 2017b. "Regional Technological Dynamism and Noncompete Clauses: Evidence from a Natural Experiment." *Journal of Regional Science* 57 (4): 655–68.

Bernal, J. D. 1971. *Science in History.* Vol. 1: *The Emergence of Science.* Cambridge, MA: MIT Press.

Bernhofen, D. M., Z. El-Sahli, and R. Kneller. 2016. "Estimating the Effects of the Container Revolution on World Trade." *Journal of International Economics* 98 (January): 36–50.

Bessen, J. 2015. *Learning by Doing: The Real Connection between Innovation, Wages, and Wealth.* New Haven, CT: Yale University Press.

Bessen, J. 2018. "Automation and Jobs: When Technology Boosts Employment." Law and Economics Paper 17-09, Boston University School of Law.

Bivens, J., E. Gould, E. Mishel, and H. Shierholz. 2014. "Raising America's Pay." Briefing Paper 378, Economic Policy Institute, New York.

Blake, W. 1810. "Jerusalem." https://www.poetryfoundation.org/poems/54684/jerusalem-and-did-those-feet-in-ancient-time.

Boerner, L., and B. Severgnini. 2015. "Time for Growth." Economic History Working Paper 222/2015, London School of Economics and Political Science.

Boerner, L., and B. Severgnini. 2016. "The Impact of Public Mechanical Clocks on Economic Growth." Vox, October 10. https://voxeu.org/article/time-growth.

Bogart, D. 2005. "Turnpike Trusts and the Transportation Revolution in 18th Century England." *Explorations in Economic History* 42 (4): 479–508.

Boix, C., and F. Rosenbluth. 2014. "Bones of Contention: The Political Economy of Height Inequality." *American Political Science Review* 108 (1): 1–22.

Bolt, J., R. Inklaar, H. de Jong, and J. L. Van Zanden. 2018. "Rebasing 'Maddison': New Income Comparisons and the Shape of Long-Run Economic Development." Maddison Project Working Paper 10, Maddison Project Database, version 2018.

Bolt, J., and J. L. Van Zanden. 2014. "The Maddison Project: Collaborative Research on Historical National Accounts." *Economic History Review* 67 (3): 627–51.

Boserup, E. 1965. *The Condition of Agricultural Growth: The Economics of Agrarian Change under Population Pressure*. London: Allen and Unwin.

Bowen, H. R. 1966. *Report of the National Commission on Technology, Automation, and Economic Progress*. Vol. 1. Washington, DC: Government Printing Office.

Braverman, H. 1998. *Labor and Monopoly Capital: The Degradation of Work in the Twentieth Century*. 25th anniversary ed. New York: New York University Press.

Bresnahan, T. F., E. Brynjolfsson, and L. M. Hitt. 2002. "Information Technology, Workplace Organization, and the Demand for Skilled Labor: Firm-Level Evidence." *Quarterly Journal of Economics* 117 (1): 339–76.

Brown, J. 1832. *A Memoir of Robert Blincoe: An Orphan Boy; Sent From the Workhouse of St. Pancras, London at Seven Years of Age, to Endure the Horrors of a Cotton-Mill*. London: J. Doherty.

Brynjolfsson, E., and L. M. Hitt. 2000. "Beyond Computation: Information Technology, Organizational Transformation and Business Performance." *Journal of Economic Perspectives* 14 (4): 23–48.

Brynjolfsson, E., L. M. Hitt, and S. Yang. 2002. "Intangible Assets: Computers and Organizational Capital." *Brookings Papers on Economic Activity* 2002 (1): 137–81.

Brynjolfsson, E., and A. McAfee. 2014. *The Second Machine Age: Work, Progress, and Prosperity in a Time of Brilliant Technologies*. New York: W. W. Norton.

Brynjolfsson, E., and A. McAfee. 2017. *Machine, Platform, Crowd: Harnessing Our Digital Future*. New York: W. W. Norton.

Brynjolfsson, E., D. Rock, and C. Syverson. Forthcoming. "Artificial Intelligence and the Modern Productivity Paradox: A Clash of Expectations and Statistics." In *The Economics of Artificial*

Intelligence: An Agenda, edited by A. K. Agrawal, J. Gans, and A. Goldfarb, Chicago: University of Chicago Press.

Bryson, B. 2010. *At Home: A Short History of Private Life*. Toronto: Doubleday Canada.

Bughin, J., E. Hazan, S. Ramaswamy, M. Chui, T. Allas, P. Dahlström, N. Henke, et al. 2017. "How Artificial Intelligence Can Deliver Real Value to Companies." McKinsey Global Institute. https://www.mckinsey.com/business-functions/mckinsey-analytics/our-insights/how-artificial-intelligence-can-deliver-real-value-to-companies.

Busso, M., J. Gregory, and P. Kline. 2013. "Assessing the Incidence and Efficiency of a Prominent Place-Based Policy." *American Economic Review* 103 (2): 897–947.

Byrn, E. W. 1900. *The Progress of Invention in the Nineteenth Century*. New York: Munn and Company.

Byrne, D. M., J. G. Fernald, and M. B. Reinsdorf. 2016. "Does the United States Have a Productivity Slowdown or a Measurement Problem?" *Brookings Papers on Economic Activity* 2016 (1): 109–82.

Bythell, D. 1969. *The Handloom Weavers: A Study in the English Cotton Industry during the Industrial Revolution*. Cambridge: Cambridge University Press.

Cairncross, F. 2001. *The Death of Distance: 2.0: How the Communications Revolution Will Change Our Lives*. New York: Texere Publishing.

Cameron, R. 1993. *A Concise Economic History of the World from Paleolithic Times to the Present*. 2nd ed. New York: Oxford University Press.

Cannadine, D. 1977. "The Landowner as Millionaire: The Finances of the Dukes of Devonshire, c. 1800–c. 1926." *Agricultural History Review* 25 (2): 77–97.

Caprettini, B., and H. J. Voth. 2017. "Rage against the Machines: Labour-Saving Technology and Unrest in England, 1830–32." Working paper, University of Zurich.

Cardwell, D. 1972. *Turning Points in Western Technology: A Study of Technology, Science and History*. New York: Science History Publications.

Cardwell, D. 2001. *Wheels, Clocks, and Rockets: A History of Technology*. New York: W. W. Norton.

Case, A., and A. Deaton. 2015. "Rising Morbidity and Mortality in Midlife among White Non-Hispanic Americans in the 21st Century." *Proceedings of the National Academy of Sciences* 112 (49): 15078–83.

Case, A., and A. Deaton. 2017. "Mortality and Morbidity in the 21st Century." *Brookings Papers on Economic Activity* 1: 397–476.

Chapman, S. D. 1967. *The Early Factory Masters: The Transition to the Factory System in the Midlands Textile Industry*. Exeter: David and Charles.

Charles, K. K., E. Hurst, and M. J. Notowidigdo. 2016. "The Masking of the Decline in Manufacturing Employment by the Housing Bubble." *Journal of Economic Perspectives* 30 (2): 179–200.

Cherlin, A. J. 2013. *Labor's Love Lost: The Rise and Fall of the Working-Class Family in America*. New York: Russell Sage Foundation.

Chetty, R., D. Grusky, M. Hell, N, Hendren, R. Manduca, and J. Narang. 2017. "The Fading American Dream: Trends in Absolute Income Mobility Since 1940." *Science* 356 (6336): 398–406.

Chetty, R., and N. Hendren. 2018. "The Impacts of Neighborhoods on Intergenerational Mobility II: County-Level Estimates." *Quarterly Journal of Economics* 133 (3): 1163–228.

Chetty, R., N. Hendren, and L. F. Katz. 2016. "The Effects of Exposure to Better Neighborhoods on Children: New Evidence from the Moving to Opportunity Experiment." *American Economic Review* 106 (4): 855–902.

Chetty, R., N. Hendren, P. Kline, and E. Saez. 2014. "Where Is the Land of Opportunity? The Geography of Intergenerational Mobility in the United States." *Quarterly Journal of Economics* 129 (4): 1553–623.

Cipolla, C. M. 1972. Introduction to *The Fontana Economic History of Europe*, edited by C. M. Cipolla. 1:7–21. Collins.

Cisco. 2018. "Cisco Visual Networking Index: Forecast and Trends, 2017–2022." San Jose, CA: Cisco. https://www.cisco.com/c/en/us/solutions/collateral/service-provider/visual-networking-index-vni/complete-white-paper-c11-481360.html.

Clague, E. 1960. "Adjustments to the Introduction of Office Automation." *Bureau of Labor Statistics Bulletin*, no. 1276.

Clague, E., and W. J. Couper, 1931. "The Readjustment of Workers Displaced by Plant Shutdowns." *Quarterly Journal of Economics* 45 (2): 309–46.

Clark, A. E., E. Diener, Y. Georgellis, and R. E. Lucas. 2008. "Lags and Leads in Life Satisfaction: A Test of the Baseline Hypothesis." *Economic Journal* 118 (529): 222–43.

Clark, A. E., and A. J. Oswald. 1994. "Unhappiness and Unemployment." *Economic Journal* 104 (424): 648–59.

Clark, A. E., and A. J. Oswald. 1996. "Satisfaction and Comparison Income." *Journal of Public Economics* 61 (3): 359–81.

Clark, G. 2001. "The Secret History of the Industrial Revolution." Working paper, University of California, Davis.

Clark, G. 2005. "The Condition of the Working Class in England, 1209–2004." *Journal of Political Economy* 113 (6): 1307–40.

Clark, G. 2008. *A Farewell to Alms: A Brief Economic History of the World*. Princeton, NJ: Princeton University Press.

Clark, G., and G. Hamilton. 2006. "Survival of the Richest: The Malthusian Mechanism in Pre-Industrial England." *Journal of Economic History* 66 (3): 707–36.

Clark, G., M. Huberman, and P. H. Lindert. 1995. "A British Food Puzzle, 1770–1850." *Economic History Review* 48 (2): 215–37.

Cockburn, I. M., R. Henderson, and S. Stern. 2018. "The Impact of Artificial Intelligence on Innovation." Working Paper 24449, National Bureau of Economic Research, Cambridge, MA.

Collins, W. J., and W. H. Wanamaker. 2015. "The Great Migration in Black and White: New Evidence on the Selection and Sorting of Southern Migrants." *Journal of Economic History* 75 (4): 947–92.

Colquhoun, P. [1814] 1815. *A Treatise on the Wealth, Power, and Resources of the British Empire*. Reprint, London: Johnson Reprint Corporation.

Comin, D., and M. Mestieri, 2018. "If Technology Has Arrived Everywhere, Why Has Income Diverged?" *American Economic Journal: Macroeconomics* 10 (3): 137–78.

Cooper, M. R., G. T. Barton, and A. P. Brodell. 1947. "Progress of Farm Mechanization." USDA Miscellaneous Publication 630 (October).

Cortes, G. M., N. Jaimovich, C. J. Nekarda, and H. E. Siu. 2014. "The Micro and Macro of Disappearing Routine Jobs: A Flows Approach." Working Paper 20307 National Bureau of Economic Research, Cambridge, MA.

Cortes, G. M., N. Jaimovich, and H. E. Siu. 2017. "Disappearing Routine Jobs: Who, How, and Why?" *Journal of Monetary Economics*. 91 (September): 69–87.

Cortes, G. M., N. Jaimovich, and H. E. Siu. 2018. "The 'End of Men' and Rise of Women in the High-Skilled Labor Market." Working Paper 24274, National Bureau of Economic Research, Cambridge, MA.

Coudray, N., P. S. Ocampo, T. Sakellaropoulos, N. Narula, M. Snuderl, D. Fenyö, A. L. Moreira, et al. 2018. "Classification and Mutation Prediction from Non–Small Cell Lung Cancer Histopathology Images Using Deep Learning." *Nature Medicine* 24 (10): 1559–67.

Council of Economic Advisers. 2016. "2016 Economic Report of the President," chapter 5. https://obamawhitehouse.archives.gov/sites/default/files/docs/ERP_2016_Chapter_5.pdf.

Cowan, R. S. 1983. *More Work for Mother: The Ironies of Household Technology from the Open Hearth to the Microwave.* New York: Basic.

Cowie, J. 2016. *The Great Exception: The New Deal and the Limits of American Politics.* Princeton, NJ: Princeton University Press.

Cox, G. W. 2012. "Was the Glorious Revolution a Constitutional Watershed?" *Journal of Economic History* 72 (3): 567–600.

Crafts, N. F. 1985. *British Economic Growth during the Industrial Revolution.* Oxford: Oxford University Press.

Crafts, N. F. 1987. "British Economic Growth, 1700–1850: Some Difficulties of Interpretation." *Explorations in Economic History* 20 (4): 245–68.

Crafts, N. F. 2004. "Steam as a General Purpose Technology: A Growth Accounting Perspective." *Economic Journal* 114 (495): 338–51.

Crafts, N. F., and C. K. Harley. 1992. "Output Growth and the British Industrial Revolution: A Restatement of the Crafts-Harley View." *Economic History Review* 45 (4): 703–30.

Crafts, N. F., and T. C. Mills. 2017. "Trend TFP Growth in the United States: Forecasts versus Outcomes." Centre for Economic Policy Research Discussion Paper 12029, London.

Crouzet, F. 1985. *The First Industrialists: The Problems of Origins.* Cambridge: Cambridge University Press.

Dahl, R. A. 1961. *Who Governs? Democracy and Power in an American City.* New Haven, CT: Yale University Press.

Dahl, R. A. 1998. *On Democracy.* New Haven, CT: Yale University Press.

Dao, M. C., M. M. Das, Z. Koczan, and W. Lian. 2017. "Why Is Labor Receiving a Smaller Share of Global Income? Theory and Empirical Evidence." Working Paper No. 17/169, International Monetary Fund, Washington, DC.

Dauth, W., S. Findeisen, J. Südekum, and N. Woessner. 2017. "German Robots: The Impact of Industrial Robots on Workers." Discussion Paper DP12306, Center for Economic and Policy Research, London.

David, P. A. 1990. "The Dynamo and the Computer: An Historical Perspective on the Modern Productivity Paradox." *American Economic Review* 80 (2): 355–61.

David, P. A., and G. Wright. 1999. *Early Twentieth Century Productivity Growth Dynamics: An Inquiry into the Economic History of Our Ignorance.* Oxford: Oxford University Press.

Davis, J. J. 1927. "The Problem of the Worker Displaced by Machinery." *Monthly Labor Review* 25 (3): 32–34.

Davis, R. 1973. *English Overseas Trade 1500–1700.* London: Macmillan.

Day, R. H. 1967. "The Economics of Technological Change and the Demise of the Sharecropper." *American Economic Review* 57 (3): 427–49.

Deaton, A. 2013. *The Great Escape: Health, Wealth, and the Origins of Inequality.* Princeton, NJ: Princeton University Press.

Defoe, D. [1724] 1971. *A Tour through the Whole Island of Great Britain.* London: Penguin.

DeLong, B. 1998. "Estimating World GDP: One Million BC–Present." Working paper, University of California, Berkeley.

Dent, C. 2006. "Patent Policy in Early Modern England: Jobs, Trade and Regulation." *Legal History* 10 (1): 71–95.

Desmet, K., A. Greif, and S. Parente. 2018. "Spatial Competition, Innovation and Institutions: The Industrial Revolution and the Great Divergence." Working Paper 24727, National Bureau of Economic Research, Cambridge, MA.

Devine, W. D., Jr. 1983. "From Shafts to Wires: Historical Perspective on Electrification." *Journal of Economic History* 43 (2): 347–72.

De Vries, J. 2008. *The Industrious Revolution: Consumer Behavior and the Household Economy, 1650 to the Present.* Cambridge: Cambridge University Press.

Diamond, J. 1987. "The Worst Mistake in the History of the Human Race." *Discover,* May 1, 64–66.

Diamond, J. 1993. "Ten Thousand Years of Solitude." *Discover,* March 1, 48–57.

Diamond, J. 1998. *Guns, Germs and Steel: A Short History of Everybody for the Last 13,000 Years.* New York: Random House.

Dickens, C. [1854] 2017. *Hard Times.* Amazon Classics. Kindle.

Disraeli, B. 1844. *Coningsby.* A Public Domain Book. Kindle Edition.

Dittmar, J. E. 2011. "Information Technology and Economic Change: The Impact of the Printing Press." *Quarterly Journal of Economics* 126 (3): 1133–72.

Doepke, M., and F. Zilibotti. 2008. "Occupational Choice and the Spirit of Capitalism." *Quarterly Journal of Economics* 123 (2): 747–93.

Duncan, G. J., and R. J. Murnane, eds. 2011. *Whither Opportunity? Rising Inequality, Schools, and Children's Life Chances.* New York: Russell Sage Foundation.

Dur, R., and M. van Lent. 2018. "Socially Useless Jobs." Discussion Paper 18-034/VII, Tinbergen Institute, Amsterdam.

Duranton, G., and D. Puga. 2001. "Nursery Cities: Urban Diversity, Process Innovation, and the Life Cycle of Products." *American Economic Review* 91 (5): 1454–77.

Eberstadt, N. 2016. *Men without Work: America's Invisible Crisis.* Conshohocken, PA: Templeton.

Eden, F. M. 1797. *The State of the Poor; or, An History of the Labouring Classes in England.* 3 vols. London: B. and J. White.

Ehrlich, I. 1973. "Participation in Illegitimate Activities: A Theoretical and Empirical Investigation." *Journal of Political Economy* 81 (3): 521–65.

Ehrlich, I. 1996. "Crime, Punishment, and the Market for Offenses." *Journal of Economic Perspectives* 10 (1): 43–67.

Elsby, M. W., B. Hobijn, and A. Şahin. 2013. "The Decline of the US Labor Share." *Brookings Papers on Economic Activity* 2013 (2): 1–63.

Endrei, W., and W. v. Stromer. 1974. "Textiltechnische und hydraulische Erfindungen und ihre Innovatoren in Mitteleuropa im 14. / 15. Jahrhundert." *Technikgeschichte* 41:89–117.

Engels, F., [1844] 1943. *The Condition of the Working-Class in England in 1844*. Reprint, London: Allen & Unwin.

Epstein, R. C. 1928. *The Automobile Industry*. Chicago: Shaw.

Epstein, S. R. 1998. "Craft Guilds, Apprenticeship and Technological Change in Preindustrial Europe." *Journal of Economic History* 58 (3): 684–713.

Esteva, A., B. Kuprel, R. A. Novoa, J. Ko, S. M. Swetter, H. M. Blau, and S. Thrun. 2017. "Dermatologist-Level Classification of Skin Cancer with Deep Neural Networks." *Nature* 542 (7639): 115–18.

Eveleth, P., and J. M. Tanner. 1976. *Worldwide Variation in Human Growth*. Cambridge: Cambridge University Press.

Fallick, B., C. A. Fleischman, and J. B. Rebitzer. 2006. "Job-Hopping in Silicon Valley: Some Evidence Concerning the Microfoundations of a High-Technology Cluster." *Review of Economics and Statistics* 88 (3): 472–81.

Farber, H. S., D. Herbst, I. Kuziemko, and S. Naidu. 2018. "Unions and Inequality over the Twentieth Century: New Evidence from Survey Data." Working Paper 24587, National Bureau of Economic Research, Cambridge, MA.

Faunce, W. A. 1958a. "Automation and the Automobile Worker." *Social Problems* 6 (1): 68–78.

Faunce, W. A. 1958b. "Automation in the Automobile Industry: Some Consequences for In-Plant Social Structure." *American Sociological Review* 23 (4): 401–7.

Faunce, W. A., E. Hardin, and E. H. Jacobson. 1962. "Automation and the Employee." *Annals of the American Academy of Political and Social Science* 340 (1): 60–68.

Feinstein, C. H. 1990. "New Estimates of Average Earnings in the United Kingdom." *Economic History Review* 43 (4): 592–633.

Feinstein, C. H. 1991. "A New Look at the Cost of Living." In *New Perspectives on the Late Victorian Economy*, edited by J. Foreman-Peck, 151–79. Cambridge: Cambridge University Press.

Feinstein, C. H. 1998. "Pessimism Perpetuated: Real Wages and the Standard of Living in Britain during and after the Industrial Revolution." *Journal of Economic History* 58 (3): 625–58.

Ferguson, N. 2012. *Civilization: The West and the Rest*. New York: Penguin.

Ferrer-i-Carbonell, A. 2005. "Income and Well-Being: An Empirical Analysis of the Comparison Income Effect." *Journal of Public Economics* 89 (5–6): 997–1019.

Field, A. J. 2007. "The Origins of US Total Factor Productivity Growth in the Golden Age." *Cliometrica* 1 (1): 63–90.

Field, A. J. 2011. *A Great Leap Forward: 1930s Depression and U.S. Economic Growth*. New Haven, CT: Yale University Press.

Fielden, J. 2013. *Curse of the Factory System*. London: Routledge.

Finley, M. I. 1965. "Technical Innovation and Economic Progress in the Ancient World." *Economic History Review* 18 (1): 29–45.

Finley, M. I. 1973. *The Ancient Economy*. Berkeley: University of California Press.

Fisher, I. 1919. "Economists in Public Service: Annual Address of the President." *American Economic Review* 9 (1): 5–21.

Flamm, K. 1988. "The Changing Pattern of Industrial Robot Use." In *The Impact of Technological Change on Employment and Economic Growth*, edited by R. M. Cyert and D. C. Mowery, 267–328. Cambridge, MA: Ballinger Publishing.

Flink, J. J. 1988. *The Automobile Age*. Cambridge, MA: MIT Press.

Flinn, M. W. 1962. *Men of Iron: The Crowleys in the Early Iron Industry*. Edinburgh: Edinburgh University Press.

Flinn, M. W. 1966. *The Origins of the Industrial Revolution*. London: Longmans.

Floud, R. C., K. Wachter, and A. Gregory. 1990. *Height, Health, and History: Nutritional Status in the United Kingdom, 1750–1980*. Cambridge: Cambridge University Press.

Fogel, R. W. 1983. "Scientific History and Traditional History." In *Which Road to the Past?*, edited by R. W. Fogel and G. R. Elton, 5–70. New Haven, CT: Yale University Press.

Forbes, R. J. 1958. *Man: The Maker*. New York: Abelard-Schuman.

Ford, M. 2015. *Rise of the Robots: Technology and the Threat of a Jobless Future*. New York: Basic Books. Kindle.

Fortunato, M., M. G. Azar, B. Piot, J. Menick, I. Osband, A. Graves, V. Mnih, et al. 2017. "Noisy Networks for Exploration." Preprint, submitted. https://arxiv.org/abs/1706.10295.

Frey, B. S. 2008. *Happiness: A Revolution in Economics*. Cambridge, MA: MIT Press.

Frey, C. B., T. Berger, and C. Chen. 2018. "Political Machinery: Did Robots Swing the 2016 U.S. Presidential Election?" *Oxford Review of Economic Policy* 34 (3): 418–42.

Frey, C. B., and M. Osborne. 2018. "Automation and the Future of Work—Understanding the Numbers." Oxford Martin School. https://www.oxfordmartin.ox.ac.uk/opinion/view/404.

Frey, C. B., and M. A. Osborne. 2017. "The Future of Employment: How Susceptible Are Jobs to Computerisation?" *Technological Forecasting and Social Change* 114 (January): 254–80.

Friedman, T. L. 2006. *The World Is Flat: The Globalized World in the Twenty-First Century*. London: Penguin.

Friedrich, O. 1983. "The Computer Moves In (Machine of the Year)." *Time*, January 3, 14–24.

Fukuyama, F. 2014. *Political Order and Political Decay: From the Industrial Revolution to the Globalization of Democracy*. New York: Farrar, Straus and Giroux.

Furman, J. Forthcoming. "Should We Be Reassured If Automation in the Future Looks Like Automation in the Past?" In *Economics of Artificial Intelligence*, edited by A. K. Agrawal, J. Gans, and A. Goldfarb, Chicago: University of Chicago Press.

Füssel, S. 2005. *Gutenberg and the Impact of Printing*. Aldershot, UK: Ashgate.

Gadd, I. A., and P. Wallis. 2002. *Guilds, Society, and Economy in London 1450–1800*. London: Centre for Metropolitan History.

Galor, O. 2011. "Inequality, Human Capital Formation, and the Process of Development." In *Handbook of the Economics of Education*, edited by E. A. Hanushek, S. J. Machin, and L. Woessmann, vol. 4, 441–93. Amsterdam: Elsevier.

Galor, O., and D. N. Weil. 2000. "Population, Technology, and Growth: From Malthusian Stagnation to the Demographic Transition and Beyond." *American Economic Review* 90 (4): 806–28.

Ganong, P., and D. Shoag. 2017. "Why Has Regional Income Convergence in the U.S. Declined?" *Journal of Urban Economics* 102 (November):76–90.

Gaskell, E. C. 1884. *Mary Barton*. London: Chapman and Hall.

Gaskell, P. 1833. *The Manufacturing Population of England: Its Moral, Social, and Physical Conditions*. London: Baldwin and Cradock.

Gerschenkron, A. 1962. *Economic Backwardness in Historical Perspective: A Book of Essays*. Cambridge, MA: Belknap Press of Harvard University Press.

Gille, B. 1969. "The Fifteenth and Sixteenth Centuries in the Western World." In *A History of Technology and Invention: Progress through the Ages*, edited by M. Daumas and translated by E. B. Hennessy, 2:16–148. New York: Crown.

Gille, B. 1986. *History of Techniques*. Vol. 2, *Techniques and Sciences*. New York: Gordon and Breach Science Publishers.

Gilson, R. J. 1999. "The Legal Infrastructure of High Technology Industrial Districts: Silicon Valley, Route 128, and Covenants Not to Compete." *New York University Law Review* 74 (August): 575.

Giuliano, V. E. 1982. "The Mechanization of Office Work." *Scientific American* 247 (3): 148–65.

Glaeser, E. L. 1998. "Are Cities Dying?" *Journal of Economic Perspectives* 12 (2): 139–60.

Glaeser, E. L. 2013. Review of *The New Geography of Jobs*, by Enrico Moretti. *Journal of Economic Literature* 51 (3): 825–37.

Glaeser, E. L. 2017. "Reforming Land Use Regulations." Report in the Series on Market and Government Failures, Brookings Center on Regulation and Markets, Washington.

Glaeser, E. L., and J. D. Gottlieb. 2009. "The Wealth of Cities: Agglomeration Economies and Spatial Equilibrium in the United States." *Journal of Economic Literature* 47 (4): 983–1028.

Glaeser, E. L., and J. Gyourko. 2002. "The Impact of Zoning on Housing Affordability." Working Paper 8835, National Bureau of Economic Research, Cambridge, MA.

Goldin, C., and L. Katz. 2008. *The Race between Technology and Education*. Cambridge, MA: Harvard University Press.

Goldin, C., and R. A. Margo. 1992. "The Great Compression: The Wage Structure in the United States at Mid-Century." *Quarterly Journal of Economics* 107 (1): 1–34.

Goldin, C., and K. Sokoloff. 1982. "Women, Children, and Industrialization in the Early Republic: Evidence from the Manufacturing Censuses." *Journal of Economic History* 42 (4): 741–74.

Goldsmith, S., G. Jaszi, H. Kaitz, and M. Liebenberg. 1954. "Size Distribution of Income Since the Mid-Thirties." *Review of Economics and Statistics* 36 (1): 1–32.

Goldstein, A. 2018. *Janesville: An American Story*. New York: Simon & Schuster.

Goolsbee, A. 2018. "Public Policy in an AI Economy." Working Paper 24653, National Bureau of Economic Research, Cambridge, MA.

Goolsbee, A., and P. Klenow. 2006. "Valuing Consumer Products by the Time Spent Using Them: An Application to the Internet." *American Economic Review* 96 (2): 108–13.

Goos, M. A., and A. Manning. 2007. "Lousy and Lovely Jobs: The Rising Polarization of Work in Britain." *Review of Economics and Statistics* 89 (1): 118–33.

Goos, M., A. Manning, and A. Salomons. 2009. "Job Polarization in Europe." *American Economic Review* 99 (2): 58–63.

Goos, M., A. Manning, and A. Salomons. 2014. "Explaining Job Polarization: Routine-Biased Technological Change and Offshoring." *American Economic Review* 104 (8): 2509–26.

Gordon, R. J. 2005. "The 1920s and the 1990s in Mutual Reflection." Working Paper 11778, National Bureau of Economic Research, Cambridge, MA.

Gordon, R. J. 2014. "The Demise of U.S. Economic Growth: Restatement, Rebuttal, and Reflections." Working Paper 19895, National Bureau of Economic Research, Cambridge, MA.

Gordon, R. J. 2016. *The Rise and Fall of American Growth: The U.S. Standard of Living Since the Civil War*. Princeton, NJ: Princeton University Press.

Gould, E. D., B. A. Weinberg, and D. B. Mustard. 2002. "Crime Rates and Local Labor Market Opportunities in the United States: 1979–1997." *Review of Economics and Statistics* 84 (1): 45–61.

Graeber, D. 2018. *Bullshit Jobs: A Theory*. New York: Simon & Schuster.

Graetz, G., and G. Michaels. Forthcoming. "Robots at Work." *Review of Economics and Statistics*.

Gramlich, J. 2017. "Most Americans Would Favor Policies to Limit Job and Wage Losses Caused by Automation." Pew Research Center. http://www.pewresearch.org/fact-tank/2017/10/09/most -americans-would-favor-policies-to-limit-job-and-wage-losses-caused-by-automation/.

Greenwood, J., A. Seshadri, and M. Yorukoglu. 2005. "Engines of Liberation." *Review of Economic Studies* 72 (1): 109–33.

Greif, A., and M. Iyigun. 2012. "Social Institutions, Violence and Innovations: Did the Old Poor Law Matter?" Working paper, Stanford University, Stanford, CA.

Greif, A., and M. Iyigun. 2013. "Social Organizations, Violence, and Modern Growth." *American Economic Review* 103 (3): 534–38.

Grier, D. A. 2005. *When Humans Were Computers*. Princeton, NJ: Princeton University Press.

Gross, D. P. 2018. "Scale Versus Scope in the Diffusion of New Technology: Evidence from the Farm Tractor." *RAND Journal of Economics* 49 (2): 427–52.

Habakkuk, H. J. 1962. *American and British Technology in the Nineteenth Century: The Search for Labour Saving Inventions*. Cambridge: Cambridge University Press.

Hacker, J. S., and P. Pierson. 2010. *Winner-Take-All Politics: How Washington Made the Rich Richer—and Turned Its Back on the Middle Class*. New York: Simon & Schuster.

Hammer, M. 1990. "Reengineering Work: Don't Automate, Obliterate." *Harvard Business Review* 68 (4): 104–12.

Hansard, T. C. 1834. *General Index to the First and Second Series of Hansard's Parliamentary Debates: Forming a Digest of the Recorded Proceedings of Parliament, from 1803 to 1820*. London: Kraus Reprint Co.

Hansen, A. H. 1939. "Economic Progress and Declining Population Growth." *American Economic Review* 29 (1): 1–15.

Harper, K. 2017. *The Fate of Rome: Climate, Disease, and the End of an Empire*. Princeton, NJ: Princeton University Press.

Hartz, L. 1955. *The Liberal Tradition in America: An Interpretation of American Political Thought Since the Revolution*. Boston: Houghton Mifflin Harcourt.

Hawke, G. R. 1970. *Railways and Economic Growth in England and Wales, 1840–1870*. Oxford: Clarendon Press of Oxford University Press.

Headrick, D. R. 2009. *Technology: A World History*. New York: Oxford University Press.

Heaton, H. 1936. *Economic History of Europe*. New York: Harper and Brothers.

Heckman, J. J., S. H. Moon, R. Pinto, P. A. Savelyev, and A. Yavitz. 2010. "The Rate of Return to the HighScope Perry Preschool Program." *Journal of Public Economics* 94 (1–2): 114–28.

Heilbroner, R. L. 1966. "Where Do We Go From Here?" *New York Review of Books*, March 17. https://www.nybooks.com/articles/1966/03/17/where-do-we-go-from-here/.

Henderson, R. 2017. Comment on "'Artificial Intelligence and the Modern Productivity Paradox: A Clash of Expectations and Statistics,' by E. Brynjolfsson, D. Rock and C. Syverson," National Bureau of Economic Research. http://www.nber.org/chapters/c14020.pdf.

Hibbert, F. A. 1891. *The Influence and Development of English Guilds*. New York: Sentry.

Himmelfarb, G. 1968. *Victorian Minds*. New York: Knopf.

Hobbes, T. 1651. *Leviathan*, chapter 13, https://ebooks.adelaide.edu.au/h/hobbes/thomas/h68l/chapter13.html.

Hobsbawm, E. 1962. *The Age of Revolution: Europe 1789–1848*. London: Weidenfeld and Nicolson. Kindle.

Hobsbawm, E. 1968. *Industry and Empire: From 1750 to the Present Day*. New York: New Press. Kindle.

Hobsbawm, E., and G. Rudé. 2014. *Captain Swing*. New York: Verso.

Hodgen, M. T. 1939. "Domesday Water Mills." *Antiquity* 13 (51): 261–79.

Hodges, H. 1970. *Technology in the Ancient World*. New York: Barnes & Noble.

Holzer, H. J., D. Whitmore Schanzenbach, G. J. Duncan, and J. Ludwig. 2008. "The Economic Costs of Childhood Poverty in the United States." *Journal of Children and Poverty* 14 (1): 41–61.

Hoppit, J. 2008. "Political Power and British Economic Life, 1650–1870." In *The Cambridge Economic History of Modern Britain*, vol. 1, *Industrialisation, 1700–1870*, edited by R. Floud, J. Humphries, and P. Johnson, 370–71. Cambridge: Cambridge University Press.

Horn, J. 2008. *The Path Not Taken: French Industrialization in the Age of Revolution, 1750–1830*. Cambridge, MA: MIT Press. Kindle.

Hornbeck, R. 2012. "The Enduring Impact of the American Dust Bowl: Short- and Long-Run Adjustments to Environmental Catastrophe." *American Economic Review* 102 (4): 1477–507.

Hornbeck, R., and S. Naidu. 2014. "When the Levee Breaks: Black Migration and Economic Development in the American South." *American Economic Review* 104 (3): 963–90.

Horrell, S. 1996. "Home Demand and British Industrialisation." *Journal of Economic History* 56 (September): 561–604.

Hounshell, D. 1985. *From the American System to Mass Production, 1800–1932: The Development of Manufacturing Technology in the United States*. Baltimore, MD: Johns Hopkins University Press.

Hsieh, C. T., and E. Moretti. Forthcoming. "Housing Constraints and Spatial Misallocation." *American Economic Journal: Macroeconomics*.

Humphries, J. 2010. *Childhood and Child Labour in the British Industrial Revolution*. Cambridge: Cambridge University Press.

Humphries, J. 2013. "The Lure of Aggregates and the Pitfalls of the Patriarchal Perspective: A Critique of the High Wage Economy Interpretation of the British Industrial Revolution." *Economic History Review* 66 (3): 693–714.

Humphries, J., and T. Leunig. 2009. "Was Dick Whittington Taller Than Those He Left Behind? Anthropometric Measures, Migration and the Quality of Life in Early Nineteenth Century London." *Explorations in Economic History* 46 (1): 120–31.

Humphries, J., and B. Schneider. Forthcoming. "Spinning the Industrial Revolution." *Economic History Review*.

International Chamber of Commerce. 1925. "Report of the American Committee on Highway Transport, June, 1925." Washington, DC: American Section, International Chamber of Commerce.

International Federation of Robotics. 2016. "World Robotics: Industrial Robots [dataset]." https://ifr.org/worldrobotics/.

Jackson, R. 1806. *The Speech of R. Jackson Addressed to the Committee of the House of Commons Appointed to Consider of the State of the Woollen Manufacture of England, on Behalf of the Cloth-Workers and Sheermen of Yorkshire, Lancashire, Wiltshire, Somersetshire and Gloucestershire.* London: C. Stower.

Jacobson, L. S., R. J. LaLonde, and D. G. Sullivan. 1993. "Earnings Losses of Displaced Workers." *American Economic Review* 83 (4): 685–709.

Jaimovich, N., and H. E. Siu. 2012. "Job Polarization and Jobless Recoveries." Working Paper 18334, National Bureau of Economic Research, Cambridge, MA.

Jakubauskas, E. B. 1960. "Adjustment to an Automatic Airline Reservation System." In *Impact of Automation: A Collection of 20 Articles about Technological Change, from the* Monthly Labor Review, 93–96. Washington, DC: Bureau of Labor Statistics.

Jerome, H. 1934. "Mechanization in Industry." Working Paper 27. National Bureau of Economic Research, Cambridge, MA.

Johnson, G. E. 1975. "Economic Analysis of Trade Unionism." *American Economic Review* 65 (2): 23–28.

Johnson, L. B. 1964. "Remarks upon Signing Bill Creating the National Commission on Technology, Automation, and Economic Progress." August 19. http://archive.li/F9iX8.

Johnston, L., and S. H. Williamson. 2018. "What Was the U.S. GDP Then?" MeasuringWorth .com. http://www.measuringworth.org/usgdp/.

Kaitz, K. 1998. "American Roads, Roadside America." *Geographical Review* 88 (3): 363–87.

Kaldor, N. 1957. "A Model of Economic Growth." *Economic Journal* 67 (268): 591–624.

Kanefsky, J., and J. Robey. 1980. "Steam Engines in 18th-Century Britain: A Quantitative Assessment." *Technology and Culture* 21 (2): 161–86.

Karabarbounis, L., and B. Neiman. 2013. "The Global Decline of the Labor Share." *Quarterly Journal of Economics* 129 (1): 61–103.

Katz, L. F., and R. A. Margo. 2013. "Technical Change and the Relative Demand for Skilled Labor: The United States in Historical Perspective." Working Paper 18752, National Bureau of Economic Research, Cambridge, MA.

Kaufman, B. E. 1982. "The Determinants of Strikes in the United States, 1900–1977." *ILR Review* 35 (4): 473–90.

Kay-Shuttleworth, J.P.K. 1832. *The Moral and Physical Condition of the Working Classes Employed in the Cotton Manufacture in Manchester.* Manchester: Harrisons and Crosfield.

Kealey, E. J. 1987. *Harvesting the Air: Windmill Pioneers in Twelfth-Century England.* Berkeley: University of California Press.

Kelly, M., C. Ó Gráda. 2016. "Adam Smith, Watch Prices, and the Industrial Revolution." *Quarterly Journal of Economics* 131 (4): 1727–52.

Kendrick, J. W. 1961. *Productivity Trends in the United States.* Princeton, NJ: Princeton University Press.

Kendrick, J. W. 1973. *Postwar Productivity Trends in the United States, 1948–1969.* Cambridge, MA: National Bureau of Economic Research.

Kennedy, J. F. 1960. "Papers of John F. Kennedy. Pre-Presidential Papers. Presidential Campaign Files, 1960. Speeches and the Press. Speeches, Statements, and Sections, 1958–1960. Labor: Meeting the Problems of Automation." https://www.jfklibrary.org/asset-viewer/archives /JFKCAMP1960/1030/JFKCAMP1960-1030-036.

Kennedy, J. F. 1962. "News Conference 24." https://www.jfklibrary.org/archives/other -resources/john-f-kennedy-press-conferences/news-conference-24.

Kenworthy, L. 2012. "It's Hard to Make It in America: How the United States Stopped Being the Land of Opportunity." *Foreign Affairs* 91 (November/December): 97–109.

Kerry, C. F., and J. Karsten. 2017. "Gauging Investment in Self-Driving Cars." Brookings Institution, October 16. https://www.brookings.edu/research/gauging-investment-in-self-driving -cars/.

Keynes, J. M. [1930] 2010. "Economic Possibilities for Our Grandchildren." In *Essays in Persuasion*, 321–32. London: Palgrave Macmillan.

Klein, M. 2007. *The Genesis of Industrial America, 1870–1920.* Cambridge: Cambridge University Press.

Kleiner, M. M. 2011. "Occupational Licensing: Protecting the Public Interest or Protectionism?" Policy Paper 2011-009, Upjohn Institute, Kalamazoo, MI.

Klemm, F. 1964. *A History of Western Technology.* Cambridge, MA: MIT Press.

Klepper, S. 2010. "The Origin and Growth of Industry Clusters: The Making of Silicon Valley and Detroit." *Journal of Urban Economics* 67 (1): 15–32.

Kline, P., and E. Moretti. 2013. "Local Economic Development, Agglomeration Economies, and the Big Push: 100 Years of Evidence from the Tennessee Valley Authority." *Quarterly Journal of Economics* 129 (1): 275–331.

Koch, C. 2016. "How the Computer Beat the Go Master." *Scientific American* 27 (4): 20–23.

Komlos, J. 1998. "Shrinking in a Growing Economy? The Mystery of Physical Stature during the Industrial Revolution." *Journal of Economic History* 58 (3): 779–802.

Komlos, J., and B. A'Hearn. 2017. "Hidden Negative Aspects of Industrialization at the Onset of Modern Economic Growth in the US." *Structural Change and Economic Dynamics* 41 (June): 43–52.

Korinek, A., and J. E. Stiglitz. 2017. "Artificial Intelligence and Its Implications for Income Distribution and Unemployment." Working Paper 24174, National Bureau of Economic Research, Cambridge, MA.

Kremen, G. R. 1974. "MDTA: The Origins of the Manpower Development and Training Act of 1962." Washington, DC: Department of Labor. https://www.dol.gov/general/aboutdol /history/mono-mdtatext.

Kremer, M. 1993. "The O-Ring Theory of Economic Development." *Quarterly Journal of Economics* 108 (3): 551–75.

Krugman, P. R. 1995. *Peddling Prosperity: Economic Sense and Nonsense in the Age of Diminished Expectations.* New York: Norton.

Kuznets, S. 1955. "Economic Growth and Income Inequality." *American Economic Review* 45(1): 1–28.

LaLonde, R. J. 2007. *The Case for Wage Insurance.* New York: Council on Foreign Relations Press.

Lamont, M. 2009. *The Dignity of Working Men: Morality and the Boundaries of Race, Class, and Immigration.* Cambridge, MA: Harvard University Press.

Landels, J. G. 2000. *Engineering in the Ancient World.* Berkeley: University of California Press.

Landes, D. S. 1969. *The Unbound Prometheus: Technological Change and Development in Western Europe from 1750 to the Present.* Cambridge: Cambridge University Press.

Langdon, J. 1982. "The Economics of Horses and Oxen in Medieval England." *Agricultural History Review* 30 (1): 31–40.

Langton, J., and R. J. Morris. 2002. *Atlas of Industrializing Britain, 1780–1914.* London: Routledge.

Larsen, C. S. 1995. "Biological Changes in Human Populations with Agriculture." *Annual Review of Anthropology* 24 (1): 185–213.

Lebergott, S. 1993. *Pursuing Happiness: American Consumers in the Twentieth Century.* Princeton, NJ: Princeton University Press.

Lee, D. 1973. "Science, Philosophy, and Technology in the Greco-Roman World: I." *Greece and Rome* 20 (1): 65–78.

Lee, J. 2014. "Measuring Agglomeration: Products, People, and Ideas in U.S. Manufacturing, 1880–1990." Working paper, Harvard University.

Lee, R., and M. Anderson. 2002. "Malthus in State Space: Macroeconomic-Demographic Relations in English History, 1540 to 1870." *Journal of Population Economics* 15 (2): 195–220.

Lee, T. B. 2016. "This Expert Thinks Robots Aren't Going to Destroy Many Jobs. And That's a Problem." *Vox.* https://www.vox.com/a/new-economy-future/robert-gordon-interview.

Le Goff, J. 1982. *Time, Work, and Culture in the Middle Ages.* Chicago: University of Chicago Press.

Leighton, A. C. 1972. *Transport and Communication in Early Medieval Europe AD 500–1100.* London: David and Charles Publishers.

Lenoir, T. 1998. "Revolution from Above: The Role of the State in Creating the German Research System, 1810–1910." *American Economic Review* 88 (2): 22–27.

Leunig, T. 2006. "Time Is Money: A Re-Assessment of the Passenger Social Savings from Victorian British Railways." *Journal of Economic History* 66 (3): 635–73.

Levy, F. 2018. "Computers and Populism: Artificial Intelligence, Jobs, and Politics in the Near Term." *Oxford Review of Economic Policy* 34 (3): 393–417.

Levy, F., and R. J. Murnane. 2004. *The New Division of Labor: How Computers Are Creating the Next Job Market.* Princeton, NJ: Princeton University Press.

Lewis, D. L. 1986. "The Automobile in America: The Industry." *Wilson Quarterly,* 10 (5): 47–63.

Lewis, H. G. 1963. *Unionism and Relative Wages in the U.S.: An Empirical Inquiry.* Chicago: Chicago University Press.

Lilley, S. 1966. *Men, Machines and History: The Story of Tools and Machines in Relation to Social Progress.* Paris: International Publishers.

Lin, J. 2011. "Technological Adaptation, Cities, and New Work." *Review of Economics and Statistics* 93 (2): 554–74.

Lindert, P. H., 1986. Unequal English wealth since 1670. *Journal of Political Economy,* 94(6): 1127–62.

Lindert, P. H. 2000a. "Three Centuries of Inequality in Britain and America." In *Handbook of Income Distribution,* edited by A. B. Atkinson and F. Bourguignon, vol. 1, 167–216. Amsterdam: Elsevier.

Lindert, P. H. 2000b. "When Did Inequality Rise in Britain and America?" *Journal of Income Distribution* 9 (1): 11–25.

Lindert, P. H. 2004. *Growing Public,* vol. 1: *The Story: Social Spending and Economic Growth Since the Eighteenth Century.* Cambridge: Cambridge University Press.

Lindert, P. H., and J. G. Williamson. 1982. "Revising England's Social Tables 1688–1812." *Explorations in Economic History* 19 (4): 385–408.

Lindert, P. H., and J. G. Williamson. 1983. "Reinterpreting Britain's Social Tables, 1688–1913." *Explorations in Economic History* 20 (1): 94–109.

Lindert, P. H., and J. G. Williamson. 2012. "American Incomes 1774–1860." Working Paper 18396, National Bureau of Economic Research, Cambridge, MA.

Lindert, P. H., and J. G. Williamson. 2016. *Unequal Gains: American Growth and Inequality Since 1700.* Princeton, NJ: Princeton University Press.

Liu, S. 2015. "Spillovers from Universities: Evidence from the Land-Grant Program." *Journal of Urban Economics* 87 (May): 25–41.

Long, J. 2005. "Rural-Urban Migration and Socioeconomic Mobility in Victorian Britain." *Journal of Economic History* 65 (1): 1–35.

Lordan, G., and D. Neumark. 2018. "People versus Machines: The Impact of Minimum Wages on Automatable Jobs." *Labour Economics* 52 (June): 40–53.

Lubin, I. 1929. *The Absorption of the Unemployed by American Industry.* Washington, DC: Brookings Institution.

Luttmer, E. F. 2005. "Neighbors as Negatives: Relative Earnings and Well-Being." *Quarterly Journal of Economics* 120 (3): 963–1002.

Lyman, P., and H. R. Varian. 2003. "How Much Information?" berkeley. edu/research/projects/how-much-info-2003.

Machlup, F. 1962. *The Production and Distribution of Knowledge in the United States.* Princeton, NJ: Princeton University Press.

MacLeod, C. 1998. *Inventing the Industrial Revolution: The English Patent System, 1660–1800.* Cambridge: Cambridge University Press.

Maddison, A. 2002. *The World Economy: A Millennial Perspective.* Paris: Organisation for Economic Co-operation and Development.

Maddison, A. 2005. *Growth and Interaction in the World Economy: The Roots of Modernity.* Washington, DC: AEI Press.

Maehl, W. H. 1967. *The Reform Bill of 1832: Why Not Revolution?* New York: Holt, Rinehart and Winston.

Malthus, T. [1798] 2013. *An Essay on the Principle of Population.* Digireads.com. Kindle.

Mandel, M., and B. Swanson. 2017. "The Coming Productivity Boom—Transforming the Physical Economy with Information." Washington, DC: Technology CEO Council.

Mann, F. C., and L. K. Williams. 1960. "Observations on the Dynamics of a Change to Electronic Data-Processing Equipment." *Administrative Science Quarterly* 5 (2): 217–56.

Manson, S., Schroeder, J., Van Riper, D., and Ruggles, S. (2018). IPUMS National Historical Geographic Information System: Version 13.0 [Database]. Minneapolis: University of Minnesota. http://doi.org/10.18128/D050.V13.0

Mantoux, P. 1961. *The Industrial Revolution in the Eighteenth Century: An Outline of the Beginnings of the Modern Factory System in England.* Translated by M. Vernon. London: Routledge.

Manuelli, R. E., and A. Seshadri. 2014. "Frictionless Technology Diffusion: The Case of Tractors." *American Economic Review* 104 (4): 1368–91.

Martin, T. C. 1905. "Electrical Machinery, Apparatus, and Supplies." In *Census of Manufactures, 1905.* Washington, DC: United States Bureau of the Census.

Marx, K. [1867] 1999. *Das Kapital.* Translated by S. Moore and E. Aveling. New York: Gateway edition. Kindle.

Marx, K., and F. Engels. [1848] 1967. *The Communist Manifesto.* Translated by S. Moore. London: Penguin.

Massey, D. S. 2007. *Categorically Unequal: The American Stratification System.* New York: Russell Sage Foundation.

Massey, D. S., J. Rothwell, and T. Domina. 2009. "The Changing Bases of Segregation in the United States." *Annals of the American Academy of Political and Social Science* 626 (1): 74–90.

Mathibela, B., P. Newman, and I. Posner. 2015. "Reading the Road: Road Marking Classification and Interpretation." *IEEE Transactions on Intelligent Transportation Systems* 16 (4): 2072–81.

Mathibela, B., M. A. Osborne, I. Posner, and P. Newman. 2012. "Can Priors Be Trusted? Learning to Anticipate Roadworks." IEEE Conference on Intelligent Transportation Systems, 927–932. https://ori.ox.ac.uk/learning-to-anticipate-roadworks/.

McCarty, N., K. T. Poole, and H. Rosenthal. 2016. *Polarized America: The Dance of Ideology and Unequal Riches.* Cambridge, MA: MIT Press.

McCloskey, D. N. 2010. *The Bourgeois Virtues: Ethics for an Age of Commerce.* Chicago: University of Chicago Press.

Mendels, F. F. 1972. "Proto-industrialization: The First Phase of the Industrialization Process." *Journal of Economic History* 32 (1): 241–61.

Merriam, R. H. 1905. "Bicycles and Tricycles." In *Census of Manufactures, 1905,* 289–97. Washington, DC: United States Bureau of the Census.

Milanovic, B. 2016a. "All the Ginis (ALG) Dataset." https://datacatalog.worldbank.org/dataset/all-ginis-dataset, Version October 2016.

Milanovic, B. 2016b. *Global Inequality: A New Approach for the Age of Globalization.* Cambridge, MA: Harvard University Press.

Milanovic, B., P. H. Lindert, and J. G. Williamson. 2010. "Pre-Industrial Inequality." *Economic Journal* 121 (551): 255–72.

Millet, D. J. 1972. "Town Development in Southwest Louisiana, 1865–1900." *Louisiana History*, 13 (2): 139–68.

Mills, F. C. 1934. Introduction to "Mechanization in Industry," by H. Jerome. Cambridge, MA: National Bureau of Economic Research.

Mitch, D. F. 1992. *The Rise of Popular Literacy in Victorian England: The Influence of Private Choice and Public Policy*. Philadelphia: University of Pennsylvania Press.

Mitch, D. F. 1993. "The Role of Human Capital in the First Industrial Revolution." In *The British Industrial Revolution: An Economic Perspective*, edited by J. Mokyr, 241–80. Boulder, CO: Westview Press.

Mitchell, B. 1975. *European Historical Statistics, 1750–1970*. London: Macmillan.

Mitchell, B. 1988. *British Historical Statistics*. Cambridge: Cambridge University Press.

Mokyr, J. 1992a. *The Lever of Riches: Technological Creativity and Economic Progress*. New York: Oxford University Press.

Mokyr, J. 1992b. "Technological Inertia in Economic History." *Journal of Economic History* 52 (2): 325–38.

Mokyr, J. 1998. "The Political Economy of Technological Change." In *Technological Revolutions in Europe: Historical Perspectives*, edited by K. Bruland and M. Berg, 39–64. Cheltenham: Edward Elgar.

Mokyr, J. 2000. "Why 'More Work for Mother?' Knowledge and Household Behavior, 1870–1945." *Journal of Economic History* 60 (1): 1–41.

Mokyr, J. 2001. "The Rise and Fall of the Factory System: Technology, Firms, and Households Since the Industrial Revolution." *Carnegie-Rochester Conference Series on Public Policy* 55 (1): 1–45.

Mokyr, J. 2002. *The Gifts of Athena: Historical Origins of the Knowledge Economy*. Princeton, NJ: Princeton University Press.

Mokyr, J. 2011. *The Enlightened Economy: Britain and the Industrial Revolution, 1700–1850*. London: Penguin. Kindle.

Mokyr, J., and H. Voth. 2010. "Understanding Growth in Europe, 1700–1870: Theory and Evidence." In *The Cambridge Economic History of Modern Europe*, edited by S. Broadberry and K. O'Rourke, 1:7–42. Cambridge: Cambridge University Press.

Mom, G. P., and D. A. Kirsch. 2001. "Technologies in Tension: Horses, Electric Trucks, and the Motorization of American Cities, 1900–1925." *Technology and Culture* 42 (3): 489–518.

Moore, B., Jr. 1993. *Social Origins of Dictatorship and Democracy: Lord and Peasant in the Making of the Modern World*. Boston: Beacon Press.

Moravec, H. 1988. *Mind Children: The Future of Robot and Human Intelligence*. Cambridge, MA: Harvard University Press.

Moretti, E. 2004. "Estimating the Social Return to Higher Education: Evidence from Longitudinal and Repeated Cross-Sectional Data." *Journal of Econometrics* 121 (1–2): 175–212.

Moretti, E. 2010. "Local Multipliers." *American Economic Review* 100 (2): 373–77.

Moretti, E. 2012. *The New Geography of Jobs*. Boston: Houghton Mifflin Harcourt.

Morse, H. B. 1909. *The Guilds of China*. London: Longmans, Green and Co.

Mumford, L. 1934. *Technics and Civilization*. New York: Harcourt, Brace and World.

Mummert, A., E. Esche, J. Robinson, and G. J. Armelagos. 2011. "Stature and Robusticity During the Agricultural Transition: Evidence from the Bioarchaeological Record." *Economics and Human Biology* 9 (3): 284–301.

Murray, C. 2013. *Coming Apart: The State of White America, 1960–2010*. New York: Random House Digital.

Mutz, D. C. 2018. "Status Threat, Not Economic Hardship, Explains the 2016 Presidential Vote." *Proceedings of the National Academy of Sciences* 115 (19): 4330–39.

Myers, R. J. 1929. "Occupational Readjustment of Displaced Skilled Workmen." *Journal of Political Economy* 37 (4): 473–89.

Nadiri, M. I., and T. P. Mamuneas. 1994. "Infrastructure and Public R&D Investments, and the Growth of Factor Productivity in U.S. Manufacturing Industries." Working Paper 4845, National Bureau of Economic Research, Cambridge, MA.

Nardinelli, C. 1986. "Technology and Unemployment: The Case of the Handloom Weavers." *Southern Economic Journal* 53 (1): 87–94.

Neddermeyer, U. 1997. "Why Were There No Riots of the Scribes?" *Gazette du Livre Médiéval* 31 (1): 1–8.

Nedelkoska, L., and G. Quintini. 2018. "Automation, Skills Use and Training." OECD Social, Employment and Migration Working Paper 202, Organisation of Economic Co-operation and Development, Paris.

Nelson, D. 1995. *Farm and Factory: Workers in the Midwest, 1880–1990*. Bloomington: Indiana University Press.

Nicolini, E. A. 2007. "Was Malthus Right? A VAR Analysis of Economic and Demographic Interactions in Pre-Industrial England." *European Review of Economic History* 11 (1): 99–121.

Nichols, A., and J. Rothstein. 2015. "The Earned Income Tax Credit (EITC)." Working Paper 21211, National Bureau of Economic Research, Cambridge, MA.

Nordhaus, W. D. 1996. "Do Real-Output and Real-Wage Measures Capture Reality? The History of Lighting Suggests Not." In *The Economics of New Goods*, edited by T. F. Bresnahan and R. J. Gordon, 27–70. Chicago: University of Chicago Press.

Nordhaus, W. D. 2005. "The Sources of the Productivity Rebound and the Manufacturing Employment Puzzle." Working Paper 11354, National Bureau of Economic Research, Cambridge, MA.

Nordhaus, W. D. 2007. "Two Centuries of Productivity Growth in Computing." *Journal of Economic History* 67 (1): 128–59.

North, D. C. 1991. "Institutions." *Journal of Economic Perspectives* 5 (1): 97–112.

North, D. C., and B. R. Weingast. 1989. "Constitutions and Commitment: The Evolution of Institutions Governing Public Choice in Seventeenth-Century England." *Journal of Economic History* 49 (4): 803–32.

Nuvolari, A., and M. Ricci. 2013. "Economic Growth in England, 1250–1850: Some New Estimates Using a Demand Side Approach." *Rivista di Storia Economica* 29 (1): 31–54.

Nye, D. E. 1990. *Electrifying America: Social Meanings of a New Technology, 1880–1940*. Cambridge, MA: MIT Press.

Nye, D. E. 2013. *America's Assembly Line*. Cambridge, MA: MIT Press.

Oestreicher, R. 1988. "Urban Working-Class Political Behavior and Theories of American Electoral Politics, 1870–1940." *Journal of American History* 74 (4): 1257–86.

Officer, L. H., and S. H. Williamson. 2018. "Annual Wages in the United States, 1774–Present." MeasuringWorth. https://www.measuringworth.com/datasets/uswage/ http://www.measuringworth.com/uswages/.

Ogilvie, S. 2019. *The European Guilds: An Economic Analysis*. Princeton, NJ: Princeton University Press.

Oliner, S. D., and D. E. Sichel. 2000. "The Resurgence of Growth in the Late 1990s: Is Information Technology the Story?" *Journal of Economic Perspectives* 14 (4): 3–22.

Olmstead, A. L., and P. W. Rhode. 2001. "Reshaping the Landscape: The Impact and Diffusion of the Tractor in American Agriculture, 1910–1960." *Journal of Economic History* 61 (3): 663–98.

Owen, W. 1962. "Transportation and Technology." *American Economic Review* 52 (2): 405–13.

Parsley, C. J. 1980. "Labor Union Effects on Wage Gains: A Survey of Recent Literature." *Journal of Economic Literature* 18 (1): 1–31.

Patterson, R. 1957. "Spinning and Weaving." In *From the Renaissance to the Industrial Revolution, c. 1500–c. 1750*, edited by C. Singer, E. J. Holmyard, A. R. Hall, and T. I. Williams, 191–200. Vol. 3 of *A History of Technology*. New York: Oxford University Press.

Peri, G. 2012. "The Effect of Immigration on Productivity: Evidence from US States." *Review of Economics and Statistics* 94 (1), 348–58.

Peri, G. 2018. "Did Immigration Contribute to Wage Stagnation of Unskilled Workers?" *Research in Economics* 72 (2): 356–65.

Peterson, W., and Y. Kislev. 1986. "The Cotton Harvester in Retrospect: Labor Displacement or Replacement?" *Journal of Economic History* 46 (1): 199–216.

Phelps, E. S. 2015. *Mass Flourishing: How Grassroots Innovation Created Jobs, Challenge, and Change*. Princeton, NJ: Princeton University Press.

Phyllis, D., and W. A. Cole. 1962. *British Economic Growth, 1688–1959: Trends and Structure*. Cambridge: Cambridge University Press.

Piketty, T. 2014. *Capital in the Twenty-First Century*. Cambridge, MA: Harvard University Press.

Piketty, T. 2018. "Brahmin Left vs. Merchant Right: Rising Inequality and the Changing Structure of Political Conflict." Working paper, Paris School of Economics.

Piketty, T., and E. Saez. 2003. "Income Inequality in the United States, 1913–1998." *Quarterly Journal of Economics* 118 (1): 1–41.

Polanyi, M. 1966. *The Tacit Dimension*. New York: Doubleday.

Prashar, A. 2018. "Evaluating the Impact of Automation on Labour Markets in England and Wales." Working paper, Oxford University.

President's Advisory Committee on Labor-Management Policy. 1962. *The Benefits and Problems Incident to Automation and Other Technological Advances*. Washington, DC: Government Printing Office.

Price, D. de S. 1975. *Science Since Babylon*. New Haven, CT: Yale University Press.

Putnam, R. D., ed. 2004. *Democracies in Flux: The Evolution of Social Capital in Contemporary Society*. Oxford: Oxford University Press.

Putnam, R. D. 2016. *Our Kids: The American Dream in Crisis*. New York: Simon & Schuster.

Rajan, R. G. 2011. *Fault Lines: How Hidden Fractures Still Threaten the World Economy*. Princeton, NJ: Princeton University Press.

Ramey, V. A. 2009. "Time Spent in Home Production in the Twentieth-Century United States: New Estimates from Old Data." *Journal of Economic History* 69 (1): 1–47.

Ramey, V. A., and N. Francis. 2009. "A Century of Work and Leisure." *American Economic Journal: Macroeconomics* 1 (2): 189–224.

Randall, A. 1991. *Before the Luddites: Custom, Community and Machinery in the English Woollen Industry, 1776–1809*. Cambridge: Cambridge University Press.

Rasmussen, W. D. 1982. "The Mechanization of Agriculture." *Scientific American* 247 (3): 76–89.

Rector, R., and R. Sheffield. 2011. "Air Conditioning, Cable TV, and an Xbox: What Is Poverty in the United States Today?" Washington, DC: Heritage Foundation.

Reich, R. 1991. *The Work of Nations: Preparing Ourselves for Twenty-First Century Capitalism*. New York: Knopf.

Remus, D., and F. Levy. 2017. "Can Robots Be Lawyers: Computers, Lawyers, and the Practice of Law." *Georgetown Journal Legal Ethics* 30 (3): 501–45.

Reuleaux, F. 1876. *Kinematics of Machinery: Outlines of a Theory of Machines*. Translated by A.B.W. Kennedy. London: MacMillan.

Reynolds, A. J., J. A. Temple, S. R. Ou, I. A. Arteaga, and B. A. White. 2011. "School-Based Early Childhood Education and Age-28 Well-Being: Effects by Timing, Dosage, and Subgroups." *Science* 333 (6040): 360–64.

Ricardo, D. [1817] 1911. *The Principles of Political Economy and Taxation*. Reprint. London: Dent.

Rifkin, J. 1995. *The End of Work: The Decline of the Global Labor Force and the Dawn of the Post-market Era*. New York: G. P. Putnam's Sons.

Robinson, J., and G. Godbey. 2010. *Time for Life: The Surprising Ways Americans Use Their Time*. Philadelphia: Penn State University Press.

Rodrik, D. 2016. "Premature Deindustrialization." *Journal of Economic Growth* 21 (1): 1–33.

Rodrik, D. 2017a. "Populism and the Economics of Globalization." Working Paper 23559, National Bureau of Economic Research, Cambridge, MA.

Rodrik, D. 2017b. *Straight Talk on Trade: Ideas for a Sane World Economy*. Princeton, NJ: Princeton University Press.

Rognlie, M. 2014. "A Note on Piketty and Diminishing Returns to Capital," unpublished manuscript. http://mattrognlie.com/piketty_diminishing_returns.pdf.

Roosevelt, F. D. 1940. "Annual Message to the Congress," January 3. By G. Peters and J. T. Woolley. The American Presidency Project. https://www.presidency.ucsb.edu/documents/annual-message-the-congress.

Rosenberg, N. 1963. "Technological Change in the Machine Tool Industry, 1840–1910." *Journal of Economic History* 23 (4): 414–43.

Rosenberg, N., and L. E. Birdzell. 1986. *How the West Grew Rich: The Economic Transformation of the Western World*. London: Basic.

Rostow, W. W. 1960. *The Stages of Growth: A Non-Communist Manifesto*. Cambridge: Cambridge University Press.

Rothberg, H. J. 1960. "Adjustment to Automation in Two Firms." In *Impact of Automation: A Collection of 20 Articles about Technological Change, from* the Monthly Labor Review, 79–93. Washington, DC: Bureau of Labor Statistics.

Rousseau, J. J. [1755] 1999. *Discourse on the Origin of Inequality*. Oxford: Oxford University Press.

Ruggles, S., S. Flood, R. Goeken, J. Grover, E. Meyer, J. Pacas, and M. Sobek. 2018. IPUMS USA. Version 8.0 [dataset]. https://usa.ipums.org/usa/.

Russell, B. 1946. *History of Western Philosophy and Its Connection with Political and Social Circumstances: From the Earliest Times to the Present Day*. New York: Simon & Schuster.

Sachs, J. D., S. G. Benzell, and G. LaGarda. 2015. "Robots: Curse or Blessing? A Basic Framework." Working Paper 21091, National Bureau of Economic Research, Cambridge, MA.

Sanderson, M. 1995. *Education, Economic Change and Society in England 1780–1870*. Cambridge: Cambridge University Press.

Scheidel, W. 2018. *The Great Leveler: Violence and the History of Inequality from the Stone Age to the Twenty-First Century*. Princeton, NJ: Princeton University Press.

Scheidel, W., and S. J. Friesen. 2009. "The Size of the Economy and the Distribution of Income in the Roman Empire." *Journal of Roman Studies* 99 (March): 61–91.

Schlozman, K. L., S. Verba, and H. E. Brady. 2012. *The Unheavenly Chorus: Unequal Political Voice and the Broken Promise of American Democracy*. Princeton, NJ: Princeton University Press.

Schumpeter, J. A. 1939. *Business Cycles*. Vol. 1. New York: McGraw-Hill.

Schumpeter, J. A. [1942] 1976. *Capitalism, Socialism and Democracy*. 3rd ed. New York: Harper Torchbooks.

Scoville, W. C. 1960. *The Persecution of Huguenots and French Economic Development 1680–1720*. Berkeley: University of California Press.

Shannon, C. E. 1950. "Programming a Computer for Playing Chess." *Philosophical Magazine* 41 (314): 256–75.

Shaw-Taylor, L., and A. Jones. 2010. "The Male Occupational Structure of Northamptonshire 1777–1881: A Case of Partial De-Industrialization?" Working paper, Cambridge University.

Simon, H. 1966. "Automation." *New York Review of Books*, March 26. https://www.nybooks.com /articles/1966/05/26/automation-3/.

Simon, H. [1960] 1985. "The Corporation: Will It Be Managed by Machines?" In *Management and the Corporation*, edited by M. L. Anshen and G. L. Bach, 17–55. New York: McGraw-Hill.

Simon, J. L. 2000. *The Great Breakthrough and Its Cause*. Ann Arbor: University of Michigan Press.

Smil, V. 2005. *Creating the Twentieth Century: Technical Innovations of 1867–1914 and Their Lasting Impact*. New York: Oxford University Press.

Smiles, S. 1865. *Lives of Boulton and Watt*. Philadelphia: J. B. Lippincott.

Smith, A. [1776] 1976. *An Inquiry into the Nature and Causes of the Wealth of Nations*. Chicago: University of Chicago Press.

Smolensky, E., and R. Plotnick. 1993. "Inequality and Poverty in the United States: 1900 to 1990." Paper 998–93, University of Wisconsin Institute for Research on Poverty, Madison.

Snooks, G. D. 1994. "New Perspectives on the Industrial Revolution." In *Was the Industrial Revolution Necessary?*, edited by G. D. Snooks, 1–26. London: Routledge.

Sobek, M. 2006. "Detailed Occupations—All Persons: 1850–1990 (Part 2). Table Ba1396-1439." In *Historical Statistics of the United States, Earliest Times to the Present: Millennial Edition*, edited by S. B. Carter, S. S. Gartner, M. R. Haines, A. Olmstead, R. Sutch, and G. Wright. New York: Cambridge University Press.

Solow, R. M. 1956. "A Contribution to the Theory of Economic Growth." *Quarterly Journal of Economics* 70 (1): 65–94.

Solow, R. 1987. "We'd Better Watch Out." *New York Times* Book Review, July 12.

Solow, R. M. 1965. "Technology and Unemployment." *Public Interest* 1 (Fall): 17–27.

Sorensen, T., P. Fishback, S. Kantor, and P. Rhode. 2008. "The New Deal and the Diffusion of Tractors in the 1930s." Working paper, University of Arizona, Tucson.

Southall, H. R. 1991. "The Tramping Artisan Revisits: Labour Mobility and Economic Distress in Early Victorian England." *Economic History Review* 44 (2): 272–96.

Spence, M., and S. Hlatshwayo. 2012. "The Evolving Structure of the American Economy and the Employment Challenge." *Comparative Economic Studies* 54 (4): 703–38.

Stasavage, D. 2003. *Public Debt and the Birth of the Democratic State: France and Great Britain 1688–1789*. Cambridge: Cambridge University Press.

Steckel, R. H. 2008. "Biological Measures of the Standard of Living." *Journal of Economic Perspectives* 22 (1): 129–52.

Stephenson, J. Z. 2018. "'Real' Wages? Contractors, Workers, and Pay in London Building Trades, 1650–1800." *Economic History Review* 71 (1): 106–32.

Stevenson, B., and J. Wolfers. 2013. "Subjective Well-Being and Income: Is There Any Evidence of Satiation?" *American Economic Review* 103 (3): 598–604.

Stewart, C. 1960. "Social Implications of Technological Progress." In *Impact of Automation: A Collection of 20 Articles about Technological Change, from the* Monthly Labor Review, 11–15. Washington, DC: Bureau of Labor Statistics.

Stokes, Bruce. 2017. "Public Divided on Prospects for Next Generation." Pew Research Center, Spring 2017 Global Attitudes Survey, June 5. http://www.pewglobal.org/2017/06/05/2-public-divided-on-prospects-for-the-next-generation/.

Strasser, S. 1982. *Never Done: A History of American Housework*. New York: Pantheon.

Sullivan, D., and T. von Wachter. 2009. "Job Displacement and Mortality: An Analysis Using Administrative Data." *Quarterly Journal of Economics* 124 (3): 1265–1306.

Sundstrom, W. A. 2006. "Hours and Working Conditions." In *Historical Statistics of the United States, Earliest Times to the Present: Millennial Edition Online*, edited by S. B. Carter, S. S. Gartner, M. R. Haines, A. L. Olmstead, R. Sutch, and G. Wright, 301–35. New York: Cambridge University Press.

Swetz, F. J. 1987. *Capitalism and Arithmetic: The New Math of the 15th Century*. La Salle, IL: Open Court.

Syverson, C. 2017. "Challenges to Mismeasurement Explanations for the US Productivity Slowdown." *Journal of Economic Perspectives* 31 (2): 165–86.

Szreter, S., and G. Mooney. 1998. "Urbanization, Mortality, and the Standard of Living Debate: New Estimates of the Expectation of Life at Birth in Nineteenth-Century British Cities." *Economic History Review* 51 (1): 84–112.

Taft, P., P. Ross. 1969. "American Labor Violence: Its Causes, Character, and Outcome." In *Violence in America: Historical and Comparative Perspectives*, edited by H. D. Graham, and T. R. Gurr, 1:221–301. London: Corgi.

Taine, H. A. 1958. *Notes on England, 1860–70*. Translated by E. Hyams. London: Strahan.

Tella, R. D., R. J. MacCulloch, and A. J. Oswald. 2003. "The Macroeconomics of Happiness." *Review of Economics and Statistics* 85 (4): 809–27.

Temin, P. 2006. "The Economy of the Early Roman Empire." *Journal of Economic Perspectives* 20 (1): 133–51.

Temin, P. 2012. *The Roman Market Economy*. Princeton, NJ: Princeton University Press.

Thernstrom, S. 1964. *Poverty and Progress: Social Mobility in a Nineteenth Century City*. Cambridge, MA: Harvard University Press.

Thomas, R., and N. Dimsdale. 2016. "Three Centuries of Data–Version 3.0." London: Bank of England. https://www.bankofengland.co.uk/statistics/research-datasets.

Thompson, E. P. 1963. *The Making of the English Working Class*. New York: Victor Gollancz, Vintage Books.

Tilly, C. 1975. *The Formation of National States in Western Europe*. Princeton, NJ: Princeton University Press.

Tinbergen, J. 1975. *Income Distribution: Analysis and Policies*. Amsterdam: North Holland.

Tocqueville, A. de. 1840. *Democracy in America*. Translated by H. Reeve. Vol. 2. New York: Alfred A. Knopf.

Toffler, A. 1980. *The Third Wave*. New York: Bantam Books.

Trajtenberg, M. 2018. "AI as the Next GPT: A Political-Economy Perspective." Working Paper 24245, National Bureau of Economic Research, Cambridge, MA.

Treat, J. R., N. J. Castellan, R. L. Stansifer, R. E. Mayer, R. D. Hume, D. Shinar, S. T. McDonald, et al. 1979. *Tri-Level Study of the Causes of Traffic Accidents: Final Report*, vol. 2: *Special Analyses*. Bloomington, IN: Institute for Research in Public Safety.

Tolley, H. R., and Church, L. M. 1921. "Corn-Belt Farmers' Experience with Motor Trucks." United States Department of Agriculture, Bulletin No. 931, February 25.

Tucker, G. 1837. *The Life of Thomas Jefferson, Third President of the United States: With Parts of His Correspondence Never Before Published, and Notices of His Opinions on Questions of Civil Government, National Policy, and Constitutional Law*. Vol. 2. Philadelphia: Carey, Lea and Blanchard.

Tuttle, C. 1999. *Hard at Work in Factories and Mines: The Economics of Child Labor during the British Industrial Revolution*. Boulder, CO: Westview Press.

Twain, M., and C. D. Warner. [1873] 2001. *The Gilded Age: A Tale of Today*. New York: Penguin.

Twain, M. 1835. "Taming the Bicycle." The University of Adelaide Library, last updated March 27, 2016. https://ebooks.adelaide.edu.au/t/twain/mark/what_is_man/chapter15.html.

Ure, A. 1835. *The Philosophy of Manufactures*. London: Charles Knight.

U.S. Bureau of the Census. 1960. D785, "Work-injury Frequency Rates in Manufacturing, 1926–1956," and D.786–790, "Work-injury Frequency Rates in Mining, 1924–1956." In *Historical Statistics of the United States, Colonial Times to 1957*. Washington, DC: Government Printing Office. https://www.census.gov/library/publications/1960/compendia/hist_stats_colonial-1957.html.

U.S. Congress. 1955. "Automation and Technological Change." Hearings before the Subcommittee on Economic Stabilization of the Congressional Joint Committee on the Economic Report (84th Cong., 1st sess.), pursuant to sec. 5(a) of Public Law 304, 79th Cong. Washington, DC: Government Printing Office.

U.S. Congress. 1984. "Computerized Manufacturing Automation: Employment, Education, and the Workplace." No. 235. Washington, DC: Office of Technology Assessment.

U.S. Department of Agriculture. 1963. *1962 Agricultural Statistics*. Washington, DC: Government Printing Office.

Usher, A. P. 1954. *A History of Mechanical Innovations*. Cambridge, MA: Harvard University Press.

Van Zanden, J. 2004. "Common Workmen, Philosophers and the Birth of the European Knowledge Economy." Paper for the Global Economic History Network Conference, Leiden, September 16–18.

Van Zanden, J. L., E. Buringh, and M. Bosker. 2012. "The Rise and Decline of European Parliaments, 1188–1789." *Economic History Review* 65 (3): 835–61.

Varian, H. R. Forthcoming. "Artificial Intelligence, Economics, and Industrial Organization." In *The Economics of Artificial Intelligence: An Agenda*, edited by A. K. Agrawal, J. Gans, and A. Goldfarb. Chicago: University of Chicago Press.

Vickers, C., and N. L. Ziebarth. 2016. "Economic Development and the Demographics of Criminals in Victorian England." *Journal of Law and Economics* 59 (1): 191–223.

Von Tunzelmann, G. N. 1978. *Steam Power and British Industrialization to 1860*. Oxford: Oxford University Press.

Voth, H. 2000. *Time and Work in England 1750–1830*. Oxford: Clarendon Press of Oxford University Press.

Wadhwa, V., and A. Salkever. 2017. *The Driver in the Driverless Car: How Our Technology Choices Will Create the Future*. San Francisco: Berrett-Koehler.

Walker, C. R. 1957. *Toward the Automatic Factory: A Case Study of Men and Machines*. New Haven, CT: Yale University Press.

Wallis, P. 2014. "Labour Markets and Training." In *The Cambridge Economic History of Modern Britain*, 1:178–210, *Industrialisation, 1700–1870*, edited by R. Floud, J. Humphries, and P. Johnson. Cambridge University Press.

Walmer, O. R. 1956. "Workers' Health in an Era of Automation." *Monthly Labor Review* 79 (7): 819–23.

Weber, M. 1927. *General Economic History*. New Brunswick, NJ: Transaction Books.

Weinberg, B. A. 2000. "Computer Use and the Demand for Female Workers." *ILR Review* 53 (2): 290–308.

Weinberg, E. 1960. "A Review of Automation Technology." In *Impact of Automation: A Collection of 20 Articles about Technological Change, from the* Monthly Labor Review, 3–10. Washington, DC: Bureau of Labor Statistics.

Weinberg, E. 1956. "An Inquiry into the Effects of Automation." *Monthly Labor Review* 79 (January): 7–14.

Weinberg, E. 1960. "Experiences with the Introduction of Office Automation." *Monthly Labor Review* 83 (4): 376–80.

Weingroff, R. F. 2005. "Designating the Urban Interstates." Federal Highway Administration Highway History. https://www.fhwa.dot.gov/infrastructure/fairbank.cfm.

White, K. D. 1984. *Greek and Roman Technology*. Ithaca, NY: Cornell University Press.

White, L. 1962. *Medieval Technology and Social Change*. Oxford: Oxford University Press.

White, L. 1967. "The Historical Roots of Our Ecologic Crisis." *Science* 155 (3767): 1203–7.

White, L. A. 2016. *Modern Capitalist Culture*. London: Routledge.

White, W. J. 2001. "An Unsung Hero: The Farm Tractor's Contribution to Twentieth-Century United States Economic Growth." PhD diss., Ohio State University.

Wiener, N. 1988. *The Human Use of Human Beings: Cybernetics and Society*. New York: Perseus Books Group.

Williamson, J. G. 1987. "Did English Factor Markets Fail during the Industrial Revolution?" *Oxford Economic Papers* 39 (4): 641–78.

Williamson, J. G. 2002. *Coping with City Growth during the British Industrial Revolution*. Cambridge: Cambridge University Press.

Wilson, W. J. 1996. "When Work Disappears." *Political Science Quarterly* 111 (4): 567–95.

Wilson, W. J. 2012. *The Truly Disadvantaged: The Inner City, the Underclass, and Public Policy*. Chicago: University of Chicago Press.

Woirol, G. R. 1980. "Economics as an Empirical Science: A Case Study." Working paper, University of California, Berkeley.

Woirol, G. R. 2006. "New Data, New Issues: The Origins of the Technological Unemployment Debates." *History of Political Economy* 38 (3): 473–96.

Woirol, G. R. 2012. "Plans to End the Great Depression from the American Public." *Labor History* 53 (4): 571–77.

Wolman, L. 1933. "Machinery and Unemployment." *Nation*, February 22, 202–4.

World Bank Group. 2016. *World Development Report 2016: Digital Dividends*. Washington, DC: World Bank Publications.

World Health Organization. 2015. "Road Traffic Deaths." http://www.who.int/gho/road_safety/mortality/en.

Wright, Q. 1942. *A Study of War*. Vol. 1. Chicago: University of Chicago Press.

Wrigley, E. A. 2010. *Energy and the English Industrial Revolution*. Cambridge: Cambridge University Press.

Wu, Y., M. Schuster, Z. Chen, Q. V. Le, M. Norouzi, W. Macherey, M. Krikun, et al. 2016. "Google's Neural Machine Translation System: Bridging the Gap between Human and Machine Translation." Preprint, submitted September 26. https://arxiv.org/abs/1609.08144.

Xiong, W., L. Wu, F. Alleva, J. Droppo, X. Huang, and A. Stolcke. 2017. "The Microsoft 2017 Conversational Speech Recognition System." Microsoft AI and Research Technical Report MSR-TR-2017-39, August 2017.

Young, A. 1772. *Political Essays Concerning the Present State of the British Empire*. London: printed for W. Strahan and T. Cadell.

Zhang, X., M. Li, J. H. Lim, Y. Weng, Y.W.D. Tay, H. Pham, and Q. C. Pham. 2018. "Large-Scale 3D Printing by a Team of Mobile Robots." *Automation in Construction* 95 (November): 98–106.

出版后记

　　西方的"中产阶级"概念自出现以来，内涵经历了数次变化。最开始，它指的是欧洲封建时代末期，在传统土地贵族和农民阶层之外新兴起的工商业资产阶级，他们逐渐掌握生产资料，并取代土地贵族，成为统治阶级。后来，由于工业化大生产时代的来临，大量人口从农村来到城镇，脱离了自耕农、佃农身份，成为工厂工人，分享了经济增长的成果，步入了体面的"中产阶级"行列。而到了今天，随着人工智能时代的来临，大量工业工作岗位消失，上一个时代的"中产阶级"经历了大规模的衰落，这一时期能称得上"中产阶级"工作的岗位大多有着一个共同的特征，那就是暂时无法被技术取代，这类岗位的典型代表就是硅谷的"符号分析师"。

　　中产阶级概念变迁的背后，是技术创新的不断发展推动着资本和劳动的角力。而资本和劳动的角力，又会导致政治权力的转移，进而导致社会形态的转变。因此，以中产阶级的变迁为主要线索，是研究自工业革命以来几个世纪的技术变革与社会发展之关系的一条理想进路。本书的研究就采用了这样一条进路。在作者看来，技术创新的道路上往往隐藏着"陷阱"，社会的各个阶层——特别是中产阶级——在广泛分享发展成果的时候，往往也会踏入陷阱。一方面，对国家来说，如何管控阶层剧烈变动和大规模失业的风险，是利用技术创新带动经济发展时不得不考虑的一个命题。另一方面，在技术创新速度不断加快的今天，找到自己的方向、不被进步的大潮甩在后头，对个人命运也会产生巨大的影响。

本书作者卡尔·贝内迪克特·弗雷是牛津大学马丁学院的研究员，一直致力于劳工和就业等问题的研究。本书是他在花旗银行的赞助下开展的一项关于工作之未来的研究的最终成果。作者在序言里写道："工业革命……从长远来看……造福了每一个人。人工智能系统也有同样的潜质，但它的未来取决于我们如何把握当下。"我们认为，当下的中国可能也面临着同样的问题：技术创新飞速发展，我们走入了人工智能时代，但在外部环境迅速变化的背景下，许多人陷入了对自身处境的焦虑，特别是中国语境下的"中产阶级"，其中的许多人都在担忧从当前的阶层滑落。本书从一开始的回溯工业革命时期技术发展如何取代工人，到后来的讨论美国不同世代中产阶级的兴衰，直到最后的对于人们该如何适应自动化，提出了一些策略和途径。这样的研究，对于我们可谓正当其时。因此，推出这本书的简体中文版，在我们看来是有意义的。

尽管做了许多努力，但由于译者和编者的水平有限，本书难免还存在一些错误，敬请广大读者批评指正。

服务热线：133-6631-2326　188-1142-1266
读者信箱：reader@hinabook.com

后浪出版公司
2021年10月

© 民主与建设出版社，2021

图书在版编目（CIP）数据

技术陷阱：从工业革命到AI时代，技术创新下的资
本、劳动与权力 / (瑞典) 卡尔·贝内迪克特·弗雷著；
贺笑译. -- 北京：民主与建设出版社，2021.11（2024.1重印）
书名原文：The Technology Trap: Capital, Labor,
and Power in the Age of Automation
ISBN 978-7-5139-3645-3

Ⅰ．①技… Ⅱ．①卡… ②贺… Ⅲ．①技术革命—研
究 Ⅳ．①N05

中国版本图书馆CIP数据核字(2021)第179622号

技术陷阱：从工业革命到AI时代，技术创新下的资本、劳动与权力
JISHU XIANJING CONG GONGYEGEMING DAO AI SHIDAI JISHU CHUANGXIN XIA
DE ZIBEN LAODONG YU QUANLI

著　　者	〔瑞典〕卡尔·贝内迪克特·弗雷		
译　　者	贺　笑	**出版统筹**	吴兴元
责任编辑	王　颂	**特约编辑**	吴　琼　汪建人
营销推广	ONEBOOK	**封面设计**	许晋维 hsujinwei.design@gmail.com
出版发行	民主与建设出版社有限责任公司		
电　　话	（010）59417747　59419778		
社　　址	北京市海淀区西三环中路 10 号望海楼 E 座 7 层		
邮　　编	100142		
印　　刷	天津雅图印刷有限公司		
版　　次	2021 年 11 月第 1 版		
印　　次	2024 年 1 月第 3 次印刷		
开　　本	889 毫米 ×1194 毫米　1/32		
印　　张	15		
字　　数	337 千字		
书　　号	ISBN 978-7-5139-3645-3		
定　　价	82.00 元		

注：如有印、装质量问题，请与出版社联系。